Nichtlineare Finite-Elemente-Berechnungen mit ANSYS Workbench

Wilhelm Rust

Nichtlineare Finite-Elemente-Berechnungen mit ANSYS Workbench

Strukturmechanik: Kontakt, Material, große Verformungen

Springer Vieweg

Wilhelm Rust
Hochschule Hannover
Hannover, Deutschland

ISBN 978-3-658-31420-0 ISBN 978-3-658-31421-7 (eBook)
https://doi.org/10.1007/978-3-658-31421-7

Die Deutsche Nationalbibliothek verzeichnet diese Publikation in der Deutschen Nationalbibliografie; detaillierte bibliografische Daten sind im Internet über http://dnb.d-nb.de abrufbar.

Springer Vieweg

Lektorat: Eric Blaschke
Springer Vieweg ist ein Imprint der eingetragenen Gesellschaft Springer Fachmedien Wiesbaden GmbH und ist ein Teil von Springer Nature.
Die Anschrift der Gesellschaft ist: Abraham-Lincoln-Str. 46, 65189 Wiesbaden, Germany

Vorwort

Seit 1991 arbeitet der Verfasser mit ANSYS, von Anfang an mit nichtlinearen Anwendungen in der Strukturmechanik. Bald kam beim damaligen Arbeitgeber, der CADFEM GmbH, die Verantwortung für ein Seminar zu diesem Thema hinzu. Das erforderte Unterlagen für die Teilnehmer und der Plan wurde gefasst, daraus ein Buch zu machen. Das ist nie fertig geworden.

Der Verfasser wechselte 2003 als Professor für Simulationsverfahren im Maschinenbau zur Hochschule Hannover und lehrt dort seitdem u. A. Finite Elemente in unterschiedlichen Ausprägungen, verbunden mit Laboren, in denen die Studierenden unter Benutzung von ANSYS die Handhabung eines marktgängigen Programms und etwas über Eigenschaften der Methode lernen. War zunächst die Kommandosprache APDL Grundlage auch für den Einsatz in der Lehre, kam vor einigen Jahren die Benutzer-Oberfläche ANSYS Workbench ins Spiel. Mittlerweile kann man damit hervorragend ernsthafte nichtlineare FE-Analysen aufsetzen, durchführen und auswerten.

Davon handelt nun dieses Buch. Das soll natürlich nicht als vollständig gelten, dafür sind die Möglichkeiten zu vielfältig, es soll aber das Wichtigste dem Sinn nach erläutern, die Handhabung dazu beschreiben, Konvergenz und Nichtkonvergenz beleuchten und zur Interpretation der Ergebnisse beitragen. Theorie kommt vornehmlich in beschreibender Form vor; wer hier mehr wissen will, sei auf das ebenfalls in diesem Verlag erschienene Werk des Autors [8] verwiesen.

Die Erstellung dieses Buches zog sich über längere Zeit hin und wurde mit Revision 2019R3 zu Ende geführt. Einige der Menü-Abbildungen haben mittlerweile vielleicht eine andere Farbgebung, sollten inhaltlich aber weiterhin passen. Als Sprache wurde, passend zum Text, Deutsch und als Dezimalzeichen das Komma gewählt.

Die Beispiele sind allesamt klein, sodass sie auch mit einer Studentenversion bearbeitet werden können, vor allem aber, damit einzelne Effekte deutlich gezeigt werden können. Beispiel-Dateien sind im Internet auf SpringerLink (link.springer.com) verfügbar. In der industriellen Praxis erschweren die Modellgröße und besonders die Wechselwirkungen zwischen verschiedenen Einflüssen sicherlich die erfolgreiche Bewältigung der Berechnungsaufgaben zusätzlich.

Dank gilt Frau Klabunde, Herrn Zipsner und Herrn Blaschke vom Lektorat Maschinenbau des Springer-Vieweg-Verlages für die Betreuung bis zur Fertigstellung.

Langenhagen, im Frühjahr 2020 *Wilhelm Rust*

Inhaltsverzeichnis

Bezeichnungsweise

Formelzeichen sind mindestens bei ihrem ersten Auftreten im Text erklärt.

FE ist die Abkürzung für Finite Elemente,

FEM für Finite-Elemente-Methode,

KoS für Koordinatensystem,

Gl. für Gleichung,

Gls. für Gleichungssystem,

Dgl. für Differenzialgleichung,

Abb. für Abbildung,

Tab. für Tabelle,

Rev. für Revision

S. für Seite

Kap. für Kapitel und

1d, 2d, 3d
für ein-, zwei-, dreidimensional bzw. das Ein-, Zwei-, Dreidimensionale.

[...] verweist auf das Literaturverzeichnis.

RMB bezeichnet den Klick auf die rechte Maustaste (Right Mouse Button).

Kursiv dargestellte Begriffe sind in der Regel Originaltexte, wie sie in Workbench vorkommen, können nach dem Textzusammenhang aber auch in einem anderen Kasus erscheinen.

In Arial erscheinen Meldungen, die von Workbench ausgegeben werden,

in `Courier` sowohl Meldungen aus ANSYS als auch *Befehle* in der ANSYS Parameteric Design Language (APDL), der ANSYS-Kommandosprache.

Workbench steht für ANSYS Workbench, eine Bezeichnung der Firma ANSYS, Inc., Canonsburg, PA, USA.

Der klassische ANSYS-Solver, ANSYS Mechanical APDL, ebenfalls eine Bezeichnung der Firma ANSYS, Inc., wird wahlweise als ANSYS, ANSYS-Solver, Mechanical APDL, oder Solver bezeichnet.

Excel steht für Microsoft Excel, eine Bezeichnung der Firma Microsoft Corporation, Redmond, WA, USA

1 Grundlegendes

1.1 Projektseite, Menüs

Jede Workbench-Berechnung startet auf der Projektseite, die sich zeigt, wenn Workbench geöffnet wir. Aus der *Toolbox* wird eine Analyseart ausgewählt und auf die Projektseite gezogen. In diesem Buch wird nur die *statisch-mechanische Analyse* und die *Eigenwert-Beulanalyse* verwendet (**Abb. 1.1**).

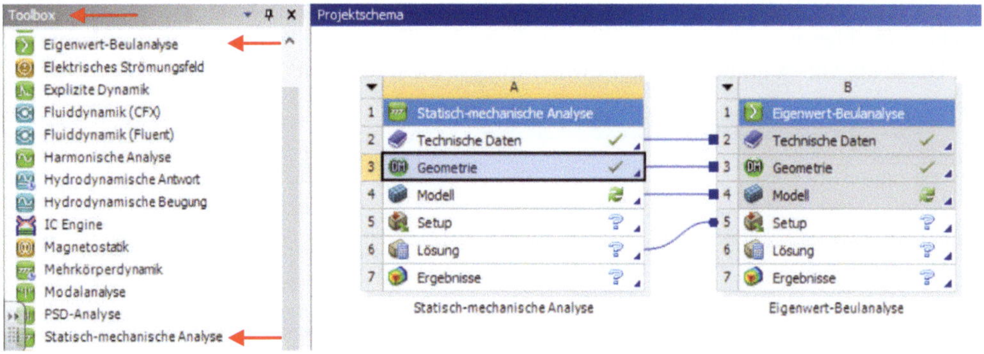

Abb. 1.1 Projektseite mit Analysearten

Auf Geometrieerstellung oder -import (Zelle 3 im Projektschema) wird hier nicht eingegangen. Die Verbindung der Analysen wird im Kap. 3 über Stabilität erläutert. Ebenfalls vorausgesetzt werden Kenntnisse über die Durchführung der Vernetzung, während Hinweise zur Nützlichkeit hier durchaus auftreten. Über verschiedene, auch für die lineare Berechnung erforderliche Vorgänge kann man bei Gebhardt [6] nachlesen. Die grundsätzliche Aufbringung von Lasten und Darstellung von Standardergebnissen sollte man ebenfalls beherrschen; der Zeitverlauf von Lasten und weitere Aspekte sowie die Bedeutung von Ergebnisgrößen für die Nichtlinearitäten werden hingegen hier behandelt.

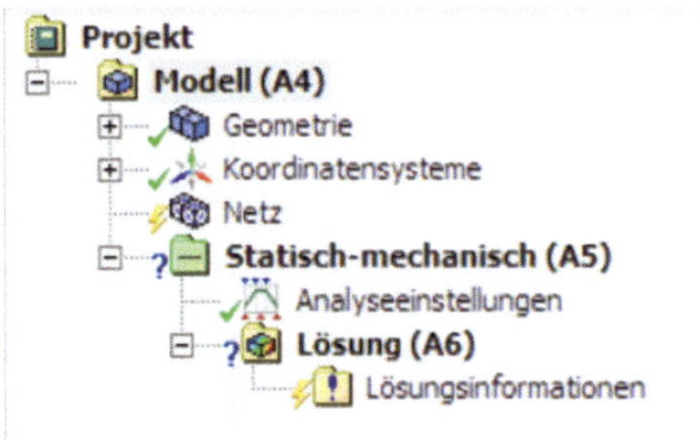

Abb. 1.2 Projekt-Strukturbaum

Elektronisches Zusatzmaterial Die elektronische Version dieses Kapitels enthält Zusatzmaterial, das berechtigten Benutzern zur Verfügung steht. https://doi.org/10.1007/978-3-658-31421-7_1

W. Rust, *Nichtlineare Finite-Elemente-Berechnungen mit ANSYS Workbench*,
https://doi.org/10.1007/978-3-658-31421-7_1

Nach Öffnen von *Mechanical* durch Doppelklick oder RMB erscheinen die Informationen über die Definition der Analyse(n), der Strukturbaum (**Abb. 1.2**). Der Blitz zeigt an, dass hier noch etwas getan werden muss, aber auch wird, während das Fragezeichen bedeutet, dass die Berechnung erst begonnen werden kann, wenn weitere Eingaben erfolgt sind.

1.2 Befehle-Objekte

Vieles lässt sich in Workbench menügestützt eingeben, einiges aber nicht. Damit man darauf nicht verzichten muss, besteht die Möglichkeit, *Befehle* aus der ANSYS-Kommandosprache APDL in die von Workbench angestoßene Analyse zu integrieren:

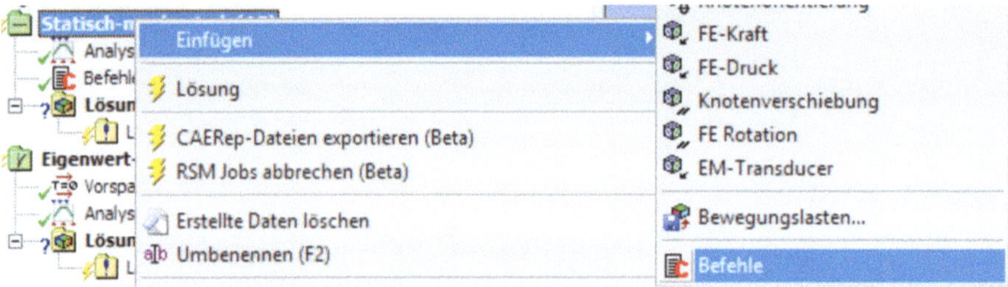

Die Befehle werden dann in das Hauptfenster eingegeben. Dort sagen Kommentare, an welcher Stelle im Eingabestrom die Sequenz eingefügt wird und ggf. welche nützlichen Systemvariablen (z. B. die Materialnummer *matid* bei Geometriebestandteilen) bereitgestellt werden. Wird ein Befehl in die *statisch-mechanische Analyse* eingefügt, lautet der Kommentar:

```
!   Commands inserted into this file will be executed just prior to the
ANSYS SOLVE command.
!   These commands may supersede command settings set by Workbench.

!   Active UNIT system in Workbench when this object was created:  Metric
(mm, t, N, s, mV, mA)
!   NOTE:  Any data that requires units (such as mass) is assumed to be
in the consistent solver unit system.
!                See Solving Units in the help system for more infor-
mation.
```

Das heißt, die folgenden Befehle werden vor dem SOLVE-Kommando, also unmittelbar vor dem Start der Analyse, eingefügt. Die Befehle dürfen auch ein SOLVE enthalten, das standardmäßige wird aber auch ausgeführt. Es kann eine Diskrepanz zwischen den verwendeten Einheiten geben, wenn man in Workbench ein nicht konsistentes System verwendet.

Die eingefügten Objekte erhalten den Namen *Befehle*. Dieser kann wie an vielen Stellen mit F2 oder RMB umbenannt werden, etwa nach dem Zweck oder dem wichtigsten Kommando. *Befehle* können auch durch mehrere eingefügte Objekte gegliedert werden. Dabei wird die Reihenfolge durch das Einfügen bestimmt; zur Änderung der Reihenfolge muss man den Inhalt umkopieren.

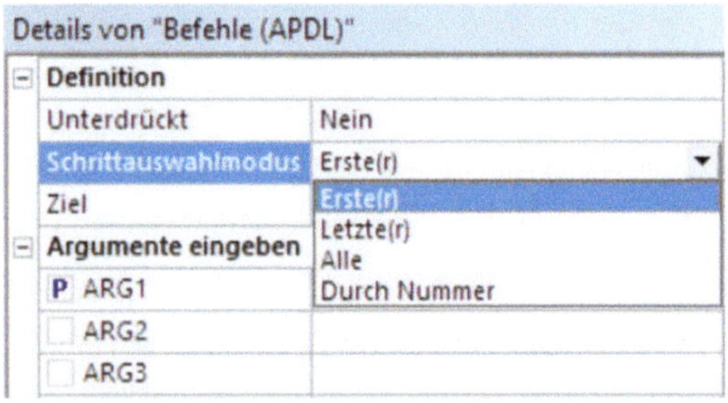

Befehle werden nur in einem Lastschritt (erster, letzter, angegebene Nummer) oder in allen Lastschritten (Kap. 1.3) ausgeführt, je nachdem, was man im *Schrittauswahlmodus* angegeben hat. *Befehle* können außerdem Argumente enthalten, die im *Detail*fenster eingegeben und in den Kommandos als *arg1* bis *arg9* verwendet werden. Sie können durch Klicken auf das Kästchen davor auch zu Parametern (blaues P) für den *Parametersatz* auf der Projektseite und die Optimierung erklärt werden, wodurch sie im Detailfenster nicht mehr verändert werden können.

Befehle-Objekte können auch unter der *Lösung* eingeführt werden. Sie beziehen sich dann auf das Postprocessing. Sollen dabei erzeugte Größen dem *Parametersatz* der Projektseite als *Ausgabeprameter* zur Verfügung stehen, muss ihr Name mit einem festgelegten Suffix beginnen. Voreinstellung in Workbench ist *my_*:

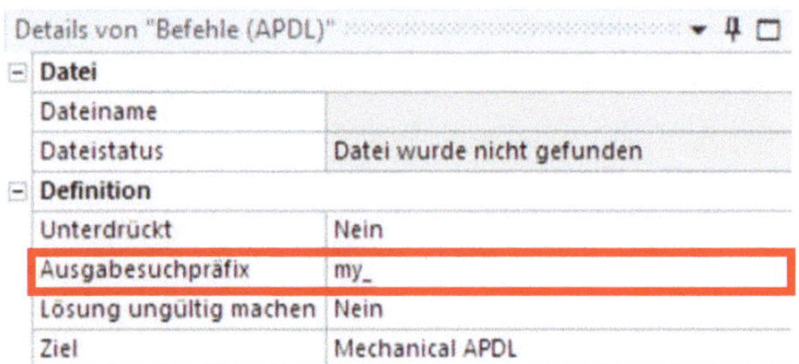

Ein Beispiel wäre

```
MY_POSX=UX(IN)+NX(IN)
```

für die x-Koordinate eines Knotens mit der in `IN` gespeicherten Nummer im verformten System.

1.3 Newton-Raphson-Verfahren

1.3.1 Zweck und Möglichkeiten

In der linearen FEM entsteht ein lineares Gleichungssystem, das u. A. mit Verfahren, die auf dem Gauß-Algorithmus beruhen, gelöst werden kann. Eine direkte Auflösung eines größeren Systems nichtlinearer Gleichungen ist in aller Regel nicht möglich. Deshalb kommt meist das Newton- oder Newton-Raphson-Verfahren zum Einsatz, das für eindimensionale Gleichungen allgemein bekannt sein dürfte. Es lässt sich aber im Gegensatz zu vielen anderen Verfahren zur Nullstellenbestimmung auf beliebig viele Unbekannte erweitern. Die Nullstellenaufgabe lautet, dass die Differenz zwischen inneren und äußeren Knotenkräften null sein muss.

Dafür wird eine Folge von linearen Gleichungssystemen gelöst, deren Systemmatrix in Zusammenhang mit dem Thema dieses Buches die Tangentensteifigkeitsmatrix heißt. Sie enthält die Ableitung der inneren und äußeren Knotenkräfte nach den Knotenverschiebungen.

Bei den in Workbench aufgerufenen Elementtypen wird die Ableitung der äußeren Knotenkräfte, die immer dann existiert, wenn die Kräfte nach Größe oder Richtung von den Verschiebungen abhängen, z. B. bei Drücken, automatisch berücksichtigt. Sie kann nur durch das APDL-Kommando PRSCONTROL,NOPL abgeschaltet werden. Wer das tut, sollte dafür einen Grund wissen. Wenn die Lasten keine Potenzialeigenschaften besitzen – und das ist die Regel bei verformungsabhängigen Belastungen –, wird die Lasttangente unsymmetrisch. Hat man das nicht bewusst aktiviert (s. u.), arbeitet ANSYS mit einer symmetrisierten Matrix, also nicht der echten Tangente, was sich nachteilig auf die Konvergenz auswirken kann. In einem System ähnlich zu dem aus Kap. 2.5 mit Druckbelastung und etwa 90° Verdrehung gegenüber dem Ausgangszustand kommt die *Newton-Raphson-Option Voll* mit 48 kumulierten Iterationsschritten zum Ziel (**Abb. 1.3**), *Unsymmetrisch* mit 41 (**Abb. 1.4**). Dies gilt für die voreingestellte Kraftkonvergenz-Toleranz von $\varepsilon = 0{,}5$ %; bei $\varepsilon = 0{,}5 \cdot 10^{-6}$ % kommt *Voll* nur bis zu einem Drittel der Maximallast zur Konvergenz, während mit *Unsymmetrisch* die Maximallast in insgesamt 76 Iterationsschritten, also gar nicht so viel mehr als bei millionenfach größerer Toleranz, konvergent erreicht wird.

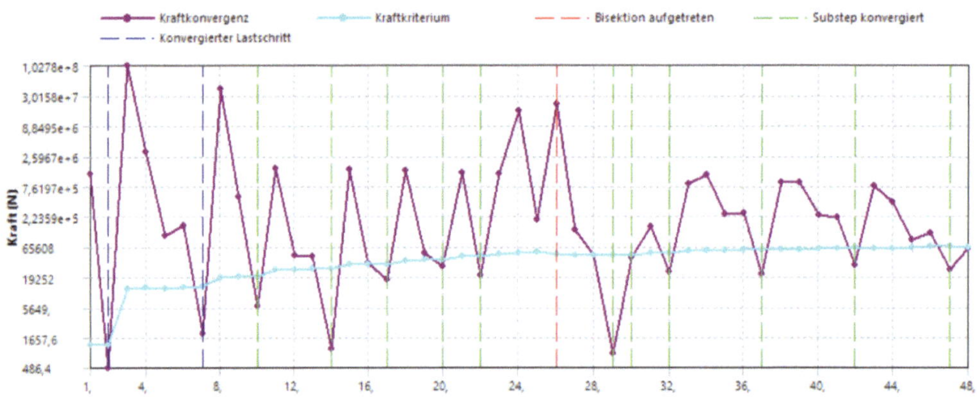

Abb. 1.3 Kraftkonvergenz eines mit Druck beaufschlagten Systems bei *Newton-Raphson-Option Voll*

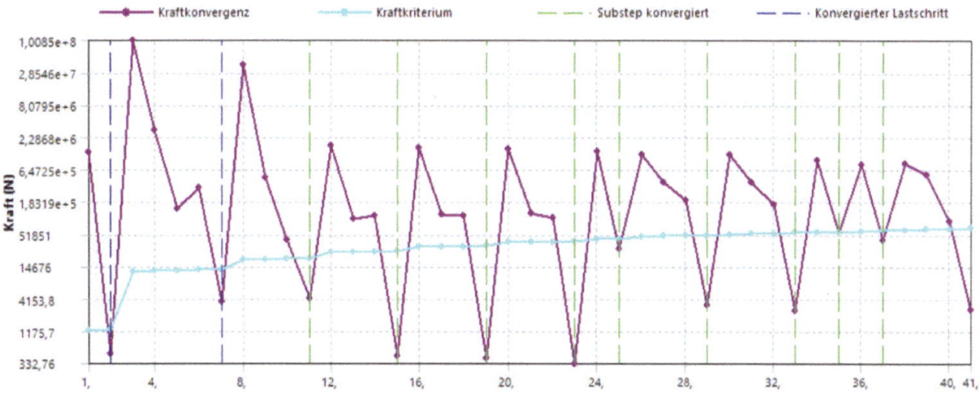

Abb. 1.4 Kraftkonvergenz eines mit Druck beaufschlagten Systems bei *Unsymmetrischem* Newton-Raphson-Verfahren

Beim Standard-Newton-Raphson-Verfahren (*Voll*/`FULL` oder auch *Unsymmetrisch*) wird die Steifigkeitsmatrix in jedem Iterationsschritt neu aufgebaut und muss dann zeitaufwändig dreieckszerlegt werden. Daneben existieren noch das *Modifizierte* Verfahren, bei dem die Tangentenmatrix zu Beginn eines Substeps neu gebildet, für die weitere Iteration aber konstant gehalten wird, und das *Initial-Stiffness*-Verfahren (`INIT`, nicht in Workbench), bei dem die Steifigkeitsmatrix nur einmal, zu Beginn der Analyse, erstellt wird und daher auch nur einmal die Tangente darstellt. Vorteile dieser Methoden sind, dass auch die aufwändige Gauss-Zerlegung der Matrix seltener vorgenommen werden muss und dass die Matrix evt. eine größere Steifigkeit repräsentiert. Letzteres kann zu einer etwas größeren numerischen Stabilität führen. Nachteile der Abwandlungen sind, dass bei ohnehin konvergenten Lastniveaus mehr, z. T. erheblich mehr Iterationsschritte benötigt werden, dass eine sich ergebende physikalische Instabilität nicht direkt sichtbar wird (s. Kap. 3.1) und dass Änderungen im Kontaktstatus (offen/geschlossen) während der Iteration in der Matrix nicht repräsentiert werden. Dass dies bei „klappernden" Kontakten auch einmal von Vorteil sein könnte, ist nicht völlig auszuschließen, systematische Erfolge damit werden aber nicht berichtet.

1.3.2 Regeln und Einstellung

Wegabhängige Lasten, bestimmte nichtlineare Materialien wie plastische mit nicht-assoziierter Fließregel (kann z. B. beim Drucker-Prager-Gesetz der Fall sein) und Kontakt mit Reibung machen die echte Tangentenmatrix unsymmetrisch. Die Lösung eines unsymmetrischen Gleichungssystems ist aber aufwändiger als die eines symmetrischen. Daher symmetrisiert ANSYS standardmäßig die Systemmatrizen, es sei denn, der Benutzer verlangt eine unsymmetrische, dies ebenso bei den Newton-Raphson-Optionen. Man sollte davon Gebrauch machen, wenn der Umstand, der zur Unsymmetrie führt, von größerer Bedeutung für das Gleichgewicht ist. Das beste Beispiel ist, wenn ein System nur durch Reibung vollständig gehalten werden kann.

Die verschiedenen Einstellungen finden sich in den *Analyseeinstellungen* unter *Nichtlineare Steuerungen> Newton-Rahpson-Option* (**Abb. 1.5**).

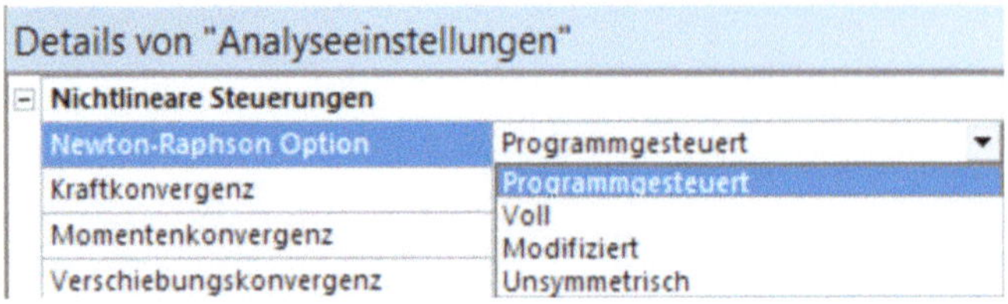

Abb. 1.5 Newton-Raphson-Optionen

1.3.3 Iterationsverlauf

Zum Verständnis des Iterationsvorgangs sollte man Folgendes wissen:

- Die Lösung eines nichtlinearen Problems muss nicht eindeutig sein.
- Ist die Lösung nicht eindeutig, ist das mit dem Newton-Verfahren erzielte Ergebnis vom Startwert abhängig.
- Die Zwischenlösungen können sich zunächst vom gesuchten Ergebnis weit entfernen.
  Das birgt die Gefahr, dass überhaupt keine Lösung gefunden wird und die Konvergenz anfangs schlecht ist.

Für das Newton-Verfahren lässt sich zeigen, dass es in der Umgebung der Lösung quadratisch konvergiert (Bedeutung und Beispiel in Kap. 1.8.1). Dafür, dass die Startlösung, das ist die letzte konvergierte Lösung oder eine mit dem Prädiktor extrapolierte Näherung, sich in der Nähe der Lösung befindet, soll die Schrittweitensteuerung sorgen.

Die Maximalzahl der Iterationen liegt programmgesteuert zwischen 15 und 26. Wenn man damit keine Konvergenz erzielt, ist es eher unwahrscheinlich, dass noch mehr Schritte daran etwas ändern. Wahrscheinlich ist, dass die Schrittweite zu groß ist. Deutet sich im Konvergenzgraphen aber an, dass eine Tendenz zur Konvergenz besteht und nur noch ganz wenige Schritte fehlen, dann kann man mit dem *Befehl* `NEQIT,`*`Anzahl`* die Zahl für einen Restart noch erhöhen.

Die Überschreitung der Maximalzahl führt zum Iterationsabbruch und ggf. zur Bisektion, wenn die Vorgaben zur Schrittweitensteuerung (Kap. 1.4.3) das noch zulassen.

1.4 Zeitschritte und deren Steuerung

1.4.1 Bedeutung

Eine statische Berechnung ist vom Grundsatz her zeitunabhängig. Zeitabhängige Vorgänge wie Kriechen oder Visko-Elastizität, bei denen keine Trägheitswirkungen berücksichtigt werden, werden aber auch zu den statischen Analysen gezählt. Entscheidend ist aber, dass in einer nichtlinearen Berechnung der Charakter der Nichtlinearität erfasst werden soll. Dazu muss die Lastgröße in Schritten (Inkrementen) aufgebracht werden. Die Ergebnisgrößen weisen dann einen nichtlinearen Verlauf auf. ANSYS verknüpft das Lastniveau mit der Zeit.

Zweiter Grund für die Zeitschrittsteuerung ist die Tatsache, dass zur Lösung der Gleichungen ein Newton-Raphson-Verfahren verwendet wird, ein Iterationsverfahren, das gut, nämlich quadratisch, konvergiert, dies aber nur in der Nähe der Lösung. Mit der richtigen Zeitschrittsteuerung kann man dafür sorgen, dass die Startlösung sich in der Nähe der konvergierten Lösung für das neue Lastinkrement befindet, die damit schnell gefunden werden kann (**Abb. 1.6**).

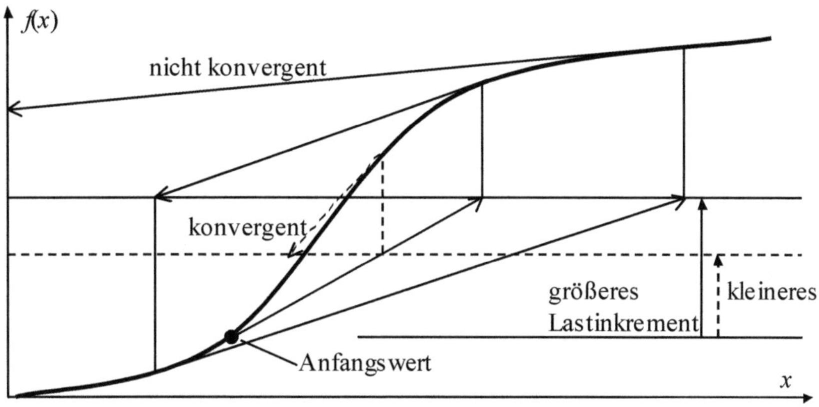

Abb. 1.6 Konvergenz oder Divergenz abhängig vom Lastinkrement

1.4.2 Lastschritte und Substeps

ANSYS unterscheidet *Lastschritte* und *Substeps*. In *Lastschritten* werden eine Zeit und das zu erreichende Lastniveau definiert. Die Einteilung in Lastschritte ist allein Sache des Anwenders. Unbedingt notwendig sind mehrere Lastschritte nur, wenn die Last sich nach Art oder Richtung ändern soll, sie können aber z. B. auch sinnvoll sein, wenn man die Zeitschrittsteuerung an das Lastniveau anpassen will, weil man zunächst gute Konvergenz bei großen Schritten, dann aber wegen stärkerer Nichtlinearität kleinere Schritte für angemessen hält.

Substeps sind die vom Programm aufgrund der Nutzerdefinition oder per Default eingestellten Zeit- und Lastinkremente. Zwischen den für Lastschritte definierten Zeiten ändert sich die Last linear mit der Zeit (**Abb. 1.7**). Die erreichte Lastgröße kann innerhalb eines folgenden Zeitschrittes auch wieder verringert werden oder das Vorzeichen wechseln.

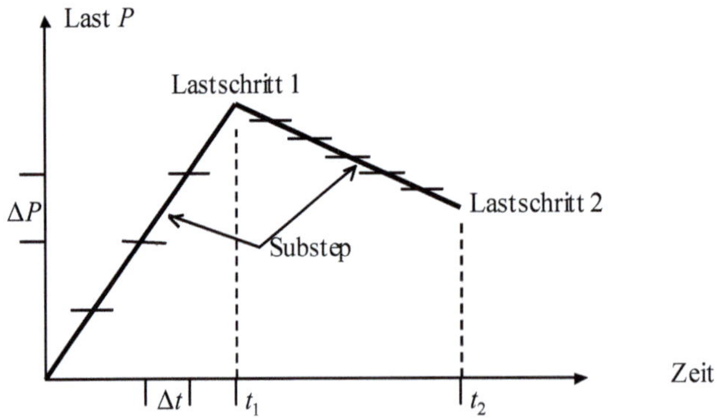

Abb. 1.7 Lastschritte und Substeps

Die definierte Zeit muss immer zunehmen. Tut sie das nicht, zählt ANSYS die Zeit um 1 hoch. Workbench lässt keine Zeitdefinition kleiner oder gleich der vorherigen Zeit zu.

Für das folgende Beispiel wird t_1= 1s und t_2= 3s gewählt. Dazu muss in den *Analyseeinstellungen* zunächst die *Anzahl Lastschritte* auf 2 gesetzt werden. Anschließend kann bei *Aktuelle Schrittnummer* 1 oder 2 eingegeben werden. Damit können spezifische Eingaben für den jeweiligen Lastschritt gemacht werden, u. A. die *Zeit nach Schritt*, gemeint ist am Ende des Lastschrittes:

Details von "Analyseeinstellungen"	
Schrittsteuerung	
Anzahl Lastschritte	2,
Aktuelle Schrittnummer	2,
Zeit nach Schritt	3, s

1.4.3 Automatische Schrittweitenkontrolle

Die Wahl der Zeitschritte wird vom Benutzer in den *Analyseeinstellungen* beeinflusst. Sie steht zunächst auf *programmgesteuert*, was meist ein Aufbringen der Last in einem Schritt bewirkt, aber Bisektionen zulässt. Sie könnte grundsätzlich auch fest vorgegeben werden (*Automatische Zeitschrittsteuerung: Aus*). Allerdings sollte man besser von der automatischen Steuerung Gebrauch machen (*Ein*), mit der das Programm den Zeitschritt bei guter Konvergenz heraufsetzen und bei schlechter herabsetzen kann. Außerdem kann bei Nichtkonvergenz eine Zeitschritthalbierung (Bisektion) durchgeführt werden. In diesem Fall wird die nicht konvergente Lösung verworfen und die Iteration beginnt wieder bei der letzten konvergierten Lösung, jetzt aber mit dem halben Lastinkrement.

Automatische Zeitschrittsteuerung	Ein
Definiert durch	Substeps
Zeitschritt übertragen	Aus
Anfängliche Substeps	20,
Min. Substeps	10,
Max. Substeps	1000,

Hat man *Ein* gewählt, kann man mit *Definiert durch* zwischen der Vorgabe von Grenzen für die *Zeitschritte* oder für die Anzahl der *Substeps* wählen. Letzteres ist in der Statik üblich. Hat man jedoch eine Zeitabhängigkeit wie Kriechen, Visko-Elastizität oder dehnratenabhängige Fließkurven, bietet sich auch die direkte Zeitsteuerung an.

Bei *n* Substeps ist der Zeitschritt jeweils

$$\Delta t = \frac{t_{i+1} - t_i}{n} \tag{1.1}$$

Definiert werden muss

- die anfängliche Zahl
  besser die anfängliche Unterteilung. Sie sollte so liegen, dass gute Konvergenz erwartet werden kann, und darf nicht kleiner als die Minimalzahl sein.
- die Minimalzahl
  Es ist nach (1.1) mehr eine Obergrenze für den Zeitschritt. Sie sollte so gewählt werden, dass eine hinreichende Auflösung des nichtlinearen Systemverhaltens erfolgt.
- die Maximalzahl
  (Untergrenze). Sie sollte klein genug sein, um eine Anzahl von Bisektionen, die schließlich zur Konvergenz an kritischen Laststufen führen sollen, zuzulassen. Sie begrenzt nach (1.1) den Zeitschritt nach unten.

Zusammengefasst bedeuten die Eingaben bei *Substeps* den jeweiligen Teiler, mit dem der (anfängliche/maximale/minimale) Zeitschritt berechnet wird. Die Gesamtzahl der Schritte erreicht typischerweise weder die Minimal- noch die Maximalzahl.

Vom zweiten Lastschritt an kann entschieden werden, ob anstelle einer neu gewählten *anfänglichen* Inkrementgröße der *Zeitschritt übertragen* werden soll, d. h. der letzte Zeitschritt aus dem vorherigen Lastschritt als *anfängliches* Zeitinkrement in den aktuellen Lastschritt übernommen werden soll. In Workbench müssen die Grenzen für jeden Lastschritt neu eingestellt werden. Zwar reagiert auch *Programmgesteuert* in gewisser Weise auf die Vorgeschichte, aber keineswegs so, dass die vorherigen Einstellungen übernommen würden, wie es in *Mechanical APDL* der Fall ist. Derjenige, dem das bei einer größeren Lastschrittzahl zu umständlich ist, kann einen *Befehl* für *alle* Lastschritte mit dem `NSUBST`-Kommando einfügen. Dabei zu beachten: Im NSUBST-Kommando sind Minimal- und Maximalzahl in der Reihenfolge vertauscht, d. h. für das Beispiel der Workbench-Eingabe oben lautet es NSUB,20,1000,10.

Wann die Schrittweite klein genug für die Konvergenzerzielung und groß genug für eine angemessene Rechenzeit ist, ist im Vorhinein kaum zu bestimmen und ändert sich auch während der Analyse. Das bedeutet, dass eine an das Lösungsverhalten angepasste Schrittweitensteuerung ein besonders nützliches Werkzeug ist. Kriterien dafür sind in ANSYS:

- die Anzahl der zur Konvergenz benötigten Iterationsschritte
- die Größe des Inkrementes der plastischen oder Kriechdehnung
- erfolgte oder bevorstehende Statuswechsel oder Eindringungen zu Beginn eines Inkrementes bei Kontakt (wenn aktiviert)
- in der Dynamik Abschätzungen der Antwortfrequenzen

Wird mit der vorgegebenen Schrittweite innerhalb der erlaubten Anzahl von Iterationsschritten keine Konvergenz erzielt, wird die Berechnung abgebrochen. Dies geschieht mitunter auch, wenn das Programm *annimmt*, dass die Zahl der Iterationsschritte nicht ausreichen *wird*. Das wird typischerweise etwa um die 7. Iteration herum geprüft. Dann kann es sein, dass ANSYS sich mit folgender Nachricht meldet:

```
>>> PREDICTED NUMBER OF ITERATIONS FOR CONVERGENCE=  50 EXCEEDS MAX OF  26
 *** LOAD STEP     1   SUBSTEP     7  NOT COMPLETED.  CUM ITER =     52
 *** BEGIN BISECTION NUMBER   1    NEW TIME INCREMENT=   0.0500
```

In beiden Fällen wird, wenn der Zeitschritt noch verkleinert werden darf, eine Bisektion durchgeführt. Das bedeutet, dass

- die Ergebnisse der Iteration auf dem aktuellen Lastniveau verworfen werden,
- der Zeitschritt halbiert
- und die Iteration auf Basis der letzten konvergierten Lösung neu gestartet wird.

Ebenfalls zur Bisektion kommt es, wenn

- das plastische Dehnungsinkrement 15% überschreitet (kann mit dem *Befehl* CUTCONTROL, PLSLIMIT verändert werden),
- das Kriechdehnungskriterium (CREEP RATIO) einen mit CUTCONTROL, PLSLIM eingestellten Wert überschreitet,
- „EXCESSIVE ELEMENT DISTORTION“ gemeldet wird.

Letztere Meldung bedeutet zunächst, dass ein Element stark verzerrt wurde, was ein hinreichender Grund für einen Iterationsabbruch ist. Das kann die Folge von Divergenz der Verschiebungslösung sein, sodass man die Hoffnung, die Berechnung mit kleineren Schritten doch noch zu Ende zu bringen, nicht aufgeben muss.

Manchmal sucht man aber in der nicht konvergierten Lösung das verzerrte Element vergebens. Grund dafür kann sein, dass die gleiche Meldung auch erscheint, wenn bei einem nichtlinearen Material die Bestimmungsgleichungen des Werkstoffgesetzes (auch oft iterativ) nicht erfüllt werden können.

Über Konvergenzverhalten gibt die *Lösungsausgabe>Kraft-* oder *Verschiebungskonvergenz* etc. Auskunft (**Abb. 1.8**). Die Graphen enthalten in Magenta den Konvergenzwert (s. Kap. 1.8.1) und in Hellblau das Kriterium, das zu erfüllen ist, damit Konvergenz angenommen wird, im einfach logarithmischen Maßstab. Ferner markieren dunkelblaue vertikale Striche abgeschlossene Lastschritte, grüne konvergierte Substeps und rote Substeps, die nicht zur Konvergenz gebracht werden konnten, sodass eine Bisektion des Zeitschritts erfolgte.

Die Zeit wird unter den Konvergenzgraphen aufgetragen; sinkt sie, lag Nichtkonvergenz vor. Das *Zeitinkrement* ist eine gesonderte *Lösungsausgabe.*

Im Beispiel aus **Abb. 1.8** lag zunächst gute Konvergenz vor; der Zeitschritt stieg an. Die Zeit vergrößerte sich, bis kein Gleichgewicht mehr gefunden werden konnte, dann gab es Bisektionen; der Zeitschritt wurde immer kleiner, bis er sein Minimum erreichte. Die vorgegebene Last zur Zeit 100 wurde nie erreicht. Das war in diesem Fall das erwartete Ergebnis, weil hier kraftgesteuert die größte vom System aufnehmbare Last (Traglast) ermittelt werden sollte. Als solche gilt das letzte konvergierte Lastniveau.

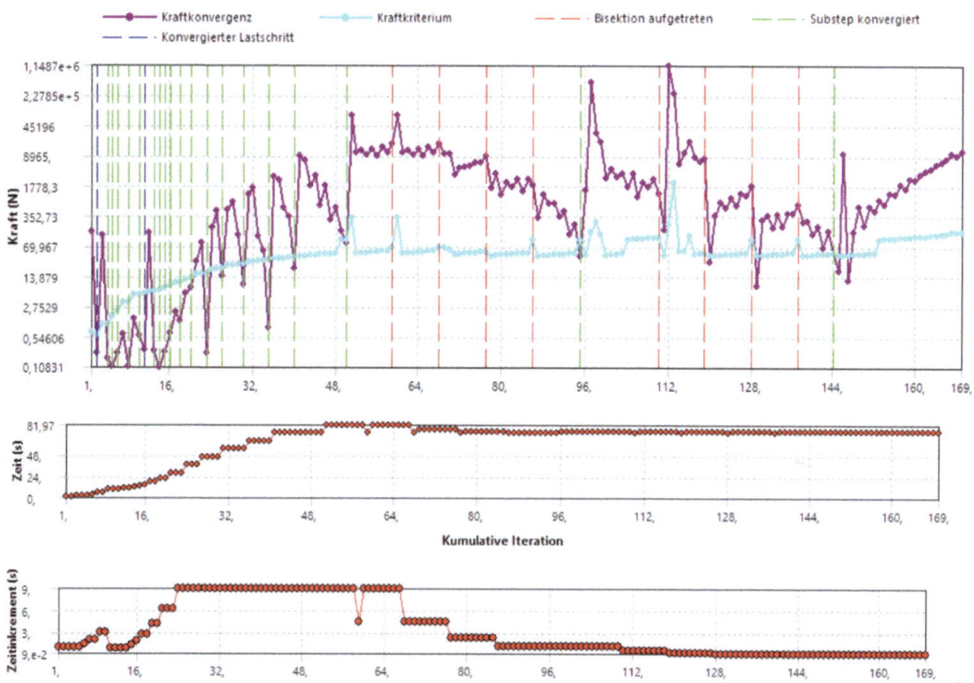

Abb. 1.8 Iterationsverlauf mit Substeps und Bisektionen sowie zugehörige Zeit und Zeitschritt

Zwischen Iteration 41 und 51 in **Abb. 1.8** sieht man deutliche Konvergenz, aber auch eine Oszillation des Konvergenzwertes. Wenn nicht gerade ein alternierendes Vorzeichen des Verschiebungsinkrementes wie etwa beim Kontaktklappern vorliegt, dann ist das oft ein Zeichen dafür, dass der Line-Search (1.8.2) aktiv ist. Insofern ist ein solches Verhalten nicht beunruhigend.

1.5 Lastverlauf

ANSYS Mechanical APDL kennt zwei Arten der Lastdefinition, nämlich durch die jeweilige Angabe von Zeit und zugehöriger Last oder durch *Tables*, die alle Wertepaare Zeit und Last für die ganze Simulation enthalten. Workbench machte lange konsequent nur von *Tables* Gebrauch, die die Workbench-Lasttabellen wiedergeben. Neuere Versionen verwenden z. T. auch die direkte Zeit-Last-Zuordnung. Die Lasttabellen entstehen durch eine der folgenden Möglichkeiten (**Abb. 1.9**):

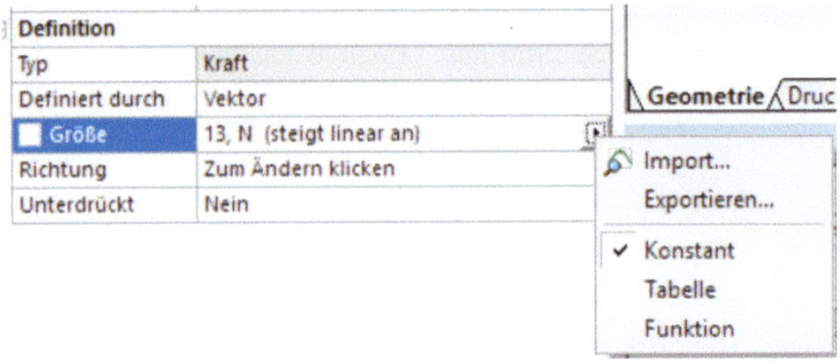

Abb. 1.9 Arten der Laststeuerungsdefinition

- Konstant
  Das heißt, dass die Last als Konstante vorgegeben wird. Sie wird aber im ersten Lastschritt linear gesteigert (*ramped*) und dann beibehalten, was man neben dem Diagramm auch am Gleichheitszeichen in Zeile 3 (=13) erkennt. Ändert man nun die Last durch Eintrag einer anderen Kraft in Zeile 2, passt sich die Zahl hinter dem Gleichheitszeichen an. Dies kann man durch Löschen bzw. Überschreiben ändern.

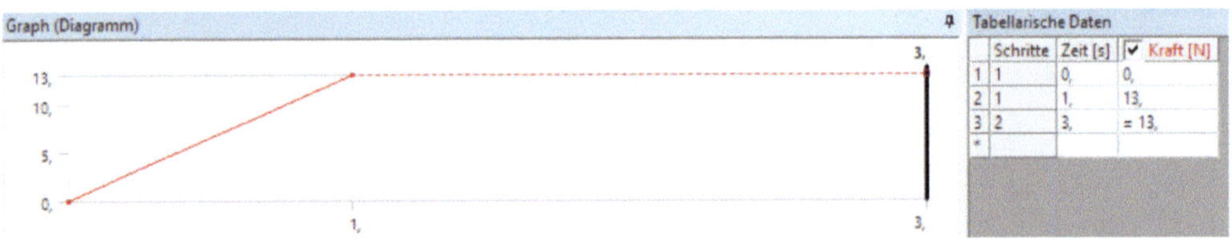

- Tabelle/Tabellarische Daten
  Hier wird erwartet, dass man die Tabelle ausfüllt. Überschreibt man in obiger Tabelle „=13“ durch eine einfache Zahl, stellt sich die Option automatisch von *Konstant* auf *Tabellarische Daten* um. Man kann auch weitere Zeitpunkte und zugehörige Werte einfügen, indem man in die freie Zeile (*) eine Zeit einträgt, die dann automatisch einsortiert wird. Der Verlauf kann dann innerhalb eines Lastschrittes unterschiedlich steil sein oder auch steigen und wieder fallen. Bei Knicken innerhalb eines Lastschrittes besteht aber die Gefahr, dass durch die Schrittweitensteuerung lokale Extrema nicht getroffen werden (s. schwarzen Verlauf).

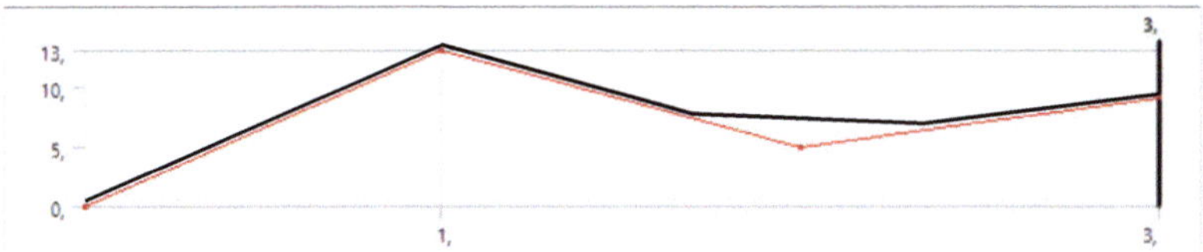

	Schritte	Zeit [s]	✔ Kraft [N]
1	1	0,	0,
2	1	1,	13,
3	2	2,	5,
4	2	3,	9,
*			

- Funktion
  Hier können Funktionen der Zeit (*time*) oder der Koordinaten (*x*, *y*, *z*), aber nur von einer unabhängigen Variablen eingegeben werden. Bei Winkelfunktionen ist maßgebend, welche Einheit (*Grad* oder *Rad*) **vor** Einfügen des Lastobjektes unter *Maßeinheiten* in der obersten Menüzeile eingestellt war. Davon hängt ab, ob eine Periode als 2π (π als Ziffernfolge oder z. B. als ACOS(-1)) oder 360(°) eingegeben werden muss.

Definition	
Typ	Kraft
Definiert durch	Vektor
Größe	= 13*sin(2*3,14159/3*time)
Richtung	Zum Ändern klicken
Unterdrückt	Nein
Funktion	
Maßeinheitensystem	Metrisch (mm, t, N, s, mV, mA) Rad r...

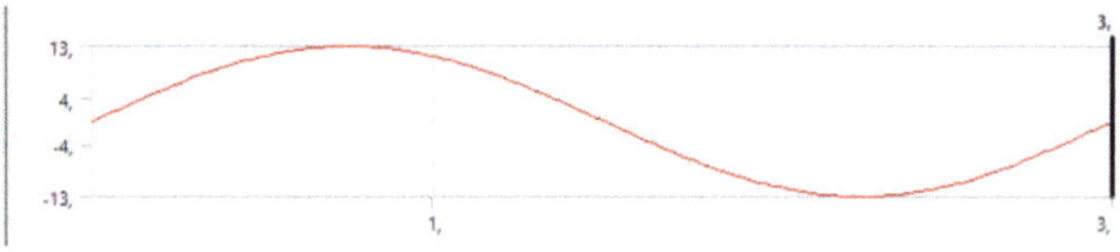

Nach der Berechnung wird man Diagramme erhalten. Oft ist es wünschenswert, dass diese bei {0;0} beginnen. In diesem Fall sollte man einen Lastschritt vorsehen, in dem die vorgesehene Belastung zunächst bei 0 bleibt. Damit die Proportionalität von Last und Zeit annähernd erhalten bleibt, kann ja für den Null-Lastschritt eine sehr kleine Zeit gewählt werden:

Tabellarische Daten

	Schritte	Zeit [s]	✔ Kraft [N]
1	1	0,	0,
2	1	1,e-006	0,
3	2	1,	10000
*			

1.6 Ausgabesteuerung

Jede Analyse erzeugt eine große Menge von Ergebnisdaten, von denen ein Teil möglicherweise nie ausgewertet wird. Deshalb kann der Nutzer sowohl den Umfang der Resultate für einen Substep als auch die Häufigkeit, mit der diese herausgeschrieben werden, beeinflussen. Die Voreinstellungen in Version 2019R3 sind:

Details von "Analyseeinstellungen"

Ausgabesteuerungen	
Spannung berechnen	Ja
Oberflächenspannung	Ja
Back Stress	Ja
Dehnung berechnen	Ja
Kontaktdaten	Ja
Nichtlineare Daten	Ja
Knotenkräfte	Nein
Kontaktergebnisse berechnen	Nein
SMISC-NMISC	Nein
Euler-Winkel (Beta)	Ja
Volumen und Energie (Beta)	Ja

Dabei werden der Kontaktstatus, die Eindringung, der Druck und weitere Resultate unter *Kontaktdaten* verstanden, *Kontaktergebnisse* sind diejenigen, die als *miscellaneous* dokumentiert sind und *by sequence number* mit SMISC und NMISC angesprochen werden sollen. Dementsprechend betrifft *SMISC-NMISC* ähnlich gelagerte Daten aller anderen Elemente. Dabei steht S für summierbar und N für nicht summierbar. Über die Bedeutung gibt eine lange Liste unter *Element Output Definitions* des jeweiligen Elements Auskunft.

Reaktionskräfte werden standardmäßig ausgegeben, sonstige *Knotenkräfte* benötigt man, wenn man sie darstellen will, besonders aber, wenn man Kräfte in einem Schnitt durch das System mithilfe einer Ebene errechnen lassen will. Dazu ist die Definition eines Koordinatensystems erforderlich, dessen x-y-Ebene den Schnitt führt. Dieses ist unter *Modell>Einfügen>Konstruktionsgeometrie>Oberfläche* zu vereinbaren. Dann kann in die *Lösung* eine *Stichprobe>Kraftreaktion* eingefügt werden und dort als *Positionsmethode Oberfläche* gewählt werden. Das Ergebnis zeigt **Abb. 1.10**.

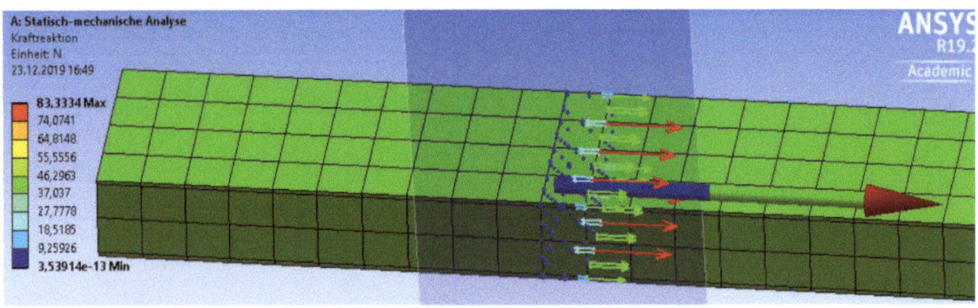

Tabellarische Daten

	Zeit [s]	Kraftreaktion (X) [N]	Kraftreaktion (Y) [N]
1	1,	1000,	-7,5064e-007

Abb. 1.10 Knotenkräfte und Resultierende in einer Schnittebene

Per Voreinstellung werden von *Workbench* die spezifizierten Ergebnisse in jedem Substep ausgegeben. Das lässt sich ebenfalls unter *Ausgabesteuerungen* ändern:

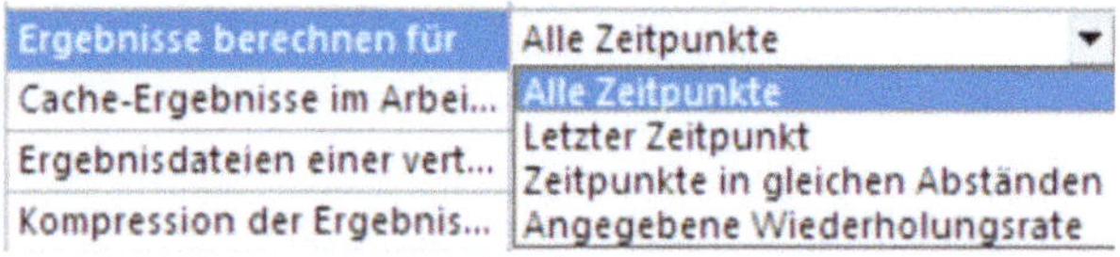

Dabei bedeutet die Zahl *n* bei *Zeitpunkte in gleichen Abständen*, dass der Zeitabschnitt für den Lastschritt in Zeitpunkte mit *n* gleichen Abständen unterteilt wird und immer, wenn die zur Lösung gehörende Zeit einen solchen Zeitpunkt überschreitet, ein Ergebnis geschrieben wird.

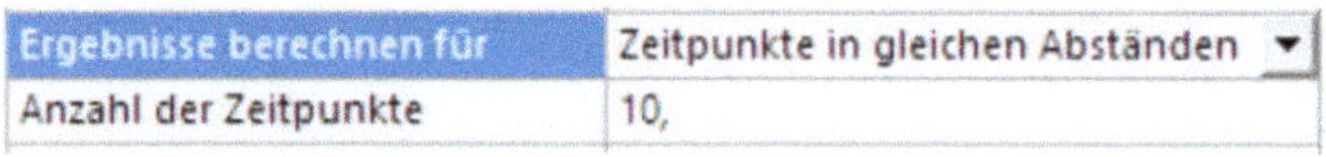

Bei *Angegebene Wiederholungsrate* hingegen bedeutet die Zahl *n*, dass alle *n* Substeps ein Datensatz dem Result-File hinzugefügt wird.

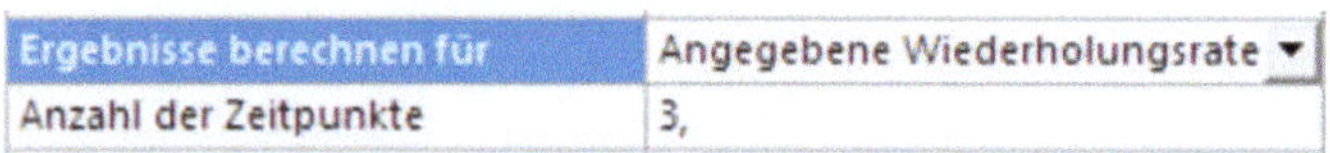

Erstere Möglichkeit könnte geeignet sein, wenn erwartet wird, dass das System bis zum angegebenen Lastniveau stabil bleibt, letztere, wenn die maximal aufnehmbare Last (Traglast) ermittelt werden soll und die Zeitschritte durch Bisektion immer kleiner werden.

Auch diese Einstellungen können (und müssen) für jeden Lastschritt neu gewählt werden.

1.7 Solver-Steuerungen

Von den *Solver-Steuerungen* (**Abb. 1.11**) soll nur der *Solver-Typ* besprochen werden. Unter *direkt* verbirgt sich ein Löser, der auf dem Gauß-Algorithmus beruht, aber die Tatsache ausnutzt, dass die Steifigkeitsmatrix bei größeren Systemen im Ausgangszustand nur spärlich mit von Null verschiedenen Matrixelementen besetzt ist (sparse matrix). Unter *iterativ* wird ein Löser angeboten, der auf dem Verfahren der Konjugierten Gradienten mit Vorkonditionierung (preconditioned conjugate gradient algorithm, PCG) beruht.

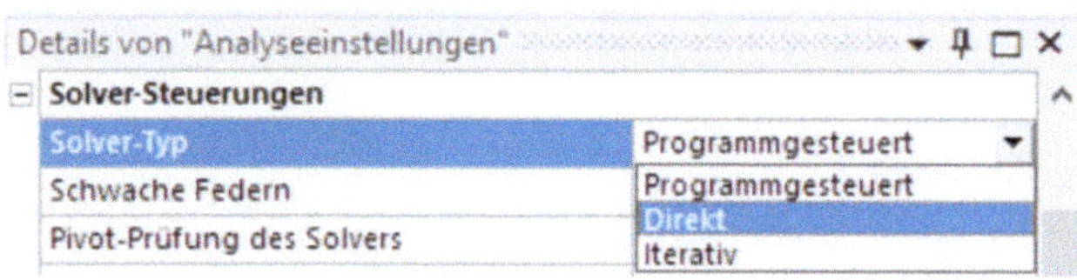

Abb. 1.11 Auswahl des linearen Gleichungslösers

Die Kriterien für die Auswahl sind ähnlich wie bei linearen Analysen: Von einer bestimmten Variablenzahl an ist der iterative Löser schneller als der direkte. Es gibt bei nichtlinearen Berechnungen aber Einschränkungen, die gegen den PCG-Löser sprechen:

- Der CG-Löser ist nicht für Elemente mit u-p-Formulierung, die bei gummiartigen Materialien (Kap. 1) mit Inkompressibilität erforderlich sind, geeignet, weil dabei Nullen auf der Hauptdiagonale auftreten
- Aus dem gleichen Grund eignet er sich nicht für das *Lagrange-Verfahren* im Kontakt.
- Der CG-Löser arbeitet nicht mit unsymmetrischen Matrizen, deren Verwendung bei Plastizität (Kap. 1) mit nicht-assoziierter Fließregel, Kontakt mit Reibung (Kap. 8.8) und verschiebungsabhängiger Belastung angeraten sein kann.
- Der iterative Löser wird deutlich langsamer, wenn die Matrizen schlecht konditioniert sind, was u. A. bei Schalen- und Balkenelementen, insbesondere bei großen Verformungen, und bei einigen Multiphysik-Anwendungen der Fall sein kann.
- Die Kondition verschlechtert sich auch bei Annäherung an einen Instabilitätspunkt (s. Kap. 3), zudem sind Berechnungen im instabilen Bereich nicht möglich. Außerdem gibt es beim CG-Löser keine Pivot-Elemente, die man als Kriterium u. A. für das Überschreiten eines kritischen Punktes heranziehen sollte, sodass von der Verwendung bei Stabilitätsanalysen abgeraten werden muss.

Bei *programmgesteuert* wählt *Workbench* in zunehmendem Maße den iterativen Löser, z. T. selbst bei winzigen Modellen, sodass es sich lohnen kann, die Einstellung zu überprüfen bzw. selbst vorzunehmen.

1.8 Konvergenzhilfen

1.8.1 Konvergenzprüfung

Die nichtlinearen Gleichungen werden nicht direkt, sondern im Newton-Verfahren iterativ durch eine Folge von linearen Gleichungssystemen gelöst. Daher muss geprüft werden, wann die Lösung genau genug erscheint. Ziel der Iteration ist, dass die Ungleichgewichtskräfte **d**, die Differenz zwischen den inneren Kräften $\mathbf{f}^{int}$ und den äußeren $\mathbf{f}^{ext}$, zu null werden:

$$\mathbf{d} = \mathbf{f}^{int} - \mathbf{f}^{ext} = \mathbf{0} \tag{1.2}$$

Das muss grundsätzlich in jeder Komponente erfüllt sein, wovon es sehr viele gibt. Deshalb wird eine Vektornorm gebildet, im Standardfall die Euklidische oder 2-Norm, die Übertragung des Pythagoras‘ in den n-dimensionalen Raum, letztlich also die Länge des Fehlkraftvektors. Null wird nicht erreicht, also wird ein relativ kleiner Wert angestrebt. Dazu wird die Fehlkraftnorm mit der Norm der inneren Kräfte verglichen, sodass das Konvergenzkriterium

$$\|\mathbf{d}\| < \varepsilon \left\|\mathbf{f}^{int}\right\| \tag{1.3}$$

lautet, wobei	$\| \|$	eine Norm,
	ε	eine kleine, die Genauigkeit beeinflussende, im Vorhinein wählbare Zahl, bei ANSYS per Voreinstellung 0,005, also 0,5%,
und	$\mathbf{f}^{int}$	die inneren Knotenkräfte bedeutet.

ANSYS betont noch, dass darin auch die Reaktionskräfte enthalten sind, die aus den inneren Knotenkräften an gesperrten oder vorgegebenen Freiheitsgraden berechnet werden. Dieses Kriterium ist als *Kraftkonvergenz/force convergence* bekannt.

Gleichgewicht bedeutet auch, dass die Lösungsverbesserung $\Delta\mathbf{u}$ ebenfalls **0** wird. Daher kann auch darauf ein Konvergenzkriterium basieren. Wieder stellt sich die Frage nach dem Vergleichswert und ANSYS stellt das Verschiebungsinkrement $\Delta\mathbf{u}_i$ des i-ten Iterationsschrittes, das null werden soll, dem Verschiebungszuwachs im aktuellen Lastinkrement/Substep j gegenüber:

$$(1.4) \qquad \left\|\Delta\mathbf{u}_i\right\| < \varepsilon\left\|\mathbf{u}_i^j - \mathbf{u}_\infty^{j-1}\right\|$$

wobei der Fußzeiger ∞ eine konvergierte Lösung als Startwert für das folgende Inkrement bedeutet, die hoffentlich nicht unendlich viele Iterationen benötigt hat, sich aber auch in unendlich vielen weiteren Schritten nicht mehr ändern würde.

Dieses Kriterium heißt *Verschiebungskonvergenz/displacement convergence*, ε ist auf 0,05 (5 %) voreingestellt.

Beide Kriterien signalisieren oft nicht zur selben Zeit Konvergenz. Bei einem sich versteifenden System hat eine kleine Verschiebungsänderung größere Kraftänderungen zur Folge, bei einem weicher werdenden System – als Extremfall kann hier das Stabilitätsproblem (s. Kap. 3) gelten – ist es umgekehrt. Daher liegt man auf der sicheren Seite, wenn man beide Kriterien beachtet.

Balken- und Schalenelemente weisen sowohl Verschiebungs- als auch Drehfreiheitsgrade, entsprechend Knotenkräfte und -momente auf. Diese haben unterschiedliche Einheiten. Damit die Konvergenz nicht von der gewählten Längeneinheit abhängt, werden die entsprechenden Komponenten getrennt betrachtet. Daher gibt es in ANSYS auch noch die *Momenten-* und die *Rotationskonvergenz*. Verschiebungs- und Drehfreiheitsgrade sowie die zugehörigen Kraft- und Momentenwerte werden für die Konvergenz getrennt betrachtet.

Workbench bietet an, ein Kriterium zu entfernen oder Einstellungen dafür vorzunehmen (**Abb. 1.12**). Unter *Wert* wird der Referenzwert verstanden. Er wird von ANSYS bei *Kraftkonvergenz* aus den inneren Knoten- und den Reaktionskräften berechnet, wenn der Nutzer nicht einen Wert vorgibt. Letzteres könnte hilfreich sein, wenn das angezeigte Konvergenzkriterium starke Sprünge aufweist. Es ist allerdings schwierig, für die ganze Analyse einen geeigneten Wert im Vorhinein festzulegen. *Wert* 0 bedeutet zurück zur Voreinstellung. Dieser Referenzwert, multipliziert mit der *Toleranz* ergibt das `CRITERION` in der *Solver-Ausgabe* der *Lösungsinformationen.*

Achtung: Die Einstellungen gelten immer nur für einen Lastschritt und müssen für weitere Schritte ggf. neu vorgenommen werden.

Die *Mindestreferenz* begrenzt den automatisch bestimmten Referenzwert nach unten. Es ist denkbar, dass, wenn die Lasten sehr klein werden, z. B. wenn auch ein Entlastungsvorgang gerechnet wird, der Referenzwert ebenfalls klein wird. Dann könnte ein verschwindend geringer Fehler im Verhältnis zum Referenzwert immer noch groß sein und die Konvergenz verhindern. Auch wenn die Konvergenz für Freiheitsgrade unterschiedlicher Art, z. B. Verschiebungen und Verdrehungen bei Schalen, beobachtet wird, kann es sein, dass es für eine

Art keine relevanten Knotenwerte gibt. In diesen Fällen greift der *Mindestreferenz*wert ein. Das Programm gibt einen Wert vor, der einheitenbehaftet ist.

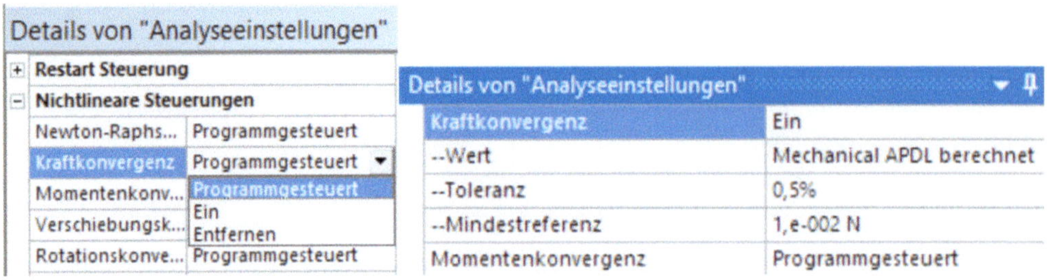

Abb. 1.12 Einstellung von Konvergenzkriterien

Die Ausgabe für einen Iterationsschritt kann so aussehen:

```
EQUIL ITER 2 COMPLETED.  NEW TRIANG MATRIX.  MAX DOF INC= -0.5490E-01
 DISP  CONVERGENCE  VALUE   =  0.2745E-02   CRITERION=  0.1954E-02
 FORCE  CONVERGENCE  VALUE   =    439.6       CRITERION=    14.22
 MOMENT CONVERGENCE VALUE  = 0.1519E-03  CRITERION= 0.1832E-01  <<<
CONVERGED
```

Die Iteration gilt erst dann als konvergiert, wenn für alle Kriterien `CONVERGED` angezeigt wird.

Wer möchte, kann die aktuelle Konvergenzordnung nach folgender Formel berechnen:

$$\kappa = \frac{\log\left(\|\mathbf{d}_{i-1}\| / \|\mathbf{d}_i\|\right)}{\log\left(\|\mathbf{d}_{i-2}\| / \|\mathbf{d}_{i-1}\|\right)} \tag{1.5}$$

Die Norm von **d** wird als `CONVERGENCE VALUE` angegeben. Man benötigt die Werte aus mindestens 3 Iterationsschritten.

Tab. 1.1 Beispiel für lineare und quadratische Konvergenz

Iteration i	$\|\mathbf{d}\|_i^I$	$\|\mathbf{d}\|_i^{II}$
1	10	10
2	1	1
3	0,1	0,01

In dem Beispiel ergibt die mit *I* bezeichnete Spalte lineare ($\kappa = 1$), die mit *II* bezeichnete quadratische Konvergenz ($\kappa = 2$).

Das Newton-Verfahren zeigt quadratische Konvergenz in der Nähe der Lösung, auf dem Weg dahin weniger. Da in ANSYS die Iteration frühzeitig abgebrochen wird, wird man $\kappa = 2$ nur selten erreichen; wer das sehen will, muss die Toleranz ε deutlich verkleinern. Für **Abb. 1.13** ist das bei einem kleinen elasto-plastischen Beispiel mit dem Chaboche-Werkstoffmodell (σ_F = 200, C_1 = 40000, γ_1 = 100) geschehen: Die Toleranz betrug statt der Voreinstellung 0,5 % hier $0{,}5 \cdot 10^{-6}$ % = $5 \cdot 10^{-9}$ und kam doch in sechs Iterationsschritten zum Ziel. Allein im letzten Schritt sank der Kraftkonvergenzwert von 0,48 auf $0{,}36 \cdot 10^{-5}$, woraus sich eine Konvergenzordnung bis nahe 2 ergab (Zahlen und Auswertung in **Tab. 1.2**).

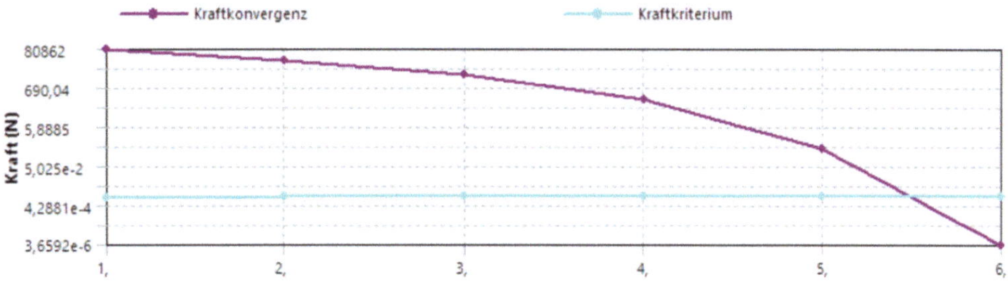

Abb. 1.13 Annähernd quadratische Konvergenz im Newton-Raphson-Verfahren

Tab. 1.2 Konvergenzordnung für ein Beispiel mit Plastizität

Iteration	Kraftkonvergenzwert	κ
1	$0{,}8086 \cdot 10^5$	
2	$0{,}2162 \cdot 10^5$	
3	3690	1,340
4	179,7	1,709
5	0,4894	1,954
6	$3{,}659 \cdot 10^{-6}$	1,999

Da Gleichung (1.5) mit Logarithmen arbeitet, ergibt die Darstellung des Konvergenzwertes im einfach logarithmischen Maßstab bei linearer Konvergenz eine Gerade und bei quadratischer eine Parabel (**Abb. 1.13**).

Bei Kontaktberechnungen treten während der Iteration Statuswechsel (offen ↔ geschlossen) auf. Das daraus resultierende Kraftverhalten ist nicht differenzierbar, d. h. dafür gibt es keine Tangente. Quadratische Konvergenz ist also nicht zu erwarten, solange der Status der Kontaktelemente noch nicht konstant bleibt.

In den Konvergenzdiagrammen ist der Verlauf der Iteration über die Substeps ersichtlich. Man erkennt wie in dem Beispiel aus **Abb. 1.8**, wann Konvergenz vorlag und wann die Iteration wegen Nichtkonvergenz abgebrochen wurde. Wenn endgültig keine Konvergenz erzielt werden konnte, wird die bis dahin iterierte Lösung mit der gewünschten Endzeit – die nicht erreicht wurde und die auch nicht das divergente Lastniveau kennzeichnet – und der Substep-Nummer 999999 abgespeichert, damit man evtl. darin die Ursache finden kann. In den *Tabellarischen Daten* der *Lösung* wird diese Zahl auf 1,e+006 gerundet (**Abb. 1.14**).

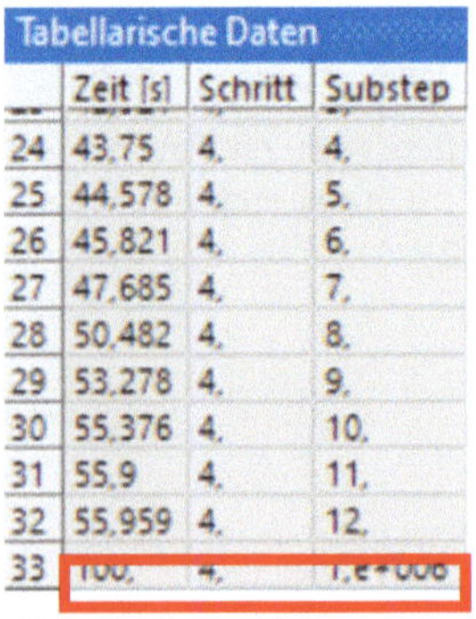

Tabellarische Daten

	Zeit [s]	Schritt	Substep
24	43.75	4.	4.
25	44.578	4.	5.
26	45.821	4.	6.
27	47.685	4.	7.
28	50.482	4.	8.
29	53.278	4.	9.
30	55.376	4.	10.
31	55.9	4.	11.
32	55.959	4.	12.
33	100.	4.	1.e+006

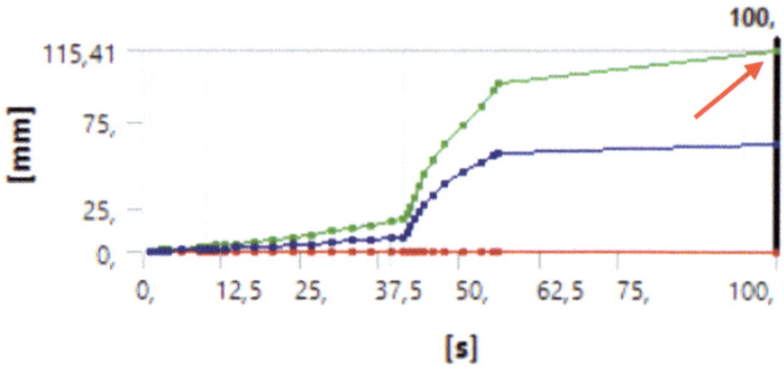

Abb. 1.14 Bezeichnung der Lösungsdatensätze und Ergebnisdarstellung bei Nichtkonvergenz

In der Ergebnisdarstellung als *Graph (Diagramm)* wird auch die nichtkonvergente Lösung, dann zur gewünschten Endzeit des Lastschritts, dargestellt (ebenfalls **Abb. 1.14**). Die zugehörigen Werte können allerdings riesig groß werden, sodass von den konvergenten Ergebnissen nichts mehr erkennbar wird. Wenn man den interessierenden Bereich markiert und mit RMB *In Bereich zoomen* wählt, kann sich das verbessern, da seit einigen Versionen auch die Ordinate auf den ausgewählten Bereich skaliert wird. Ebenfalls nützlich ist ein Restart (Kap. 1.9) mit der Option *Ergebnisse wiederherstellen.*

1.8.2 Line-Search

Zur Stabilisierung des iterativen Lösungsverfahrens bei größeren Schrittweiten kann ein *Line-Search* durchgeführt werden. Dies ist ein eingeführter Begriff, den man etwa als geradlinige oder eindimensionale Suche übersetzen kann. Dabei wird die Verbesserung $\Delta\mathbf{u}$ aus dem Newton-Raphson-Verfahren nur als Richtung aufgefasst und erst mit einem für den jeweiligen Iterationsschritt berechneten Faktor (in ANSYS zwischen 0,05 und 1) multipliziert, bevor sie zur letzten Näherungslösung addiert wird. Ziel ist es, die Iterationslösungen näher am Gleichgewicht zu halten (**Abb. 1.15**).

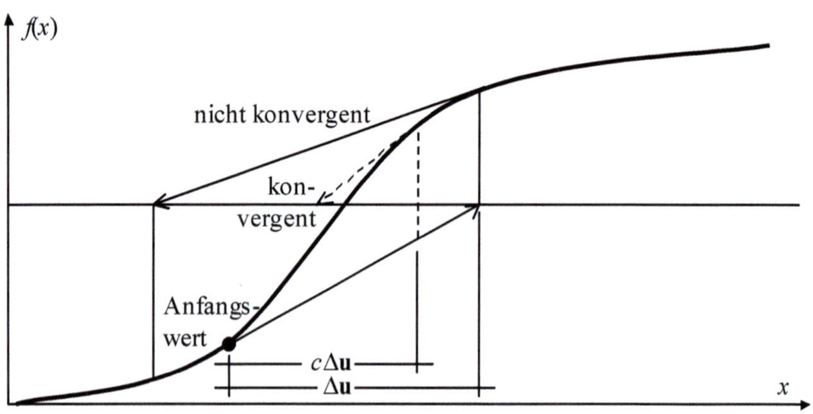

Abb. 1.15 Effekt eines Line-Search-Algorithmus' auf die Konvergenz

Der Faktor wird auf Basis der Näherungslösung berechnet. Dazu werden die inneren Knotenkräfte, in der ANSYS-Dokumentation gern als *Newton-Raphson restoring forces* bezeichnet, obwohl sie mit dem Newton-Verfahren nur mittelbar zu tun haben, benötigt. Diese werden in einem Durchgang durch die Elemente berechnet. Dabei werden die meisten auch für den Aufbau der Tangentensteifigkeitsmatrix benötigten Schritte durchlaufen. Ein Line-Search kostet also Rechenzeit, kann sich aber lohnen. ANSYS meldet (s. *Lösungsinformationen>Solver-Ausgabe*):

```
EQUIL ITER   1 COMPLETED.  NEW TRIANG MATRIX.  MAX DOF INC= -0.3100E-01
 DISP CONVERGENCE VALUE   = 0.2800E-01  CRITERION= 0.1718E-02
 LINE SEARCH PARAMETER =  0.9029       SCALED MAX DOF INC = -0.2800E-01
 FORCE CONVERGENCE VALUE  =  490.8        CRITERION=  11.20
```

Wie man sieht, wird das Verschiebungsinkrement (`DOF INC`) mit dem `LINE SEARCH PARAMETER` multipliziert. Der Line-Search wird unter *Nichtlineare Steuerungen* aktiviert, oft aber auch *programmgesteuert*:

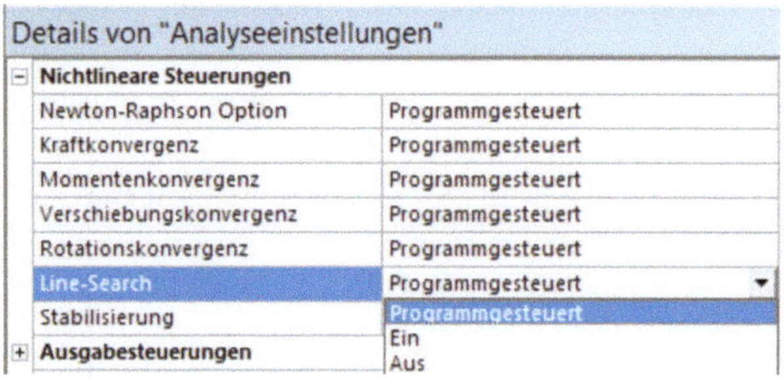

Ein Line-Search kann die Konvergenz verbessern oder sogar auch erst herbeiführen. Konvergenzverschlechterungen sind weniger wahrscheinlich, allerdings kann es sein, dass der erhöhte Rechenaufwand sich nicht lohnt. Das ist mindestens der Fall, wenn der Line-Search-Parameter immer 1 beträgt. Allerdings kann ein Line-Search-Parameter in der Größenordnung von 0,9 sehr effektiv sein. Die untere Schranke ist in ANSYS 0,05. Wenn dieser Wert häufig auftritt, wird der Line-Search eher die Nichtkonvergenz hinauszögern. Man wird nach Gründen dafür suchen und andere Schritte zur Konvergenzerzielung unternehmen müssen. Hingegen kann eine Abfolge, die nahe der unteren Schranke beginnt, etwa (0,1; 0,3; 0,7; 0,9; 1) sehr hilfreich sein. Nicht selten alterniert der Parameter zwischen einem Wert kleiner 1 und 1. Auch dies spricht nicht gegen die Nutzung.

In der praktischen Strukturanalyse ist der Line-Search am effektivsten,

- wenn das Tragwerk während der Iteration steifer wird (weil der Parameter auf ≤ 1 beschränkt ist),
- wenn das Verschiebungsinkrement (`MAX. DOF INC`) ständig das Vorzeichen wechselt (der Line-Search wirkt dann wie eine Dämpfung auf die Oszillation),
- im Falle von Kontakt mit Statuswechseln von offen nach geschlossen und umgekehrt (die nicht differenzierbare Charakteristika darstellen),
- in anderen Fällen, in denen die Tangente nicht exakt bestimmt wurde.
  Wann das der Fall sein könnte, ist in den Kapiteln zu den verschiedenen nichtlinearen Disziplinen angegeben.

1.8.3 Prädiktor

Nach dem klassischen Ansatz für das Newton-Raphson-Verfahren ist der Startwert für ein neues Lastinkrement die letzte konvergierte Lösung. Ist in ANSYS der Prädiktor aktiv, wird aber eine Startlösung für das neue Lastniveau aus den vorhergehenden Ergebnissen extrapoliert, dies in der Hoffnung, damit näher an der endgültigen Lösung zu liegen und so weniger Iterationsschritte zu benötigen. Das ist aber nur hilfreich, wenn das Antwortverhalten des Systems glatt, also in erster Näherung extrapolierbar ist. Bei plötzlichen Änderungen ist der Prädiktor eher schädlich und kann sogar die Konvergenz erheblich stören oder verhindern.

Der Prädiktor wird von ANSYS programmgesteuert meist ein- und nur in Ausnahmefällen ausgeschaltet. Es erfolgt darüber keine Anzeige. In *Workbench* ist der Schalter dafür nur über den *Befehl* `PRED` zugänglich. Dabei kann entschieden werden, ob

- der Prädiktor ein- oder ausgeschaltet wird (`PRED,ON/OFF`) und
- auch über die Grenze eines Lastschrittes hinaus eine Extrapolation erfolgen soll (`PRED,ON,,ON/OFF`).

Letzteres hängt davon ab, ob die Last über die Lastschritte proportional zur Zeit bleibt oder nicht.

Der Prädiktor kann die Konvergenz beschleunigen, wird aber eine ohne ihn nicht konvergente Iteration auch nicht zur Konvergenz führen.

1.8.4 Stabilisierung

Stabilisierung bedeutet, dass eine künstliche viskose Dämpfung in das System eingefügt wird. Sie ist geschwindigkeitsabhängig, auch wenn es sich um eine statische Berechnung handelt. Damit hat auch die gewählte Simulationszeit Einfluss auf ihre Wirkung. Wie der Name vermuten lässt, soll sie eine numerische Instabilität verhindern. Dies könnte ein lokales Stabilitätsproblem oder ein globales mit einem nur geringfügigen Einbruch der aufnehmbaren Last sein. Die *Stabilisierung* könnte aber z. B. auch eingesetzt werden, wenn ein Teilbereich eines Systems vollständig plastifiziert ist oder ein Bauteil bei Wegnahme der Last aus dem Kontakt zu geraten droht. Sie wird bei den Analyseeinstellungen eingeschaltet:

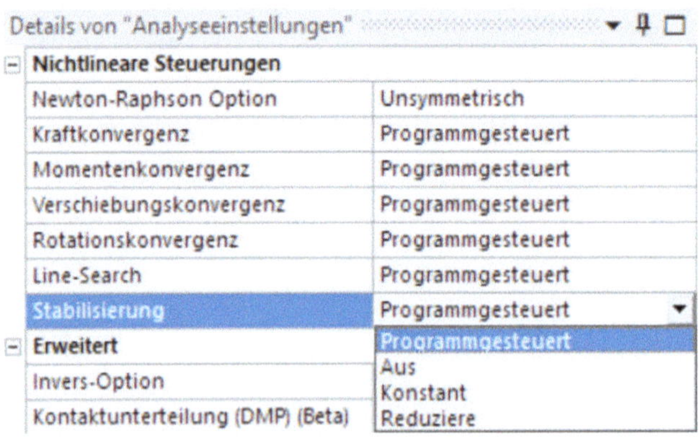

Für den anzugebenden Zahlenwert benötigt man wahrscheinlich verschiedene Versuche. Details kann man in der *Hilfe* zu *Mechanical APDL*, beginnend beim `STABILIZE`-Kommando und den Verweisen folgend nachlesen.

1.9 Restart

Bei einer linearen Berechnung können beliebige Lastgrößen und bei einer Anzahl von Lastfällen diese auch in beliebiger Reihenfolge eingegeben werden. Bei nichtlinearen Berechnungen spielt die Lastgeschichte und -inkrementierung eine Rolle mindestens für die Konvergenz, oft aber auch für das Ergebnis. Will man eine nichtlineare Berechnung, die

- endete, weil die maximale Zeit erreicht wurde, oder
- vom Benutzer unterbrochen wurde oder
- abgebrochen wurde, weil keine Konvergenz erzielt wurde und der Zeitschritt nicht mehr verkleinert werden konnte,

fortsetzen, benötigt man einen *Restart*, der auf der Basis eines Restart-Files, das alle notwendigen Daten (primäre Lösung, abgeleitete Größen und Geschichtsvariablen) eines konvergierten Zustandes enthält.

Während der Berechnung erscheint der *ANSYS Worbench Lösungsstatus*.

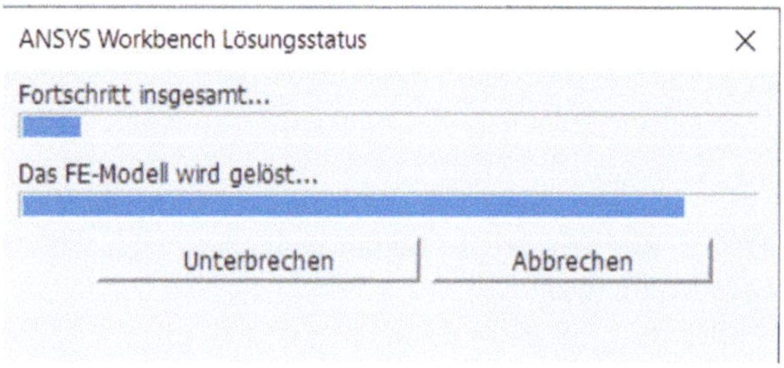

Drückt man hier auf *Unterbrechen*, wird die aktuelle Gleichgewichtsiteration (Gleichungslösung) zu Ende geführt und dann der Berechnungsvorgang so angehalten, dass ein Restart möglich ist.

ANSYS meldet:

```
     EQUIL ITER    4 COMPLETED.  NEW TRIANG MATRIX.  MAX DOF INC=  -6.097

 ***  ERROR  ***                              CP =        7.156    TIME= 14:12:04
 The  run  is  terminated  at  the  user's  request  from  the  ABT  file.

           R E S T A R T   I N F O R M A T I O N

 REASON FOR TERMINATION. . . . . . . .NONLINEAR KEYWORD ON THE ABT FILE
 FILES    NEEDED    FOR    RESTARTING   .   .   .   .   .   .   .   .    file.Rnnn
                                                                         file.ldhi
                                                                          file.rdb
 TIME OF LAST SOLUTION . . . . . . . . . .  74.095
```

Die Meldung weist darauf hin, dass man den Effekt auch mit einer Textdatei namens *file.abt* mit dem Inhalt `NONLINEAR` erreichen könnte.

Auf welcher Lösung, welchem Zeitpunkt, aufbauend man einen Restart durchführen kann, hängt von den gespeicherten Restart-Files ab. Einstellungen dazu werden unter *Analyseeinstellungen>Restart-Steuerungen* vorgenommen. Neben *Programmgesteuert* gibt es *Manuell* mit folgender Auswahl für *Lastschritt*, die für sich selbst spricht:

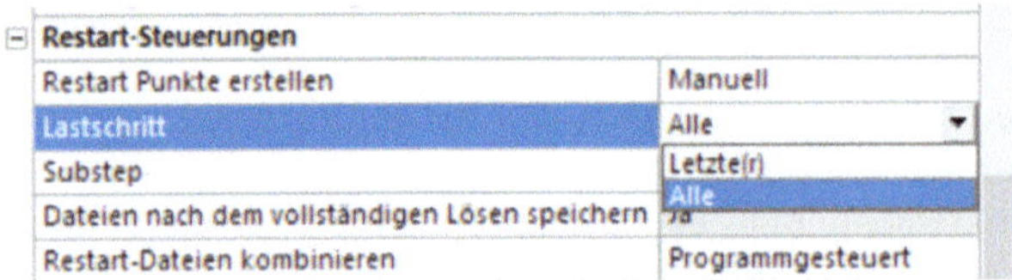

Bei *Substep* ist die Auswahl etwas erweitert:

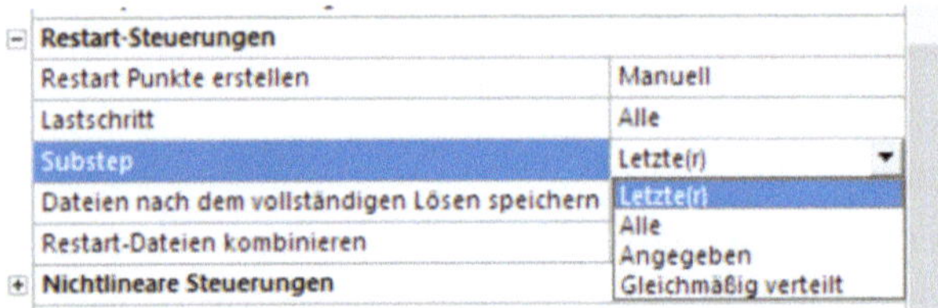

Dabei bedeutet *Angegeben* alle *n* Zeitschritte und *Gleichmäßig verteilt* in gleichen Abständen auf der Zeitachse, wie es auch bei der Ausgabesteuerung wählbar ist.

Nach einem vorzeitigen Berechnungsabbruch wird bei *Solution* ein „Pause“-Symbol (hier markiert durch ein rotes Rechteck) dargestellt:

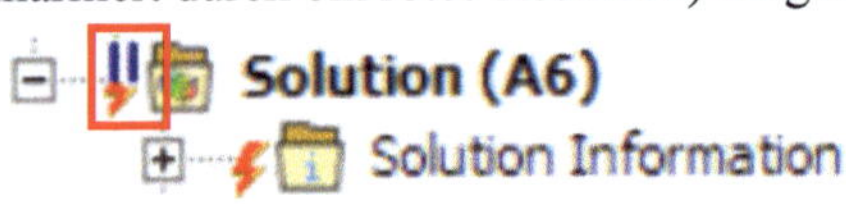

Unter *Analyseeinstellungen* werden jetzt die Restart-Möglichkeiten angezeigt. Neben *Programmgesteuert* gibt es *Manuell* mit folgender Auswahl:

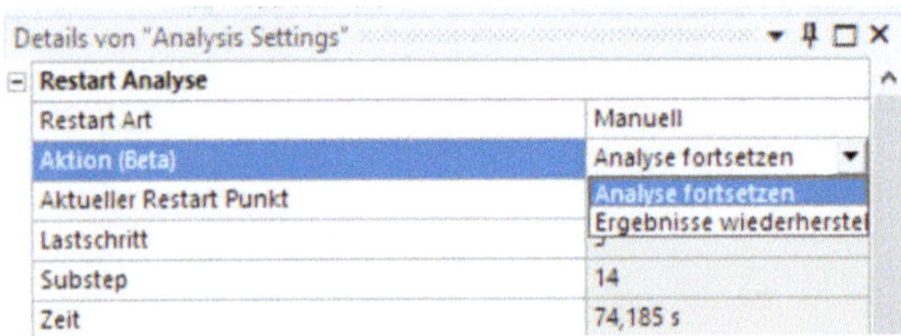

In beiden Fällen muss man den Restart-Punkt auswählen, von dem dann auch die zugehörige Zeit angezeigt wird:

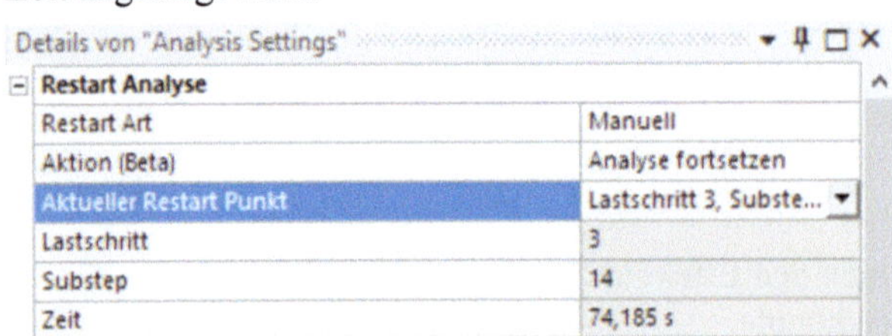

Bei *Diagramm* und *Tabellarische Daten* werden die zur Verfügung stehenden Restart-Punkte angezeigt (**Abb. 1.16**). Darauf aufbauend kann man die *Analyse fortsetzen*, ggf. nachdem man in den *Analyseeinstellungen* noch verfügbare Steuerungen oder Lastangaben, die bereits als Objekt existieren, geändert hat.

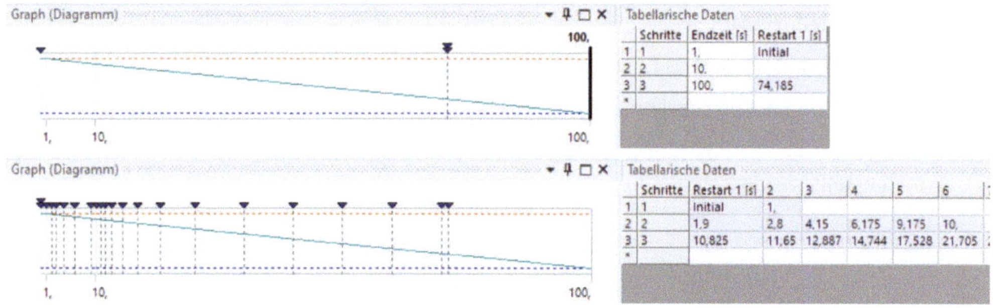

Abb. 1.16 Darstellung der zur Verfügung stehenden Restart-Files bei Häufigkeit *Programmgesteuert* (oben) und *Manuell>Substep>Alle*

Bei *Analyse fortsetzen* sollten Einstellungen geändert werden. In dem folgenden Beispiel wurde die maximal aufnehmbare Last gesucht, ohne dass eine ungefähre Vorstellung davon vorlag. Bis zu Zeit/Lastfaktor 10 (**Abb. 1.17**) ist noch kein nichtlineares Verhalten erkennbar (**Abb. 1.18**). Also wird ein Lastschritt bis Zeit/Lastniveau 100 im Restart angefügt, um die vorherigen Schritte nicht wiederholen zu müssen.

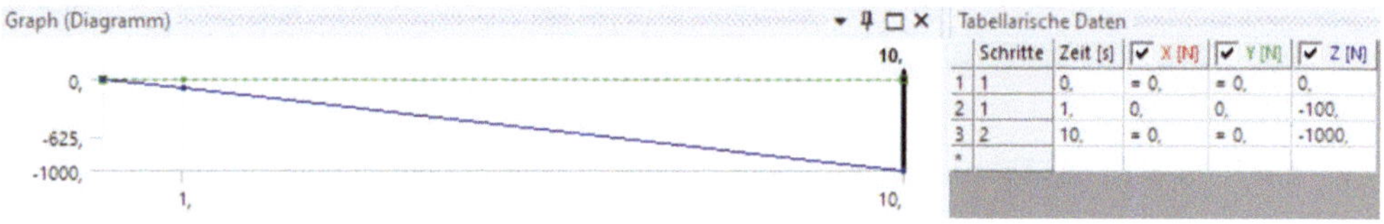

Abb. 1.17 Laststeuerung bis Zeit 10

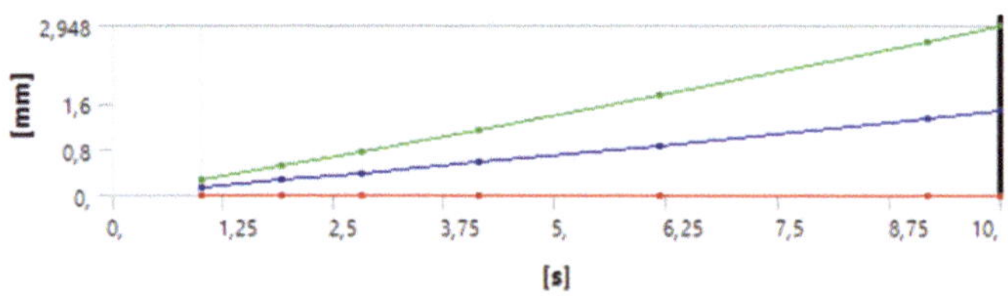

Abb. 1.18 Weg-Zeit-Verhalten bis Zeit 10

Voraussetzung dafür ist, dass ein Restart-File geschrieben wird und erhalten bleibt, obwohl Konvergenz bis zum Schluss vorliegt:

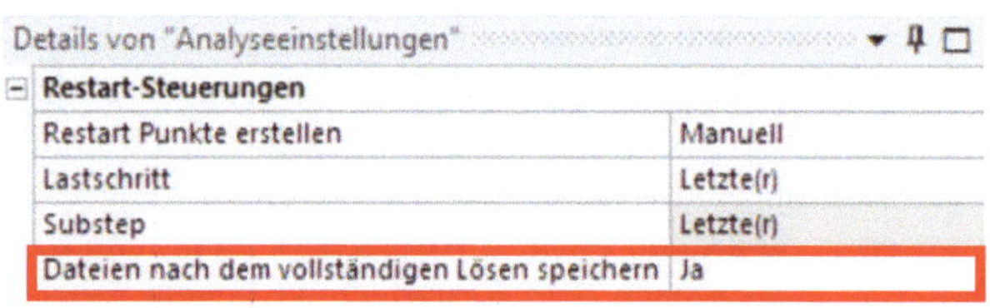

Nun muss für den Restart

- die letzte vorhandene Lösung als Restart-Punkt ausgewählt,
- die Zahl der Lastschritte um 1 vergrößert und
- für den neuen Lastschritt die *Schrittsteuerung* einschließlich der neuen Endzeit eingestellt werden:

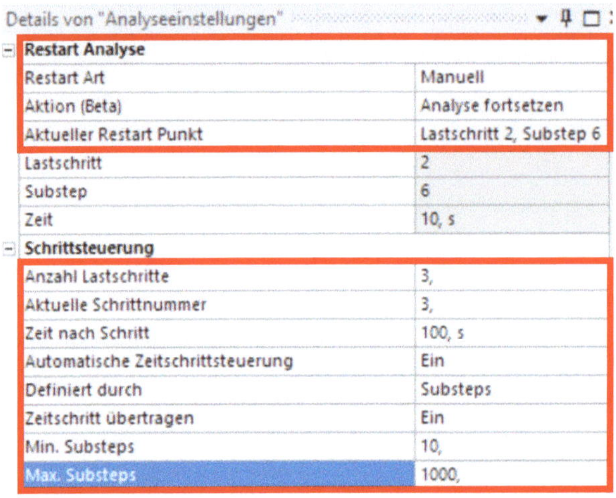

Anschließend wird das Lastobjekt erweitert:

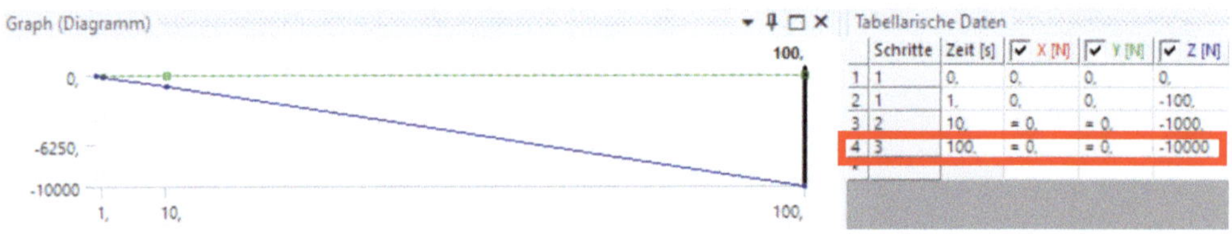

Das Verhalten ist nun stark nichtlinear und die Berechnung endet mit Nichtkonvergenz:

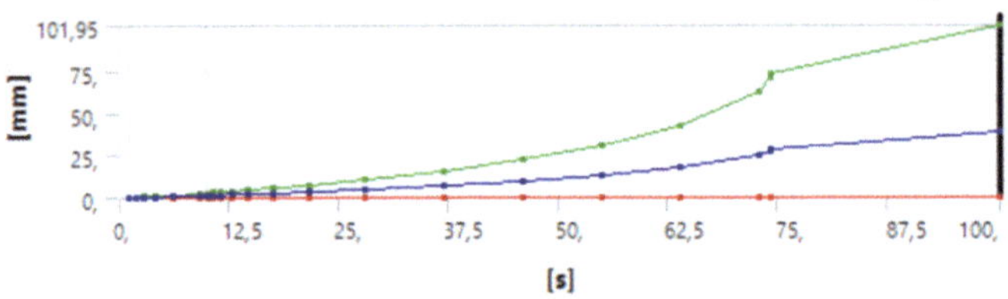

Ergebnisse wiederherstellen ist eine Option, die gewählt werden kann, wenn man die Ausgabe beschränkt, z. B. nur auf den letzten Substep eines Lastschritts (das könnte eine nicht konvergierte Lösung sein, **Abb. 1.19**), gesetzt hat. Will man nun doch noch ein Ergebnis, etwa die letzte konvergierte Lösung, von der man ein Restart-File hat (bekommt man, auch wenn man nur eines für den letzten Substep verlangt hat, oben in **Abb. 1.16**), kann man dies mit einem Restart erzeugen. Ergebnisse, die zeitlich nach dem Restart-Punkt liegen, werden gelöscht (**Abb. 1.20**). Dies gilt auch für die nicht konvergierte Lösung. Wählt man diese Option mit Zeitpunkten in aufsteigender Folge, können auch mehrere eingefügt werden, sofern man Restartpunkte dafür hat. Es kann erforderlich sein, neue Ergebnisobjekte einzufügen, weil die vorhandenen nicht immer angepasst werden.

	Zeit [s]	Minimum [mm]	Maximum [mm]	Mittelwert [mm]
1	1.	0.	0,26555	0,13503
7	10.	0.	2,948	1,4646
8	100.	0.	101,95	38,636

Abb. 1.19 eingeschränkte Anzahl Ergebnisdatensätze, Zeit 100 nicht konvergiert

	Zeit [s]	Minimum [mm]	Maximum [mm]	Mittelwert [mm]
1	1.	0.	0,26555	0,13503
7	10.	0.	2,948	1,4646
8	74,185	0.	73,29	28,032

Abb. 1.20 Ergebnisdatensätze mit letzter konvergierter Lösung nach Restart für *Ergebnisse wiederherstellen*

Auch das an sich vorhandene letzte konvergierte *Ergebnis* kann so *wiederhergestellt* werden. Dabei verschwindet die nicht konvergierte Lösung aus den Tabellen und Diagrammen (**Abb. 1.21**).

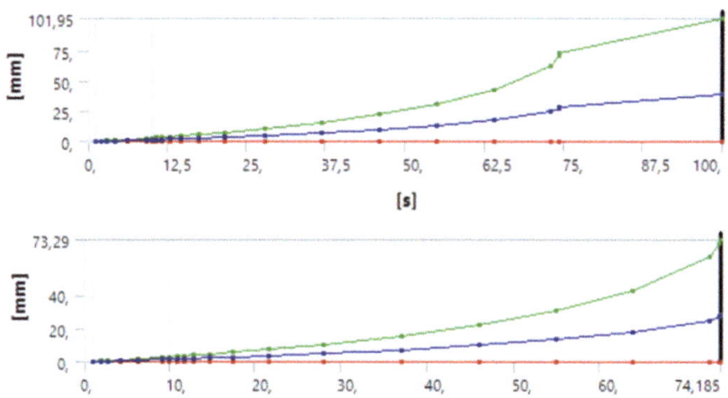

Abb. 1.21 Weg-Zeit-Diagramm mit nicht konvergierter Lösung und ohne, nachdem im Restart die letzte konvergierte „wiederhergestellt" wurde

Man kann mit einem Restart die *Analyse* auch vor der letzten konvergierten Lösung *fortsetzen.* Die mit dem erweiterten Zeit-/Lastbereich durchgeführte Berechnung konvergiert in Lastschritt 3 nur bis Substep 14 und $t = 74{,}185$.

Mit einem Restart soll probiert werden, ob mit kleineren Zeitschritten noch eine höhere Last erreicht werden kann. Dazu wird als Restart-Punkt Substep 13 vereinbart und *Max. Substeps* von 1000 auf 10000 erhöht (**Abb. 1.22**).

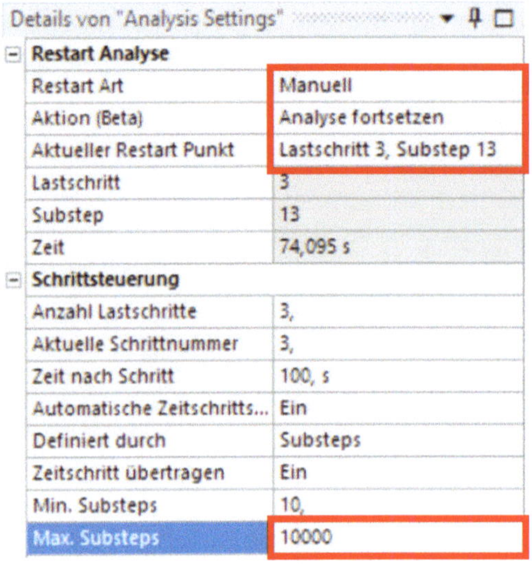

Abb. 1.22 Restart vor der letzten konvergierten Lösung mit mehr möglichen Zeitschritten

Die Analyse konvergiert nun bis t = 74,221.

21	74,158	0,	72,365	27,719
22	74,189	0,	73,217	28,007
23	74,221	0,	74,16	28,328
24	100,	0,	119,28	47,227

Das scheint auf den ersten Blick nicht beeindruckend, nun wird aber die Charakteristik noch deutlicher. Die Kraft-Weg-Kurve zeigt am Ende eine horizontale Tangente, die noch etwas länger sichtbar wird (**Abb. 1.23**).

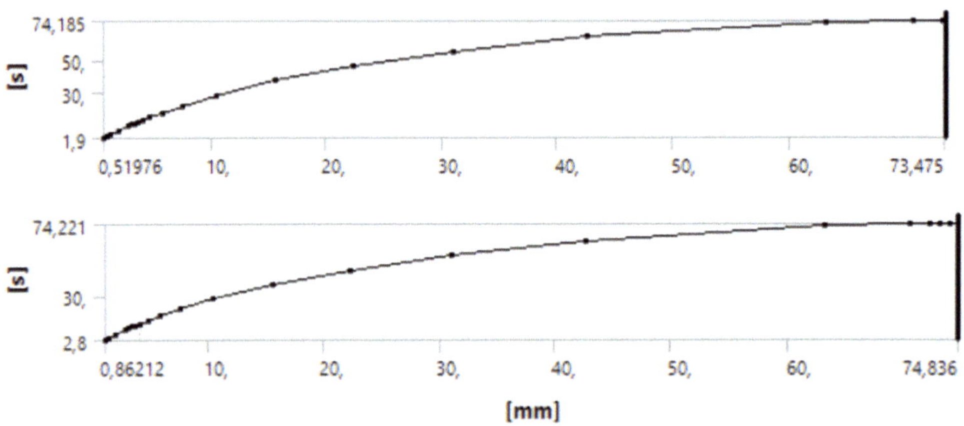

Abb. 1.23 Kraft-Weg-Diagramm vor und nach der Verkleinerung der minimalen Schrittweite (unten) im Restart

Eine weitere Möglichkeit ist, im Restart den Lastverlauf eines vorhandenen Lastobjektes zu verändern. Endet eine Analyse mit Nichtkonvergenz, so wird ein nicht zum bisherigen passender Verlauf angezeigt werden (**Abb. 1.25** oben). Dies ist besonders dann problematisch, wenn sich sehr große Verschiebungen ergeben, sodass der restliche Verlauf nicht mehr sichtbar ist. In der ersten Berechnung war der zeitproportionale Kraftverlauf aus **Abb. 1.24** oben vorgegeben worden, im Restart wird nun im Lastobjekt durch

- Einfügen einer Zeile mit der Zeit der letzten konvergierten Lösung und
- Verringern der Last bei Endzeit auf das letzte konvergierte Lastniveau (oder zur Sicherheit ein geringfügig verringertes, beide Schritte **Abb. 1.24** unten)

die Berechnung zu Ende gebracht. Die Ergebnisse ändern sich nun kaum noch (dass sie es in **Abb. 1.25** unten überhaupt tun, belegt, dass es sich hier um ein instabil werdendes System handelt) und die Analyse gilt als konvergiert, was je nach Version die Durchführung einer folgenden Eigenwertanalyse begünstigt oder erst ermöglicht.

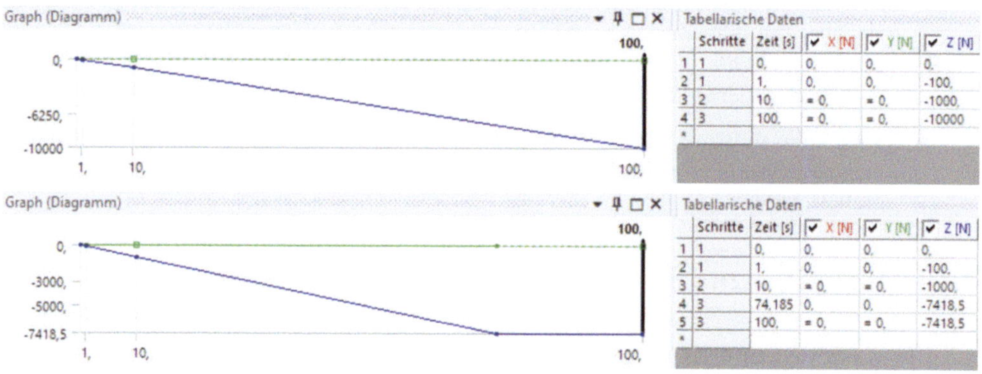

Abb. 1.24 Lastverlauf, oben ursprünglich, unten im Restart auf Niveau der letzten konvergierten Lösung gehalten

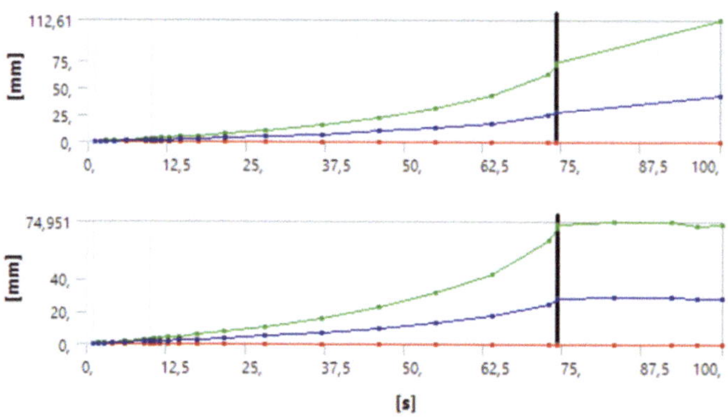

Abb. 1.25 Weg-Zeit-Verlauf, oben ursprünglich, unten, nachdem Last im Restart auf Niveau der letzten konvergierten Lösung gehalten wurde

Mithilfe der *Chart/Diagramm*-Funktion erhält man ohne Zoomen nun ein ungestörtes Kraft-Weg-Diagramm bis zur Traglast (**Abb. 1.26**).

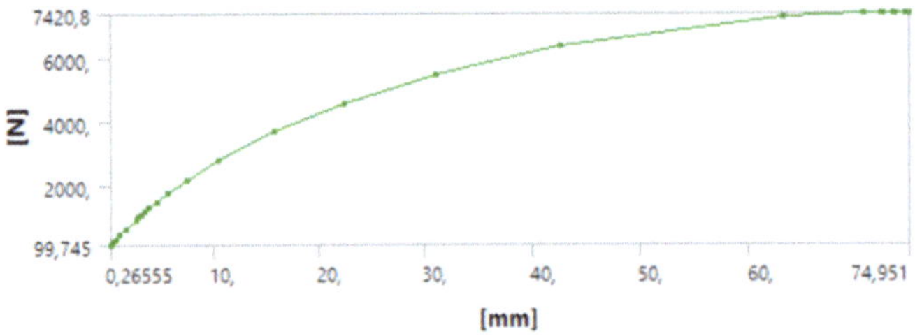

Abb. 1.26 Kraft-Weg-Diagramm nach Beschränkung der Last im Restart

zu beachten

- Bei einem Restart wird die Datei *file.rdb* gelesen. Das ist eine vollständige Datenbasis, aber mit dem Zustand vom Beginn der Analyse. Verwendet man etwa *Element Birth and Death* (`EKILL` und `EALIVE`), ist nach dem Restart wieder der Anfangszustand der Elemente eingestellt.
- Man sollte stets mit der Einstellung des Restart-Punktes beginnen, damit vorgenommene Änderungen nicht von *Workbench* als zu einer neuen Analyse gehörig interpretiert werden.

1.10 Hilfsmittel zur Suche nach Konvergenzproblemen

1.10.1 Residuen und Element-Verletzungen

In den *Details* der *Lösungsinformationen* können vor der Berechnung zusätzliche Ausgaben angefordert werden, die der Problemanalyse dienen sollen:

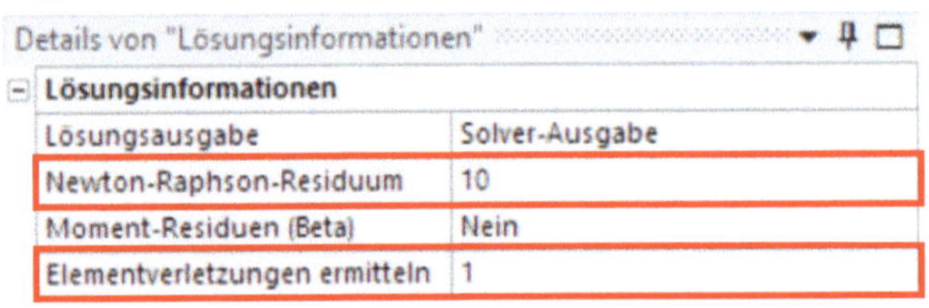

Newton-Raphson-Residuen sind Differenzen zwischen inneren und äußeren Knotenkräften. Ihre Verteilung lässt erkennen, an welcher Stelle die Konvergenz am ehesten beeinträchtigt wird. Gibt man eine Anzahl *n* vor, werden die letzten *n* Residuen gespeichert und in Workbench bereitgestellt, wenn die Iteration nicht konvergiert ist:

In **Abb. 1.27** wird so eine Residuen-Verteilung gezeigt. Ursache für die Nichtkonvergenz ist offenbar nicht ein Kontakt, sondern das Verhalten von Elementen im Innern eines Bauteils.

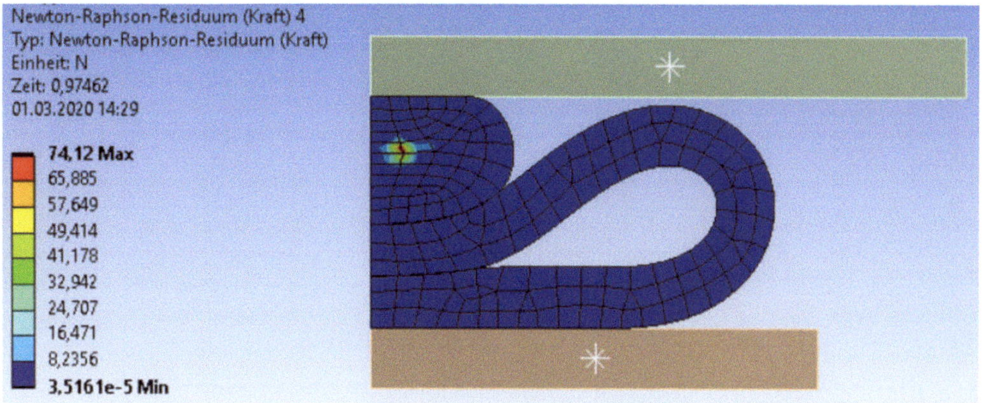

Abb. 1.27 *Residuum*, am stärksten im Innern eines Bauteils ausgeprägt

Element-Verletzungen ermitteln kann ebenfalls unter *Lösungsinformationen* eingestellt werden. Für $n > 0$ werden bis zu n Element-Komponenten vom Ende der Berechnung erstellt, die angezeigt werden können. Für diese Komponenten können Ergebnisobjekte erstellt werden, um die Verletzungen sichtbar zu machen. Die Grafik-Objekte und die Komponenten tragen Namen, die das verletzte Kriterium abgekürzt bezeichnen:

- *HDST* für *High Distortion*, also zu große Elementverzerrungen
- *PIVT* für *Pivots*, genau Elemente, die Knoten mit Pivot-Elementen nahe 0 enthalten
- *EPPL/EPCR* für Elemente, in denen das plastische bzw. das Kriech-Dehnungsinkrement zu groß ist
- MXUP für Mixed u-p bei Elementen mit der für Inkompressibilität bei hyperelastischen Werkstoffen erforderlichen „gemischten" u-p-Formulierung (s. Kap. 7.7), in denen die Inkompressibilitätsbedingung nicht erfüllt werden konnte.

Die Ausgabe erfolgt, wenn die Lösungsiteration aufgrund solcher Kriterien abgebrochen wurde. Anders als Residuen werden diese Objekte bei einem erneuten Start der Berechnung nicht gelöscht, sodass man evtl. den Einfluss geänderter Einstellungen erkennen kann.

Für das Beispiel wird auch hier ein Element im Innern angezeigt:

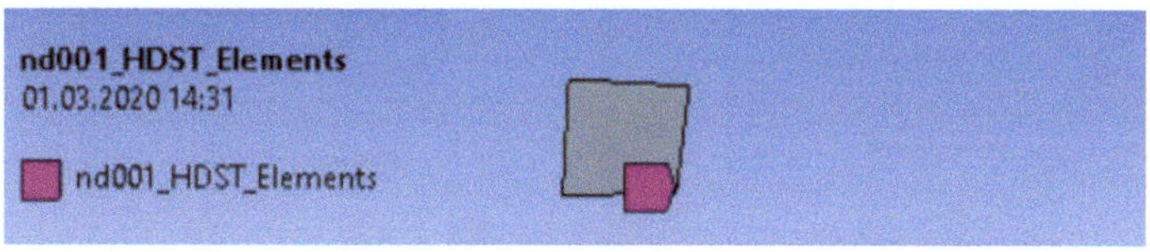

Die Berechnung endet mit der Meldung:

```
*** ERROR ***                                CP =        9.375   TIME= 14:26:45
Element 128 (type = 2, PLANE183) (and maybe other elements) has become
highly distorted.
```

Das ist noch nicht zu erkennen, aber in der Verformungsdarstellung des nichtkonvergierten Zustands (**Abb. 1.28**). Offenbar stellt sich ein Beanspruchungszustand ein, der Elemente zum Ausweichen zwingt.

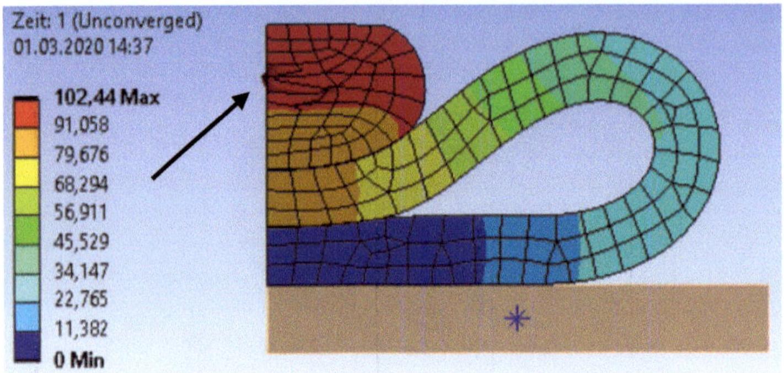

Abb. 1.28 Nichtkonvergierte Lösung mit verzerrten Elementen

1.10.2 Lösungsänderungen in der Iteration

Um nach der Ursache eines Konvergenzproblems zu suchen, hilft manchmal die nachfolgend beschriebene Methode, bei der die einzelnen Iterationsschritte sichtbar gemacht werden. Das im Restart-Kapitel besprochene Beispiel meldet in der *Solver-Ausgabe*:

```
Time of last solution: 74.185
```

und

```
Solution not converged at time 74.2745312 (load step 3 substep 15).
```

Auf der Basis der letzten konvergierten Lösung wird nun ein Restart vereinbart (**Abb. 1.29**) und dann das Lastobjekt so geändert, dass als Nächstes die Last auf dem abschließend nicht konvergierenden Niveau aufgebracht und beibehalten wird:

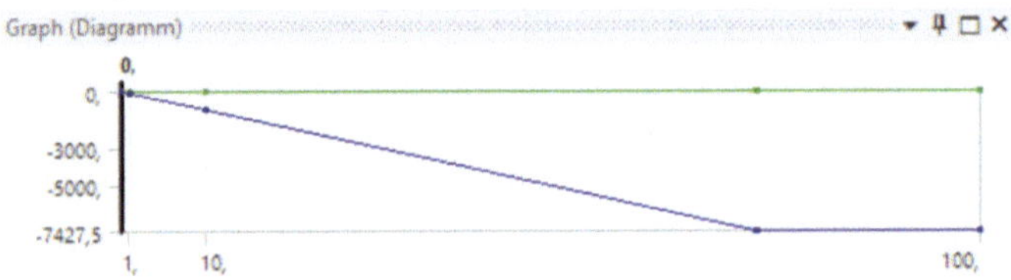

Tabellarische Daten

	Schritte	Zeit [s]	X [N]	Y [N]	Z [N]
1	1	0,	0,	0,	0,
2	1	1,	0,	0,	-100,
3	2	10,	0,	0,	-1000,
4	3	74,185	0,	0,	-7418,5
5	3	74,275	0,	0,	-7427,5
6	3	100,	0,	0,	-7427,5
*					

Nun wird mit dem *Befehl*

```
NEQIT,1,FORCE
```

erreicht, dass zu jedem Zeitpunkt nur eine Gleichgewichtsiteration durchgeführt, aber erzwungen wird, dass diese Lösung als konvergent betrachtet wird, sodass sie als Ergebnis herausgeschrieben werden und die Analyse fortgesetzt werden kann. Dadurch erhält man aufeinander folgende Resultate einzelner Iterationsschritte (die nun als abgeschlossene Substeps mit unterschiedlichen Zeiten gelten) und kann den Verlauf der Iteration nachvollziehen.

Man muss prüfen, ob genügend Substeps bis zur Endzeit übrig bleiben, und evt. die *Min*imalzahl der *Substeps* erhöhen (**Abb. 1.29**).

Details von "Analysis Settings"

Restart Analyse	
Restart Art	Manuell
Aktion (Beta)	Analyse fortsetzen
Aktueller Restart Punkt	Lastschritt 3, Substep 14
Lastschritt	3
Substep	14
Zeit	74,185 s
Schrittsteuerung	
Anzahl Lastschritte	3,
Aktuelle Schrittnummer	3,
Zeit nach Schritt	100, s
Automatische Zeitschrittsteuerung	Ein
Definiert durch	Substeps
Zeitschritt übertragen	Aus
Anfängliche Substeps	20,
Min. Substeps	20,

Abb. 1.29 Restart auf letzter konvergierter Lösung und Änderung der Substep-Einstellungen

Im Falle des Beispiels ist schon der Verlauf der *Gesamtverformung* nach Zeit 74,185 aufschlussreich (**Abb. 1.30**). Sie nimmt mit jedem Iterationsschritt zu, obwohl die aufgebrachte Last gleich bleibt. Die Reaktionskraft, die der Last entsprechen müsste, nimmt hingegen ab (**Abb. 1.31**) und entfernt sich damit vom Gleichgewicht. Es liegt hier ein Durchschlagproblem vor (s. Kap. 3), bei dem von einem bestimmten Punkt an die vom System aufnehmbare Last bei zunehmender Verformung sinkt, sodass bei Kraftsteuerung keine Konvergenz mehr möglich ist.

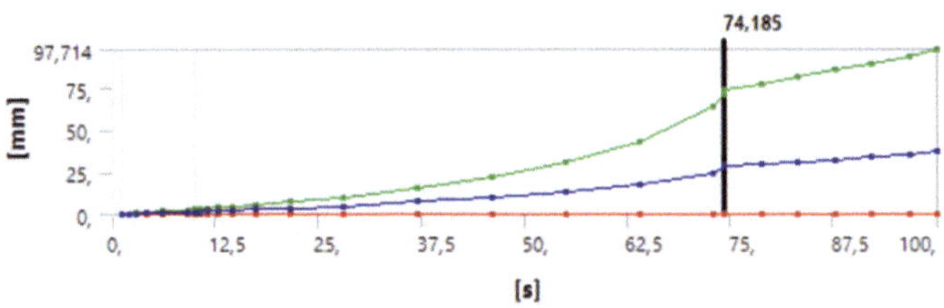

Abb. 1.30 Zunehmende Verformung bei gleichem Lastniveau in aufeinander folgenden Iterationen

Man kann auch die Entwicklung der Verformung grafisch darstellen (**Abb. 1.32**) und erkennt im Beispiel, dass die Modellmitte „wegläuft".

Ebenfalls hilfreich kann in diesem Zusammenhang sein, durch ein Lösungskombination (das Ergebnis zu einem Zeitpunkt multipliziert mit -1, des folgenden mit +1) die Differenz zweier aufeinander folgender Iterationsschritte zu bilden, um Veränderungen zu erkennen, die sonst von dem Gesamtergebnis überlagert wären.

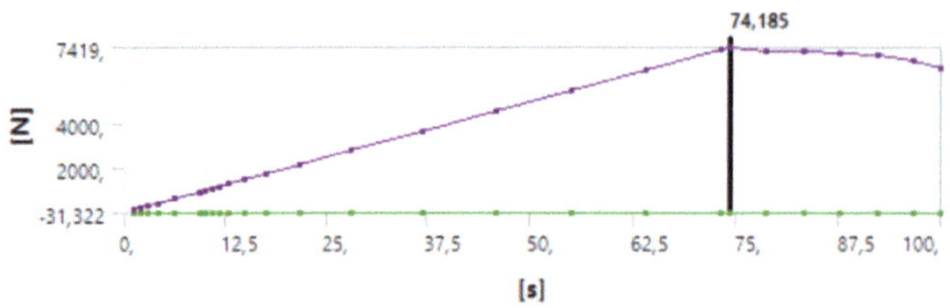

Abb. 1.31 Reaktionskraftverlauf

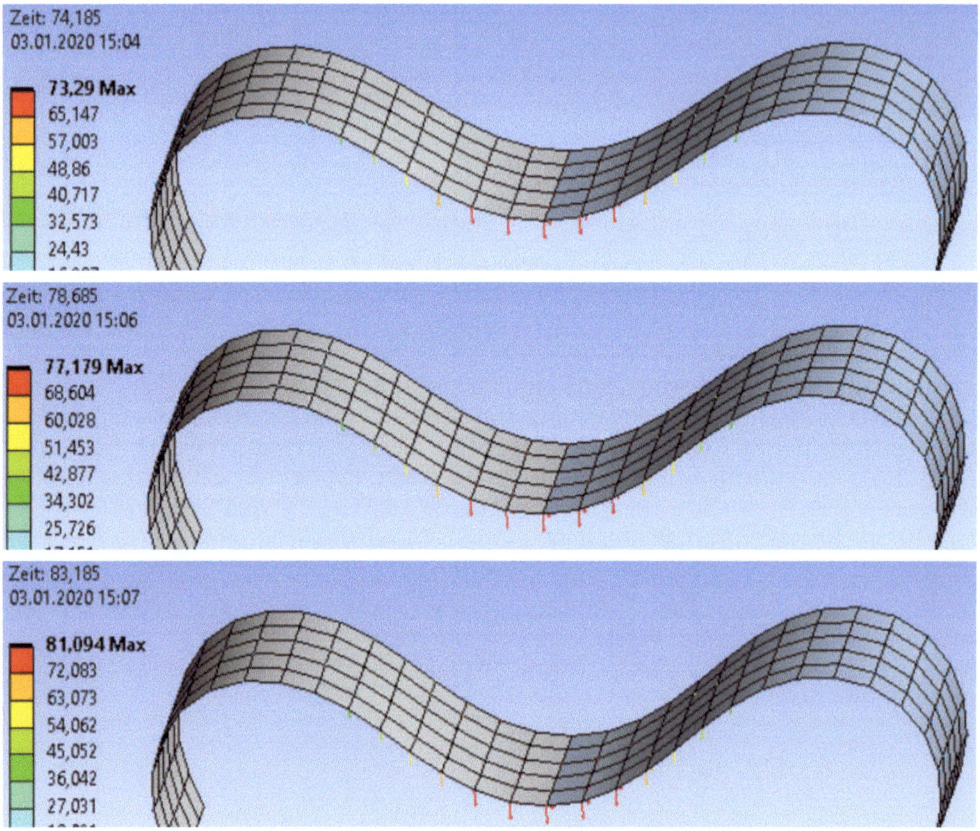

Abb. 1.32 Verformungsverlauf während der nicht-konvergenten Iteration

In **Abb. 1.33** sieht man zwei aufeinander folgende Ergebnisse, die man mit bloßem Auge kaum unterscheiden kann. Die Farben zeigen Verschiebungen senkrecht zur Ebene, also Beulen. Zieht man die Zustände in einer *Lösungskombination* voneinander ab, erkennt man in der Differenz eine Konzentration im mittleren Bereich mit der Tendenz, dass sich dort die Beulen vergrößern und vereinigen, was dann das Versagen auslöst.

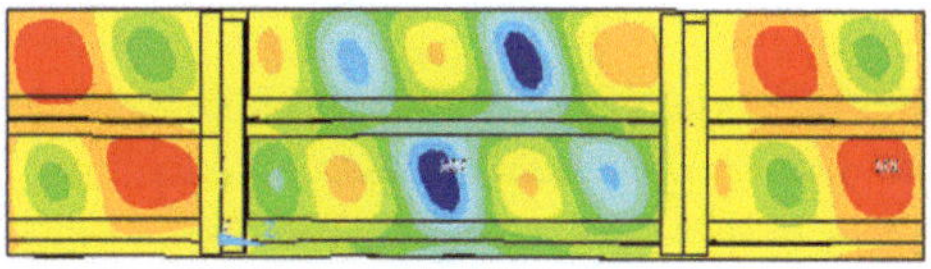 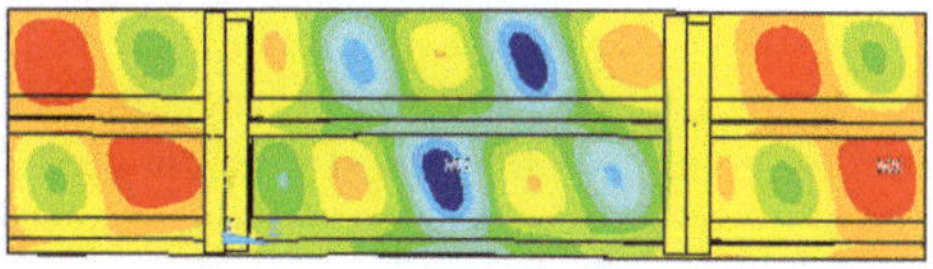

Abb. 1.33 Radiale Verschiebung in zwei aufeinander folgenden Ergebnissen nahe einem Instabilitätspunkt

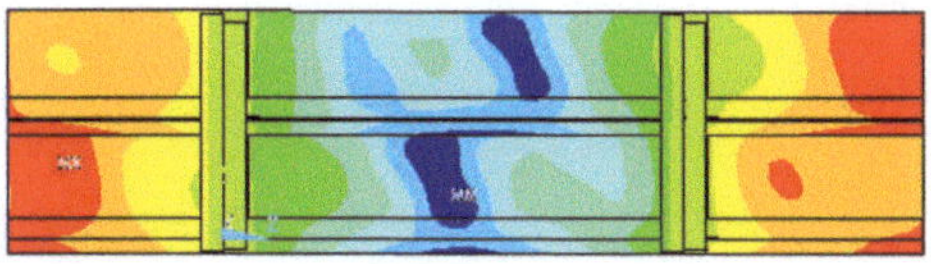

Abb. 1.34 Differenz zwischen den Ergebnissen

Die Methode der Differenzbildung zwischen einzelnen Iterationsschritten kann auch geeignet sein, Klappern von Kontakten als Grund für Nichtkonvergenz zu lokalisieren.

1.11 Elementtypen

Workbench wählt die Elementtypen selbst aus. Optionen dazu bei der Vernetzung (*Netz* und Unterpunkte) haben die Wahlmöglichkeit *programmgesteuert*. Darunter verbergen sich

- Elemente *mit* Mittenknoten (SOLID186/187) (*quadratischer Ansatz*), solange Volumenelemente oder 2d-Scheibenelemente verwendet werden,
- Schalenelemente *ohne* Mittenknoten (SHELL181) mit einem Reissner-Mindlin-Plattenanteil
- Balkenelemente ohne sichtbaren Mittenknoten (BEAM188) nach der Timoshenko-Theorie

Ferner wird die Option `ETCON,SET` aktiviert, die es ANSYS erlaubt, Keyoptionen der Elemente so zu wählen, wie das Programm es für nützlich hält. Das beinhaltet z. B.:

Wählt der Benutzer *Mittenknoten unterdrückt/linearer Ansatz*, aktiviert ANSYS i. A. die Option *enhanced strain*. Dadurch erhöht sich zwar die Rechenzeit gegenüber *full integration* etwas, es wird aber das Lösungsverhalten auch bei schlanken Systemen meist so gut, dass das Ergebnis mit dem aus der gleichen Anzahl Elemente mit Mittenknoten – also mit deutlich höherem Rechenaufwand – konkurrieren kann. Dieser Aspekt gilt allerdings nur für Hexaedernetze; für Tetraedernetze müssen Mittenknoten verwandt werden.

In den Schalenelementen ohne Mittenknoten wird bei Vierecken die Option *extra displacement shapes* für den Membrananteil aktiviert, die zu mit *enhanced strain* übereinstimmenden Ergebnissen führt.

Bei 2-Knoten-Balkenelementen (der Orientierungsknoten ist hier nicht mitgezählt) aktiviert `ETCON,SET` die Option, die einen internen Knoten einfügt. Damit hat das Element auch einen quadratischen Ansatz. Bei linearen Berechnungen mit reinen Balkenmodellen ist dies superkonvergent, d. h. mehr Elemente führen zu keiner Lösungsverbesserung mehr, weil schon die analytische Lösung mit einem Element zwischen zwei Systempunkten erreicht wird, also ebenso, wie man es von Bernoulli-Balken (alte Elemente BEAM3/4/44) gewohnt ist. Bei den hier behandelten nichtlinearen Berechnungen gibt es diese Eigenschaft aber nicht mehr.

Achtung, die Voreinstellungen in Workbench werden bei einem Versionswechsel schon einmal ohne Ankündigung geändert!

2 Geometrisch nichtlineares Verhalten

2.1 Arten

Bei geometrischen – treffender ist wahrscheinlich kinematischen – Nichtlinearitäten unterscheidet man große Verdrehungen bzw. Durchbiegungen und große Dehnungen. Beides wird in Workbench nur gemeinsam als *große Verformung* aktiviert:

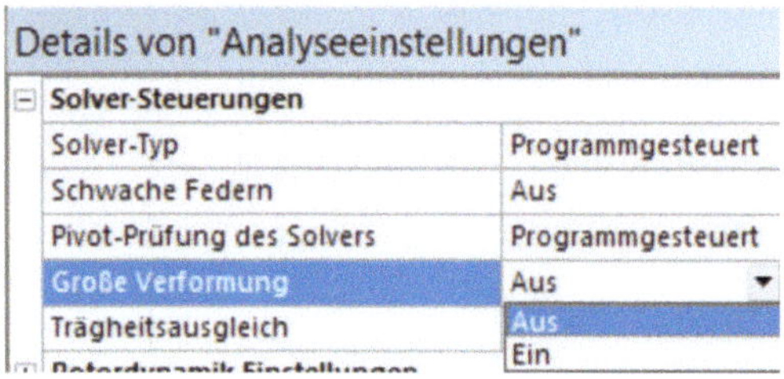

Wann soll man das tun? Grundsätzlich dann, wenn die Lösung mit großen Verformungen sich nicht nur unwesentlich von der Lösung mit kleinen Verformungen unterscheidet. Das weiß man aber nur genau, wenn man beide Berechnungen durchgeführt hat. Hat man das im Sinn, gibt es zwei Möglichkeiten:

1. Man rechnet vorsichtshalber nichtlinear. Das Risiko ist nicht hoch: Ist das Ergebnis näherungsweise linear, kommt man schnell zur Konvergenz. Die Rechenzeit erhöht sich um die zur Konvergenzprüfung nötige Berechnung der inneren Kräfte und den gleichzeitigen Aufbau der Tangentensteifigkeitsmatrix. Wenn es gut läuft, wird vor der Gleichungslösung abgebrochen, der Rechenaufwand ist weniger als doppelt so hoch wie bei der linearen Berechnung.
   Eine Konvergenzprüfung findet ohnehin statt, wenn man andere Nichtlinearitäten, nämlich nichtlineares Materialverhalten oder Kontakt verwendet.

2. Rechnet man kinematisch linear, kann man das Ergebnis hinterher auf große Verformungen untersuchen. Liegen solche vor, hat man den Aufwand eines Iterationsschrittes zusätzlich.
   Voraussetzung für die lineare Theorie ist, dass der Sinus und der Tangens durch den Bogen ersetzt werden können. Das gilt in guter Näherung bis 4 oder 5° Gesamtverdrehung. Dieses Kriterium ist aber nicht immer ausreichend, wie das nachfolgende Beispiel zeigen soll. Als Faustregel wurde in älterer ANSYS-Dokumentation auch noch angegeben, dass nichtlinear zu rechnen sei, wenn die Durchbiegung größer als die Dicke sei, was voraussetzt, dass die Geometrie so beschaffen ist, dass man Dicke und Durchbiegung auch identifizieren kann.
   Eine lineare Berechnung ist aber ein gutes Mittel, um zu prüfen, ob das Modell richtig aufgesetzt wurde: Hält das Modell zusammen? Stimmen die Randbedingungen?

Elektronisches Zusatzmaterial Die elektronische Version dieses Kapitels enthält Zusatzmaterial, das berechtigten Benutzern zur Verfügung steht. https://doi.org/10.1007/978-3-658-31421-7_2

W. Rust, *Nichtlineare Finite-Elemente-Berechnungen mit ANSYS Workbench*,
https://doi.org/10.1007/978-3-658-31421-7_2

Workbench zeigt, wenn die Verformung 10 % der Modelldiagonalen überschreitet, folgende Meldung:

> Die Verformung ist im Vergleich zum Modellrahmen zu groß. Überprüfen Sie die Randbedingungen, oder aktivieren Sie gegebenenfalls die Option 'Große Verformung'. Einzelheiten hierzu finden Sie im Hilfesystem unter 'Problembehebung'.

Dieses Kriterium ist aber oft nicht ausreichend; *große Verformungen* sind meist schon vorher nötig. Weitere Betrachtungen dazu folgen im nächsten Kapitel.

Große Verformungen sind immer erforderlich, wenn

- hyperelastisches Material verwandt wird (sonst s. **Abb. 2.8**)
- ein verformungsabhängiges Verhalten mit Auswirkung auf die Steifigkeit vorliegt, wie bei einer Feder, die nur Zug- oder Druck aufnimmt, sonst:

  > Nur Zug- und Nur Druck-Federn sind in linearen Analysen nicht gültig. Eine Möglichkeit, nichtlinear zu lösen, ist das Aktivieren großer Verformungen.

  (hier genügt aber auch Materialnichtlinearität oder echter Kontakt)
- die richtige Gelenkkinematik erfasst werden soll (Joints)

2.2 Große Drehungen

Wir betrachten im Folgenden zwei Beispiele für die Grenze zwischen kleinen und großen Durchbiegungen, die sich durch die Randbedingungen unterscheiden. In Beispiel 1 ist eine mit Scheibenelementen vernetzte Rechteckgeometrie mit Seitenverhältnis 10 mm : 200 mm, also ein balkenähnliches System, nur auf der linken Seite fest eingespannt, auf der rechten Seite gegen Verdrehung gehalten, aber frei verschieblich. Eine Querlast wird nun am linken Rand aufgebracht und in den folgenden Lastschritten jeweils um den Faktor 10 erhöht. Der Verformungszustand ist in **Abb. 2.1** für die lineare und **Abb. 2.2** für die nichtlineare Berechnung dargestellt. Die maximalen Verschiebungen und Spannungen sind zum Vergleich in **Tab. 2.1** und **Tab. 2.2** aufgelistet.

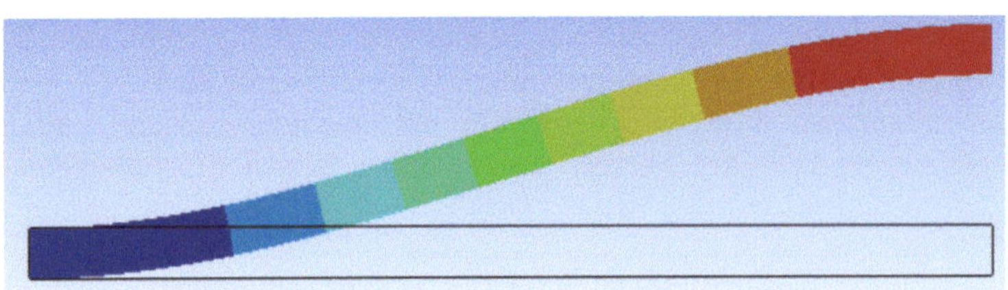

Abb. 2.1 Verformung bei linearer Theorie, rechts verschieblich

Tab. 2.1 Durchbiegung und Spannungen bei linearer Theorie, rechts verschieblich

Laststufe	Durchbiegung	Randspannungen in x	
Zeit [s]	Maximum [mm]	Minimum [MPa]	Maximum [MPa]
1,	4,0246e-002	-6,0847	6,0847
10,	0,40246	-60,847	60,847
100,	4,0246	-608,47	608,47
1000,	40,246	-6084,7	6084,7

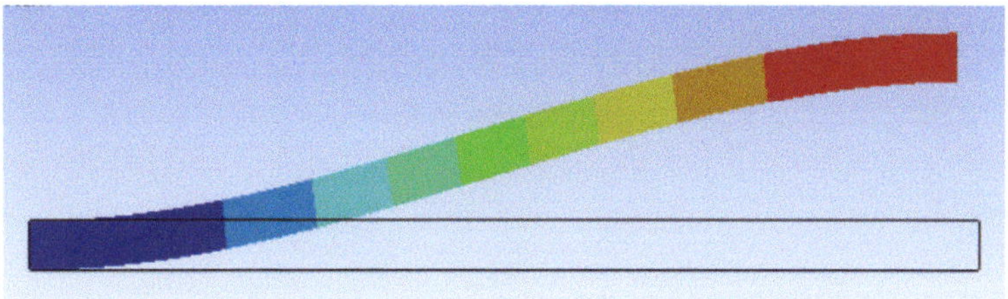

Abb. 2.2 Verformung bei *nicht*linearer Theorie, rechts verschieblich

Tab. 2.2 Durchbiegung und Spannungen bei nichtlinearer Theorie, rechts verschieblich

Laststufe	Durchbiegung	Randspannungen in x	
Zeit [s]	Maximum [mm]	Minimum [MPa]	Maximum [MPa]
1,	4,0246e-002	-6,0847	6,0847
10,	0,40246	-60,846	60,845
100,	4,0195	-608,	607,88
1000,	38,542	-5947,	5934,3

Bis Laststufe 100 unterscheiden sich Durchbiegungen und Spannungen nur in der vierten geltenden Ziffer. Die lineare Theorie ist mindestens so lange angebracht. Auch auf Laststufe 1000, wo die Durchbiegung etwa viermal die Dicke beträgt, unterscheiden sich sowohl Verschiebung als auch Spannungen nur um wenige Prozent. Ob in diesem Fall nichtlinear gerechnet werden musste, ist von der gewünschten Genauigkeit abhängig.

In Beispiel 2 ist zusätzlich die rechte Seite in Achsrichtung gehalten. Die Verformungen sind in **Abb. 2.3** und **Abb. 2.4** gezeigt, die maximalen Verschiebungen und Spannungen stehen in **Tab. 2.3** und **Tab. 2.4**.

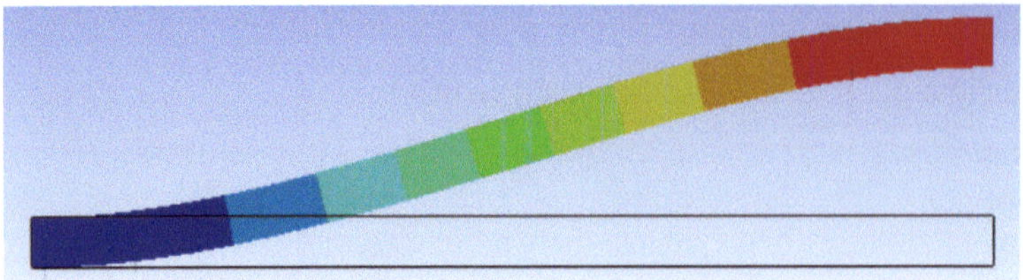

Abb. 2.3 Verformung bei linearer Theorie, rechts gehalten

Tab. 2.3 Durchbiegung und Spannungen bei linearer Theorie, rechts gehalten

Laststufe	Durchbiegung	Randspannungen in x	
Zeit [s]	Maximum [mm]	Minimum [MPa]	Maximum [MPa]
1,	4,0247e-002	-6,0847	6,0847
10,	0,40247	-60,847	60,847
100,	4,0247	-608,47	608,47
1000,	40,247	-6084,7	6084,7

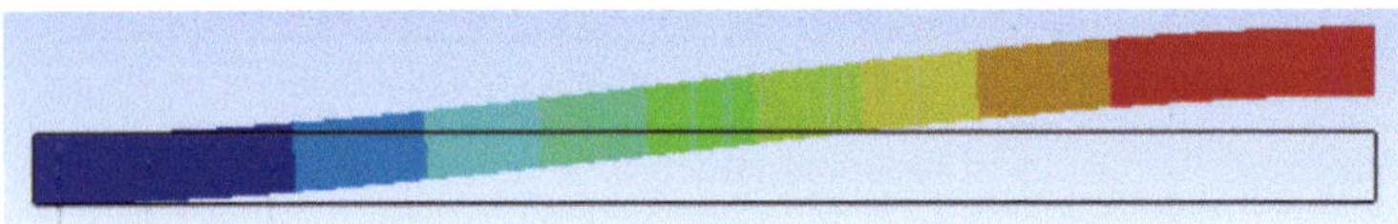

Abb. 2.4 Verformung bei *nicht*linearer Theorie, rechts gehalten

Tab. 2.4 Durchbiegung und Spannungen bei nichtlinearer Theorie, rechts gehalten

Laststufe	Durchbiegung	Randspannungen in x	
Zeit [s]	Maximum [mm]	Minimum [MPa]	Maximum [MPa]
1,	4,0246e-002	-6,0793	6,0899
10,	0,40201	-60,255	61,321
100,	3,6743	-519,71	608,47
1000,	15,474	-2184,	3651,7

Nun ist die Durchbiegung bei Laststufe 100, linear berechnet, fast 10% größer als nichtlinear, obwohl sie erst 0,4 mal der Dicke beträgt. Hier greift weder das 5°-Kriterium noch die Faustregel: „Große Verformungen müssen eingeschaltet werden, wenn die Durchbiegung die Dicke überschreitet.“

Warum ist das so? Das erklärt ein Blick auf die Spannungen. In der linearen Berechnung sind Minimum und Maximum vom Betrage her gleich, also nur Biegespannungen, in der nichtlinearen Analyse sind die Randspannungen deutlich unterschiedlich, es gibt also auch einen Längskraftanteil. Der kommt daher, dass die Biegelinie bei Zugrundelegung der richtigen Kinematik zu einer Verschiebung des rechten Endes nach links führen würde, wäre diese nicht unterbunden. So kommt es aber zu einer Reaktionskraft in Längsrichtung. Diese hat bei Gleichgewichtsbetrachtung am verformten System wiederum einen Einfluss auf die Momente (Vorspannungseffekt).

Beide Effekte sind in der linearen Theorie nicht enthalten, weshalb sich die beiden linearen Berechnungen im Ergebnis nicht unterscheiden. Die Weckung der Längskraft durch die Bieglinie geschieht übrigens auch nicht, wenn mit dem Befehl `SSTIF,ON` allein nur die Theorie 2. Ordnung aktiviert wird, bei der lediglich das Gleichgewicht am verformten System gebildet wird, die linearisierte Kinematik aber erhalten bleibt. Auch dabei würde iteriert werden. Ein Vorteil gegenüber *großen Verformungen* besteht nur in der Handrechnung. Deshalb ist diese Analyseart in Workbench gar nicht vorgesehen und nur zum Vergleich mit anderweitig erzielten Ergebnissen zu empfehlen. Die Theorie wird uns aber bei der *Eigenwert-Beulanalyse* wieder begegnen.

In diesem Beispiel gewinnt die Längskraft Einfluss auf die Biegesteifigkeit; Zug erhöht diese. Es gibt aber auch den umgekehrten Effekt, dass Druck die Biegesteifigkeit herabsetzt, bis schließlich Stabililitätsversagen auftritt. Dieser Effekt wird in Kap. 3 ausführlich behandelt.

Mit einem weiteren Beispiel (**Abb. 2.5**) sollen die Unterschiede in der Kinematik verdeutlicht werden. Hierbei ist ein Kragarm in der Nähe des rechten Endes mit einer (nichtlinear: zunächst) vertikalen Drucklast beaufschlagt (zu Lastrichtungen s. Kap. 2.4.1). In der linearen Theorie (rotes Modell) bewegt sich die Mitte des freien Endes des Kragarms senkrecht zur ursprünglichen Stabachse, d. h. vertikal nach unten. Es sieht so aus, als ob der Balken dicker würde. Das ist jedoch darauf zurückzuführen, dass die senkrechte Abmessung, hier als h bezeichnet, konstant bleibt. Die vollständig geometrisch nichtlineare Theorie führt zu der erwarteten Verformung (blaues Modell); hier wird die ursprüngliche Höhe im rotierten Querschnitt erhalten und das freie Ende bewegt sich auch in horizontaler Richtung (nach links).

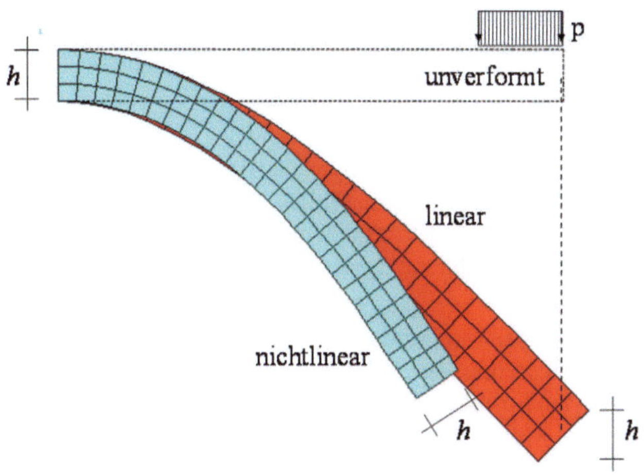

Abb. 2.5 Lineare und nichtlineare Kinematik

Was bedeuten die Rotationen, die als Wert der Freiheitsgrade berechnet werden?

Die Rotationsfreiheitsgrade bilden wie die Verschiebungskomponenten einen Vektor, der eine Richtung und eine resultierende Länge hat. Nun ist die Richtung des Vektors die Rotationsachse und die Länge kommt als Größe der Rotation um diese Achse zum Ausdruck (**Abb. 2.6**).

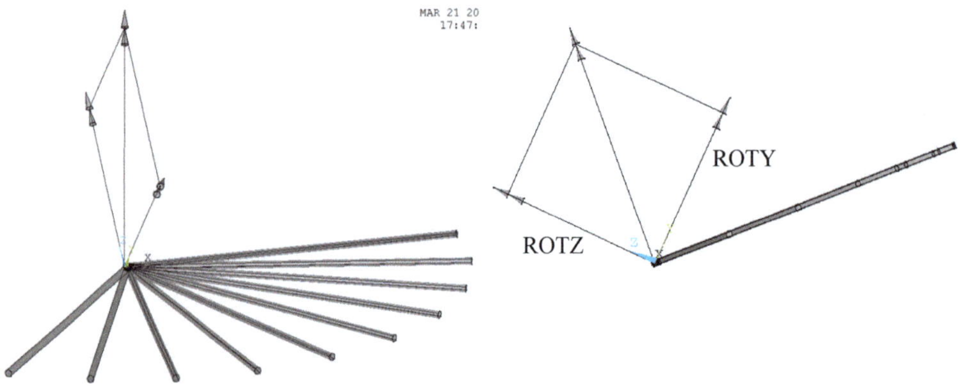

Abb. 2.6 Bedeutung des Rotationsvektors, rechts: Blick parallel zur Drehebene

2.3 Große Dehnungen

2.3.1 Dehnungsmaße

Wie schon gesagt, werden bei *großen Verformungen* auch große, also logarithmische Dehnungen aktiviert. Die eindimensionalen Ingenieurdehnungen können nach folgender Formel in logarithmische Dehnungen umgerechnet werden:

(2.1) $$\varepsilon^{log} = \ln\left(1 + \varepsilon^{Ing}\right)$$

Sie unterscheiden sich ab etwa 5% merkbar; 5% in Ingenieurdehnungen sind bei Zug 4,88% logarithmische Dehnungen und bei Druck -5,13%. Dieses Maß ist auch als *Umformgrad* bekannt. Geht die Ingenieurdehnung gegen -1, was einem vollständigen Zusammendrücken entspricht, tendiert die logarithmische Dehnung gegen Unendlich – mehr Stauchung geht nicht.

Stärker als bei den Verzerrungen ist der Unterschied in den Spannungen. Unter der Voraussetzung, dass die Verformungen inkompressibel sind, was bei der typischen Metallplastizität der Fall ist, gilt für die zugeordneten Spannungen, die Cauchy-Spannungen, die gern als *wahre Spannungen* bezeichnet werden, weil sie sich auf den verformten Querschnitt beziehen:

(2.2) $$\sigma^{wahr} = \sigma^{Ing}\left(1 + \varepsilon^{Ing}\right)$$

Wie man leicht sieht, unterscheiden sich die Spannungen bei 5% Dehnung um 5%, ± 500 N/mm² Ingenieurspannung werden zu +525/ -475 N/mm².

Wer also *große Verformungen* aktiviert und nichtlineares Material verwendet, muss seine Materialkurven bzw. -parameter selbst umrechnen. **Abb. 2.7** zeigt bei einem Stahl gemessene Spannungs-Dehnungs-Kurven in den verschiedenen Maßen. Obwohl noch keine Einschnürung vorliegt, kann es sein, dass wie hier die Kurve in den Ingenieurgrößen bereits abfällt, während in logarithmischen Dehnungen und wahren Spannungen noch ein Anstieg zu erkennen ist. Das Material bleibt also länger stabil.

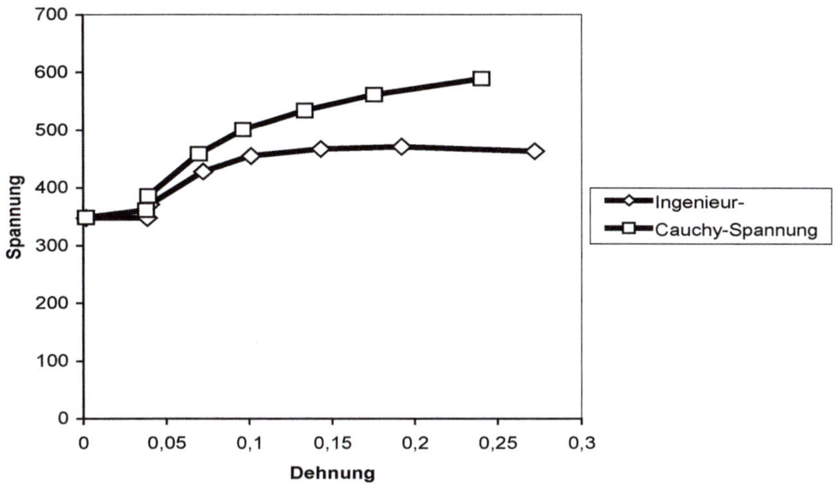

Abb. 2.7 Vergleich von Dehnungs- und Spannungsmaßen

Nur bei der Hyperelastizität (für gummiartige Materialien), bei denen *große Verformungen* Pflicht sind (Fehlermeldung **Abb. 2.8**) wird intern in Green-Lagrange-Dehnungen und 2. Piola-Kirchhoff-Spannungen gerechnet. Die Materialparameter müssen darauf angepasst werden. Soweit Workbench diese Anpassungen vornimmt, werden als Eingabe Ingenieurgrößen erwartet.

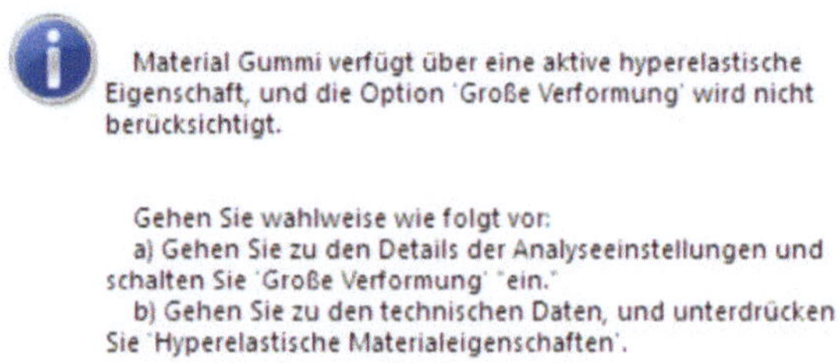

Abb. 2.8 Fehlermeldung, wenn Hyperelastizität ohne große Verformungen berechnet werden soll

Unabhängig davon werden bei *großen Verformungen* in der Ergebnisdarstellung immer logarithmische Dehnungen und wahre Spannungen wiedergegeben.

2.3.2 Elemente, Schrittweitenabhängigkeit

Die aktuellen Strukturelemente 181 bis 189 sowie diejenigen für gekoppelte Berechnungen, 226 und 227, unterstützen sowohl große Verdrehungen als auch große Dehnungen. Pretensioner-Elemente behalten ihre Richtung bei. Sollen Vorspannungen große Rotationen mitmachen, sind dafür *Joints* mit *Joint Loads* erforderlich.

Für die Standardelemente in ANSYS wird die mitdrehende Formulierung (*corotational*) verwendet. Hierbei wäre bei kleinen Dehnungen (noch erreichbar bei dem Archivelement Shell63) das Ergebnis – nicht die Konvergenz – von der Lastschrittweite unabhängig. Die Inkremente der logarithmischen Dehnungen jedoch werden im gedrehten System aus Längenänderung durch *aktuelle* Bezugslänge angenähert. Dadurch liegt eine *Updated-Lagrange*-Formulierung vor, sodass auch das Ergebnis von der Laststeuerung abhängig wird. Bei einem einachsig beanspruchten System ist selbst bei 20% Dehnung in einem Schritt kaum ein darstellbarer Unterschied zum exakten Dehnungsmaß erkennbar. Dennoch kann die Verschiebungslösung von der Lastinkrementierung abhängen, wie das nachfolgende Beispiel zeigt.

Beispiel

Der Kragarm aus **Abb. 2.9** wird von einem – mitdrehenden – Druck so weit belastet, dass sein Ende sich um mehr als 45° verdreht (**Abb. 2.10**). Die Belastung wird zum einen in einem Schritt, zum anderen in zehn Schritten aufgebracht. Daraus resultiert bei einer Vernetzung mit Elementen ohne Mittenknoten
bei 1 Schritt 404,3 mm,
bei 10 Schritten 413,8 mm Gesamtverformung,
also ein Unterschied von 2,3%.

Bei Elementen mit Mittenknoten konvergiert die Lösung bei nur einem Schritt nicht.
2 Schritte ergeben 412,1 mm
10 Schritte 414,7 mm.

Abb. 2.9 Kragarm

Der mögliche Fehler wird dadurch vermieden, dass die Konvergenz meist mehrere Substeps erfordert und auch für die Charakterisierung der Lösung Ergebnisse aus mehreren Schritten erforderlich sind.

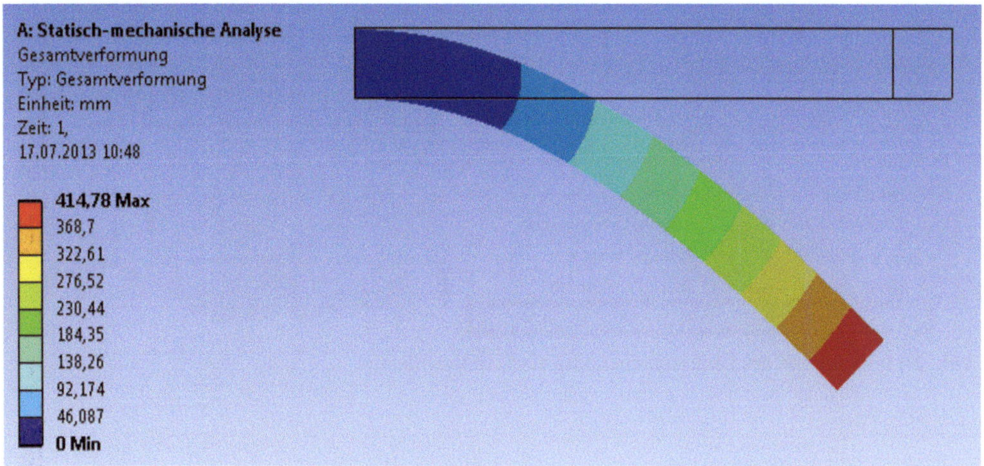

Abb. 2.10 Verformung bei geometrisch nichtlinearer Analyse und Standard-Elementformulierung

2.4 Verformungsabhängige Lasten

2.4.1 Lastrichtungen

Knotenkoordinatensysteme verbleiben in ANSYS in der Ausgangsorientierung. Infolgedessen sind auch direkte Knotenkräfte (in WB *Kraft* auf *Eckpunkte* oder *FE-Knoten*) richtungstreu. Ebenfalls richtungstreu sind Beschleunigungen. Hierbei denkt man nicht an Beschleunigungsvorgaben für einzelne oder Gruppen von Knoten, sondern an Beschleunigungsfelder wie die Erdbeschleunigung oder eine Basisbeschleunigung einer Versuchsanordnung, die, statt in der Simulation die Basis zu verschieben, auf alle nicht gehaltenen Knoten einer Struktur aufgebracht wird.

Positive Beschleunigungen in ANSYS (**Abb. 2.11**) erzeugen Kräfte in negativer Koordinatenrichtung. Dies ist auch in Workbench so mit Ausnahme der *Standarderdbeschleunigung* (neuer leider *Erdanziehungskraft*). Sie wird in WB in negative z-Richtung zeigend symbolisiert (**Abb. 2.12**) und erzeugt auch Kräfte in dieser Richtung. **Abb. 2.13** zeigt die Reaktionskraft für beides.

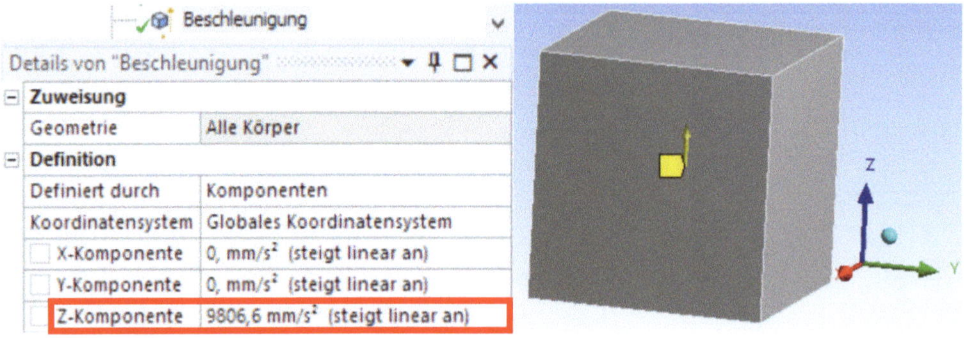

Abb. 2.11 Definition der Erdbeschleunigung als *Beschleunigung*

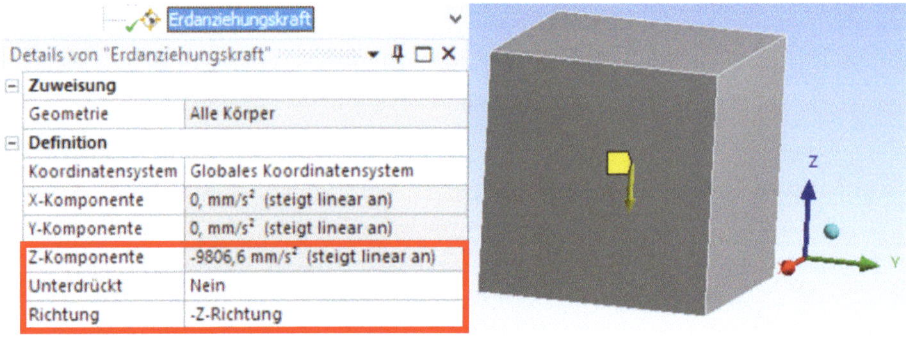

Abb. 2.12 Definition der Erdbeschleunigung als *Erdanziehung*

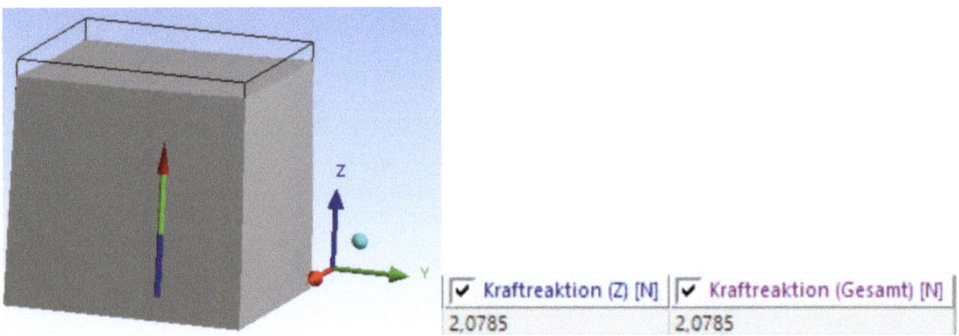

Abb. 2.13 Reaktionskraft bei positiver z-Beschleunigung oder negativ eingegebener Erdanziehung

Der klassische Druck steht senkrecht auf der Oberfläche und geht daher auch als Folgelast in die Berechnung ein, solange die Optionen *Normal auf* (**Abb. 2.14**) gewählt wurde. Die Auswahl bei *Angewendet durch* hat nur Einfluss auf die Umsetzung in ANSYS. Bei *Direkt* wird der Druck direkt dem Strukturelement zugewiesen, bei allen anderen hier beschriebenen Optionen werden Oberflächenelemente vom Typ SURF154 dazwischengeschaltet und die Richtung über Keyoptionen bestimmt. Dieses Element hat noch mehr Möglichkeiten, als in Workbench unterstützt werden. Bei Schalenelementen gilt als positive Kraftrichtung, die aus dem *normal auf* der Oberfläche stehenden, *direkt* aufgebrachten Druck resultiert, die Schalennormale (**Abb. 2.17** vorn rechts) und damit hier umgekehrt zu *Oberflächeneffekt* (links).

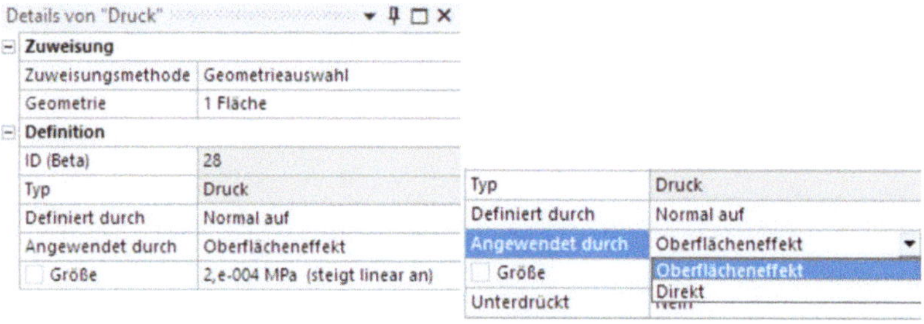

Abb. 2.14 Mitdrehender Druck *Normal auf* mit Alternativen über *Oberflächeneffekt*elemente oder *direkte* Aufbringung

Bei der Definition durch *Komponenten* oder parallel zu einem *Vektor* (**Abb. 2.15**) hingegen sind die resultierenden Knotenlasten richtungstreu, was auch zu einem anderen Ergebnis (**Abb. 2.17** hinten) als *Normal auf* führt. Besonders gut erkennt man die Kraftrichtungen an den Reaktionskräften (**Abb. 2.18**, Länge nicht maßstäblich).

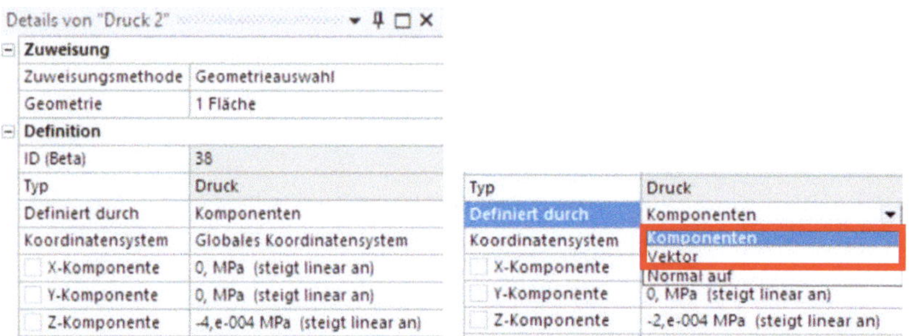

Abb. 2.15 Richtungstreuer Druck durch Alternativen über *Komponenten* oder in Richtung eines *Vektors*

Bei einer Streckenlast, genannt *Liniendruck*, für 3d-Schalenkanten ist die richtungstreue Definition über einen *Vektor* oder über *Komponenten* und die mitdrehende Form *Tangential*, d. h. in Schalenebene möglich (**Abb. 2.16**):

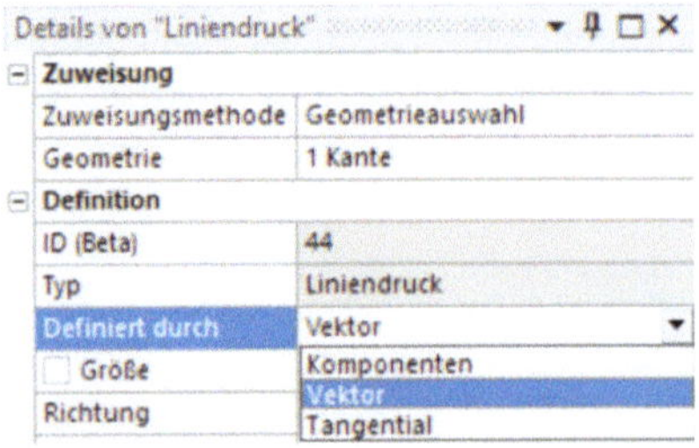

Abb. 2.16 Optionen für *Liniendruck*

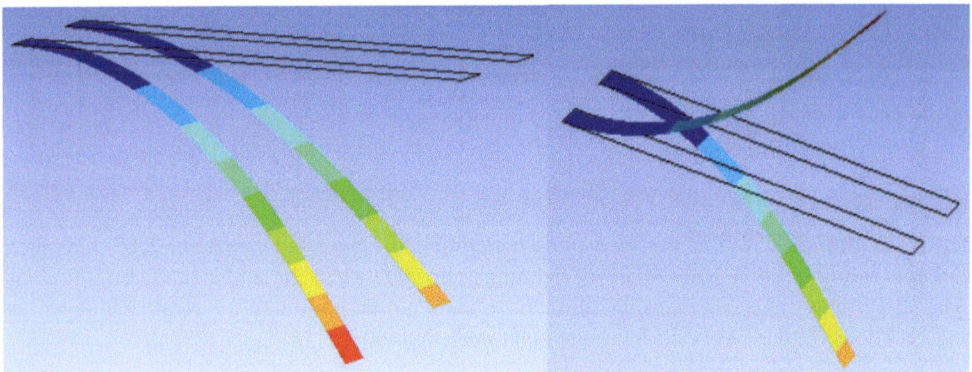

Abb. 2.17 Schale belastet mit Druck, vorn *Normal auf*, hinten richtungstreu (*Komponenten*) *Normal auf* links mit *Oberflächeneffekt*, rechts *Direkt*

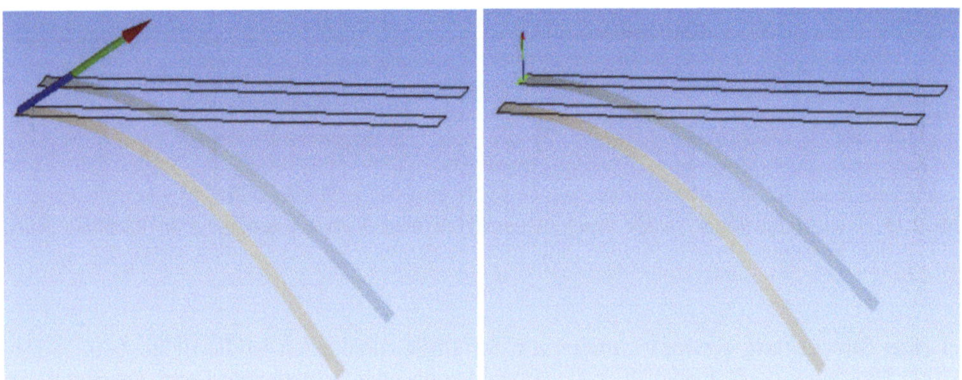

Abb. 2.18 Richtung der Reaktionskräfte bei mitdrehendem (links) und richtungstreuem Druck

Infolge der Betrachtung großer Dehnungen und wahrer, d. h. auf den verformten Querschnitt bezogener Spannungen wird auch bei der Berechnung von Knotenkräften aus verteilten Belastungen die Veränderung der Elementfläche berücksichtigt. Beispiel: Ein zwängungsfrei gelagerter Würfel der Kantenlänge 30 mm wird von oben einem Druck von 12 MPa ausgesetzt. Aufgrund der Querkontraktion dehnt er sich nach beiden Seiten aus, und zwar bei *großen Verformungen* um 3,74 mm (**Abb. 2.19**). Durch die vergrößerte Fläche, auf der der Druck wirkt, ist die Resultierende $(30+3{,}7439)^2 \cdot 12 = 13664$ [N], wie die Reaktionskraft in **Abb. 2.21** zeigt. Bei der Theorie kleiner Verformungen beträgt sie bei ähnlichen Querverschiebungen nur $30^2 \cdot 12 = 10800$ [N], weil sich die Flächenvergrößerung nicht auswirkt.

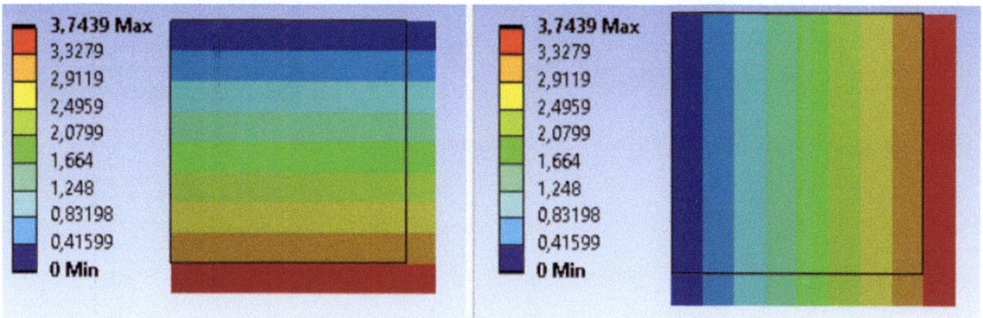

Abb. 2.19 Querverschiebung bei großen Verformungen

Warum sind dann aber die Querverschiebungen fast gleich groß, obwohl sich die resultierenden Kräfte um 26 % unterscheiden? In beiden Fällen wird das Hooke'sche Gesetz verwandt, das Spannungen und Dehnungen in gleicher Weise verknüpft. Spannungs- und Dehnungsmaße unterscheiden sich aber nach den Theorien. Der Elastizitätsmodul wurde mit 50 N/mm² und die Querkontraktionszahl mit 0,49 festgesetzt. Die Spannung in Achsrichtung beträgt entsprechend dem aufgebrachten Druck $\sigma_z = 12$ N/mm².

Nach der linearen Theorie ergibt sich daraus eine Dehnung von

(2.3) $$\varepsilon_z = \frac{\sigma_z}{E} = \frac{12}{50} = 0{,}24$$

Damit beträgt die Querdehnung

(2.4) $$\varepsilon_x = \nu \varepsilon_x = 0{,}49 \cdot 0{,}24 = 0{,}1176$$

Dies ist die Ingenieurdehnung aus der sich hier über

(2.5) $$\varepsilon_x = \frac{\Delta l_x}{l_0} \quad \Leftrightarrow \Delta l_x = \varepsilon_x l_0 = u_x$$

die Querverschiebung $u_x = 0{,}1176 \cdot 30 = 3{,}528$ [mm] errechnen lässt.

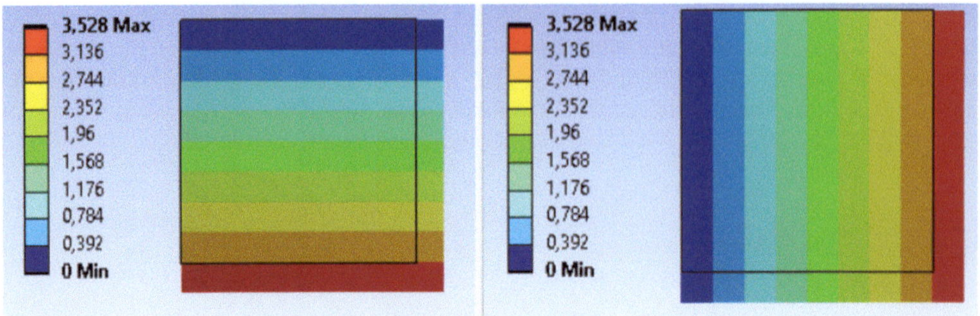

Abb. 2.20 Querverschiebung bei kleinen Verformungen

Abb. 2.21 Reaktionskraft bei großen (links) und kleinen Verformungen (rechts)

Spannungen und Dehnungen gelten hier auch für die Theorie großer Dehnungen. Lediglich die Auswirkungen auf die Resultierenden und die Verschiebungen sind unterschiedlich. Über

$$\varepsilon_x = \ln\left(1+\frac{\Delta l_x}{l_0}\right) \Leftrightarrow e^{\varepsilon_x} = 1+\frac{\Delta l_x}{l_0} \Leftrightarrow \Delta l_x = \left(e^{\varepsilon_x}-1\right)l_0 \tag{2.6}$$

erhält man die Querverschiebung $\Delta l_x = \left(e^{0{,}1176}-1\right)\cdot 30 = 3{,}744\ [\mathrm{mm}]$

Knotenbezogene Größen, Verschiebungen, aber auch Kräfte, folgen der anfänglichen Knotenausrichtung. Gibt man also Knotenverschiebungen in Umfangsrichtung (y) in einem Zylinderkoordinatensystem vor (**Abb. 2.22**), so bewegen sich die Knoten in der ursprünglich tangentialen Richtung, nicht auf einem Kreisbogen. Obwohl *große Verformungen* aktiviert sind, kommt es zu einer Aufweitung des Randes mit der Verschiebungsvorgabe, weil die Knotenkoordinatensysteme über die Analyse unverändert bleiben. Den unverformten Rand zeigt der schwarze Kreis. Zu diesem stehen die roten Pfeile tangential.

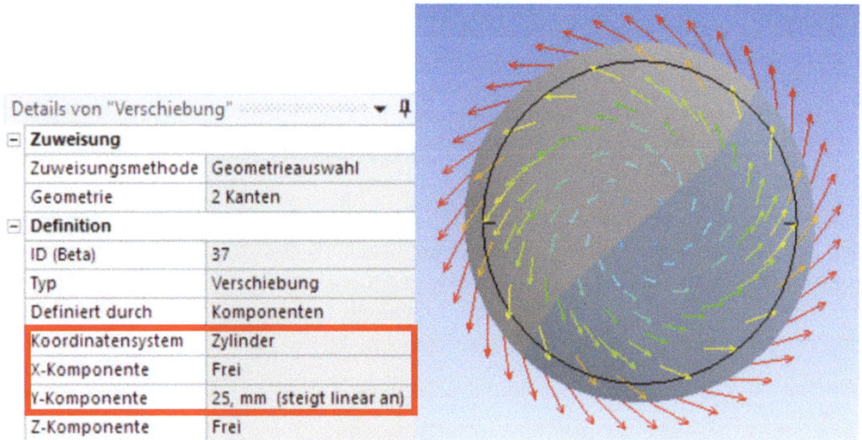

Abb. 2.22 Auweitung durch tangentiale *Verschiebung* in einem Zylinderkoordinatensystem

Dieses Ergebnis würde man auch erzielen, wenn man die Knoten mit einer (linearen) Koppelgleichung von einer Verdrehung abhängig machte. Anders sieht es bei einer *Externen Verschiebung* aus. Hier können Verdrehungen vorgegeben werden, aus denen Verschiebungen resultieren. Die Koppelbeziehungen werden bei dieser Funktion stets an die schon erfolgte Verdrehung angepasst. Damit folgen die Verschiebungen dem Zylinderumfang (**Abb. 2.23**).

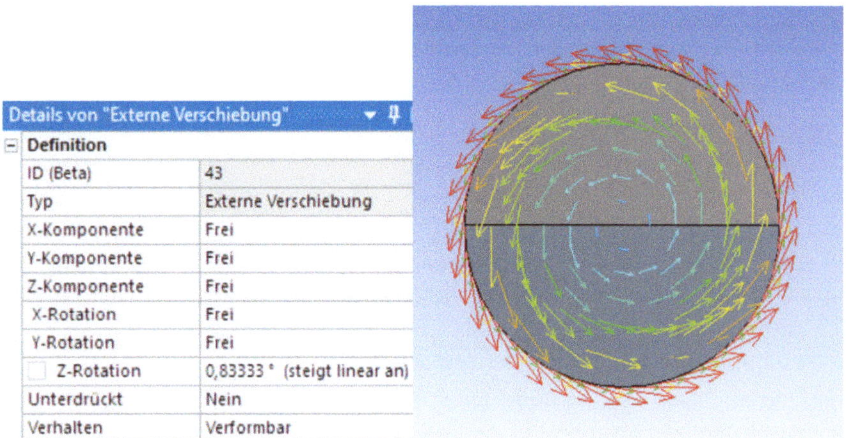

Abb. 2.23 Verformung durch Vorgabe entsprechender Verdrehung in *Externer Verschiebung*

Bei der Berechnung mit *großen Verformungen* meldet sich Workbench gerne mit

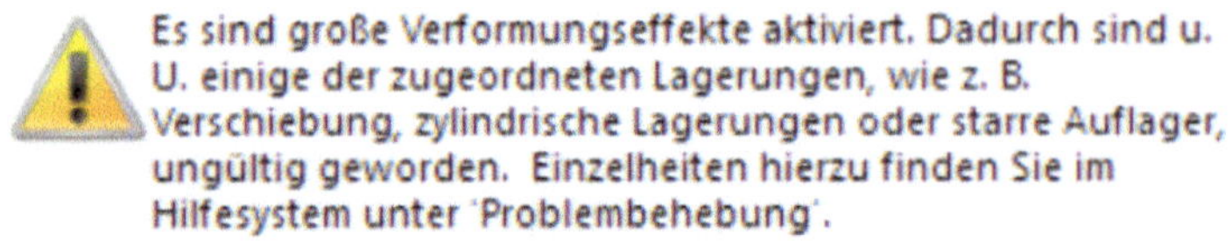

Man beachte, dass hier u. U. steht. Die Meldung ist sehr unspezifisch und oft gegenstandslos. Verschiebungsvorgaben sind stets gültig, wenn man beachtet, dass sie im ursprünglichen Knotenkoordinatensystem wirken. Die zylindrische Lagerung ist oben besprochen worden; wo das Problem bei starren Auflagern liegen soll, erschließt sich nicht. In der englischsprachigen Fassung ist davon auch nicht die Rede, sondern es heißt:

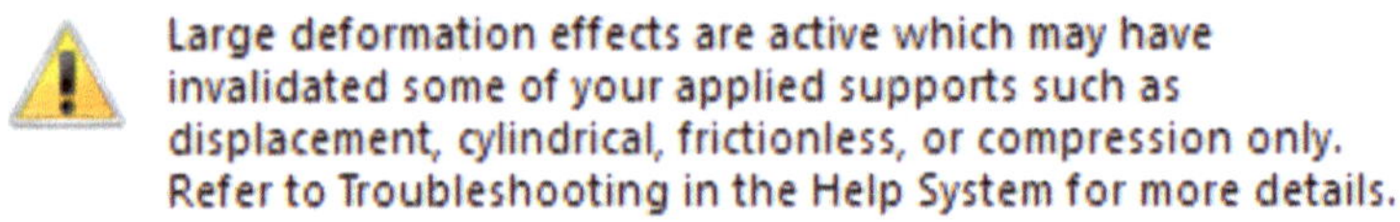

Frictionless support, also *reibungsfreie Lagerung*, weist das gleiche Problem wie die zylindrische Lagerung auf, wenn die Fläche, auf die sie angewandt wird, gekrümmt ist.

Wie schon erwähnt, arbeiten *Externe Verschiebungen*, die auch Drehungsvorgaben enthalten und auf *Verhalten:Starr* gesetzt werden können, auch bei großen Rotationen mit der richtigen Kinematik.

2.4.2 Lasttangente

Für das Newton-Raphson-Verfahren müssen die Knotenkräfte nach den Knotenverschiebungen abgeleitet werden. Bei verformungsabhängigen Lasten wie dem Druck p gilt das auch für die äußeren Knotenkräfte $\mathbf{f}^{ext}$. Man erhält

$$\frac{\partial\left(-\mathbf{f}^{ext}(p(\hat{\mathbf{u}}))\right)}{\partial\hat{\mathbf{u}}} =: \mathbf{K}_p \tag{2.7}$$

als Teil der Tangentensteifigkeitsmatrix, der in der ANSYS-Dokumentation *Pressure Load Stiffness* heißt. Er wird von den aktuellen Elementen automatisch aufgebaut, kann aber mit dem *Befehl* `PRSCONTROL,NOPL` wie *No Pressure Load stiffness* abgeschaltet werden, was sicher nur in Ausnahmefällen begründet werden kann. Mit der Umkehroption `INCP` wie *INClude Pressure load stiffness* wird sie wieder zugeschaltet.

Die Lasttangente ist nur dann symmetrisch, wenn die Belastung die Potenzialeigenschaft besitzt, was bei wegabhängigen Lasten nicht der Fall sein wird. Die Unsymmetrie wird aber nicht automatisch berücksichtigt, sondern muss explizit eingeschaltet werden (s. Kap. 1.3). Ansonsten wird die Lasttangente symmetrisiert und ist damit nicht mehr die exakte Tangente mit der in Kap. 1.3 erwähnten Folge für die Konvergenz.

Das Kommando zum Ausschalten wirkt nicht bei der *Eigenwert-Beulanalyse*. Hier führt aber die Lasttangente für – ggf. unbeabsichtigt aufgebrachte – Folgelasten in der Regel zu unphysikalischen Ergebnissen. Voraussetzung für die lineare Beulanalyse ist lineares Verhalten bis zum Stabilitätsversagen. Man sollte also nur richtungstreue Kräfte aufbringen (s. Kap. 2.4.1).

2.5 Richtung von Spannungen und Dehnungen

Bei der mitdrehenden Formulierung werden Spannungen und Dehnungen im gedrehten Elementkoordinatensystem berechnet. Das ist sehr nützlich für Schalen und Balken, die ausgezeichnete Richtungen (Stabachse bzw. Schalenmittelfläche) aufweisen, und auch hilfreich für die Interpretation von Ergebnissen anderer Elementtypen, die Systeme mit klar erkennbaren Richtungen wie dem balkenähnlichen Flächenträger in **Abb. 2.24** und **Abb. 2.25** diskretisieren. Ein weiteres Beispiel, bei dem mitdrehende Bezugsachsen vorteilhaft sind, sind Anisotropien.

Workbench gibt die Spannungen per Voreinstellung im globalen Koordinatensystem an. Deshalb sieht man in **Abb. 2.24** die maximalen Spannungen σ_x an der Einspannung, wo das Moment maximal und die Verdrehung klein ist, die maximalen Spannungen σ_y aber in einem Bereich, in dem das Moment noch relativ groß ist, die Elemente aber stark verdreht sind, sodass ihre ursprüngliche x-Achse eher in die globale y-Richtung zeigt.

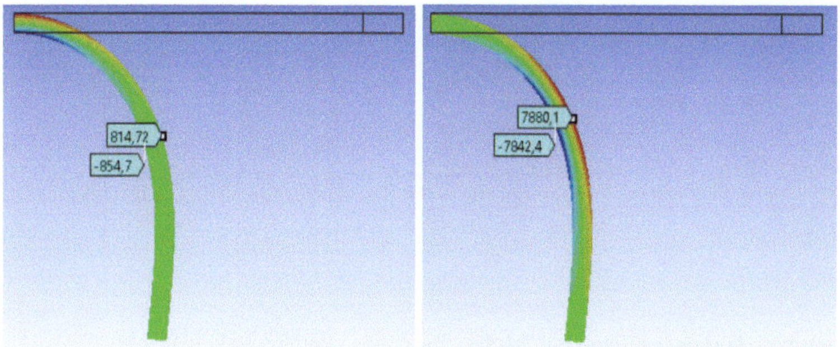

Abb. 2.24 Ausgabe im globalen Koordinatensystem, σ_x links, σ_y rechts

Nun lässt sich auch ein anderes zuvor definiertes Koordinatensystem einstellen, aber auch dabei beziehen sich die Spannungen der verformten Konfiguration auf ein festes System. Alternativ kann man im Detailfenster der Ergebnisse das *Lösungskoordinatensystem* einstellen. Das ist bei Knotenwerten wie Verschiebungen das – unveränderliche – Knotenkoordinatensystem, bei elementbezogenen Größen wie Spannungen aber das – mitdrehende – Elementkoordinatensystem. Damit ist es möglich, Spannungen z. B. stets randparallel darzustellen wie die Komponente σ_x in **Abb. 2.25**. Damit erkennt man besser den Verlauf.

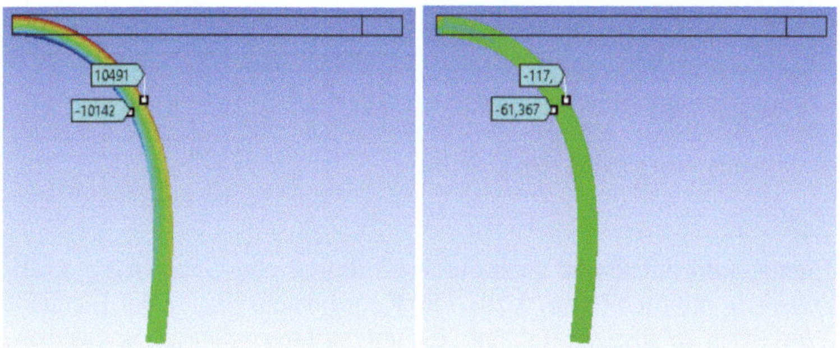

Abb. 2.25 Ausgabe im Lösungskoordinatensystem, σ_x links, σ_y rechts

Das Lösungskoordinatensystem hat allerdings seine Tücken. Während bei 2d-Scheibenelementen und 3d-Volumina das Standardkoordinatensystem parallel zum globalen liegt, zeigt es bei 3d-Schalen bei freier Vernetzung in irgendeine Richtung, die abhängig von der Elementnummerierung ist (**Abb. 2.26**). Die x-Achse (rot) lässt sich aber an einem definierten Koordinatensystem ausrichten (*Details von „…körper> Koordinatensystem>* Koordinatensystem), allerdings nicht am globalen. Will man das, muss man ein neues Koordinatensystem (**Abb. 2.27**) mit der gleichen Ausrichtung erzeugen. Elementkoordinatensysteme lassen sich erst in der Lösung (*Einfügen>Koordinatensysteme> Elementkoordinatensysteme*) anzeigen.

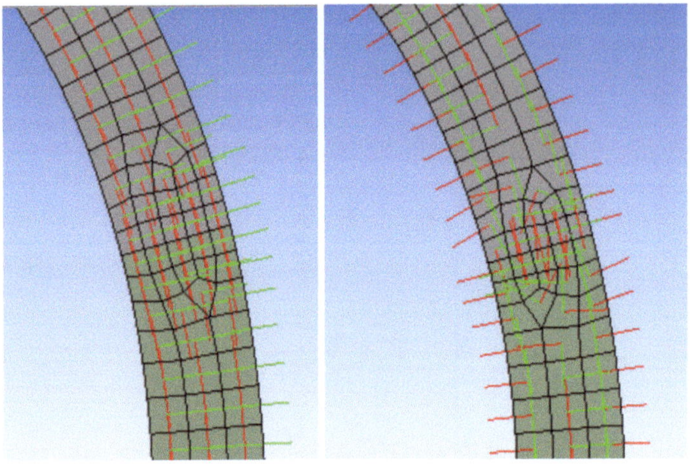

Abb. 2.26 Standard-Elementkoordinatensysteme bei 2d-Scheibe (links) und 3d-Schale (rechts)

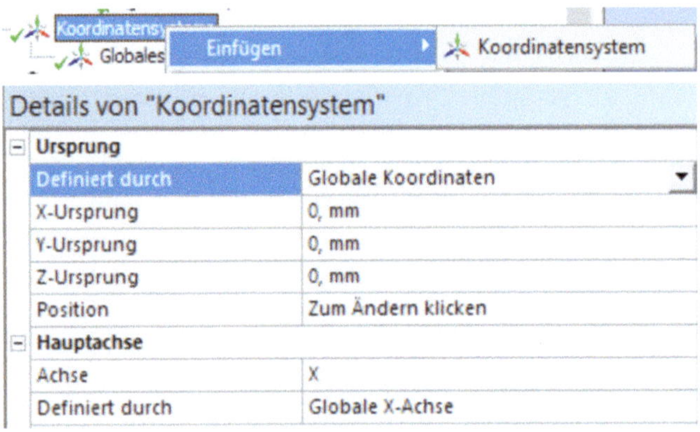

Abb. 2.27 Erzeugung Koordinatensystem parallel zum globalen

Eine Ausrichtung der Elementkoordinaten ist auch durch Einführen von *Geometrie>* RMB: *Einfügen> Elementorientierung* möglich (**Abb. 2.28**). Die Koordinatensysteme der Elemente im ausgewählten *Bereich* werden so ausgerichtet, dass die unter *Flächenführung* angegebene

Achse senkrecht zu der ausgewählten *Fläche* und die unter *Kantenführung* genannte *Achse* sich an der ausgewählten *Kante* orientiert.

Details von "Elementorientierung"

Bereich	
Auswahlmethode	Geometrieauswahl
Geometrie	1 Körper
Definition	
Definiert durch	Flächen- und Kantenführung
Unterdrückt	Nein
Flächenführung	
Auswahlmethode	Geometrieauswahl
Geometrie	1 Fläche
Achse	Z-Achse
Kantenführung	
Auswahlmethode	Geometrieauswahl
Geometrie	1 Kante
Achse	X-Achse

Abb. 2.28 Elementorientierungsobjekt

Für die Ausrichung der Elemente des Hohlzylinders aus **Abb. 2.29** wurde für die *Flächenführung* die äußere Mantelfläche ausgewählt und somit die z-Achse (blau) auch der innen liegenden Elemente bestimmt, während bei der *Kantenführung* eine Kreislinie des Umfangs die x-Achsen (rot) festlegt. Man beachte, dass dies auch für die Elemente gilt, deren Kanten keinen Bezug zu den Begrenzungsflächen der Geometrie haben.

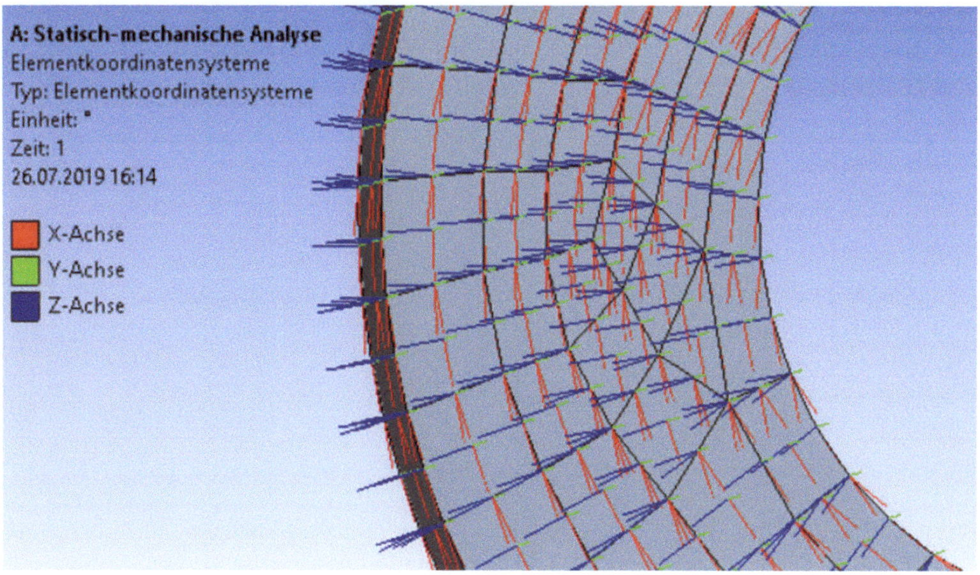

Abb. 2.29 Erzeugte Elementorientierung in Hohlzylinder

2.6 Konvergenz

Bei *großen Verformungen* kann die Konvergenz durch starke Elementverzerrungen beeinträchtigt werden. Hier hilft evt. eine entgegengesetzte Vorverzerrung des Ausgangsnetzes oder die Einführung eines *Nichtlinearen adaptiven Bereichs*. Etwas mehr darüber steht im Kap. 1 über gummiartige Materialien, weil Bauteile daraus besonders stark gedehnt werden und deshalb im Mehrdimensionalen besonders anfällig für Elementverzerrungen im Sinne von Scherungen sind.

Ein weiterer Grund für Konvergenzprobleme oder Nichtkonvergenz kann ein Stabilitätsproblem sein. Wie man es erkennt und wie man damit umgeht, steht in Kap. 3. Es sei hier schon einmal gesagt, dass das Vorhandensein von Druckspannungen bedeutet, dass ein Stabilitätsproblem vorliegen kann, auch wenn das untersuchte Bauteil nicht die klassische schlanke Form aufweist.

Im Übrigen sei noch einmal auf das Kapitel 2.4.2 zur Lasttangente verwiesen, indem dargelegt wurde, dass das Nichtberücksichtigen der unsymmetrischen Tangente von Folgelasten wie Drücken negativen Einfluss auf die Konvergenz haben kann.

3 Stabilitätsprobleme

3.1 Auftreten und Erkennen

Treten in einer Berechnung mit großen Verformungen Druckspannungen auf – und wo tun sie das nicht – besteht grundsätzlich die Gefahr eines Stabilitätsversagens. Meist beschränkt sich dieses Phänomen auf schlanke Systeme, aber eine lokale Instabilität, selbst wenn das Bauteil nicht entscheidend für das Gesamttragverhalten ist, genügt schon dafür, ein Konvergenzproblem auszulösen. Man unterscheidet Durchschlagen, bei dem die vor dem kritischen Punkt auftretende Verformung prinzipiell fortgesetzt wird, aber die aufgenommene Last nicht mehr erhöht werden kann, sondern sinkt, und Verzweigen, bei dem eine grundsätzlich andere Verformung, die anfänglich orthogonal zum Lastvektor steht, der bisherigen überlagert wird.

Durchschlagen braucht nicht speziell angeregt zu werden, bei Belastungen mit Kraftgrößen (Kräften, Drücken etc.) führt es zur Nichtkonvergenz und ist an einer horizontalen Tangente im Kraft-Weg-Diagramm erkennbar.

An einem Verzweigungspunkt kann leicht vorbeigerechnet werden, wenn eine ideale Geometrie vorliegt. In diesem Fall wäre die erzielte Lösung falsch, weil sie ein Tragvermögen suggeriert, das das System gar nicht besitzt. Das darf nicht passieren. Daher sollte zu jeder Berechnung mit großen Verformungen die Pivot-Warnung eingeschaltet werden. Hierbei wird das größte und kleinste Hauptdiagonalelement der Gauß-zerlegten Steifigkeitsmatrix in der *Solver-Ausgabe* aufgelistet. *Analyseeinstellungen>Solver-Steuerungen>Pivot-Prüfung des Solvers>Warnung* betrifft leider nur die erste Gleichungslösung, bei der alles in Ordnung sein wird, wenn das System zusammenhängt und hinreichend gelagert ist. Daher muss die Pivot-Warnung mit dem *Befehl*

```
PIVCHECK,WARN,EVERY
```

aktiviert werden. Bei einem Durchschlagpunkt geht ein Pivot-Element gegen 0, das Lastniveau einer nicht angeregten Verzweigung kann man rechnerisch auch überschreiten. Dann wird sich ein negatives Pivot-Element einstellen. Maßgebend ist die konvergierte Lösung. Ein nur während der Iteration auftretendes Pivot-Element kleiner 0 zeigt nicht unbedingt eine physikalische Instabilität an.

Rechnet man schon mit einem Stabilitätsproblem, sollte der nichtlinearen Berechnung eine lineare (*Eigenwert-*)*Beulanalyse* (LBA) vorausgehen.

3.2 Beispiel

Die weitere Vorgehensweise wird anhand eines Beispiels besprochen. Dabei erfolgen auch allgemeine Hinweise. Das nachfolgende System ist eine Halbzylinderschale mit Radius 100 mm, einer Breite (Achslänge) von 50 mm und einer Dicke von 2 mm (**Abb. 3.2**). Als Material wird das vordefinierte namens *Baustahl* mit E = 200.000 N/mm² und v = 0,3 verwendet.

Die unteren Kanten sind gelenkig und zwängungsfrei gelagert, damit keine lokalen Spannungsspitzen und daraus resultierende Beulen auftreten. Die Belastung wird über einen *Externen Punkt* aufgebracht, der die mittlere Kante umfasst und als *Kraftangriffspunkt* benannt wird. Ein externer Punkt ist eine Funktion der Kontaktelemente. Sie entspricht Freiheitsgradkopplungen oder Koppelgleichungen, allerdings werden diese an große Drehungen angepasst.

Elektronisches Zusatzmaterial Die elektronische Version dieses Kapitels enthält Zusatzmaterial, das berechtigten Benutzern zur Verfügung steht. https://doi.org/10.1007/978-3-658-31421-7_3

W. Rust, *Nichtlineare Finite-Elemente-Berechnungen mit ANSYS Workbench*,
https://doi.org/10.1007/978-3-658-31421-7_3

Lässt man das *Verhalten* bei *verformbar*, greift die daraus resultierende Kopplung auf eine weitere Knotenreihe über, wie man sich durch die Option *Sichtbar bei Ergebnisplots* anzeigen lassen kann (**Abb. 3.1**). Das kann zu Versteifungen im Lasteinleitungsbereich und daraus resultierenden Zwängungsspannungen führen.

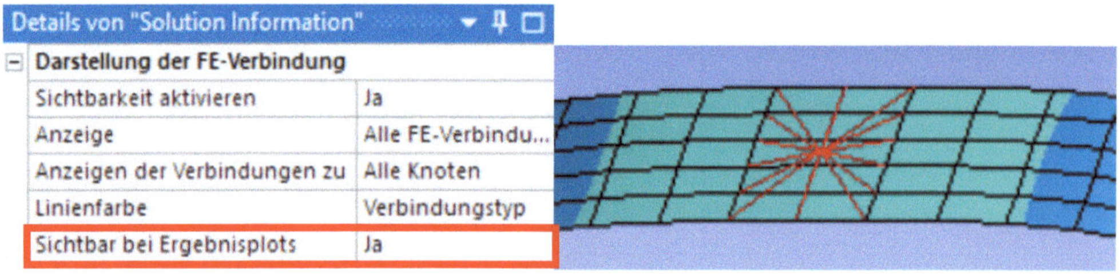

Abb. 3.1 Sichtbarmachung der Anbindung einer *externen Kraft*

Deshalb wird hier als *Verhalten: gekoppelt* und bei *Freiheitsgradauswahl* nur die *z-Komponente* auf *aktiv* gesetzt (**Abb. 3.3**). Der *Externe Punkt* kann nun sowohl mit einer Kraft als auch mit einer Verschiebungsvorgabe am Pilotknoten belastet werden. Der Pilotknoten ist die Mecahnical-APDL-Umsetzung des *Externen Punktes*. Damit dieser auch mit Befehlen ansprechbar ist, erhält er den Namen *npilot*.

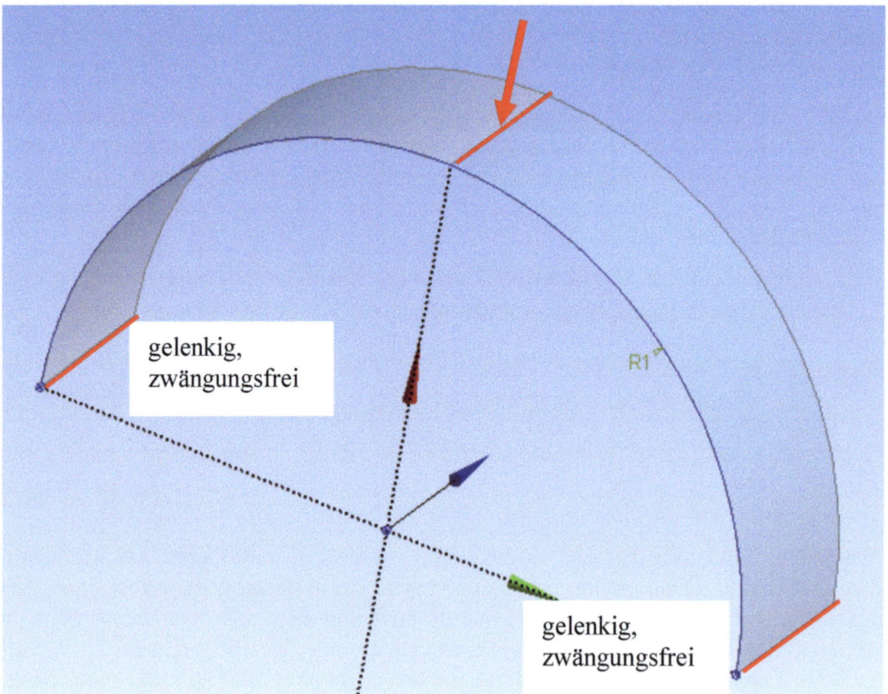

Abb. 3.2 Halbzylinder unter verteilter Kraft

Details von "Kraftangriffspunkt"	
Auswahlmethode	Geometrieauswahl
Geometrie	1 Kante
Koordinatensystem	Global Coordinate ...
X-Koordinate	0, mm
Y-Koordinate	25, mm
Z-Koordinate	100, mm
Position	Zum Ändern klicken
Definition	
ID (Beta)	33
Unterdrückt	Nein
Verhalten	Gekoppelt
Pinball-Bereich	Alle
Freiheitsgrad-Auswahl	Manuell
X-Komponente	Inaktiv
Y-Komponente	Inaktiv
Z-Komponente	Aktiv
X-Rotation	Inaktiv
Y-Rotation	Inaktiv
Z-Rotation	Inaktiv
APDL-Name des Pilotknotens	npilot

Details von "Externe Kraft"	
Bereich	
Auswahlmethode	Externer Punkt
Externe Punkte	Kraftangriffspunkt
Koordinatensystem	Global Coordinate System
X-Koordinate	0, mm
Y-Koordinate	25, mm
Z-Koordinate	100, mm
Position	Zum Ändern klicken
Definition	
ID (Beta)	35
Typ	Externe Kraft
Definiert durch	Komponenten
X-Komponente	0, N (steigt linear an)
Y-Komponente	0, N (steigt linear an)
Z-Komponente	-100, N (steigt linear an)
Unterdrückt	Nein
Verhalten	Gekoppelt
Erweitert	

Abb. 3.3 Optionen des *externen Punktes*

Mit diesem System werden nun verschiedene der Stabilitätsuntersuchung dienende Analysen durchgeführt.

3.3 Geometrisch nichtlineare Analyse (GNA)

Obwohl das Stabilitätsproblem einen förmlich anspringt, wird hier einfach angenommen, dass es nicht erkannt wurde, und mit einer Kraft von 15000 N bei einer Endzeit von 150 mit *großen Verformungen* gerechnet. Beachtet wird aber die Regel, dass der Pivot-Check mit einem *Befehl* (s. Kap. 3.1, S. 57) immer eingeschaltet ist. Die *Automatische Zeitschrittsteuerung* wird mit *Anfängliche* und *Min. Substeps* auf 30 und *Max. Substeps* auf 1000 aktiviert.

Am System mit idealer Geometrie rechnet das System bis t = 70 glatt durch, dann folgen Bisektionen und bei 74,06 die letzte konvergierte Lösung. **Abb. 3.5** zeigt den Kraft-Weg-Zusammenhang, erzeugt dadurch, dass mit der *Gesamtverformung* ein *Chart/Diagramm* erstellt und dann der Maximalwert *(Max.)* auf der *x-Achse* aufgetragen und darüber die – zur Last proportionale – Zeit dargestellt wird. Außerdem wurde der konvergente Bereich markiert und in diesen gezoomt, was eine automatische Skalierung sowohl der Abszisse als auch der Ordinate zur Folge hatte. Die horizontale Tangente (rot) deutet auf ein Durchschlagproblem hin. Die Verformung zu diesem Lastniveau zeigt **Abb. 3.4** rechts. Es deutet sich an, dass der Firstpunkt nach unten durchschlagen wird.

Das kleinste Pivot-Element der letzten konvergierten Lösung ist negativ, das betragskleinste hat den Wert 39. Sucht man mit Strg-F im *Solver-Output* nach *‚pivot= -‘* (ein Leerzeichen), findet man das erste negative Pivot-Element bei t = 45 und liest für den konvergierten Zustand ab:

```
Sparse solver maximum pivot= 4456302.74 at node 154 ROTY.
Sparse solver minimum pivot= -50.1331274 at node 86 UZ.
Sparse solver minimum pivot in absolute value= 36.8804269 at node 86
UX.
   EQUIL ITER   3 COMPLETED.  NEW TRIANG MATRIX.  MAX DOF INC= -0.1698E-01
    DISP CONVERGENCE VALUE   =  0.1698E-01   CRITERION=   0.2066      <<<
CONVERGED
    LINE SEARCH PARAMETER =   1.000     SCALED MAX DOF INC = -0.1698E-01
    FORCE CONVERGENCE VALUE  =   1.283       CRITERION=    26.94      <<<
CONVERGED
    MOMENT CONVERGENCE VALUE =  0.6866       CRITERION=    9.259      <<<
CONVERGED
     >>> SOLUTION   CONVERGED   AFTER   EQUILIBRIUM   ITERATION     3
 *** LOAD STEP     1   SUBSTEP    9  COMPLETED.    CUM  ITER  =    28
 ***   TIME    =      45.0000          TIME     INC    =      5.00000
 *** AUTO STEP TIME:  NEXT TIME INC =  5.0000      UNCHANGED
```

Abb. 3.4 Verformung zur Zeit 45 (erstes negatives Pivot-Element) und 74,06 (letzte konvergierte Lösung)

Dem Kraft-Weg-Diagramm können wir an dieser Stelle (grüne Linie in **Abb. 3.5**) nichts ansehen, gleichwohl muss man annehmen, dass hier eine numerische, wahrscheinlich eine physikalische Instabilität vorliegt. Die Verformung zu diesem Lastniveau zeigt **Abb. 3.4** links. Auffälligkeiten sind nicht zu erkennen, die Ursache für das negative Hauptdiagonalelement muss gleichwohl gefunden werden. Dazu dient die *Eigenwert-Beulanalyse*.

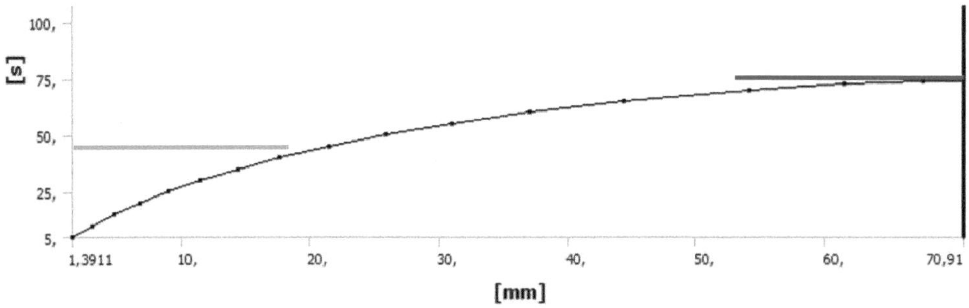

Abb. 3.5 Kraft-Weg-Diagramm der GNA

3.4 Eigenwert-Beulanalyse

3.4.1 Lineare Beulanalyse (LBA)

Die Lineare Beulanalyse setzt voraus, dass die Verformungen bis zum Beulen klein sind und auch sonst das vorkritische Verhalten vollständig linear ist. Nur dann kann der Eigenwert als Lastmultiplikator interpretiert werden. In dem Fall hat die ideale kritische Last F_{ki} den Wert Lastmultiplikator λ x aufgebrachte (Referenz-)Last $F_{aufgebracht}$:

(3.1) $$F_{ki} = \lambda F_{aufgebracht}$$

Nach Einfügen der *Eigenwert-Beulanalyse* in die *Lösung* der statischen Berechnung (*große Verformungen:Aus*) zeigt sich auf der Projektseite **Abb. 3.6**. In den *Analyseeinstellungen* (**Abb. 3.7**) muss festgelegt werden:

- die *Höchstzahl zu suchender Moden* (d. h. Eigenwerte und Beulformen)
  Die Voreinstellung ist 2. Damit kann die niedrigste und oft maßgebende Beulform bestimmt, aber auch geprüft werden, ob eine Clusterung von Eigenwerten, d. h. nah beieinander liegende Eigenwerte, vorliegt. Ist das der Fall, muss man mehr Eigenwerte suchen lassen. Das kann man von vornherein tun, die Zahl der zu suchenden Eigenwerte hat nur wenig Einfluss auf die Rechenzeit.
- der *Solver-Typ*
  Hier stehen mit *Direkt* der Block-Lanczos-Löser und das *Subspace*-Verfahren zur Verfügung. Der Block-Lanczos-Löser sollte bei größeren Systemen Rechenzeit-Vorteile bringen, es soll aber vorgekommen sein, dass er eine Eigenform, möglicherweise die relevante, überspringt. Deshalb sollte man zurzeit, wenn man eine manuelle Einstellung vornimmt, eher das Subspace-Verfahren verwenden, solange es ausreichend schnell zum Ziel kommt. Mehr zu bestimmende Eigenwerte erhöhen hierbei die Genauigkeit der unteren Ergebnisse.
- *Negativen Lastmultiplikator einschließen*?
  In der Linearen Beulanalyse würde ein negativer Lastmultiplikator eine Lastumkehr, die zum Beulen führt, bedeuten. Nur wenn eine solche auftreten kann, wählt man *Ja*. (Bei der Begleitenden Eigenwert-Analyse ist das anders, s. Kap. 3.4.2.)

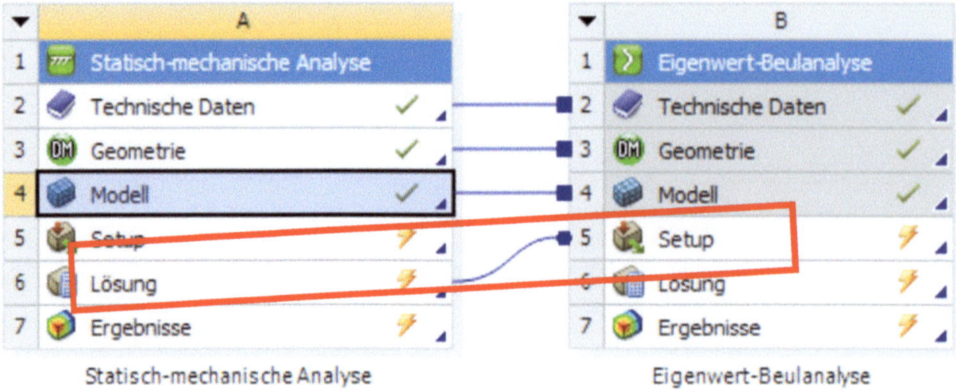

Abb. 3.6 Projektseite für lineare Beulanalyse

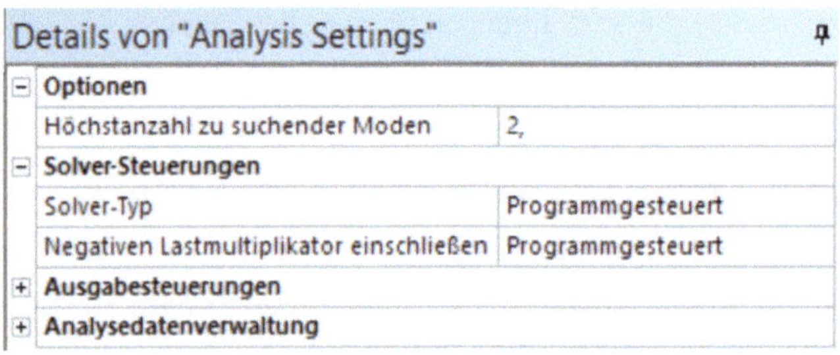

Abb. 3.7 Analyseeinstellungen der linearen Beulanalyse

Die Belastung in der vorausgehenden statischen Berechnung sollte nicht irgendeinen Wert haben, sondern sich in relevanter Größenordnung (z. B. wie die Gebrauchslast) bewegen. Die Eigenwert-Löser konvergieren am besten bei niedrigen Lastmultiplikatoren und die Gefahr, dass durch Shiften eine Eigenform übersprungen wird, ist geringer. Außerdem kann man dann schon sehen, ob der vorkritische Zustand noch linear sein kann.

Im Beispiel wird die Kraft in der linearen statischen Analyse allerdings auf 100 N gesetzt, also 1/150 der bisherigen Maximallast, sodass Lastmultiplikator der Beulanalyse und erreichte Zeit der nichtlinearen Berechnung miteinander verglichen werden können. Die Last ist nun so klein, dass sich weder die statische Lösung noch die Eigenformen abhängig davon unterscheiden, ob mit *großen* oder kleinen *Verformungen* gerechnet wurde. Die Eigenwerte (*Lastmultiplikatoren*) der jeweiligen Beulanalyse differieren jedoch um 1 (s. Kap. 3.4.2). Hier, wo die Eigenwerte um Größenordnungen höher als 1 sind und nichtlineares Verhalten vor dem Stabilitätsversagen erwartet wird, der Eigenwert also nicht als Lastfaktor interpretiert werden darf, ist selbst das aber belanglos.

Aus der statischen Analyse ergibt sich der Verformungszustand aus **Abb. 3.8**, der nur in der (hier: mit dem 1. Lastmultiplikator) überhöhten Darstellung erkennbar wird (und für das erfahrene Auge die Durchschlaggefahr erkennen lässt).

Abb. 3.8 Verformungszustand nach der statischen Berechnung, maßstabsgerecht und 44fach überhöht

Die erste Eigenform aus der Beulanalyse mit dem Lastfaktor 43,7 (**Abb. 3.9**) zeigt aber eine unsymmetrische Form. Trotz eines symmetrischen Systems mit symmetrischer Belastung ist das in der Beulanalyse nicht ungewöhnlich; es handelt sich um ein Verzweigungsproblem, erkennbar an der deutlichen Abweichung der Eigenform von der vorkritischen Verformung.

Abb. 3.9 1. Beuleigenform (Verzweigen)

Die zweite Eigenform mit dem Lastmultiplikator 124,05 (**Abb. 3.10**) sieht so aus, als könne sie nicht aus der aufgebrachten Last hervorgehen. Man muss aber bedenken, dass es sich bei einer Eigenform um eine nicht eindeutige Lösung handelt, die auch dann noch Lösung ist, wenn sie mit einem beliebigen Faktor multipliziert wird. Der Mode 2 ist so skaliert, dass die maximale Verschiebungskomponente +1 beträgt. Das betrifft hier die globale z-Richtung, die nach oben zeigt. Zur Richtungsumkehr versuchen wir einen negativen Multiplikator. Als

Skalierungsfaktor für die Darstellung in Workbench ist das leider nicht zulässig. Auch kann eine Beulanalyse nicht in eine *Lösungskombination*, in der man ja auch negative Faktoren wählen könnte, aufgenommen werden. Deshalb weichen wir auf diese *Befehls*folge unter *Lösung*, also im Postprocessing, aus:

```
set,1,2                 !Die 2. Eigenform wird geladen.
/vie,,1,-1.4,1          !Ansichtspunkt
/angl,,-45              !Drehung der Bildschirmnormale
rsys,4                  !Ergebnisse im Zylinderkoordinatensystem
                        !um y-Achse
/dsca,,-12              !Die berechnete Verschiebung wird zur Darstel-
                        !lung mit -12 multipliziert
/sho,png,rev            !Erzeuge ein PNG-Bild mit hellem Hintergrund
plns,u,x,2              !plotte die radiale Verschiebung
/sho                    !graphischer Output zurück auf Bildschirm
```

Wird in einem Befehlsobjekt so ein /SHOW-Befehl verwandt, wird das geplottete Ergebnis in Workbench als *CODE-Ausgabe* eingefügt (**Abb. 3.11**). Nun kann man sehen, dass die Eigenform zur Verformung in der statischen Berechnung ähnlich ist. Das deutet auf Durchschlagen hin.

Abb. 3.10 2. Beuleigenform (Durchschlagen)

Alternativ kann man die Beulform auch mit der eigentlich für die Modalanalyse vorgesehenen Funktion animieren. Dann wird die Form nach beiden Richtungen dargestellt und man kann die Animation in der Gegenlage anhalten (**Abb. 3.12**).

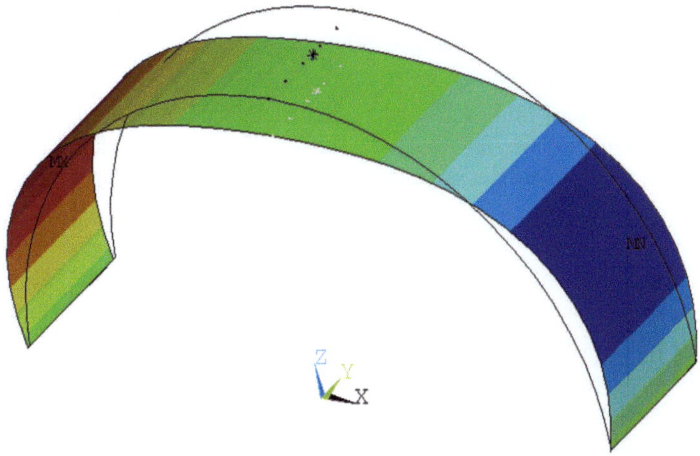

Abb. 3.11 2. Beulform, negativ skaliert

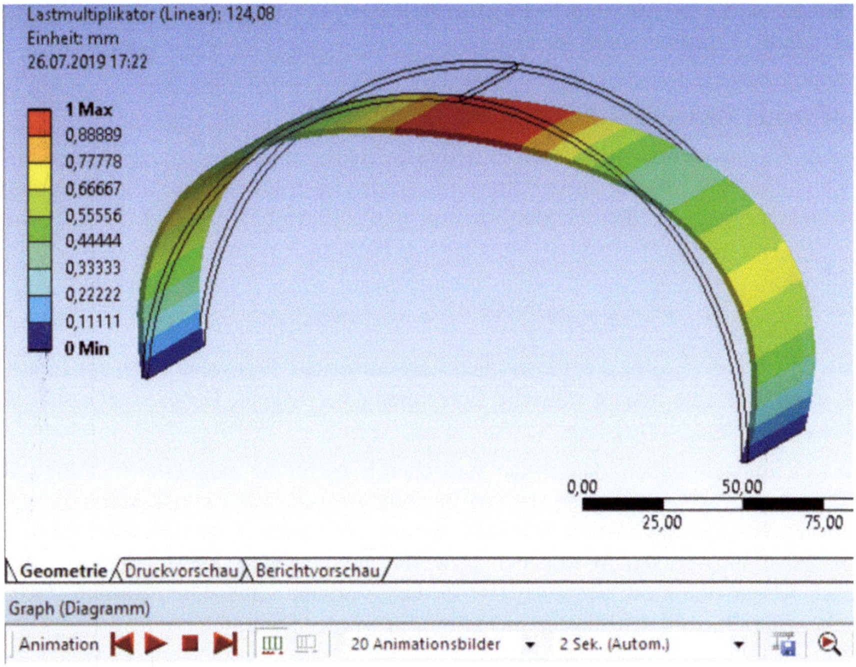

Abb. 3.12 Animation der Beulform in Gegenlage angehalten

Aufgrund der linearen Beulanalyse haben wir eine Vorstellung von der Art des Stabilitätsproblems beim ersten Auftreten eines negativen Pivot-Elementes, nämlich einer Verzweigung ähnlich zu unserer ersten Eigenform. Diese hat sich in unserer Analyse nicht eingestellt, weil wir sie nicht durch eine Imperfektion angeregt haben.

Ein ideales System *verzweigt* in der FE-Berechnung nur zufällig, ist gleichwohl im technischen Sinne instabil. So eine Stelle darf man nicht übersehen. Am Pivot-Element erkennt man sie, die Eigenwert-Beulanalyse gibt Auskunft über die Form. Daraus kann eine Imperfektion (Kap. 3.5) ermittelt werden, mit der die nichtlineare Berechnung wiederholt werden muss.

Für den ersten Mode, die Verzweigung, liegt hier auch der Lastmultiplikator in einer Größe, wie sie der Vorzeichenwechsel des Pivot-Elementes (zwischen t = 40 und 45) erwarten lässt. Für die zweite, die Durchschlageigenform, gilt das nicht: Die horizontale Tangente tritt schon bei der Hälfte des Lastniveaus auf, das die lineare Beulanalyse als zweite kritische Last ermittelt.

In beiden Fällen liegen bereits große Verformungen vor (wie durch die ungefähr λ-fache Überhöhung der statischen Verformung – **Abb. 3.8** – abgeschätzt werden kann), sodass die Voraussetzung der linearen Beulanalyse nicht erfüllt ist und daher der Eigenwert nicht als Lastmultiplikator zur Berechnung der kritischen Last interpretiert werden darf!

Kommt man erst durch ein negatives Pivot-Element darauf, dass ein Verzweigungsproblem vorliegt, kann jetzt eine Eigenwertanalyse auf Basis eines Restartfiles durchgeführt werden, die, weil sie auf jedem Lastniveau andere Eigenwerte liefert, deren Entwicklung von Bedeutung ist, „begleitende" Eigenwertanalyse heißt.

3.4.2 Begleitende Eigenwert-Analyse

Eine Begleitende Eigenwertanalyse ist auch eine lineare Beulanalyse, die jedoch in der Umgebung einer nichtlinearen Lösung ausgeführt wird. Ist der Lastmultiplikator λ klein genug, sodass eine Linearisierung um diese Lösung herum gerechtfertigt ist, beträgt die kritische Last

$$F_{ki} \approx F_{aufgebracht} + \lambda F_{aufgebracht} = (1+\lambda) F_{aufgebracht} \tag{3.2}$$

Folglich wird $\lambda = 0$, wenn $F_{aufgebracht}$ der kritischen Last entspricht. Das weicht von der Linearen Beulanalyse ab, der eine lineare statische Berechnung vorausgeht. Dabei ergäbe sich in diesem Fall $\lambda = 1$.

Nachdem wir sichergestellt haben, dass in der statischen Berechnung die Restartfiles für alle Lastniveaus aufgehoben wurden, führen wir die Beulanalyse auf dem Lastniveau durch, bei dem zuerst ein negatives Pivot-Element auftritt, also bei t = 45. Unter *Vorspannung* wird dies als *Vorspannungszeit* eingetragen. Workbench antwortet mit Loadstep, Substep und Zeit des nächstgelegenen Restart-Punktes, hier auch t = 45. Die Vorgabe eines *Vorspannungs-Lastschritts* ist nicht hilfreich, weil der Substep nicht gewählt werden kann.

In den *Analyseeinstellungen* muss man *negative Lastmultiplikatoren einschließen*. Ein negativer Eigenwert bedeutet jetzt nicht mehr unbedingt Lastumkehr, sondern dass durch eine Verringerung der aufgebrachten Last bereits ein kritischer Punkt erreicht wird oder, anders ausgedrückt, dass ein solcher Instabilitätspunkt überschritten wurde. Das gilt für $-1 \leq \lambda \leq 0$. Um Lastumkehr handelt es sich bei $\lambda < -1$, wobei wegen der Nichtlinearität im Systemverhalten nur Eigenwerte in der Umgebung von null nach (3.2) interpretiert werden sollen.

Man erhält in diesem Beispiel:

Mode	Lastmultiplikator
1,	-8,7131e-002
2,	4,9613

Der negative Multiplikator ist das Pendant zum negativen Pivot-Element. Dazwischen gibt es einen direkten Zusammenhang (Sturm'sche Folge; früher gab der Subspace-Löser nach einem Shift die Sturm-Zahl an, um zu überprüfen, ob beim Shiften ein noch nicht bestimmter Eigenwert übersprungen wurde). Die zugehörige Eigenform zeigt **Abb. 3.13**. Bedenkt man, dass die Analyse in der Umgebung des ausgewählten Restartpunktes erfolgt, ist die sinnvollste Darstellung mit *Lösung>Netzquelle>Ergebnisdatei* (Beta-Feature, links) zu erreichen. ANSYS passt nämlich vor der Eigenwertberechnung die Geometrie an den ausgewählten Zustand an.

Abb. 3.13 1. Eigenform der begleitenden Eigenwertanalyse bei t = 45, links *Netzquelle: Ergebnisdatei*, rechts *Mechanical*

Diese Eigenform wäre eine Basis für eine ungünstige geometrische Imperfektion für das System. Das exakte Aufbringen dieser Form auf die ursprüngliche Geometrie ist jedoch schwierig, weil die Elemente teilweise beträchtliche Drehungen mitgemacht haben. Die Ähnlichkeit mit der ersten Eigenform aus der ursprünglichen linearen Beulanalyse (Kap. 3.4.1) ist aber in **Abb. 3.13** rechts offenkundig, sodass mit dieser in Kap. 3.5 fortgefahren wird.

Die begleitende Eigenwertanalyse lässt sich auf allen Lastniveaus durchführen, zu denen ein Restartfile gespeichert ist. Verfolgt man die zwei Eigenwerte, die am nächsten bei 0 liegen, schätzt über (3.2) die kritischen Lasten ab (wobei diese Formel eigentlich nur für kleine λ-Werte gültig ist) und trägt sie über einer charakteristischen Verschiebung auf, erhält man für das Halbzylinder-Modell zusammen mit der aufgebrachten/aufnehmbaren Last **Abb. 3.14**. In der Literatur findet man Beispiele, in denen die Kurve der abgeschätzten Lasten eindeutig auf einen kritischen Punkt zuläuft. Das gilt auch für den ersten Eigenwert, zu dem das Verzweigen gehört. Die Eigenformen dazu sind in der Farbe der Kurve umrahmt. Beim zweiten Eigenwert, dem für das Durchschlagen, entfernt sich die Kurve erst vom Kraft-Weg-Diagramm, dann gibt es einen erheblichen Sprung. Man könnte vermuten, dass ein „Mode-Jumping" vorliegt, die Reihenfolge der Beulformen sich verändert hat und man bis dahin einer anderen Eigenform gefolgt ist, die grafische Darstellung zeigt aber stets die Durchschlagform, nur eben aus einer anderen Vorverformung heraus. Schließlich trifft die zweite kritische Last auch den Durchschlagpunkt. Die erste tut das übrigens auch, was bedeutet, dass die Gefahr des Verzweigens vorhanden bleibt und am Durchschlagpunkt auch eine Kombination aus Durchschlagen und Verzweigen vorkommen könnte.

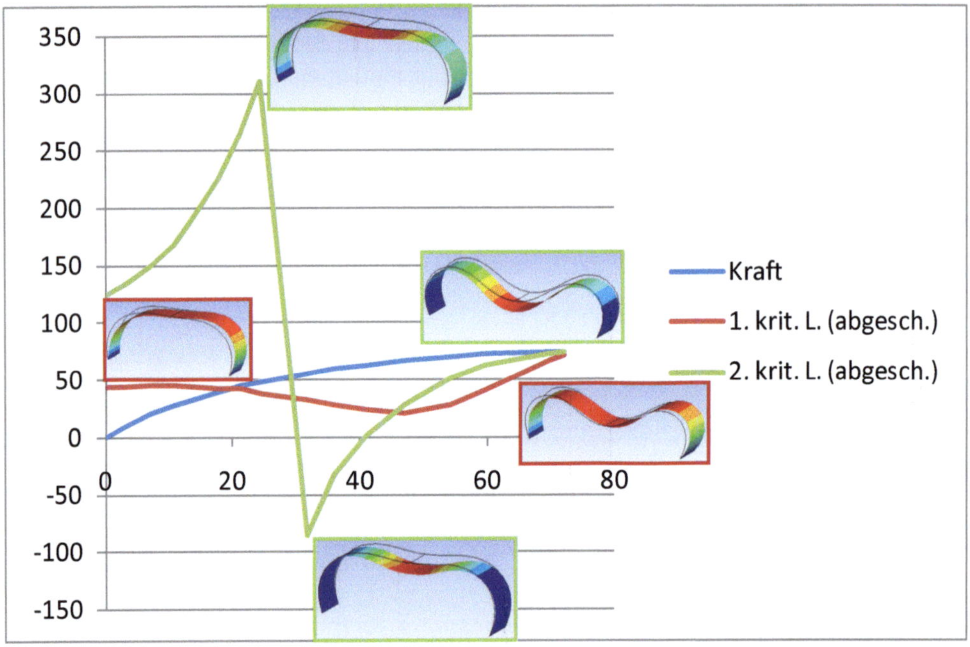

Abb. 3.14 Kraft, 1. und 2. abgeschätzte kritische Last aufgetragen über charakteristischer Verschiebung

Die ANSYS-Dokumentation unterscheidet zwischen *Linear* und *Nonlinear Base Eigenvalue Buckling*. Wie schon erwähnt, beträgt der kritische Eigenwert bei *Linear Base* 1, bei *Nonlinear Base* 0. Entscheidend dafür aber ist, was ANSYS für nichtlinear hält. Bei einer statischen Analyse mit *großen Verformungen* oder nichtlinearem Material ist das eindeutig: nichtlinear. Bei Material muss man allerdings aufpassen: Workbench wählt die `Auto`-Option im `PERTURB`-Kommando, sodass die Materialtangente nur bei hyperelastischen Werkstoffen verwandt wird, für andere Materialien muss man per *Befehl* unter *Vorspannung*

```
PERTURB,BUCKLE,TANGENT,CURRENT,ALLKEEP
```

der das von Workbench generierte Kommando überschreibt, die Material**tangente** erst einschalten. Die Funktion *Linear Perturbation*, die mit dem `PERTURB`-Kommando aktiviert wird, kann verschiedenen Analysen vorausgehen, u. A. auch der Modalanalyse. Mit `BUCKLE` wie Beulen wird festgelegt, dass die Voraussetzungen für eine Eigenwert-Beulanalyse geschaffen werden. `CURRENT` steht dafür, dass der aktuelle Zustand der Kontaktelemente eingefroren wird, und `ALLKEEP` dafür, dass Lasten und Randbedingungen erhalten bleiben.

Standard-Kontakt, der sich öffnen und schließen kann, ist natürlich auch nichtlinear, wobei man wissen muss, dass sich der Status in einer Beulanalyse nicht ändern kann und mit

`CURRENT` in dem Zustand eingefroren wird, der bei dem ausgewählten Restart-Zustand vorlag. *Verbund*-Kontakt gilt als linear, allerdings wurde bis etwa Rev. 19.0 *Penalty-Verbund*-Kontakt als nichtlinear angesehen, *MPC* aber nicht. Hat man also bereits Einstellungen getätigt, die nichtlineares Verhalten bedeuten, auch wenn sie sich in der statischen Analyse bei dem gewählten Lastniveau nicht auswirken, wird in der Beulanalyse ein um 1 kleinerer Eigenwert berechnet. Das muss man beachten, wenn man daraus auf die ideale kritische Last schließt.

Ist die vorausgehende statische Berechnung mit Nichtkonvergenz abgebrochen, versucht Workbench vor jeder Eigenwert-Analyse die statische Berechnung fortzusetzen. Das kann insbesondere bei der begleitenden Analyse sehr lästig sein. Ein Weg, das zu verhindern, war eine *Befehls*folge mit `NCNV,2` und `RAPPND`, die aber in Version 2019R3 nicht funktioniert. Möglich ist jedoch, in einem Restart auf Basis der letzten konvergierten Lösung die Last auf das letzte konvergierte Niveau zu beschränken, wie in Kap. 1.9 auf S. 29 im Zusammenhang mit **Abb. 1.24** und **Abb. 1.25** beschrieben. Nach dieser Modifikation ist die Chance groß, dass die Berechnung mit Konvergenz endet.

3.5 Geometrisch nichtlineare Analyse mit Imperfektion (GNIA)

3.5.1 Zweck und Möglichkeiten

Eine Verzweigung kann in der numerischen Analyse zuverlässig nur durch eine Imperfektion, also eine Abweichung vom idealen System ausgelöst werden. In der Praxis ist das System durch vielfältige Ursachen nie perfekt. Sollte man den Grund kennen und quantifizieren können, böte es sich an, diesen im Modell zu berücksichtigen. Woher aber soll man etwas über Materialinhomogenitäten wissen, woher die genaue Verteilung von Maßabweichungen usw.? Daher muss man in der Regel Imperfektionen annehmen und modellieren. Wege können sein:

- eine Störkraft an geeigneter Stelle
- eine Auslenkung (Verschiebungsvorgabe) zur Störung
- eine spannungslose Vorverformung der Geometrie zu Beginn der Analyse, und zwar durch
    - eine erdachte Form
    - eine Beuleigenform

3.5.2 Imperfektion durch eine Störkraft

Die Imperfektion durch eine Störkraft ist eine sehr einfache Methode, weil das Modell lediglich die zusätzliche Einführung einer Kraft erlauben muss. Sie ist zudem auch für einen Restart geeignet, was wieder am Beispiel der Halbzylinderschale gezeigt werden soll.

Die nichtlineare statische Berechnung wird am perfekten System mit Zielvorgabe Zeit/Lastniveau 150 mit Anlegen der Restartfiles und Beobachten des Pivot-Elementes gestartet und konvergiert bis etwa $t = 74$, zeigt aber ab $t = 45$ ein negatives Pivot-Element.

Nun wird

- eine Beulanalyse beim Vorspannungszeitpunkt t = 45 oder einen Substep davor gestartet, die beim betragskleinsten Eigenwert (*Lastmultiplikator*) die unsymmetrische Form aus **Abb. 3.13** ergibt, damit man weiß, welcher Art die Imperfektion sein sollte
- der Restartpunkt der statischen Analyse auf den nächsten vor 45, hier 37, gesetzt

Details von "Analysis Settings"	
Restart Analyse	
Restart Art	Manuell
Aktion (Beta)	Analyse fortse..
Aktueller Restart Punkt	Lastschritt ...
Lastschritt	3
Substep	3
Zeit	37, s

- das Lastobjekt um eine Querbelastung (Störkraft) ergänzt

Schritte	Zeit [s]	X [N]	Y [N]	Z [N]
1	0.	0.	0.	0.
1	1.	0.	0.	-100.
2	10.	10.	0.	-1000.
3	100.	10.	0.	-10000

  Dass die Last hier ab $t = 10$ vereinbart wird, aber durch den Restart erst ab $t = 37$ aktiv sein kann, spielt keine Rolle. Nur bei einem Neustart der Berechnung würde sie von $t = 1$ bis $t = 10$ linear gesteigert und ab $t = 10$ beibehalten.
- die Berechnung wieder gestartet

Die Berechnung konvergiert jetzt bis etwa t = 56 und führt zu dem Last-Verschiebungs-Diagramm mit der Verformung aus **Abb. 3.15**. Dabei zeigt die grüne Linie das Lastniveau bei dem der Restart und die Störlast einsetzen.

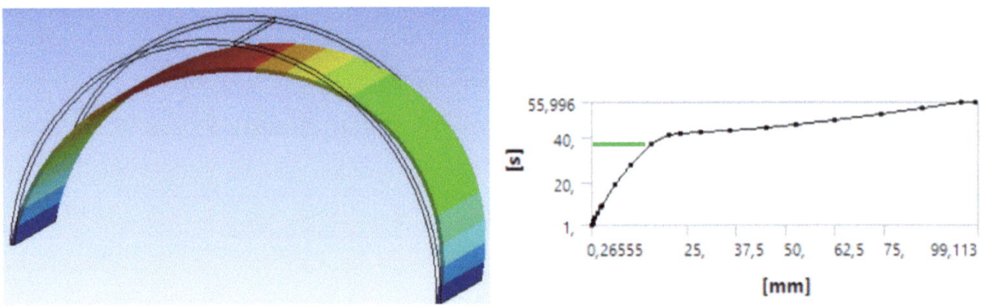

Abb. 3.15 Letzte konvergierte Konfiguration und Last-Verschiebungs-Diagramm bei Störkraft

Die Störlast ist vergleichsweise gering. Ihre sinnvolle Größe kann in einem Restart natürlich nicht mehr bestimmt werden. Dazu wäre eine lineare Berechnung am gleichen Modell (weitere *statisch-mechanisch Analyse*) auf der Projektseite, die dann in demselben *Mechanical* erscheint) geeignet, mit der man einen Zusammenhang zwischen der Störlast und der zugehörigen Verschiebung ermittelt.

3.5.3 Imperfektion durch eine Auslenkung

Eine Imperfektion durch eine Auslenkung hat den Vorteil, dass die Größe der Verschiebung vorgegeben werden kann, hat aber zwei Nachteile:

- Eine Verschiebungsvorgabe wirkt wie eine Festhaltung. Damit sich das System nach Aufbringen dieser Imperfektion weiter in der angeregten Richtung bewegen kann, muss die Vorgabe wieder deaktiviert werden. In einem Restart kann das schwierig werden.
- Eine neue Verschiebungsvorgabe wird von 0 an gesteigert. Hat der dafür vorgesehene Punkt bereits eine Verschiebung, müsste diese abgefragt und zuerst eingestellt werden. Dazu benötigt man APDL-*Befehle*. Erst danach kann die gewünschte Verformung aufgebracht werden. In dem gewählten Beispiel kann aber die Mitte gewählt werden, deren Horizontalverschiebung ohne Imperfektion 0 bleibt.

Hier wird nun also dargestellt, wie die Last- und Verschiebungsobjekte aussehen, wenn in einer neuen Berechnung zwischen t = 37 und 38 eine Verschiebung zur Störung aufgebracht und danach deaktiviert wird (RMB in den tabellarischen Daten der Belastung). Beim Deaktivieren werden die Festhaltungen entfernt, aber dafür die Reaktionskräfte als Belastung aufgebracht und im folgenden Lastschritt auf 0 heruntergefahren (Workbench benutzt hier `DDEL,,,,,FORCE`), um einen plötzlichen Kraftsprung zu vermeiden. Für die Haupt-Kraftbelastung werden die Werte für die Zwischenzeitpunkte automatisch interpoliert, wie man an den Gleichheitszeichen in **Abb. 3.16** sieht. De-/Reaktivieren ist nur zwischen Lastschritten möglich. Einer muss jetzt also bei t = 37 enden (für den Beginn der Verschiebungsaufbringung), einer bei t = 38 (für das Ende der Verschiebungsaufbringung und die Deaktivierung).

Schritte	Zeit [s]	✓ X [N]	✓ Y [N]	✓ Z [N]
1	0.	0.	0.	0.
1	1.	0.	0.	-100.
2	10.	0.	0.	-1000.
3	37.	= 0.	= 0.	= -3700.
4	38.	= 0.	= 0.	= -3800.
5	100.	0.	0.	-10000

Abb. 3.16 Vertikalkraftverlauf mit eingeschalteten Zwischenzeitpunkten

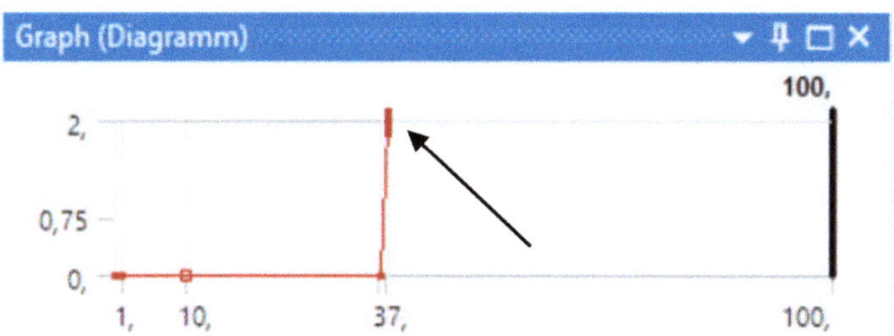

Tabellarische Daten

	Schritte	Zeit [s]	✓ X [mm]
1	1	0.	0.
2	1	1.	0.
3	2	10.	= 0.
4	3	37.	0.
5	4	38.	2.
6	5	100.	= 2.

Abb. 3.17 Verlauf der Horizontalverschiebung mit Deaktivierung

Die Deaktivierung der Verschiebung ist in **Abb. 3.17** in den *Tabellarischen Daten* an der ausgegrauten Zeile 6 und im *Diagramm* am senkrechten Balken und der Tatsache erkennbar, dass der Graph nicht fortgesetzt wird. Man erhält ein mit **Abb. 3.15** vergleichbares Ergebnis. Das lineare Abnehmen der anstelle der Kraftreaktion auf die deaktivierte Verschiebungsvorgabe eingeführten Kraft stellt sich bei den davon abhängigen Auflagerkräften nur ein, wenn eine enge Konvergenztoleranz festgelegt wurde; das Kraftniveau ist so niedrig, dass bei *programmgesteuert* deutliche Abweichungen auftreten (**Abb. 3.18**).

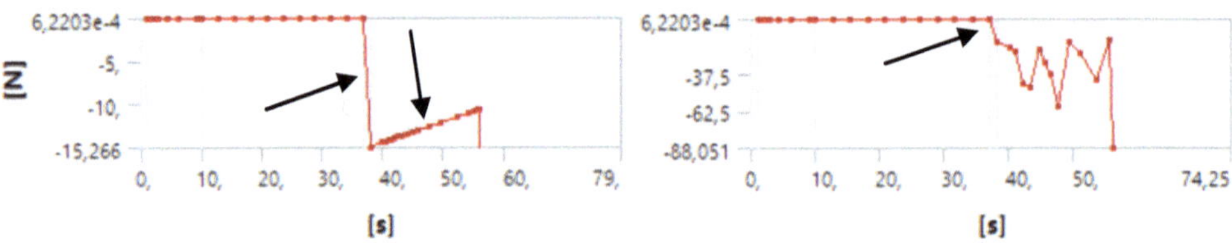

Abb. 3.18 Reaktionskraft in horizontaler Richtung, links mit enger, rechts mit programmgesteuerter Kraft-Konvergenztoleranz

3.5.4 Geometrische Imperfektion aus einer Beulform

Die erste Beuleigenform gilt als ungünstigste Imperfektion und wird daher stellvertretend für die tatsächliche Imperfektion durch Vorverformungen, Fertigungstoleranzen, Eigenspannungen etc. aufgebracht, und zwar als Veränderung der Ausgangsgeometrie, d. h. als **spannungslose** Vorverformung. Für das Beispiel wird der Maximalwert auf ein Zehntel der Dicke, t/10 = 0,2 mm, festgesetzt. Das ist ein gern genommener, aber nicht weiter verankerter Wert. Es gibt Vorschriften, die z. B. 1/250 der größeren Abmessung vorgeben, was hier ca. 1,3 mm ergäbe. So viel ist aber zum Auslösen des Effektes nicht nötig.

Zur Aufbringung der Imperfektion aus der Eigenform gibt es verschiedene Wege, u. A.

- die Benutzung von UPGEOM in einem *Befehle*-Objekt (s.u., kann Nebenwirkungen haben),
- die Umgehung von UPGEOM durch Abfragefunktionen und NMODIF (etwas für APDL-Kenner) und
- der Aufbau einer **neuen** *statischen-mechanischen Analyse*, die in *Solution* der Eigenwertanalyse fallen gelassen wird.
  Wird hier nicht beschrieben, weil die Randbedingungen nicht übertragen werden.

In allen Fällen kann ein Faktor angegeben werden, mit dem die Beulform, deren maximale Komponente auf 1 normiert ist, multipliziert wird. Grundsätzlich muss geprüft werden, ob es sich bei dem Maximum um eine Verschiebung handelt. Bei Schalen und Balken könnte, insbesondere bei Verwendung der Längeneinheit m, auch eine Rotation die betragsgrößte Komponente darstellen. Dann ist die maximale Verschiebung deutlich ungleich 1 (**Abb. 3.19**) und der Faktor muss als maximale gewünschte Imperfektion geteilt durch die maximale Verschiebung errechnet werden.

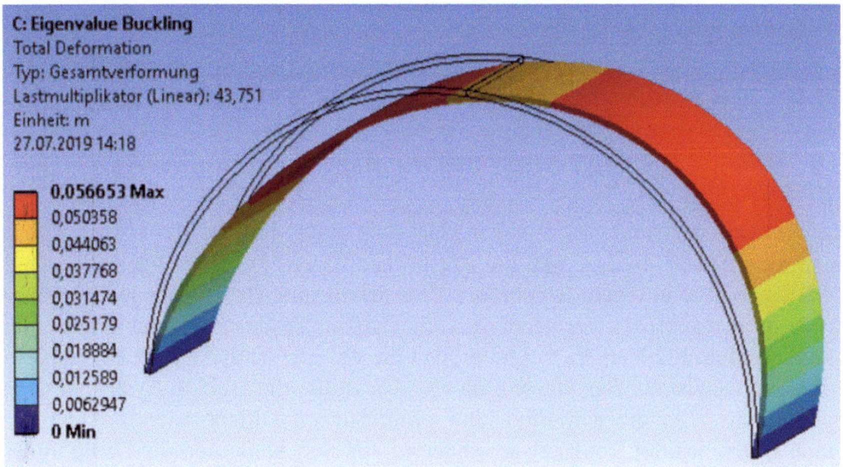

Abb. 3.19 Normierter Eigenvektor bei Längeneinheit m

Es kann bei nichtlinearem vorkritischem Verhalten in der statischen Analyse zu einer Veränderung der ersten und damit maßgebenden Eigenform kommen. Diese ist meist schon in der linearen Beulanalyse zu sehen, aber vielleicht bei einem höheren Eigenwert. Daher kann es nötig sein, eine Kombination aus mehreren Formen aufzubringen. Hierzu sind die Verfahren mehrfach anzuwenden, wobei sich die Veränderungen der Geometrie addieren. Deshalb ist darauf zu achten, dass sich die Eigenformen bei der Überlagerung nicht an den entscheidenden Stellen auslöschen. Die Modifikationen sind so klein, dass sie kaum sichtbar sind. Erst in einem Ergebnis – es genügt ein Anrechnen der statischen Berechnung – können in einem *benutzerdefinierten Ergebnis* die Koordinaten als LOCX, LOCY oder LOCZ dargestellt werden (**Abb. 3.20**). Bei Verwendung eines geeigneten Koordinatensystems sollte man das Beulmuster erkennen können.

Abb. 3.20 Beulmuster als Koordinatendarstellung

3.5.5 Verwendung von UPGEOM

Das APDL-Kommando UPGEOM erlaubt es, die Knotenkoordinaten eines Modells durch Verschiebungen aus einer Berechnung zu verändern. Für die Imperfektionsaufbringung wird man die Ergebnisse der Eigenwert-Beulanalyse verwenden, und zwar zunächst die erste Eigenform, die als Lastschritt 1, Substep 1 abgespeichert ist. Die folgenden Eigenformen sind als weitere Substeps abgelegt.

Damit wäre die Verwendung von UPGEOM schon klar, gäbe es da nicht die *Workbench* eigene Verzeichnisorganisation. Jede Analyse hält die zugehörigen Daten in einem eigenen Ordner, führt die Berechnungen aber in einem temporären Verzeichnis aus. Das gilt für jede Ausführung von *Befehlen* und macht die Verwendung von relativen Pfadnamen schwieriger. Gar kein Problem sind absolute Pfadnamen, nur muss man die für eine neue Analyse erst nachsehen und in die verwendeten *Befehle* einführen. Da hilft die APDL-Systemvariable _wb_userfiles_dir(1), die den Pfad zum gemeinsamen Ordner *user_files* enthält. Dorthin kann man Daten aus der Beulanalyse kopieren; von dort kann man die Daten in der statischen Analyse auch wieder abrufen.

Nun gibt es mindestens zwei Vorgehensweisen mit UPGEOM. In der ersten wird das RST-File der Beulanalyse in das gemeinsame Verzeichnis kopiert. Vorteil: Von dort kann die *statische Analyse* auf die Datei zugreifen und in beliebiger Weise mit UPGEOM Imperfektionen erzeugen. Nachteile: Es wird die maximale Datenmenge bewegt und unter Umständen können Teile der Belastung, die aus der Vorberechnung stammen, in die neue statische Analyse gelangen, wo sie vielleicht nicht hingehören. Die *Befehle* lauten

- für die *Beulanalyse* unter *Lösung*

```
! Kopiere die Datei file.rst in das Verzeichnis user_files
! unter dem Namen eigen.rst
/copy,file,rst, ,%_wb_userfiles_dir(1)%eigen,rst
! bislang geht auch Name, Erweiterung, Pfad
! copy,file,rst, ,eigen,rst,_wb_userfiles_dir(1)
```

- für die *statisch-mechanische Analyse* vor der Lösungsausführung

```
! ANSYS befindet sich im Loesungsprozessor,
! UPGEOM ist aber nur im Praeprozessor möglich
/prep7
! 1. Eigenform, skaliert mit dem Faktor 0.2
! wird zu den Koordinaten addiert
upgeom,0.2,1,1,%_ wb_userfiles_dir(1)%eigen,rst
! oder
! upgeom,0.2,1,1,eigen,rst,%_ wb_userfiles_dir(1)%
! zum Loesungsprozessor zurueckkehren
/sol
```

Hier können leicht andere Imperfektionsgrößen eingesetzt oder andere Eigenformen (zusätzlich) angegeben werden.

Bei der zweiten Vorgehensweise wird die imperfekte Geometrie bereits im Postprocessing der *Beulanalyse* erzeugt und es werden nur die neuen Knotenkoordinaten kopiert und in die *statische* Berechnung eingelesen. Die *Befehle* lauten

- für die *Beulanalyse* unter *Lösung*

```
/prep7
! 1. Eigenform, skaliert mit dem Faktor 0.2
! wird zu den Koordinaten addiert
upgeom,0.2,1,1,%_ wb_userfiles_dir(1)%eigen,rst
! Knotenkoordinaten auf Datei model.node schreiben
nwrite,model,node
!Datei nach user_files kopieren
/copy,model,node, ,%_wb_userfiles_dir(1)%model,node
!oder (Name und Erweiterung automatisch)
! /copy,model,node, , , ,_wb_userfiles_dir(1)
! zum Postprozessor zurückkehren
/post1
```

- für die *statisch-mechanische Analyse* vor der Lösungsausführung

```
/prep7
! Koordinaten-Datei holen (Ziel automatisch)
/copy,%_wb_userfiles_dir(1)%model,node,
! oder
/copy,model,node,%_wb_userfiles_dir(1)%
! Koordinaten einlesen
nread,model,node
/sol
```

Vorteil: Es werden kleinere Datenmengen bewegt und `UPGEOM` kann die Datenbasis der statischen Analyse nicht mit weiteren Informationen versehen. Nachteil: Der Schritt in der Beulanalyse ist zwar nur Postprocessing, ergibt das gewünschte Resultat aber meist nur, wenn auch die Beulanalyse wiederholt wird. Änderungen an der gewünschten Größe der Imperfektion oder an der ausgewählten Eigenform erfordern daher einen gewissen Aufwand. Für die Überlagerung zweier Eigenformen muss zweimal `UPGEOM` aufgerufen werden und dann das NODE-File geschrieben werden.

Zeitweise gab es einen Formatunterschied zwischen `NWRITE` und `NREAD`, sodass diese Methode nicht direkt möglich war, der sollte aber aktuell nicht mehr existieren.

ANSYS empfiehlt die Verwendung der Variable `_wb_userfiles_dir(1)`, bislang findet man aber mit .. \..\ (zwei Ebenen höher) auch ein gemeinsam erreichbares Verzeichnis.

3.5.6 Geometrie mit Ergebnissen updaten

Für das Beispiel wird statt der o. g. Möglichkeiten eine schon lang existierende β-Funktion benutzt:

- Die statische Analyse (wenn durchgeführt, die GNA, anderenfalls muss man dort beschriebene nichtlineare Einstellungen nachholen) wird auf der Projektseite dupliziert.

- Die *Geometrie* wird auf Basis abgespeicherter Ergebnisse verändert (Bild unten):

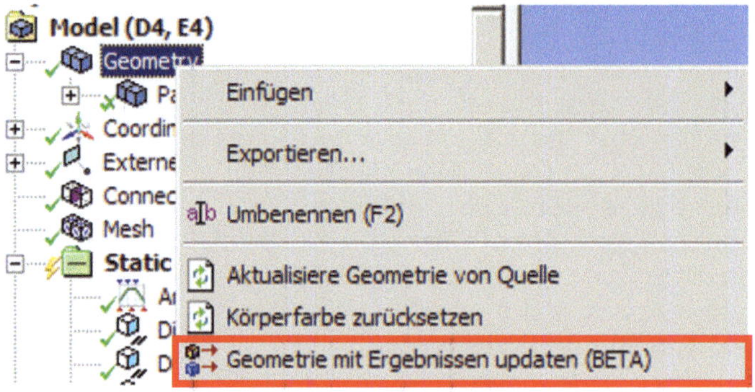

Nach Wahl dieser Option wird nach einem RST-File gesucht, gewählt werden muss das der linearen Beulanalyse. Ein Rückstellen ist mit *Aktualisiere Geometrie von Quelle* möglich.

Leider kann hier kein Skalierungsfaktor eingegeben werden. Deshalb muss **zuvor** im Postprocessing der linearen Beulanalyse ein skaliertes Ergebnis erzeugt und mit `RAPPND` dem RST-File angehängt werden:

```
lcdef,1,1,1 !Als Lastfall 1 wird die 1. Eigenform
            !definiert.
lcfact,1,.2 !Lastfall 1 soll mit 0.2 multipliziert
            !werden.
lcas,1      !Lastfall 1 wird eingelesen und multipli-
            !ziert.
rappnd,2,200. !Das Ergebnis wird als Lastschritt 2 mit
              !Zeit 200 an das RST-File angefügt.
```

In dem Beispiel folgt die Hauptverformung der Durchschlagtendenz, früh aber auch der mit der aufgebrachten Imperfektion angeregten Querverformung (**Abb. 3.21**).

Abb. 3.22 zeigt den Verlauf der aufgebrachten Kraft über der Gesamtverschiebung. Man erkennt, dass die stärkste Krümmung (roter Kreis) etwas unterhalb des mit der LBA vorausgesagten Lastfaktors 43,6 liegt. Danach steigt die Kraft-Weg-Kurve aber weiter an. Es liegt damit kein echtes Stabilitätsproblem vor, vielmehr ist es durch die Imperfektion in ein nichtlineares Spannungsproblem umgewandelt worden. Vorausgesetzt, dass das Material linear elastisch bliebe, wäre aber noch zu prüfen, ob das System gebrauchsfähig bleibt. Gleichwohl ist im weiteren Verlauf eine horizontale Tangente erkennbar, die auf ein Durchschlagen bei einem Lastfaktor deutlich unterhalb von 70 (wie in der GNA) hindeutet.

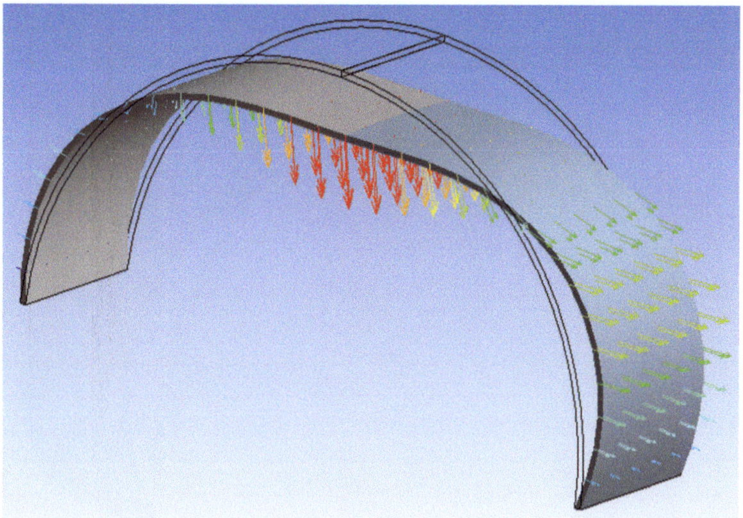

Abb. 3.21 Verformung mit unsymmetrischem Anteil

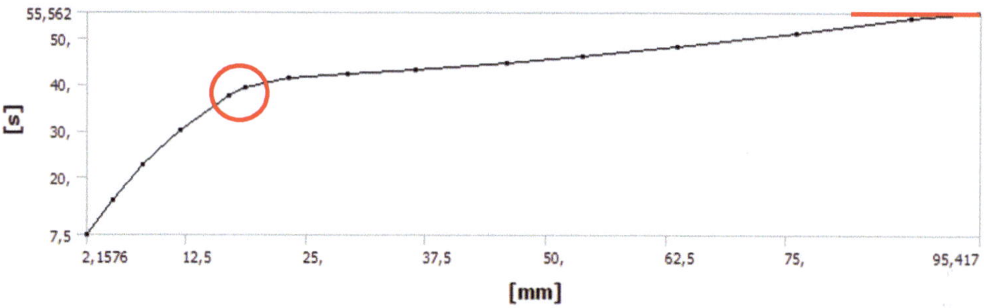

Abb. 3.22 Kraft über Verschiebung des rechten Randes in x-(Last-)Richtung

Direkt bei der stärksten Krümmung der Kraft-Weg-Kurve ist die Seitwärtsbewegung besonders deutlich (**Abb. 3.23**). Im Bereich der horizontalen Tangente ist die maximale Seitwärtsverformung erreicht (**Abb. 3.24**). Jetzt geht es unter der Last wieder senkrecht weiter. Hier ist die Traglast bei linear elastischem Verhalten erreicht. Es erfolgt Durchschlagen, aber deutlich anders und bei einem niedrigeren Lastniveau als ohne Imperfektion. Das Ergebnis der Berechnung am perfekten System ist also nicht belastbar.

Abb. 3.23 Verformung nach stärkster Krümmung

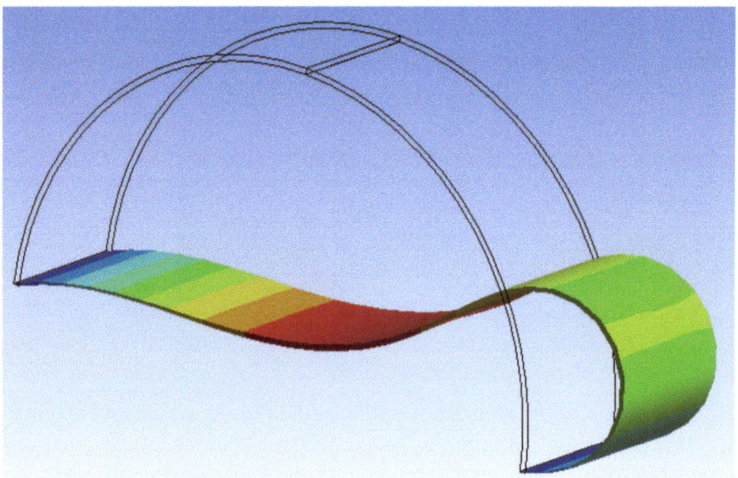

Abb. 3.24 Verformung bei Maximallast

3.6 Geometrisch und materiell nichtlineare Analyse mit Imperfektion (GMNIA)

Knapp unterhalb der stärksten Krümmung der Kraft-Weg-Kurve in der GNIA, bei Laststufe 41,25 wird in Teilbereichen eine Vergleichsspannung von 2500 N/mm² erreicht. Auf diesen Wert wird die Fließspannung in einem elasto-plastischen Materialmodell gesetzt. Um was für ein Material es sich dabei handeln könnte, soll hier nicht erörtert werden, vielmehr soll ein Zusammenwirken von Fließen und Systeminstabilität eintreten, wie es bei wirtschaftlich ausgelegten Systemen leicht vorkommen kann. Die Materialeigenschaften könnten unter *Technischen Daten* definiert werden (s.a. Kap. 4 und 1). Damit würden aber alle vorherigen Berechnungen im selben *Mechanical* ungültig – was nur schadet, wenn man sie wiederholen will. Alternativ können die plastischen Materialwerte als *Befehle* in die neue statische Berechnung eingefügt werden. Hier gibt es zwei Teilkörper, deren Materialnummern durch *Befehle* unter *Geometrie* bei den jeweiligen Körpern durch die Systemvariable `matid` abgefragt werden:

`mat1=matid` und `mat2=matid`

Darauf folgt in der statischen Berechnung der *Befehl*:

```
tb,bkin,mat1
tbdat,,2500
tb,bkin,mat2
tbdat,,2500
```

3.6.1 Kraftsteuerung

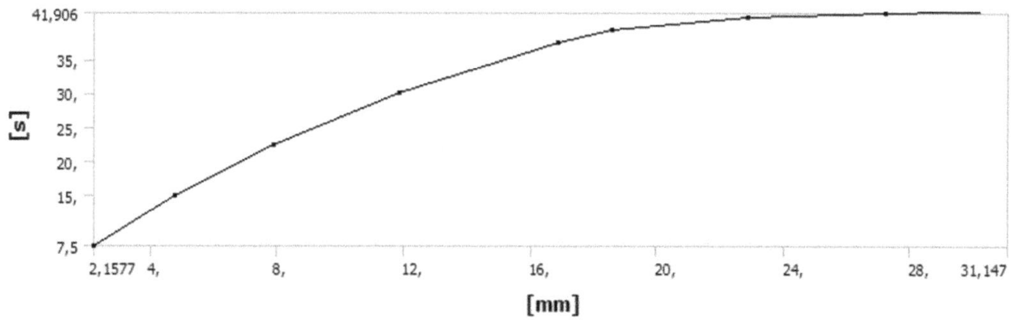

Abb. 3.25 Kraft-Weg-Diagramm bei Plastizität und Kraftsteuerung

Durch das Hinzufügen elasto-plastischen Materialverhaltens verändert sich das Systemverhalten, indem nach der Seitwärtsbewegung keine Lasterhöhung mehr möglich ist, sondern im Kraft-Weg-Diagramm eine horizontale Tangente entsteht (**Abb. 3.25**). Es erfolgt Durchschlagen (**Abb. 3.26**). Das erste negative Pivot-Element tritt oberhalb von Laststufe 43,25 auf, 42,23 konvergiert noch nach Bisektionen und das kleinste Pivot-Element bleibt positiv.

Abb. 3.26 Vergleichsspannung bei plastischem Durchschlagen

3.6.2 Wegsteuerung

Die Weg- oder Verschiebungssteuerung kann eine Methode sein, die Berechnung weiter voranzubringen, weil sie beim Erreichen der horizontalen Tangente im Kraft-Weg-Diagramm noch eine Steuerwirkung hat. Erstes Ziel ist, dass ein nachkritisches Verhalten erkennbar wird, was eine eindeutige Aussage über das Versagensverhalten erlaubt. Für äquivalente Ergebnisse muss die vorgeschriebene Verschiebung in Kraftrichtung zeigen. Nun ist die Kraft nicht mehr proportional zur Zeit, sodass die entsprechende Reaktionskraft (*Kraftreaktion*) über dem Weg aufgetragen werden muss.

In diesem Fall kann aber die vertikal vorgegebene Verschiebung die hier maßgebende Seitwärtsbewegung nicht aufhalten, sodass die Berechnung nur eine geringfügig höhere Last bei allerdings deutlich gesteigerter Verschiebung erreicht. Die horizontale Tangente wird aber deutlicher (**Abb. 3.27**).

Eine Wegsteuerung kann nur eine Einzelkraft, auch die an einem *Externen Punkt*, ersetzen, bei mehreren vorgegebenen Verschiebungskomponenten würden Zwängungen entstehen.

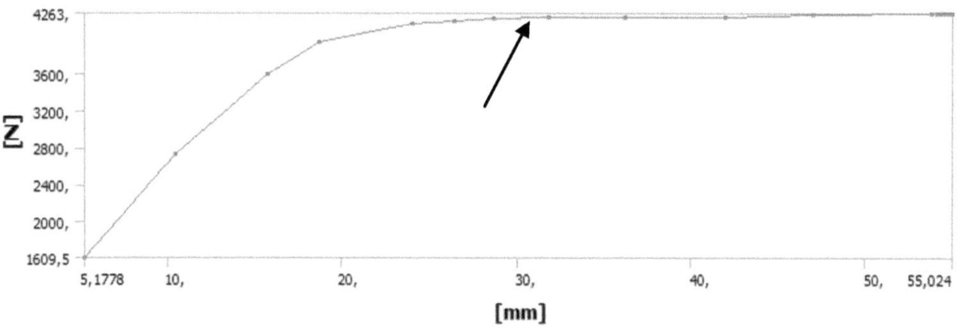

Abb. 3.27 Kraft-Weg-Diagramm bei Wegsteuerung mit Plastizität (Pfeil: Ende bei Kraftsteuerung)

3.6.3 Bogenlängen-Verfahren mit Kraftbelastung

Die Verschiebungssteuerung kann helfen, das System bis über den kritischen Punkt hinaus zu stabilisieren, allerdings nur unter folgenden Voraussetzungen:

- Die vorgegebene Verschiebung ersetzt eine Einzelkraft.
- Das tendenzielle Ausweichen weist eine wesentliche Komponente in Richtung der gesteuerten Verschiebung auf.
- Es kommt nicht zu einem *snap back*, einer gleichzeitigen Verringerung von Kraft und Weg auf einem anderen als dem Pfad der ersten Belastung.

Fehlt eine oder fehlen mehrere dieser Voraussetzungen, kann das Bogenlängenverfahren (*arc-length method*) – auch mit einer beliebigen Belastung vom Krafttyp – noch zum Erfolg führen, der darin besteht, dass man auch instabilen Teilen des Lastpfades folgen kann, so etwas über das nachkritische Verhalten erfährt und ggf. auch in einen Bereich gelangt, in dem das System sich wieder stabilisiert.

Das Bogenlängenverfahren ist in Workbench nicht vorgesehen. Schwierigkeiten bereiteten aber nicht die zwei erforderlichen Befehle `ARCLEN` und `ARCTRM`, sondern bis Version 19.1 die Tatsache, dass Workbench Lasten stets unter Benutzung von Tables definierte, d. h. den Verlauf der Belastung über der Simulationszeit in ein Feld schreibt. Weil die Arc-length-Methode aber von einer Proportionalität von Last und Zeit ausgeht (bei abfallender Kraft geht auch die Zeit zurück), harmoniert es nicht mit Tables. Das Verfahren kann in älteren Versionen also nur benutzen, wer die zu erreichenden Lasten über *Befehle* definieren kann. Der APDL-Neuling sucht dazu im File *ds.dat* das Last-Kommando und ersetzt das Table (erkennbar an den %-Zeichen) durch eine Zahl. Tables werden in neueren Versionen weiterhin in die Lastkommandos geschrieben, wenn der Workbench-Nutzer *Tabellarische Daten* auswählt.

Beim Bogenlängenverfahren wird sowohl ein Inkrement der gesamten Verschiebungen als auch eines der Lasten berechnet. Beides wird nicht direkt vorgegeben, sondern folgt aus der Bogenlängen-Bedingung. ANSYS verwendet die nach Crisfield. Im Detail ist das Verfahren mehrfach umgeschrieben worden. Durch die Zusatzbedingung kann trotz Belastungen vom Krafttyp (verteilte Belastungen sind möglich) auch eine abfallende oder rückdrehende Kraft-Weg-Kurve verfolgt werden. Gut möglich, dass das für den Lastschritt vorgegebene Kraftniveau gar nicht erreicht wird. Deshalb soll ein Abbruchkriterium vorgegeben werden.

In diesem Beispiel endet die Berechnung, wenn der Betrag der max. Verschiebungskomponente (hier uz) 100 mm überschreitet. Dann liegt schon länger ein Kraftabfall vor. Neben einem ersten Maximum bei Laststufe 42,247 und Gesamtverschiebung 33,36 mm wird das absolute Maximum bei Laststufe 42,681 und 52,66 mm Verschiebung erreicht.

Die Befehlsfolge für das Bogenlängenverfahren lautet:

```
ARCLEN,ON
ARCTRM,U,100
```

Die maximal errechnete Last liegt ganz ähnlich wie bei der Wegsteuerung. Negative Pivot-Elemente werden nicht angezeigt. Es gibt aber welche, spätestens bei Passieren der Maximallast, denn es wird mit der gleichen Tangentensteifigkeitsmatrix gerechnet wie bei der Kraftsteuerung. Statt einer Pivot-Warnung erscheint die Meldung

„SOLUTION JUMPED ABOVE LIMIT POINT".

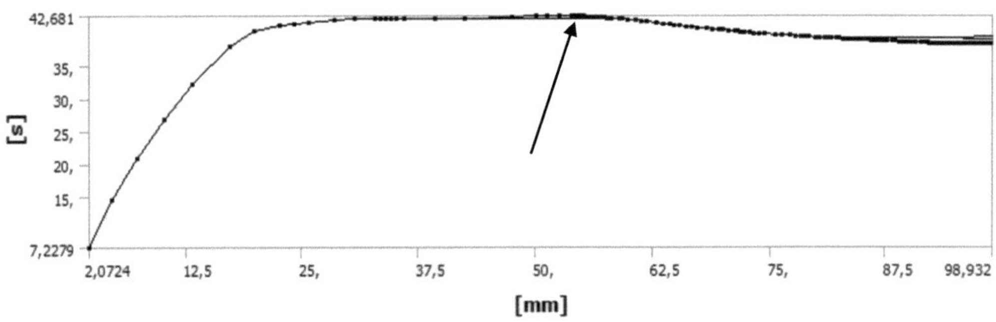

Abb. 3.28 Kraft-Weg-Diagramm bei Bogenlängen-Steuerung mit Plastizität (Pfeil: Ende bei Wegsteuerung)

3.7 Klassifizierung von Instabilitätsanalysen

Dies ist eine Art Zusammenfassung der oben beschriebenen Verfahrensweisen. Die Abkürzungen kommen u. A. in DIN EN 1993-1-6 „Eurocode 3: Bemessung und Konstruktion von Stahlbauten - Teil 1-6: Festigkeit und Stabilität von Schalen" [1] vor. Dort wird neben den unten aufgeführten Untersuchungen auch festgelegt, wann die begleitende Eigenwertanalyse (Kap. 3.4.2) durchzuführen ist.

3.7.1 Lineare Beulanalyse (LBA)

- Erfordert eine lineare statische Berechnung mit Referenzlasten, um einen Referenzspannungszustand zu erhalten.
- Grundannahme ist rein lineares Verhalten bis zum Beulen.
- Die Methode ist nur für ein perfektes System geeignet.
- Sie liefert einen Lastmultiplikator und somit die ideale kritische Last.

Diese Analyseart ist in der Praxis geeignet, um die kritische Last zu *schätzen* und darauf basierend Einstellungen für die nichtlinearen Analysen vorzunehmen. Außerdem können die Beulformen als Imperfektionen benutzt werden, um in einer nichtlinearen Berechnung das *erste* Beulen auszulösen, vorausgesetzt, dass bis dahin kleine Verformungen vorliegen.

3.7.2 Geometrisch nichtlineare Analyse (GNA)

- Sie ist erforderlich, wenn das vorkritische Verhalten nichtlinear ist.
- Sie ist immer erforderlich, wenn Durchschlagprobleme untersucht werden.
- Sie wird auf der Basis des perfekten Systems durchgeführt.
- Wenigstens große Verdrehungen müssen aktiviert sein.
- Sie beschreibt nur das Verhalten von sehr schlanken Tragwerken.

Die Methode kann bei Durchschlagproblemen ausreichend sein. Sie kann auch benutzt werden, wenn die tatsächliche Verzweigung ohne Vorgabe einer Imperfektion auftritt. Sie ist aber auch eine gute Basis für die Beobachtung des Vorzeichens der Pivot-Elemente oder die Begleitende Eigenwertanalyse, um Verzweigungspunkte oder instabile Äste zu entdecken und danach mit einer Methode mit Imperfektion (s.u.) fortzufahren.

3.7.3 Geometrisch und materiell nichtlineare Analyse (GMNA)

- Sie hat die gleichen Annahmen und Einschränkungen wie die GNA.
- Ausnahme davon ist, dass zusätzlich nichtlineares Materialverhalten betrachtet wird und die Traglast beeinflusst.
- Die Einbeziehung der Materialnichtlinearität ist bei mäßig schlanken Tragwerken erforderlich. Die Notwendigkeit wird dadurch erkennbar, dass die mit linearem Materialverhalten berechneten Spannungen oder Dehnungen Grenzwerte überschreiten, z. B. Spannung > Fließgrenze.

Diese Analyse soll auch von der Beobachtung der Pivot-Elemente oder der Eigenwertanalyse begleitet werden.

3.7.4 Geometrisch oder geometrisch und materiell nichtlineare imperfekte Analyse (GNIA oder GMNIA)

- Sie beinhalten den Einfluss von Imperfektionen.
- Die Unterscheidung zwischen beiden folgt den gleichen Kriterien wie die zwischen GNA und GMNA: Die Notwendigkeit hängt von der Schlankheit ab.

- Die Imperfektionen müssen so gewählt werden, dass die Systemantwort auf dem niedrigsten Lastpfad berechnet wird. Am verlässlichsten für ihre Bestimmung sind Eigenwertanalysen. Möglichkeiten für Imperfektionen sind
  - Imperfektionen durch Kräfte
  - geometrische Imperfektionen, besonders durch Beuleigenformen
  - Störung der Anfangsverschiebungen in iterativen Verfahren
  - speziell angeregte Schwingungen, wenn eine (quasi-)statische Analyse durch Trägheitseffekte stabilisiert wird.

3.7.5 Mindestmaßnahmen zur Stabilitätsanalyse

- Einer von Instabilitäten beeinflussten Traglastberechnung sollte eine LBA vorausgehen, um eine Idee von der kritischen Last zu bekommen und eine Anfangsimperfektion zu bestimmen.
- Darauf aufbauend wird eine GMNIA durchgeführt. Ob Materialnichtlinearität erforderlich ist oder nicht, wird sich zeigen, wenn nicht, ist der zusätzliche Rechenaufwand begrenzt.
- Die Pivot-Elemente der Gauß-Elimination für die jeweilige konvergierte Lösung eines Lastniveaus müssen beobachtet werden.
- Das Auftreten eines negativen Pivot-Elementes deutet auf eine Verzweigung hin. Diese muss mit einer Eigenwertanalyse auf der Basis der verformten (und somit vorgespannten) Konfiguration untersucht werden.
- Die GMNIA muss dann mit einer weiteren Imperfektion wiederholt oder fortgeführt werden.

4 Nichtlineare Materialeigenschaften

4.1 Grundzüge der Materialdefinition in Workbench

Zeile 2, der erste zu bearbeitende Punkt, der *statisch-mechanischen* und anderer Analysen heißt *Technische Daten.* Hier sind die Materialdaten zu definieren. Dass dies schon mit einem Haken versehen ist, liegt daran, dass hier ein vordefiniertes Material namens *Baustahl* existiert. *Streckgrenze* und *Festigkeit* werden allerdings nicht für Plastizität, sondern für Ermüdungsanalysen verwendet.

Nach Doppelklick öffnet sich eine Seite, die folgende, für die Eingabe wesentliche, Fenster zeigt:

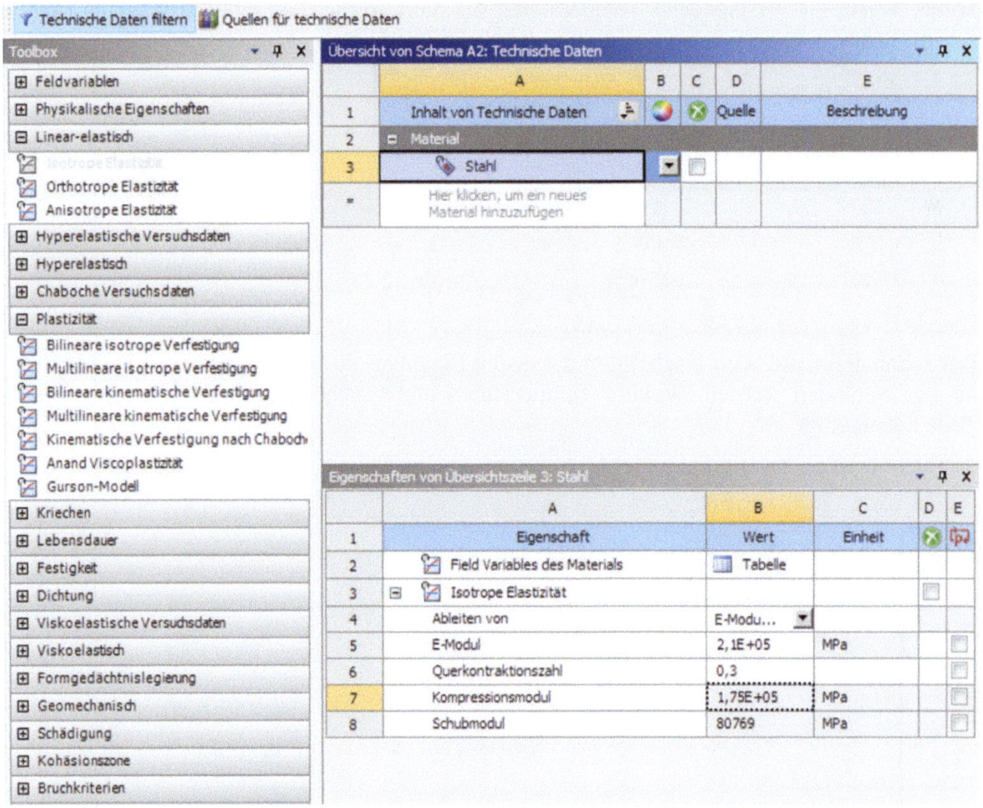

A2 enthält eine Liste der angelegten Materialien, aus der man eines durch Anklicken zur Bearbeitung aktiviert. Ein neues Material wird vorbereitet, indem man bei * einen Namen einträgt. In der *Toolbox* können nun Eigenschaften ausgewählt und dem aktiven Material durch Ziehen mit der Maus auf das Namensfeld oder durch Doppelklicken hinzugefügt werden. Anschließend müssen im *Eigenschaften*-Fenster die gelben Felder ausgefüllt werden. Hier sind die Einheiten zu beachten, insbesondere ob beim Reiter *Maßeinheiten* auf der Projektseite der Haken bei *Werte in Projektmaßeinheiten anzeigen* gesetzt ist. Sonst kann es passieren,

W. Rust, *Nichtlineare Finite-Elemente-Berechnungen mit ANSYS Workbench*,
https://doi.org/10.1007/978-3-658-31421-7_4

dass man die gewohnten Größenordnungen eingibt, diese aber als Angaben in SI-Basiseinheiten angesehen werden.

Die meisten Materialmodelle verlangen eine getrennte Eingabe der *linear-elastischen* Kennwerte. Wesentliche Ausnahme ist die Hyperelastizität. Zu einer vollständigen Definition gehören also oft mehrere Eigenschaften. Welche kombiniert werden können, liest man am besten unter *Material Reference>Material Model Combinations* in der *Mechanical-APDL*-Hilfe nach.

4.2 Temperaturabhängigkeit, Wertepaare

Sollen Werte für verschiedene Temperaturen definiert werden, ist eine zusätzliche Tabelle auszufüllen:

Tabelle von Eigenschaftenzeile 5: Isotrope Elastizität

	A	B
1	Temperatur (C)	E-Modul (MPa)
2	23	2,1E+05
3	200	2E+05
4	500	1,9E+05
*		

Der schon definierte Wert erscheint in der ersten Eingabezeile (Z. 2). Hier muss die Temperatur ggf. verändert werden. Weitere Temperaturen und zugehörige Werte werden in der *-Zeile hinzugefügt.

Simultan wird ein Diagramm erstellt:

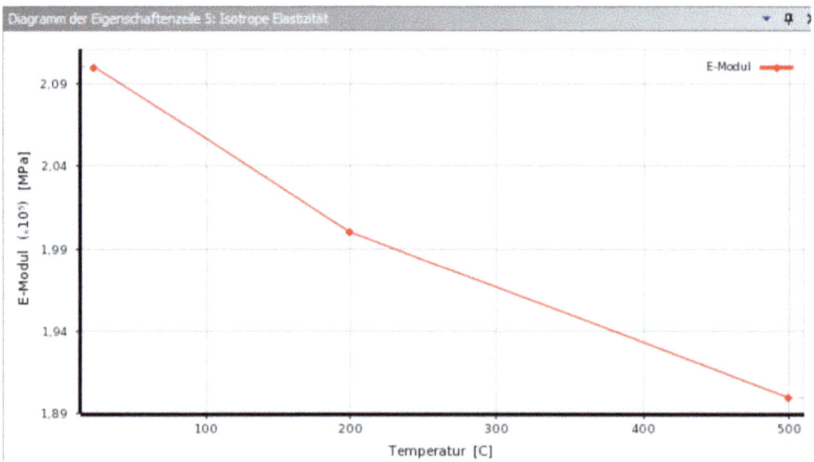

Bei den beliebtesten Werkstoffgesetzen wird das Verhalten durch Kurven, vor allem Spannungs-Dehnungs-Linien, beschrieben. Im *Eigenschaft*sfenster sind sie gleich als *Tabellarisch* bezeichnet. Die Tabelle wird dann nebenan erstellt. Hier gibt es ein separates Feld für die

Temperatur. Man sollte immer eine angeben, um nicht im *ds.dat*-File `7...e-31` als Synonym für undefiniert zu erhalten. Dass das keinen Schaden anrichten wird, ist nicht garantiert.

Die Wertepaare folgen dann daneben (**Abb. 4.1**).

Tabelle von Eigenschaftenzeile 13: Multilineare isotrope Verfestigung

	A
1	Temperatur (C)
2	23
3	200
*	

	B	C
1	Plastische Dehnung (mm mm^-1)	Spannung (MPa)
2	0	200
3	0,01	300
4	0,03	400
5	0,07	500
6	0,15	600
*		

Abb. 4.1 Beispiel für Wertepaare einer Fließkurve

Man tut gut daran, die Überschriften genau zu lesen. Alte Hasen, die gewohnt sind, bei Plastizität Spannungen über Gesamtdehnungen anzugeben, müssen sich hier auf plastische Dehnungen als Stützstellen einstellen. Das hat dann auch etwas abweichende Kommandos zur Folge (`TB,PLAS,,,,`*`Option`*), hat aber den Vorteil, dass E-Modul und erste Stützstelle nicht mehr redundante Eingaben darstellen bzw. widersprüchlich sein können.

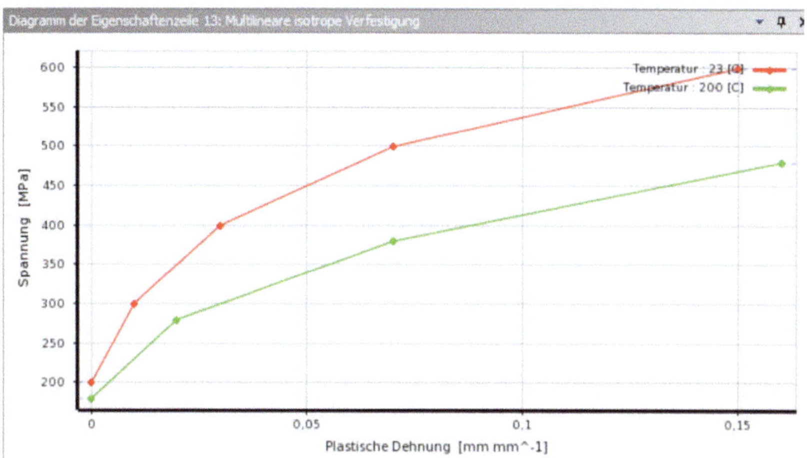

Abb. 4.2 Beispiel für Diagramm einer Fließkurve

Die plastischen Dehnungen können als

$$\varepsilon^{pl} = \varepsilon^{tot} - \frac{\sigma}{E} \tag{4.1}$$

berechnet werden. Auch hier entsteht simultan ein Diagramm, bei dem es jedoch auf die Klickreihenfolge ankommt, ob man die Kurve für eine Temperatur oder alle Kurven sieht (**Abb. 4.2**).

Tabellenwerte können durch Cut-and-Paste und mittels der rechten Maustaste in Excel-Tabellen oder Text-Editoren übertragen werden. Bei der Übertragung *aus* Texteditoren muss in ihnen eine Trennung durch Tabulatoren erfolgen. Wer alte APDL-Eingaben, z. B. mit dem `TBPT`-Kommando, verwenden will, nimmt am besten den Weg über Excel, weil man dort beim Datenimport die Separatoren und das Dezimalzeichen wählen kann.

4.3 Ergebnisse

Ergebnisse der Simulation des Materialverhaltens sind naturgemäß Spannungen und Dehnungen. Über Spannungen und Gesamtdehnungen ist schon im Kap. 2 einiges gesagt. Beim nicht-linearen Verhalten werden die Dehnungen aber aufgespalten in thermische, elastische, plastische und Kriechdehnungen, wobei die elastischen Dehnungen überwiegend für den linearen Anteil stehen und plastische Dehnungen für den nichtlinearen Anteil, wenn keine anderen Ergebnisgrößen zur Verfügung stehen, und auch, wenn das Verhalten nicht direkt als plastisch zu bezeichnen ist, etwa bei *Formgedächtnislegierung* oder nichtlinearer Elastizität (`MELAS`).

Das Menü bietet nun z. B. Normaldehnungen zum Einfügen in die dargestellte *Lösung* an (**Abb. 4.4**). Daraus werden aber *elastische* Dehnungen (**Abb. 4.5**). *Plastische* und *totale* tauchen nur in Form der *Vergleichsdehnung* auf. Weitere, spezifische Ergebnisse, die in APDL mit `NL,`*`Komponente`* angesprochen werden, stehen nur zur Verfügung, wenn das zuvor in den *Analyseeinstellungen>Ausgabesteuerung>Nichtlineare Daten* aktiviert wurde (**Abb. 4.3**).

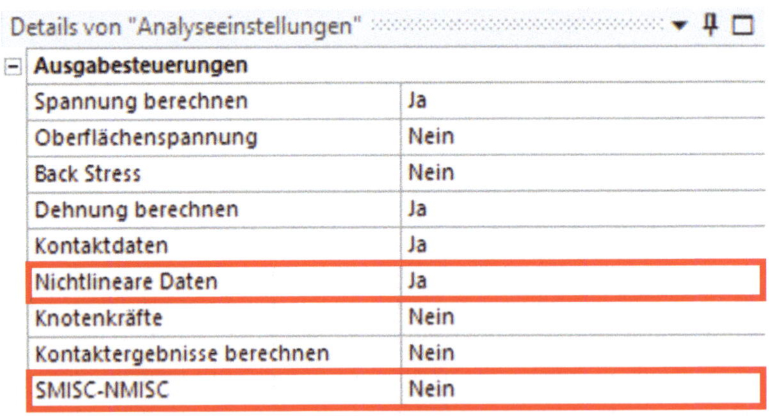

Abb. 4.3 Aktivierung von zusätzlichen Ergebnisgrößen

Zu den *Nichtlinearen Daten* zählen die *Akkumulierte plastische Vergleichsdehnung* und der hydrostatische Druck der Elemente mit u-p-Formulierung (s. Kap. 7.7). Letzterer muss allerdings über ein *Benutzerdefiniertes Ergebnis* `NLHPRE` angesprochen werden. Eine Übersicht ohne Erklärung zeigt das *Arbeitsblatt* (s.u.). Ebenfalls zusätzlich eingeschaltet werden muss die Ausgabe spezieller Elementausgaben, die über `SMISC` oder `NMISC` und eine Nummer (in der Dokumentation „by sequence number") angesprochen werden (ebenfalls *benutzerdefiniert*). Diese sind jedoch meist nicht typisch für nichtlineare Berechnungen.

Nur ein kleiner Teil der bei nichtlinearem Materialverhalten auftretenden Ergebnisse hat einen Eintrag als Ergebnisobjekt; andere Komponenten müssen als *benutzerdefiniertes Ergebnis* eingeführt werden. Die richtige Bezeichnung entnimmt man dem *Arbeitsblatt*:

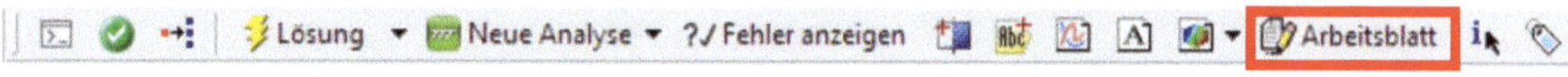

neu:

Das *Arbeitsblatt* kann man aber nicht öffnen, wenn man das *benutzerdefinierte* Objekt angeklickt hat, sondern nur, wenn *Lösung* markiert ist. Das soll wohl dazu anhalten, erst zu lesen und dann die Ergebnisgröße einzuführen. Im *Arbeitsblatt* (**Abb. 4.6**) findet man die verfügbaren Ergebnisse als Abkürzungen, jedoch nicht mit Langtext ihrer Bedeutung. Etwas mehr findet man in der Hilfe unter *Mechanical Applications>Mechanical User's Guide>Using Results>User Defined Results> User Defined Results for the Mechanical APDL Solver*. Bei den Dehnungen dürften die Kurzbezeichnungen aber sprechend genug sein:

EP	für	epsilon, also Dehnung
TH		thermisch
TO		total, also Gesamt-
EL		elastisch
PL		plastisch
CR		creep, also Kriech-
X, Y, Z		Normalkomponenten
XY usw.		Schubkomponenten
1, 2, 3		Hauptnormalkomponenten
EQV		Vergleichsgröße nach der Gestaltänderungsenergie-Hypothese
INT		Vergleichsgröße nach der Schubspannungshypothese
VECTORS		Vektoren der Hauptwerte
NL		spezielle nichtlineare Ausgaben
SMISC		spezielle summierbare Elementausgaben
NMISC		spezielle nicht summierbare Elementausgaben

Die Bezeichnungen werden in einem Wort, ohne Kommas wie in APDL, angegeben und müssen voll ausgeschrieben werden, also z. B.

`EPPLX`.

Das Gleichheitszeichen, das nach Abschluss zu sehen ist, erscheint automatisch und darf nicht eingegeben werden.

Mit diesen Ergebnisgrößen können mathematische Operationen durchgeführt werden. Dabei gibt es neben den Grundrechenarten auch einige weitere Funktionen. Eine Übersicht gibt die Hilfe in …>*User Defined Results*> *User Defined Result Expressions*.

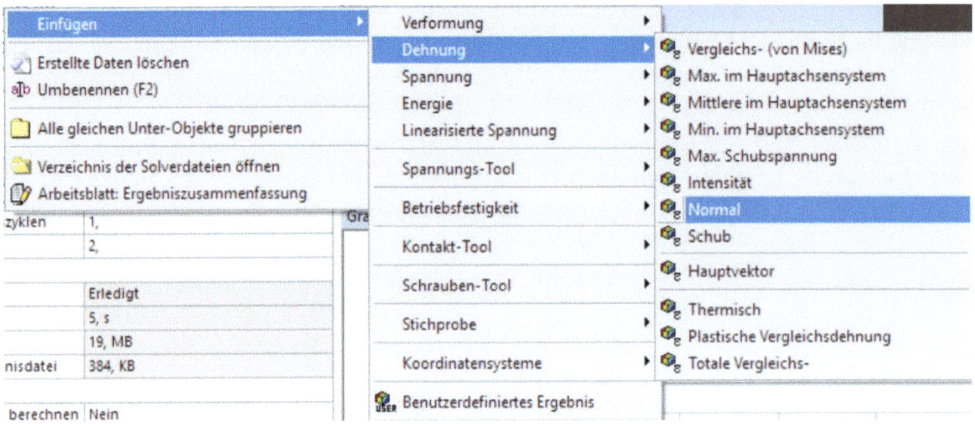

Abb. 4.4 Einfügen eines Dehnungsobjektes

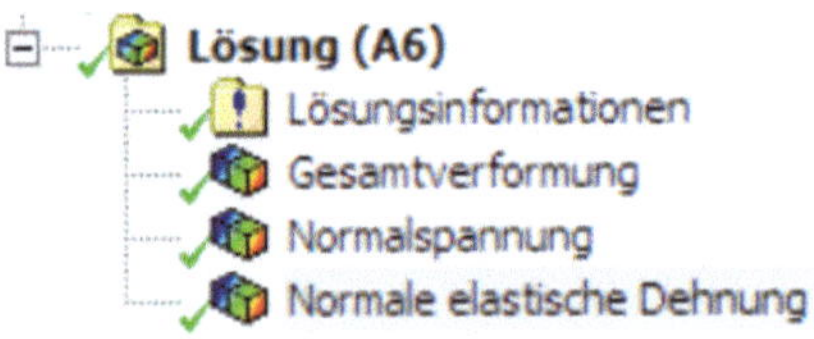

Abb. 4.5 erzeugtes Dehnungsobjekt (elastisch)

Typ	Datentyp	Datenstil	Komponente	Ausdruck	Ausgabe-Einh
EPEL	Element knote...	Skalar	INT	EPELINT	Dehnung
EPEL	Element knote...	Tensorielle Dehnung	VECTORS	EPELVECTORS	Dehnung
EPEL	Element knote...	Skalar	MAXSHEAR	EPELMAXSHEAR	Dehnung
EPPL	Element knote...	Skalar	X	EPPLX	Dehnung
EPPL	Element knote...	Skalar	Y	EPPLY	Dehnung
EPPL	Element knote...	Skalar	Z	EPPLZ	Dehnung
EPPL	Element knote...	Skalar	XY	EPPLXY	Dehnung
EPPL	Element knote...	Skalar	YZ	EPPLYZ	Dehnung
EPPL	Element knote...	Skalar	XZ	EPPLXZ	Dehnung
EPPL	Element knote...	Skalar	1	EPPL1	Dehnung
EPPL	Element knote...	Skalar	2	EPPL2	Dehnung
EPPL	Element knote...	Skalar	3	EPPL3	Dehnung
EPPL	Element knote...	Skalar	INT	EPPLINT	Dehnung
EPPL	Element knote...	Tensorielle Dehnung	VECTORS	EPPLVECTORS	Dehnung
EPTO	Element knote...	Skalar	X	EPTOX	Dehnung
EPTO	Element knote...	Skalar	Y	EPTOY	Dehnung
EPTO	Element knote...	Skalar	Z	EPTOZ	Dehnung
EPTO	Element knote...	Skalar	XY	EPTOXY	Dehnung
EPTO	Element knote...	Skalar	YZ	EPTOYZ	Dehnung
EPTO	Element knote...	Skalar	XZ	EPTOXZ	Dehnung
EPTO	Element knote...	Skalar	1	EPTO1	Dehnung
EPTO	Element knote...	Skalar	2	EPTO2	Dehnung

Abb. 4.6 Arbeitsblatt für benutzerdefinierte Ergebnisse, hier Dehnungen

Beispiel

Die FKM-Richtlinie [4] verlangt die Bestimmung eines Mehrachsigkeitsgrades, der als

$$h = \frac{\sigma_m}{\sigma_V} = \frac{\frac{1}{3}(\sigma_x + \sigma_y + \sigma_z)}{\sigma_V} = \frac{(\sigma_x + \sigma_y + \sigma_z)}{3\sigma_V} \qquad (4.2)$$

definiert ist. Eingabe und Resultat zeigt **Abb. 4.7**. Ebenfalls dort zu sehen ist die plastische Volumendehnung `(epplx+epply+epplz)/3` (gilt theoretisch nur für kleine Dehnungen), die bei Von-Mises-Plastizität 0 wird, auch wenn die einzelnen Komponenten ungleich 0 sind.

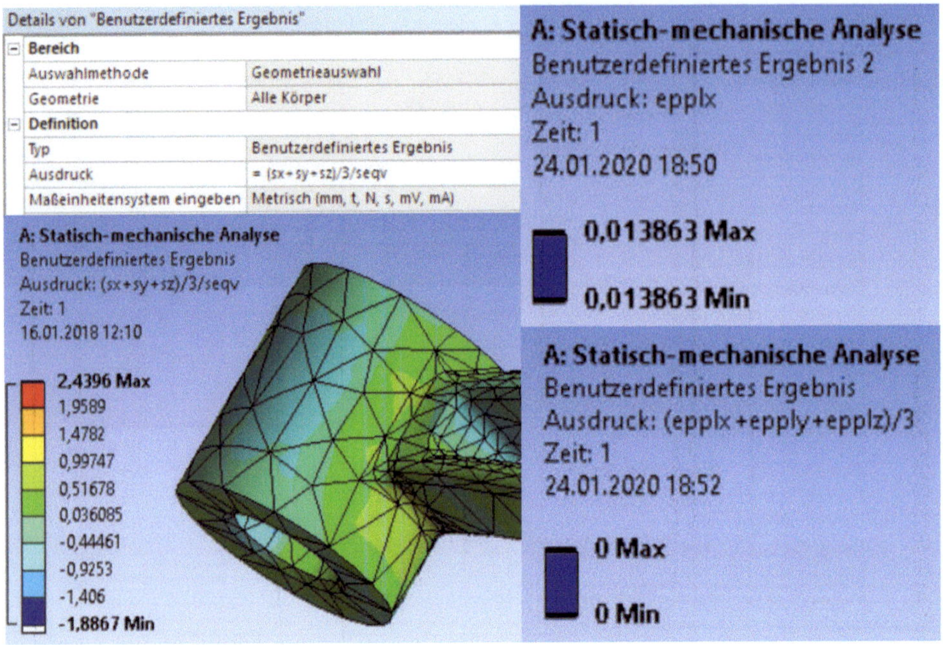

Abb. 4.7 Zusammengesetztes benutzerdefiniertes Ergebnis

Zusätzlich können Standard- und benutzerdefinierte Ergebnisse mit *Kennungen* bezeichnet werden. Um das obige Ergebnis zu erhalten, wäre es möglich,

- die mittlere Normalspannung *benutzerdefiniert* zu berechnen und mit der Kennung `sigma_m` zu belegen,
- die Vergleichsspannung als Standardergebnis mit der Kennung `sigma_V` zu versehen
- den Mehrachsigkeitsgrad durch den *benutzerdefinierten* Ausdruck
  `sigma_m/sigma_V`
  zu berechnen und darzustellen.

Mit Kennungen können aber auch Ergebnisse verschiedener Zeiten verrechnet werden, etwa die Oberspannung aus Lastfall 1 (t=1, Kennung `sigma_o`), die Unterspannung aus Lastfall 2 (t=2, Kennung `sigma_u`). Dann ergeben folgende *benutzerdefinierte Ergebnisse*

die Mittelspannung `(sigma_o + sigma_u)/2` und

die Spannungsamplitude `(sigma_o - sigma_u)/2.`

In der FEM werden die Dehnungen und Spannungen an den Integrationspunkten berechnet. Im Ergebnisfile (.rst) stehen aber Knotenwerte. ANSYS verwendet zu deren Ermittlung folgende Logik:

- Sind alle Integrationspunkte elastisch, werden die Werte von dort zu den Knoten *extrapoliert.*
- Ist mindestens ein Gaußpunkt im plastischen Bereich, werden die Werte von allen Integrationspunkten zu den Knoten *kopiert.*

Letzteres ist besonders sinnvoll im Übergang von elastisch zu plastisch, weil da die Extrapolation kaum treffsicher sein kann. Die Unterscheidung führt aber auch zu einem auf den ersten Blick merkwürdigen Verhalten, insbesondere wenn Biegung im Spiel ist. Das folgende Beispiel zeigt einen Kragarm mit einer Kraft am Ende. Das Netz ist grob (2 Elemente über die Höhe), entspricht aber der Standardvernetzung. Das Material ist bilinear mit einer Fließgrenze von 240 MPa und einem Tangentenmodul von 0 (ideal plastisch). Bei Belastung mit 5000 N wird die *Vergleichsspannung* aus **Abb. 4.8** angezeigt, die zonenweise die Fließgrenze überschreitet. Die *plastische Vergleichsdehnung* ist aber überall 0. Das liegt daran, dass die Biegespannung am Rand am größten ist, die Integrationspunkte aber im Innern der Elemente liegen, etwas außerhalb der Viertelspunkte. Dort ist die Fließgrenze noch nicht erreicht, deshalb wird extrapoliert. Das ist auch nicht verkehrt, weil die extrapolierte in etwa der Randspannung nach der Elastizitätstheorie entspricht.

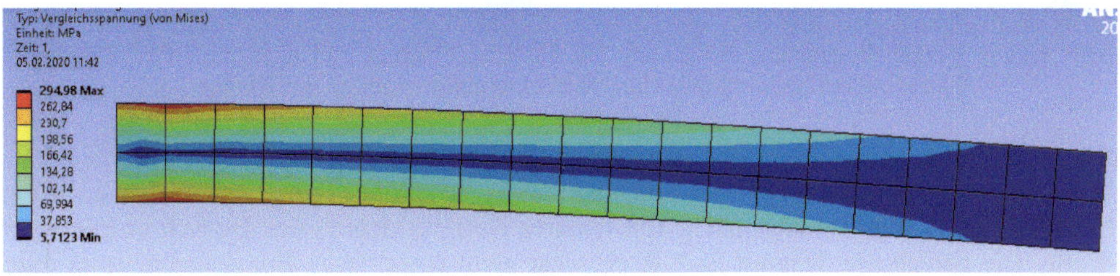

Abb. 4.8 Vergleichsspannung bei Lastniveau 5000 N

Bei einer Kraft von 6320 N hingegen wird zwar immer noch eine Maximalspannung größer als die Fließgrenze angezeigt, im weiteren Bereich der Einspannung aber nur 240 MPa (**Abb. 4.9**). Besonders gut ist das in einem Pfadplot längs des oberen Randes erkennbar (**Abb. 4.11**). Dort wo an den Integrationspunkten plastische Dehnungen auftreten (**Abb. 4.10**) liegt ein Plateau mit der Fließgrenze vor, weil die Spannungen kopiert wurden (zu Recht, denn Sie können ja nicht höher sein), erst im elastisch gebliebenen Bereich wird zu Werten oberhalb von 240 MPa extrapoliert.

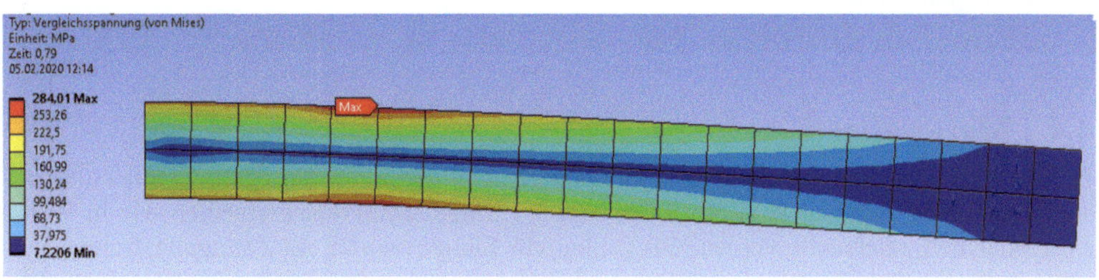

Abb. 4.9 Vergleichsspannung bei Lastniveau 6320 N

Abb. 4.10 Plastische Vergleichsdehnung bei Lastniveau 6320 N

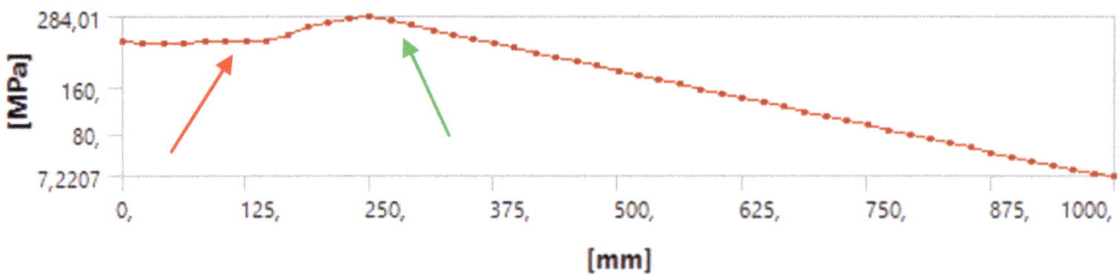

Abb. 4.11 Vergleichsspannung bei Lastniveau 6320 N, Pfadplot, mit Kopieren (roter Pfeil) oder Extrapolieren (grüner Pfeil) von den Integrationspunkten zu den Knoten

Wer dieses Ergebnis in sich widersprüchlich findet, hat sicher Recht, erhält aber auch ein Indiz für den Diskretisierungsfehler. Ein feineres Netz verkleinert den Bereich unzulässiger Werte. Die berechnete Traglast ist hier aber gar nicht so schlecht. Ein Zahlenbeispiel dazu findet sich in Kap. 0. Zwischen dem Lastniveau, bei dem erstmals eine (hier extrapolierte) Biegrandspannung an der Fließgrenze auftritt, und dem, bei dem der Querschnitt vollständig durchplastiziert ist (hier ersatzweise durch die Nichtkonvergenz identifiziert) soll nach der Fließgelenktheorie ein Faktor 1,5 liegen, mit dem groben Netz sind es 1,58.

Wer möchte, kann mit dem *Befehl* `ERESX,NO` oder `,YES` die Element-RESult-eXtrapolation einheitlich aus- bzw. einschalten.

Diese Logik gilt auch für Kriechen, wo ja auch inelastische Dehnungen erzielt werden. Der Effekt fällt aber nicht so auf, weil per Default nur extrapoliert wird, wenn keine Kriechdehnungen vorliegen. Das ist nur der Fall, wenn Kriecheffekte ausgeschaltet sind (wird gerne zur Lastaufbringung gewählt) oder wenn kriechfähige und nicht kriechfähige Materialen in einem Modell aneinanderstoßen.

4.4 Materialtests

Ist man sich über die Bedeutung der Materialparameter nicht vollständig im Klaren sollte das Verhalten in der Simulation durch Tests an einer Mindestzahl von Elementen wie in Werkstoffversuchen untersucht werden. Oft genügt ein Einheitswürfel mit zwängungsfreier Lagerung, in Workbench-Terminologie *Reibungfreie Lagerung* an drei Seiten. Die Verschiebungssteuerung und damit die Dehnungsvorgabe kann vorteilhaft für die Konvergenz sein.

Neben der Bedeutung der Parameter kann auch die Genauigkeit der Umsetzung durch das numerische Verfahren vorab untersucht werden. Eine Anpassung von Kriechparametern etwa erfolgt auf der Basis der Lösung der Differenzialgleichungen. Ein schönes Beispiel für die Diskrepanz zwischen analytischen Werten und numerischen Ergebnissen ist das Kriechgesetz *Time Hardening*. Hier geht am Anfang durch die Numerik Kriechdehnung verloren und fehlt bis zum Ende im Ergebnis. Hier kann im Test am kleinen System die Zeitschrittsteuerung, in diesem Fall insbesondere ihr Startwert, eingestellt werden.

5 Elasto-Plastizität

5.1 Modellauswahl, Grundeigenschaften, Idealisierung

Unter dem Stichwort *Plastizität* in der *Toolbox* der *Technischen Daten* bietet Workbench neben dem *Viscoplastizitäts*-Modell nach *Anand* (Fließgrenze abhängig von der plastischen Dehngeschwindigkeit ohne Untergrenze) und dem *Gurson-Modell*, das Schädigung durch Porenwachstum beim Plasti(fi)zieren beschreibt, klassische Modelle für Metallplastizität an:

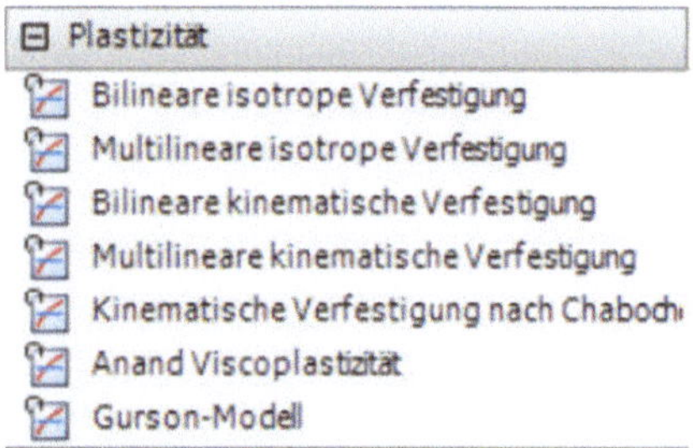

Allen ist gemein, dass das Verhalten vor Erreichen der Fließ- oder Streckgrenze und bei Entlastung linear-elastisch ist (**Abb. 5.1** links). Dieses wird getrennt unter *Lineare Elastizität* beschrieben. Die Modelle unterscheiden sich durch die Art und die Beschreibung der Verfestigung, d. h. der Fließkurven oberhalb der Fließgrenze. Folgende **Grundregel** sollte beachtet werden:

Die Spannungs-Dehnungs-Linie sollte

- ansteigen,
- allenfalls horizontal verlaufen.

Sonst läuft man Gefahr, dass lokale Materialinstabilitäten, die zu numerischen Instabilitäten, also Konvergenzproblemen führen, auftreten. Es sei noch darauf verwiesen (Kap. 2.3), dass bei Rechnung mit großen Verformungen logarithmische Dehnungen und wahre Spannungen verwandt werden und dadurch aus einem Abfall bei Darstellung in Ingenieurgrößen ein Anstieg werden kann.

Die Regel bedeutet auch, dass man die bei Werkstoffen mit ausgeprägter Fließgrenze auftretende Spitze (Fließpunkt) bei erstmaligem Eintritt des Fließens und das leichte Auf und Ab des Fließplateaus (**Abb. 5.1** links) nicht abbildet. Ebenfalls sollte man digitalisierte Messkurven nicht direkt verwenden, selbst wenn die Eingabe das zulässt, weil sie typischerweise Oszillationen aufweisen. Die Fließkurve sollte möglichst glatt definiert werden.

Bei Werkstoffen mit nicht ausgeprägter Fließgrenze wird gern eine Ersatzfließgrenze, z. B. R_{p02}, gewählt. Die Bezeichnung besagt ja, dass schon 0,2% plastische Dehnung enthalten sind. Trotzdem ist es üblich, das Material bis zu dieser Grenze als linear-elastisch zu betrachten (**Abb. 5.1** rechts). Wenn man eine Vorstellung von der Proportionalitätsgrenze hat, ist es aber nicht verboten, die Fließkurve dort beginnen zu lassen.

Die folgenden Bemerkungen gelten für die oben aufgeführten Modelle mit Ausnahme des Gurson-Gesetzes. Sie gehen davon aus, dass die Materialeigenschaften im einachsigen Zugversuch ermittelt werden. Der dreiachsige Spannungszustand der Simulation muss deshalb

Elektronisches Zusatzmaterial Die elektronische Version dieses Kapitels enthält Zusatzmaterial, das berechtigten Benutzern zur Verfügung steht. https://doi.org/10.1007/978-3-658-31421-7_5

W. Rust, *Nichtlineare Finite-Elemente-Berechnungen mit ANSYS Workbench*,
https://doi.org/10.1007/978-3-658-31421-7_5

umgerechnet werden. Dazu dient die *Vergleichsspannung*, wie sie in Workbench bezeichnet wird. Es handelt sich hier um diejenige nach von Mises, auch benannt nach Huber, von Mises, Hencky, die auf der Gestaltänderungsenergiehypothese beruht. Beim *Einfügen* ist *Spannung>Vergleichs- (von Mises)* auszuwählen. Ein Kennzeichen ist, dass der Eintritt des Fließens nicht von der mittleren Normalspannung, die auch hydrostatische Spannung genannt wird, abhängt.

Die Vergleichspannung nach der Schubspannungs-Hypothese nach Tresca ist als *Spannung>Intensität* verfügbar, wobei der Wert zweimal der Hauptschubspannung entspricht. Wenn damit auch die Gefahr eines Gleitbruchs charakterisiert wird, der mit lokalem Plastizieren verbunden ist, ist diese Größe nicht Grundlage eines elasto-plastischen Materialgesetzes in ANSYS.

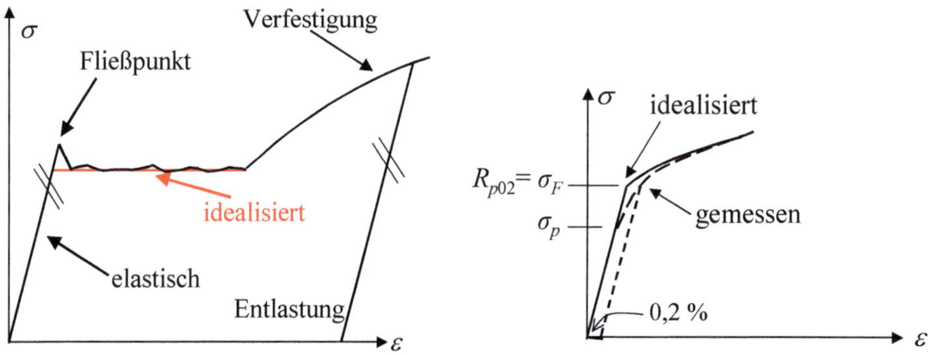

Abb. 5.1 Idealisiertes eindimensionales Fließverhalten

Bei den Modellen mit Von-Mises-Fließbedingung wird eine assoziierte Fließregel verwandt. Das hat zur Folge, dass plastische Dehnungen keine Volumenänderung erzeugen, aber auch, dass die Materialtangente und damit der entsprechende Teil der Tangentensteifigkeitsmatrix symmetrisch ist.

Das in ANSYS in verschiedenen Varianten vorhandene Drucker-Prager-Modell (`DP`, `EDP`), bei dem der Eintritt des Fließens auch von der mittleren Normalspannung abhängt, ist in seiner allgemeinen Form von der Workbench-Oberfläche aus nicht adressierbar; unter *Geomechanisch* gibt es eine spezielle Form, ebenso für die Mohr-Coulomb-Bedingung.

5.2 Ausgabe plastischer Dehnungen

Neben Spannungen sind plastische Dehnungen wichtige Ergebnisse einer Berechnung mit fließfähigem Material. Die Normal- und Schubkomponenten können nur als *Benutzerdefiniertes Ergebnis*, z. B. `EPPLYZ` für die plastische Schubverzerrung in der x-y-Ebene, abgerufen werden. Als Objekte zum *Einfügen* stehen die *Plastische Vergleichsdehnung*, eine Momentaufnahme, entstanden durch Einsetzen in die Formel für die Vergleichsspannung (`EPPL,EQV` in APDL) und in den Materialgesetzen nicht benutzt, und neuerdings auch die *Akkumulierte plastische Vergleichsdehnung* (`NL,EPEQ` in APDL), die die entscheidende

Verfestigungsvariable für isotrope Verfestigung (Kap. 5.3) darstellt, aus den Inkrementen der Substeps aufsummiert ist und immer nur, auch bei Richtungsumkehrung, zunehmen kann. Um sie zu erhalten, müssen allerdings in den *Analyseeinstellungen* bei *Ausgabesteuerung* die *Nichtlinearen Daten* aktiviert sein.

5.3 Art und Beschreibung der Verfestigung

Wir unterscheiden zwei grundsätzliche Arten der Verfestigung, nämlich die isotrope und die kinematische. Bei der isotropen wird angenommen, dass beim Fließen eine Verfestigung in allen Richtungen gleichmäßig auftritt, d. h. auch bei Entlastung und gegenläufiger Belastung, während bei kinematischer Verfestigung sich die Fließgrenzen verschieben, diejenige bei gegenläufiger Belastung also um den Betrag kleiner geworden ist, um den die Grenze bei der Erstbelastung zugenommen hat.

- Isotrope Verfestigung ist leichter zu programmieren und weniger rechenintensiv als kinematische.
- Isotrope Verfestigung kann verwendet werden, wenn eine im Wesentlichen einsinnige Belastung vorliegt.
- Bei zyklischer Beanspruchung ist die kinematische Verfestigung aber physikalisch richtiger,
  ggf. mit isotroper Verfestigung kombiniert, um Veränderungen zu beschreiben, die bei mehreren Zyklen auftreten.

Verfestigungsvariable für isotropes Verhalten ist die kumulierte *plastische Vergleichsdehnung*, die nur größer werden kann und deshalb mit den Zyklen anwächst, während Maßstab für die kinematische Verfestigung die aktuellen plastischen Dehnungs*komponenten* sind, die zyklisch ansteigen und abnehmen.

5.3.1 Multilineare (stückweise lineare) Verfestigung

Die Grundsätze der Materialdefinition über Wertepaare sind bereits in Kap. 4.1 beschrieben. Hier geht es um die Unterschiede zwischen isotropem und kinematischem Verfestigungsverhalten.

Kinematische Verfestigung kann eine Art Erholungseffekt darstellen: Bei gegenläufiger plastischer Verformung ist die Steigung der Spannungs-Dehnungs-Linie zunächst wieder größer als an dem Punkt, an dem die Entlastung erfolgte. Dies wird auch als Bauschinger-Effekt bezeichnet. Eine Idealisierung stellt das Masing-Verhalten dar. Dabei wird angenommen, dass der Bereich der im Zugversuch gemessenen Fließkurve, der bereits einmal abgefahren wurde, bei der gegenläufigen Belastung sowohl für die Dehnung als auch für die Spannung auf die doppelte Größe gestreckt wird (s. Doppelpfeile in **Abb. 5.2**). Die Hysterese schließt sich, wo die ursprüngliche Fließkurve verlassen wurde (ε_{3a}).

Bei isotroper Verfestigung zeigt sich die Erstbelastung zur kinematischen Verfestigung deckungsgleich, danach folgt die Fließgrenze weiter der eingegebenen Fließkurve, und zwar auf der Basis der *akkumulierten plastischen Vergleichsdehnung*. Wie „akkumuliert“ schon besagt, nimmt diese auch bei Richtungswechseln nur zu, sodass die Fließgrenze in allen Richtungen ansteigt.

In **Abb. 5.2** bedeutet:

ε_i die Gesamtdehnung der eingegeben Fließkurve

ε_{ia} die Gesamtdehnung, bis zu der belastet wurde und von der aus ein Richtungswechsel erfolgte, sowie

$$\varepsilon_{ia}{}^{eq} = \varepsilon_{eq}^{pl} + \frac{\sigma}{E} \tag{5.1}$$

die äquivalente Gesamtdehnung, bei der die gleiche plastische Vergleichsdehnung wie bei ε_{ia} vorliegt (σ vorzeichenbehaftet)

Am Nullpunkt liegt kein Ergebnis vor, sodass dieser auch nicht dargestellt wird. Deshalb beginnt der Doppelpfeil mit der gefüllten Spitze in **Abb. 5.2** auch auf einer Hilfslinie, die durch die Spannung 0 geht. Außerdem gibt es nicht immer ein Resultat, wo theoretisch ein Knick in der Spannungs-Dehnungs-Linie liegen müsste (einzelne Punkte in **Abb. 5.2**). Die dargestellte Linie weist dann einen Sekantenabschnitt auf.

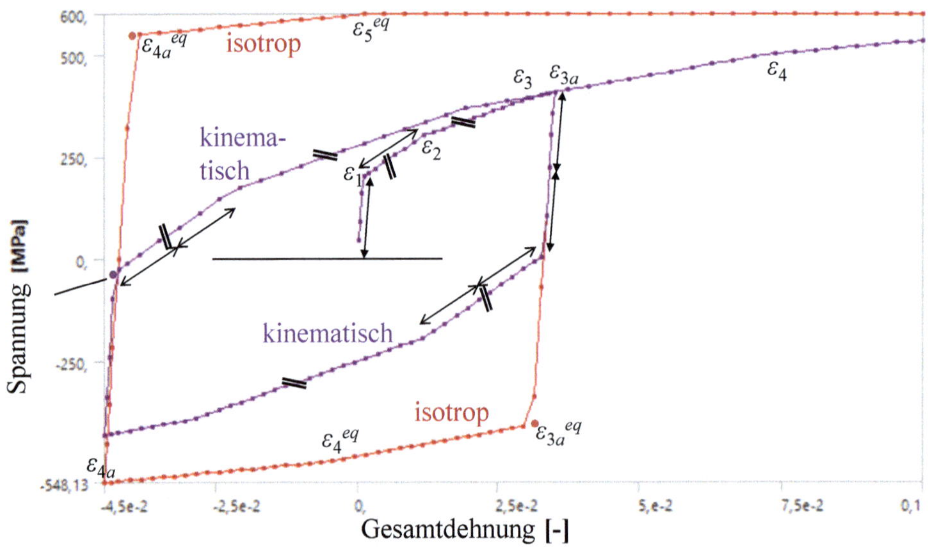

Abb. 5.2 Vergleich kinematische und isotrope multilineare Verfestigung

Wird das Ende der eingegebenen Fließkurve überschritten, wird das Materialverhalten idealplastisch fortgesetzt, in **Abb. 5.2** für isotrope Verfestigung nach Erreichen von $\varepsilon_5{}^{eq}$ zu sehen (ε_5 der eingegebenen Spannungs-Dehnungs-Linie selbst liegt außerhalb des dargestellten Dehnungsbereiches, ergibt sich aber aus **Abb. 4.1** und **Abb. 4.2**).

Bei Stählen mit ausgeprägter Fließgrenze ist das Masing-Verhalten, das auch in diesem Fall von der *Multilinearen kinematischen Verfestigung* abgebildet wird, bei zyklischer Belastung auch nicht physikalisch richtig, weil das Fließplateau nach der Erstbelastung entfällt (macht man sich ja bei der Kaltverfestigung zunutze).

5.3.2 Lineare Verfestigung

Die Gesetze mit *bilinearem* Verhalten, also beschrieben durch E-Modul und lineare Verfestigung entsprechend dem Tangentenmodul E_T, finden Anwendung, wenn keine ausreichenden Messkurven zur Verfügung stehen, oder um ideale Plastizität zu beschreiben.

Im ersteren Fall könnten die Streckgrenze oder die (Ersatz-)Fließgrenze (R_{p02} bzw. σ_F), die Zugfestigkeit R_m und die Bruchdehnung bekannt sein. Zu R_m ist normalerweise die Dehnung nicht angegeben, muss aber natürlich kleiner als die Bruchdehnung sein und kann so geschätzt werden. Daraus kann man die Fließkurve erahnen. Je nachdem, ob eine ausgeprägte Fließgrenze vorliegt (schwarz in **Abb. 5.3**) oder nicht (rot) und wie groß der erwartete Dehnungsbereich der Analyse ist, kann der Tangentenmodul so gewählt werden, dass der Fehler nicht zu groß wird.

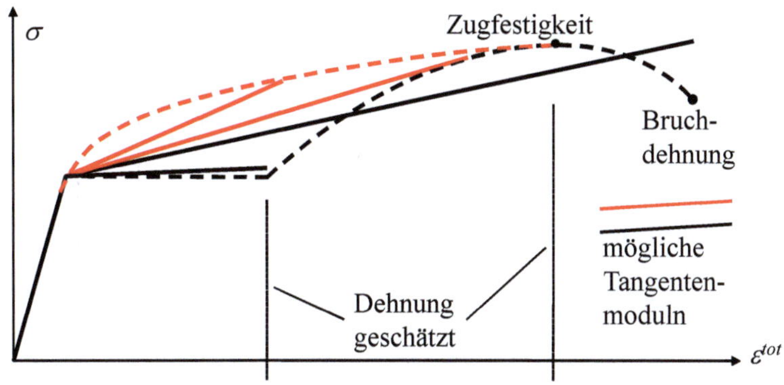

Abb. 5.3 Tangentenmoduln bei linearer Verfestigung

Bei ausgeprägter Fließgrenze wird oft nur der ideal-plastische Bereich berücksichtigt. Hier darf mit $E_T = 0$ gerechnet werden. Zur Sicherung der numerischen Stabilität wird gerne ein Tangentenmodul im Bereich weniger Prozent des E-Moduls gewählt, zwingend ist das aber nicht.

Wie auch immer man E_T wählt, man sollte sich bewusst sein, dass damit die Verfestigung bis ins Unendliche reicht.

Während bei multilinearer Beschreibung in Workbench Spannungen über plastischen Dehnungen angegeben werden müssen (entspricht `TB,PLAS,,,,MISO/KINH` in ANSYS), wird bei bilinearem Verhalten nur die Definition bezogen auf Gesamtdehnungen unterstützt.

5.4 Chaboche-Modell

Das Chaboche-Modell nach [2] beschreibt kinematische Verfestigung, den Verfestigungsanteil $\boldsymbol{\alpha}$, auf der Basis einer Differenzialgleichung. Im Gegensatz zur isotropen Verfestigung, die skalar durch die Veränderung der Fließgrenze beschrieben wird, ist $\boldsymbol{\alpha}$ eine tensorielle Größe (deshalb im Fettdruck), die als *back stresses* bezeichnet wird und deren Ausrichtung sich an den plastischen Dehnungen orientiert. Eindimensional – das ist für die Parameterbestimmung maßgebend – lautet der Verfestigungsanteil:

$$\alpha = \sum_i \alpha_i \qquad (5.2)$$
$$\dot{\alpha}_i = C_i \dot{\varepsilon}^{pl} - \gamma_i \, \alpha_i \, \dot{\varepsilon}_{eq}^{pl}$$

wobei C_i und γ_i Paare von Materialparametern darstellen. In diesem Fall ist der Zuwachs der Vergleichsdehnung gleich dem Betrag des Zuwachses der einachsigen plastischen Dehnung:

$$\varepsilon_{eq}^{pl} = \left|\varepsilon^{pl}\right| = \varepsilon^{pl} \operatorname{sgn}(\varepsilon^{pl}) \qquad (5.3)$$

Der Punkt über den Größen bedeutet die Zeitableitung, die Veränderungsgeschwindigkeit:

$$\dot{\alpha} = \frac{d\alpha}{dt}; \quad \dot{\varepsilon}^{pl} = \frac{d\varepsilon^{pl}}{dt} \qquad (5.4)$$

Also ergibt sich unter Einschluss von (5.3) aus (5.2):

$$\frac{d\alpha_i}{dt} = \left(C_i - \gamma_i \, \alpha_i \operatorname{sgn}(\dot{\varepsilon}^{pl})\right)\frac{d\varepsilon^{pl}}{dt} \qquad (5.5)$$

und weiter, insbesondere weil das Materialverhalten gar nicht zeitabhängig ist:

$$\frac{d\alpha_i}{d\varepsilon^{pl}} = C_i - \gamma_i \, \alpha_i \operatorname{sgn}(\dot{\varepsilon}^{pl}) \qquad (5.6)$$

Nun wird die Veränderung von α_i mit der plastischen Dehnung beschrieben. Bei der Erstbelastung ist das Vorzeichen der Änderung der plastischen Dehnung positiv und α_i startet mit 0. Daraus folgt, dass die Summe der C_i die Anfangssteigung der Fließkurve, aufgetragen über der plastischen Dehnung, ist. Die maximale Verfestigung ergibt sich, wenn die rechte Seite 0 wird, d. h. sie beträgt

$$\max \alpha_i = \frac{C_i}{\gamma_i} \qquad (5.7)$$

Die Differenzialgleichung (5.6) hat für die Erstbelastung die Lösung

$$\alpha_i = \frac{C_i}{\gamma_i}\left(1 - e^{-\gamma_i \, \varepsilon^{pl}}\right) \qquad (5.8)$$

Mit diesem Wissen lässt sich schon näherungsweise eine Parameterbestimmung durchführen, hier am Beispiel der bei der multilinearen Verfestigung verwandten Wertepaare der Fließkurve aus **Abb. 4.1**. Da dort die Anfangsfließgrenze 200 MPa beträgt, bleibt als Verfestigungsanteil der aus **Tab. 5.1**.

Tab. 5.1 Verfestigungsanteil der Fließkurve

Plastische Dehnung [-]	Verfestigung α [MPa]
0	0
0,01	100
0,03	200
0,07	300
0,15	400

Errechnen wir aus den ersten beiden Stützstellen die Anfangssteigung:

$$C = \frac{100}{0{,}01} = 10000 MPa \tag{5.9}$$

wird der Verlauf etwas unterhalb der stückweise linearen Kurve verlaufen. Das könnte man bei der Feinabstimmung noch verbessern.

Der Maximalwert ist 400 MPa, danach wird auch die multilineare Kurve horizontal fortgesetzt, also folgt aus (5.7):

$$\gamma = \frac{C}{\max \alpha} = \frac{10000\,\text{MPa}}{400\,\text{MPa}} = 25 \tag{5.10}$$

Zur Probe errechnen wir den Wert bei $\varepsilon^{pl} = 0{,}07$:

$$\alpha = \frac{C}{\gamma}\left(1 - e^{-\gamma \varepsilon^{pl}}\right) = 400\left(1 - e^{-25 \cdot 0{,}07}\right) = 330{,}5\ (\mathit{Soll}\ 300) \tag{5.11}$$

Das liegt nun über dem angestrebten Wert. Wenn die Fließkurve keine Exponentialfunktion ist, kann sie mit dem Chaboche-Modell auch nicht exakt abgebildet werden. Wie man zu einer besseren Übereinstimmung kommen kann, wird anhand von Kriechkurven in Kap. 6.4 besprochen. Workbench ermittelt, nachdem man aus der Material-*Toolbox Curve Fitting>Kinematic Hardening Chaboche* und *Chaboche-Versuchsdaten>Versuchsdaten für einachsige Dehnung* eingefügt hat, auch eine Anfangsfließgrenze als angepassten Parameter und kommt so auf

Streckgrenzenspannung	247,86
Materialkonstante C1	6026,3
Materialkonstante γ1	15,505

Parallel dazu wird ein Diagramm erstellt (**Abb. 5.4**). Das zeigt die erwarteten Spannungen an den Dehnungsstützstellen, geradlinig verbunden, im Vergleich zu den eingegebenen Werten, allerdings nicht die ermittelte Streckgrenze (in grün ergänzt). Stattdessen wurde bei plastischer Dehnung 0 auch Spannung 0 angezeigt und mit dem nächsten Wertepaar verbunden. In Version 2019R3 ist dies allerdings behoben.

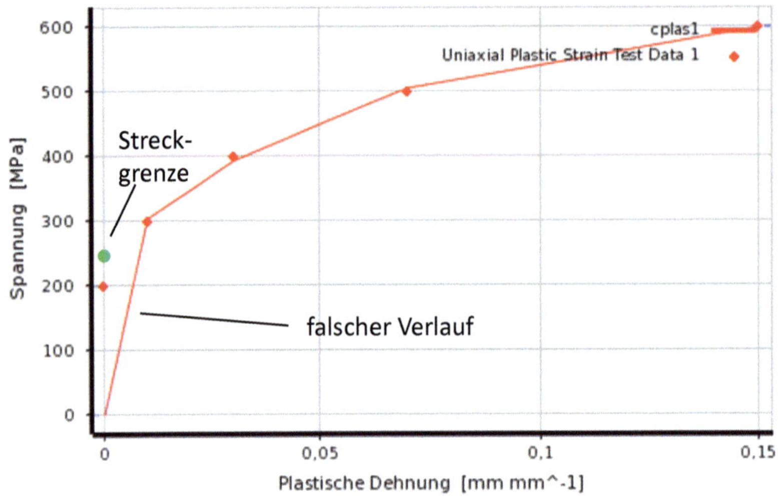

Abb. 5.4 Diagramm der Parameteranpassung für ein Chaboche-Modell

Der Vergleich der multilinearen kinematischen Verfestigung mit den beiden Varianten der Chaboche-Parameter (**Abb. 5.5**) zeigt:

- Aufgrund des mit dem Curve-Fitting ermittelten Satzes („Curve F") gibt es Abweichungen beim Fließbeginn und bei der maximalen Verfestigung, während dazwischen gute Übereinstimmung herrscht.
- Da die aufgrund der Überlegungen im Text ermittelten Parameter auf der Anfangssteigung und dem Endwert beruhen, ist die Übereinstimmung vorn und hinten am besten, während dazwischen etwas größere Abweichungen existieren.

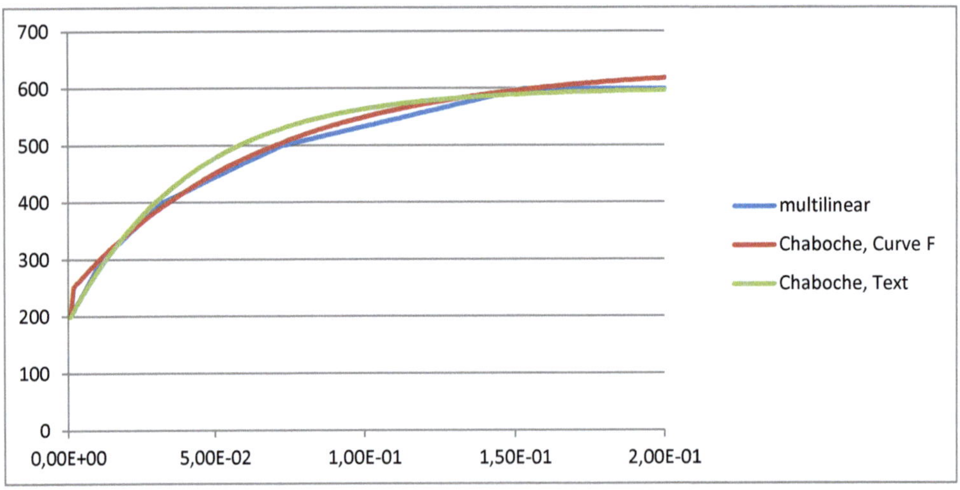

Abb. 5.5 Vergleich Chaboche-Modelle mit vorgegebenen Stützstellen (Spannung – Gesamtdehnung)

Der Vergleich des zyklischen Verhaltens (**Abb. 5.6**), hier mit Parametern nach Text, zeigt aber noch einen wesentlichen weiteren Unterschied: Während bei der multilinearen Verfestigung nach Lastumkehr die Steigung der Spannungs-Dehnungs-Linie gleich der Anfangsteigung ist (Masing-Idealisierung), ist sie beim Chaboche-Modell deutlich größer. Das lässt sich auch aus den obigen Formeln begründen: α hat annähernd das Maximum nach (5.7) erreicht, die Veränderung der plastischen Dehnung wird nun negativ. Damit gilt nach (5.6):

$$\frac{d\alpha}{d\varepsilon^{pl}} = C - \gamma \frac{C}{\gamma}(-1) = 2C \tag{5.12}$$

Die Steigung nach Lastumkehr ist also doppelt so groß wie am Anfang. Das bedeutet aber, dass das Chaboche-Modell kein Masing-Verhalten beschreibt. Das ist letztlich auch der Grund für das Phänomen, das auftritt, wenn die Mittelspannung der Lastzyklen nicht null ist. Im folgenden, spannungskontrollierten Versuch wird eine Zugspannung bis 550 N/mm² und eine Druckspannung bis -560 N/mm² aufgebracht. Der Unterschied ist nicht groß, trotzdem sieht man in **Abb. 5.7**, dass sich die Dehnungen je Zyklus nach links, also zum Druckbereich hin, verschieben. Der Differenzbetrag bleibt in jedem Zyklus gleich. Diesen Effekt nennt man *Ratcheting*, nach dem ratchet wheel, dem Klinkenrad; auch Ratsche steckt darin. Das Phänomen tritt unter Umständen auch in Wirklichkeit auf, aber eher nicht in dieser Größe. Multilineare Verfestigung liefert hier stabile Zyklen.

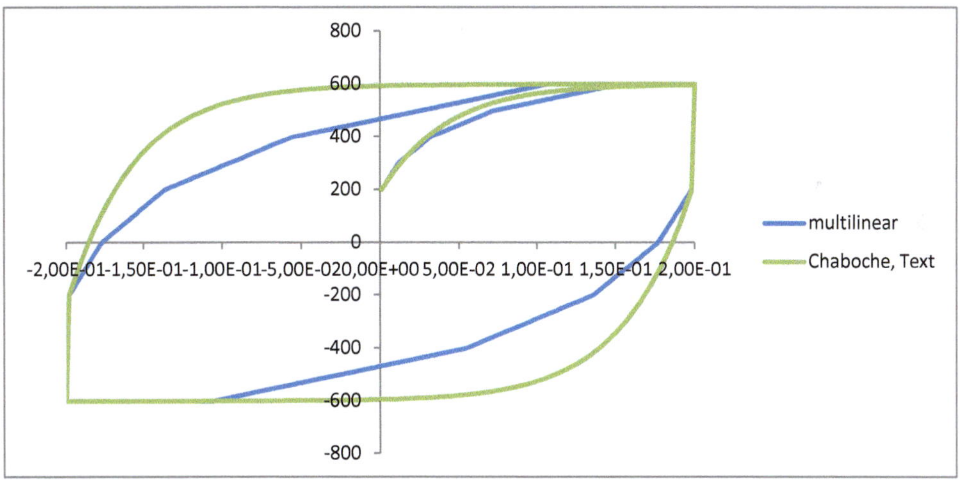

Abb. 5.6 Multilineares und Chaboche-Modell bei zyklischer Beanspruchung

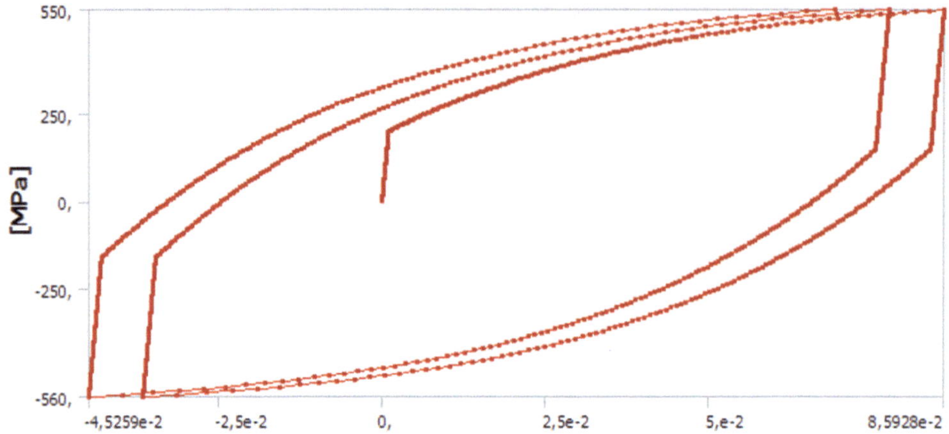

Abb. 5.7 Ratcheting bei Chaboche und Zyklen mit Mittelspannung ungleich 0

Ergänzt man die Materialparameter um C_2 = 500 MPa bei γ_2 = 0 und setzt bei γ_1 = 25 wie bisher jetzt C_1 = 8125 MPa, um bei der letzten Stützstelle die gleiche Spannung zu erreichen, ist in **Abb. 5.8** im zweiten Zyklus bereits eine deutliche Reduktion der Verschiebung zu erkennen. Dies setzt sich bis zu stabilen Zyklen fort und der Effekt heißt *Einspielen*, da weiterhin plastische Zyklen auftreten, *plastisches Einspielen*. Die Übereinstimmung mit der multilinearen Kurve verbessert sich durch diese Maßnahme (**Abb. 5.9**).

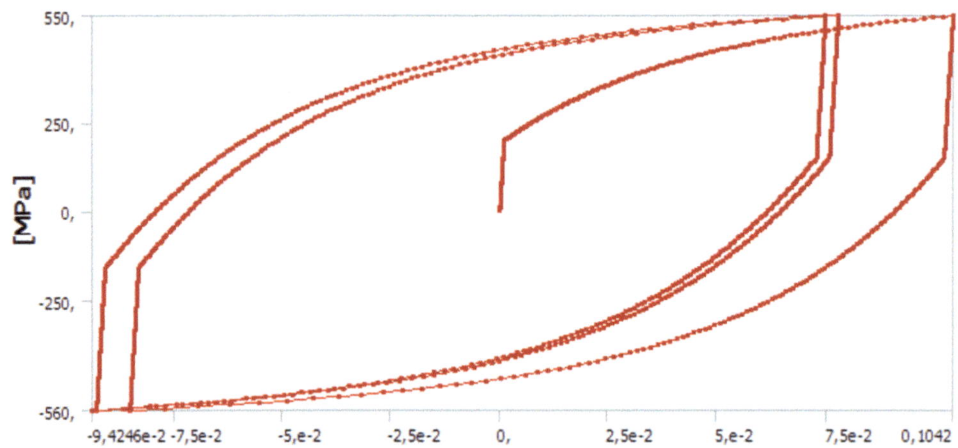

Abb. 5.8 Einspielen bei Chaboche durch $C_2 \neq 0$

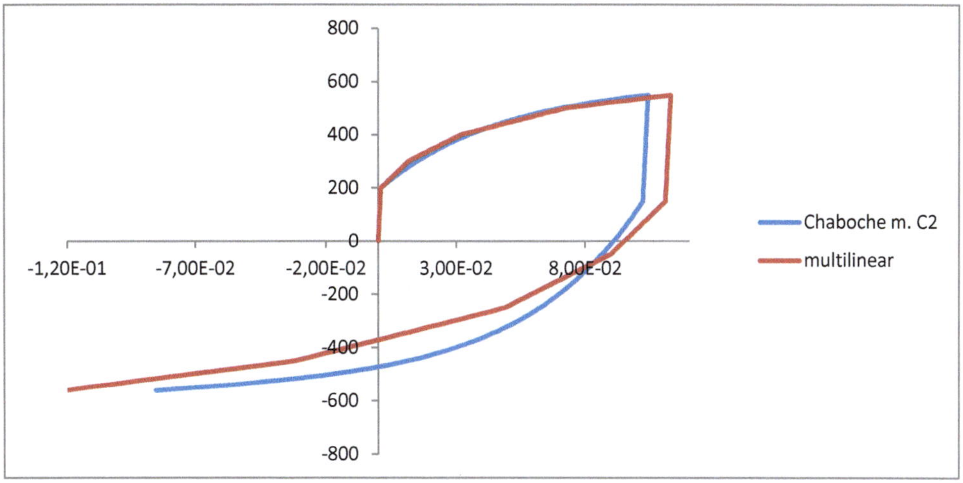

Abb. 5.9 Vergleich Chaboche mit $C_2 \neq 0$ und multilinear

Wenn das Chaboche-Modell so seltsame Effekte hervorruft, wofür ist es dann gut?

1. Es gibt den gezeigten Ratcheting- und Einspieleffekt unter bestimmten Umständen tatsächlich als Material- und nicht nur Strukturverhalten.
2. Die nichtlineare kinematische Verfestigung nach Chaboche lässt sich mit isotroper Verfestigung kombinieren, was bei dem multilinearen Modell wegen der Art der Umsetzung nicht möglich ist.

5.5 Nichtlineare isotrope Verfestigung

Im Bereich der isotropen Verfestigung gibt es noch zwei Modelle, die eine nichtlineare, aber glatte verfestigende Fließkurve beschreiben. In Workbench kann man sie seit Version 2019R2 ansprechen, wenn man (zusätzlich zu allgemeinen beta-Features) auf der Projektseite *Extras>Optionen>Technische Daten* anklickt und dann bei *Nichtlinear-isotropes Verfestigungsgesetz* einen Haken setzt (**Abb. 5.10**).

Mit *Mehrterm-Viskoplastizitätsmodell* aktiviert man übrigens mehrere Gesetze, bei denen die Fließkurve dehnratenabhängig wird; anders als beim schon erwähnten *Anand*-Modell gibt es aber auch eine Fließgrenze, wenn die Dehnrate gegen 0 geht.

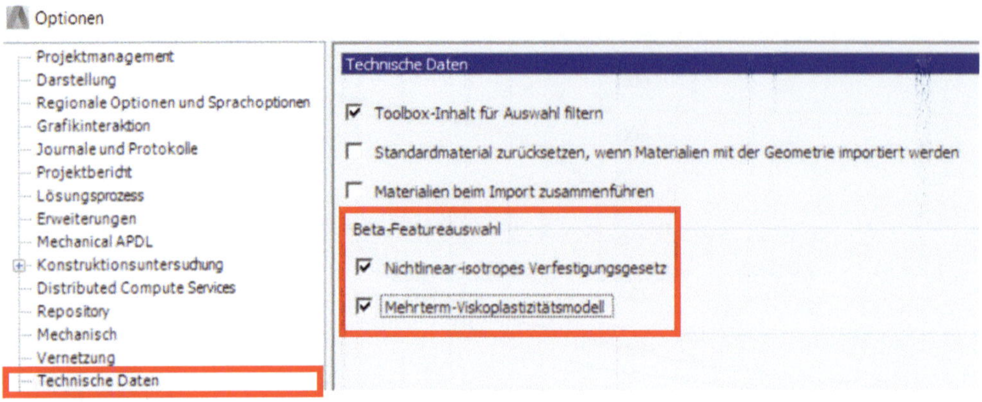

Abb. 5.10 Aktivierung zusätzlicher Gesetze für Plastizität

Durch die beiden Haken erweitert sich die Auswahl unter *Plastizität* um folgende Materialmodelle:

- Nichtlinear-isotropes exponentielles Verfestigungsgesetz (Beta)
- Nichtlinear-isotropes Verfestigungsgesetz Voce (Beta)

- Exponential Visco-Hardening (EVH) Viscoplasticity (Beta)
- Perzyna Viskoplastizität (Beta)
- Peirce Viskoplastizität (Beta)

Für das *Nichtlinear-isotrope Verfestigungsgesetz* nach *Voce* lautet die Gleichung der Fließkurve:

$$\sigma_F(\varepsilon_{eq}^{pl}) = \sigma_0 + R_0\varepsilon_{eq}^{pl} + R_\infty\left(1 - e^{-b\varepsilon_{eq}^{pl}}\right) \tag{5.13}$$

mit

σ_0	Anfangsfließgrenze (*Anfängliche Streckgrenzen-Spannung*)
R_0	Verfestigungmodul des linearen Anteils (*Linearkoeffizient*)
R_∞	Sättigungswert (Maximalwert) der nichtlinearen Verfestigung (im Menü als *Exponentieller Koeffizient* bezeichnet)
b	Vorfaktor des Exponenten (im Menü als *Exponentieller Sättigungsparameter* bezeichnet)
ε_{eq}^{pl}	kumulierte plastische Dehnung

Es scheint, dass hier die Bezeichnungen durcheinander geraten sind, aber nicht nur in der deutschen, sondern auch in der englischen Fassung: R_∞ stellt unzweifelhaft den Sättigungswert für die nichtlineare Verfestigung dar, ist aber als *Exponentieller Koeffizient* bezeichnet, während der Parameter im Exponenten der e-Funktion *Exponentieller Sättigungsparameter* heißt. Beta-Feature bezieht sich auch nur auf Workbench; dieses Gesetz ist schon sehr lange in ANSYS implementiert.

Mit den folgenden Eingaben:

Nichtlinear-isotropes Verfestigungsgesetz Voce (Beta)		
Anfängliche Streckgrenzen-Spannung	200	MPa
Linearkoeffizient	0	MPa
Exponentieller Koeffizient	400	MPa
Exponentieller Sättigungsparameter	25	

ergibt sich bei Erstbelastung eine Spannungs-Dehnungs-Linie wie im Chaboche-Beispiel (**Abb. 5.11**). Dazu muss nur

$$R_\infty = \frac{C_1}{\gamma_1} \tag{5.14}$$

gesetzt werden. Die weiteren Halbzyklen weichen deutlich voneinander ab, wie für den Unterschied zwischen isotroper und kinematischer Verfestigung im Zusammenhang mit **Abb. 5.2** beschrieben. Auch das *Voce*-Modell ist allein für zyklische Plastizität nicht geeignet.

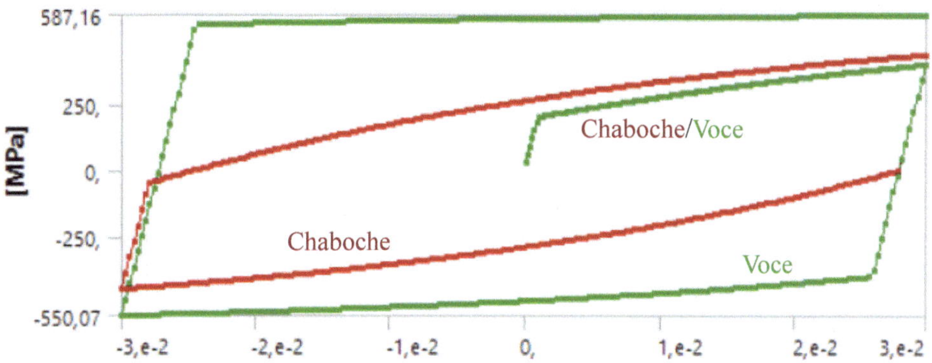

Abb. 5.11 Vergleich Chaboche – Voce

Wozu braucht man dieses Modell, wo man doch bei isotroper Verfestigung eine beliebige Fließkurve *multilinear* abbilden kann?

1. Wenn man nur wenige Daten hat, kann man damit eine gekrümmte, aber glatte Kurve darstellen.
   a. Man hat damit gegenüber dem bilinearen Verlauf eine Begrenzung der Verfestigung und
   b. einen wahrscheinlich dem tatsächlichen Verhalten näher kommenden Verlauf.
   c. Die Glattheit führt dazu, dass die Funktion durchgehend differenzierbar ist, was für das Newton-Verfahren und damit für die Konvergenz von Vorteil sein kann. Die *multilineare* Kurve ist an den Knicken nicht differenzierbar.

2. *Nichtlineare isotrope Verfestigung* kann mit der *kinematischen Verfestigung nach Chaboche* kombiniert werden. Es kommen dann zwei glatte Funktionen zum Einsatz.
3. Für die Erstbelastung sind die Funktion für *Voce* (5.13) und die Lösung für *Chaboche* (5.8) prinzipiell gleich, sodass man die Parameter für *Voce* durch das Curve-Fitting für *Chaboche* bestimmen lassen kann, wenn man (5.14) beachtet.

5.6 Kombinierte isotrope und kinematische Verfestigung

Die kinematische Verfestigung nach Chaboche kann mit verschiedenen Modellen der isotropen Verfestigung kombiniert werden, ganz einfach, indem man beide Modelle angibt.

Zu beachten ist, dass beide Modelle eine Anfangsfließgrenze aufweisen. Die werden nun nicht etwa addiert, vielmehr zählt das zuerst gelistete Modell, die Angabe vom zweiten wird ignoriert.

Beispiel 1 – Voce und Chaboche

Nichtlinear-isotropes Verfestigungsgesetz Voce (Beta)		
Anfängliche Streckgrenzen-Spannung	200	MPa
Linearkoeffizient	0	MPa
Exponentieller Koeffizient	400	MPa
Exponentieller Sättigungsparameter	5	
Kinematische Verfestigung nach Chaboche		
Anzahl kinematischer Modelle	1	
Streckgrenzenspannung	200	MPa
Materialkonstante C1	10000	MPa
Materialkonstante γ1	25	

Das Ergebnis ist in **Abb. 5.12** zu sehen. Da der Exponent für die isotrope Verfestigung kleiner als der für die kinematische ist, tritt später Sättigung ein und die erzeugte Kurve nähert sich in mehreren Zyklen einer stabilisierten an.

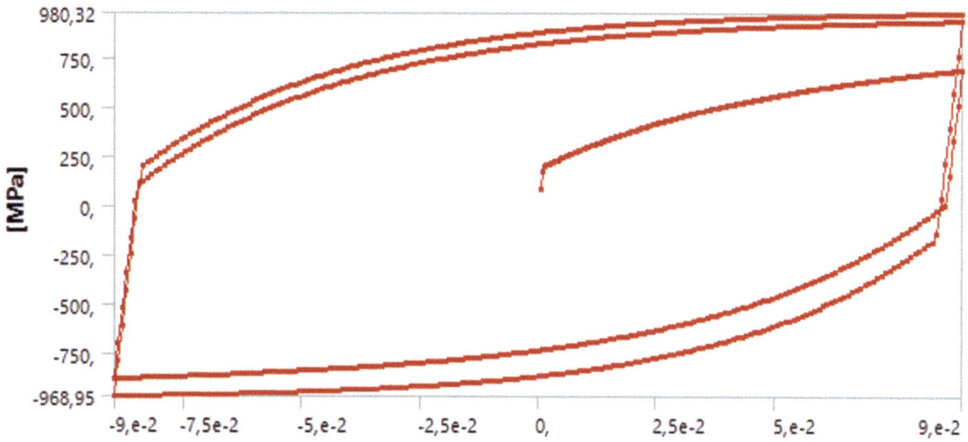

Abb. 5.12 Spannungs-Dehnungs-Diagramm für kombinierte isotrope und kinematische Verfestigung, Beispiel 1

Beispiel 2 – MISO und Chaboche

Multilineare isotrope Verfestigung	Tabellarisch	
Skalierungsfaktor	1	
Versatz	0	MPa
Kinematische Verfestigung nach Chaboche		
Anzahl kinematischer Modelle	1	
Streckgrenzenspannung	247,86	MPa
Materialkonstante C1	6026,3	MPa
Materialkonstante γ1	15,505	

Plastische Dehnung (mm mm^-1)	Spannung (MPa)
0	400
0,06	557,39
0,12	652,85
0,18	695,75
0,24	702,87
0,27	703

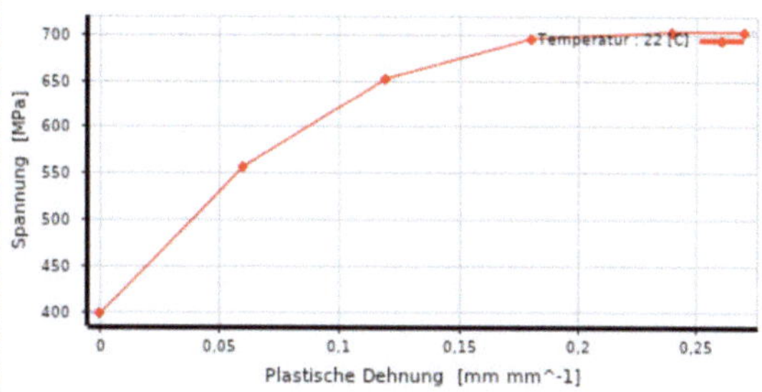

Abb. 5.13 σ-$\varepsilon_{plastisch}$-Paare für den isotrop verfestigenden Anteil

Die Fließkurve für das multilineare isotrop verfestigende Modell wird tabellarisch eingeben (**Abb. 5.13**). Der Effekt ist ähnlich zu Beispiel 1 (**Abb. 5.14**).

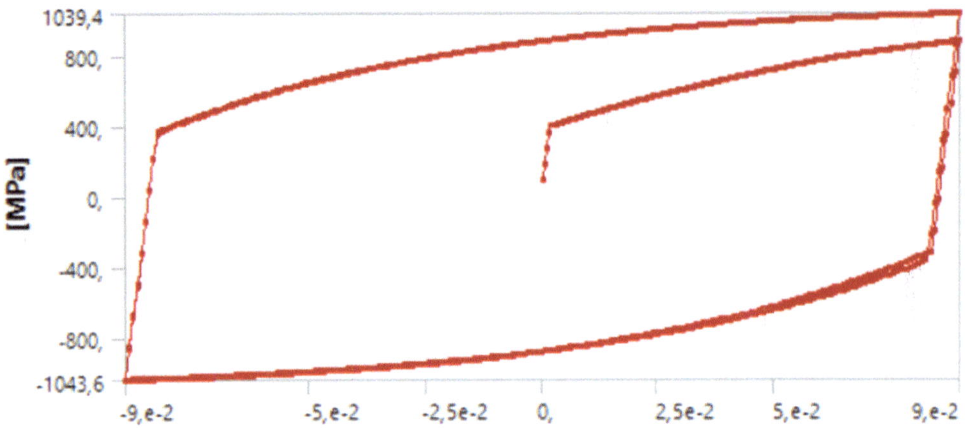

Abb. 5.14 Spannungs-Dehnungs-Diagramm für kombinierte isotrope und kinematische Verfestigung, Beispiel 2

Negative Steigungen in der stückweise linearen Kurve lässt Workbench nicht zu, ANSYS schon, von der Verwendung beim isotrop verfestigenden Modell wird aber abgeraten. Beim Voce-Modell kann man auch Entfestigung vorgeben. In Kombination mit dem Chaboche-Modell erlaubt das spezielle Kombinationen wie etwa bei

Beispiel 3 – Fließplateau

Nichtlinear-isotropes Verfestigungsgesetz Voce (Beta)		
Anfängliche Streckgrenzen-Spannung	400	MPa
Linearkoeffizient	0	MPa
Exponentieller Koeffizient	-400	MPa
Exponentieller Sättigungsparameter	25	
Kinematische Verfestigung nach Chaboche		
Anzahl kinematischer Modelle	1	
Streckgrenzenspannung	400	MPa
Materialkonstante C1	10000	MPa
Materialkonstante γ1	25	

Dadurch, dass die Verfestigung nach (5.8) und der nichtlineare Anteil von (5.13) formal gleich sind, kann man die kinematische Verfestigung mit der isotropen kompensieren, wenn man wie in der obigen Eingabe

$$(5.15)\quad R_\infty = -\frac{C}{\gamma}$$

setzt. Dann erhält man ein Fließplateau, bis man die Lastrichtung umkehrt (**Abb. 5.15**). Das soll zu bestimmten Materialien passen. Das Verhalten bei mehreren Zyklen ist eher kritisch zu sehen.

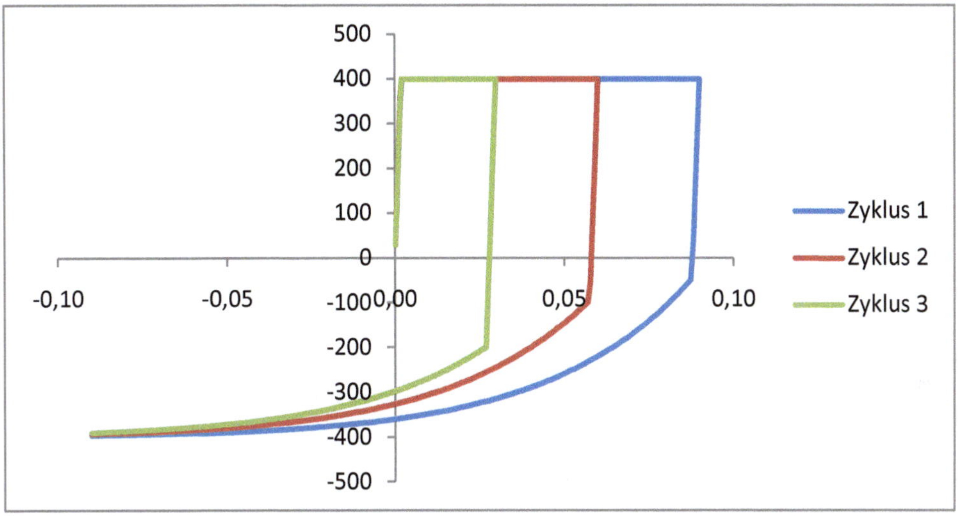

Abb. 5.15 Fließplateau mit folgender Verfestigung

Wegen der formalen Ähnlichkeit der Gleichungen (5.8) und (5.13) sollte man nicht versuchen, die Parameter für kombiniertes Chaboche- und Voce-Verhalten nur aus einem einachsigen Zugversuch zu bestimmen, auch und gerade nicht durch ein Optimierungsverfahren. Es können sich dabei beliebige Kombinationen ergeben. Erst bei gegenläufiger Belastung in den plastischen Bereich hinein, also ab zwei Halbzyklen, unterscheiden sich beide Modelle und man kann eine Trennung vornehmen.

5.7 Beispiel Fließgelenk

5.7.1 System und Randbedingungen

Ein balkenähnliches System –

Länge 1000 mm, Höhe 50 mm, Breite 20 mm –

wird mit einer kleinen Zahl Volumenelemente (Netzweite 25 mm) vernetzt (**Abb. 5.17**), über *externe Verschiebungen* beidseitig gelenkig gelagert und über eine Kraft auf einen *externen Punkt* (direkte Auswahl der Fläche für eine *externe Kraft* war nicht möglich, auch so musste ein Modellteil *ausgeblendet* werden) bei 600 mm belastet (**Abb. 5.16**).

Abb. 5.16 Balkensystem mit Randbedingungen

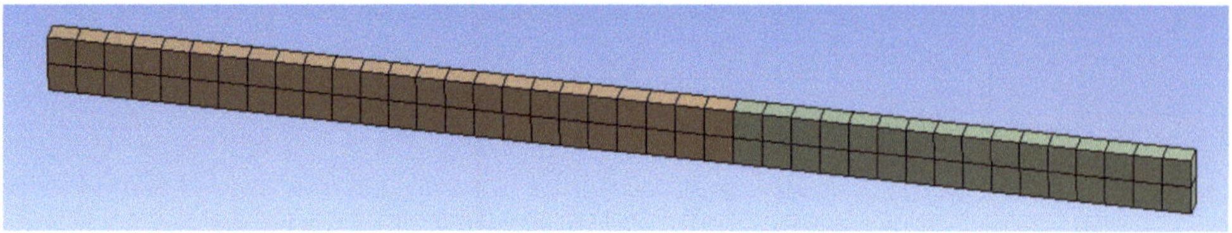

Abb. 5.17 Vernetzung

Der Elastizitätsmodul beträgt 200000 N/mm², die Querkontraktionszahl 0,3, das Materialverhalten ist ideal plastisch mit einer Fließgrenze von 240 N/mm² (modelliert mit bilinearer kinematischer Verfestigung und Tangentenmodul 0).

5.7.2 Elastische Grenzlast

Die elastische Grenzlast ist diejenige, bei der in einer (Rand-)Faser die Fließgrenze erreicht wird. Nach der Balkentheorie ergibt sich das elastische Grenzmoment durch Umstellen der Spannungsformel:

$$(5.16)\quad M_{el} = \sigma_F W$$

Dabei ist W das Widerstandsmoment, beim diesem Rechteckquerschnitt also

$$(5.17)\quad W = \frac{bh^2}{6} = \frac{20 \cdot 50^2}{6} = 8333\ mm^3$$

Daraus ergibt sich

$$(5.18)\quad M_{el} = 240 \cdot 8333 = 2.000.000\ Nmm$$

Da das Moment

$$(5.19)\quad M = \frac{Fab}{l}$$

beträgt ($a+b = l$), ist die Kraft, bei der es erreicht wird,

$$(5.20)\quad F = \frac{Ml}{ab} = \frac{2.000.000 \cdot 1000}{400 \cdot 600} = 8333\ N$$

Es wird schrittweise bis zur Zeit 1 eine Kraft von 12530 N aufgebracht, das ist etwas mehr als das 1,5fache der unter (5.20) errechneten.

	Zeit [s]	Minimum [MPa]	Maximum [MPa]
1	6,6667e-002	-24,111	24,111
2	0,13333	-48,222	48,222
3	0,2	-72,333	72,333
4	0,26667	-96,444	96,444
5	0,33333	-120,56	120,56
6	0,4	-144,67	144,67
7	0,46667	-168,78	168,78
8	0,53333	-192,89	192,89
9	0,6	-217,	217,
10	0,66667	-241,11	241,11

Abb. 5.18 Verlauf der Spannung über der Zeit

Die Berechnung ergibt die Fließgrenze 240 N/mm² bei $t = 0{,}66667$, d. h.

$$F_{el} = 0{,}66667 \cdot 12530 \frac{240}{241{,}11} = 8315\ N$$

also eine sehr gute Übereinstimmung, obwohl nur zwei Elemente über die Höhe vorhanden sind.

5.7.3 Überschreiten der Fließgrenze

Nun wird die Last weiter gesteigert, woraufhin beginnend bei der Randfaser Fließen eintreten müsste. Die Spannung steigt aber weiter proportional zur Last bis t = 0,8 und erreicht 289 N/mm², also deutlich mehr als die Fließgrenze (**Abb. 5.19**). Erst zwischen t = 0,8 und t = 0,875 stellt sich plastische Dehnung ein (**Abb. 5.20**).

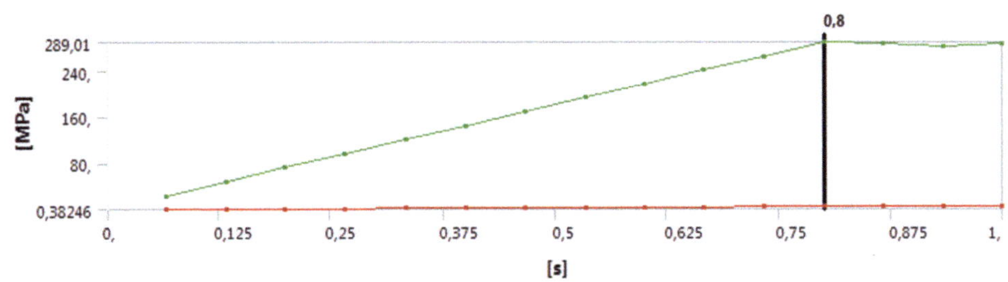

Abb. 5.19 Vergleichsspannung über Zeit (Lastfaktor)

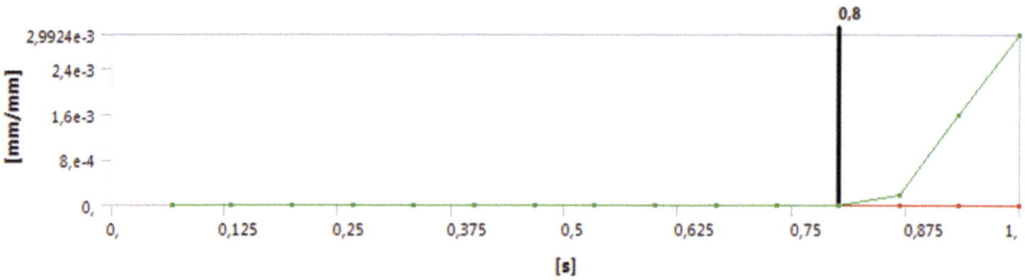

Abb. 5.20 Plastische Vergleichsdehnung über Zeit

Ursache für dieses Phänomen ist, dass das Materialgesetz nur am Integrationspunkt erfüllt wird. Davon haben die Elemente – mit oder ohne Mittenknoten – per Voreinstellung zwei je Richtung, und zwar den äußersten bei 0,57735 der halben Elementhöhe, gemessen von der Elementmitte aus (**Abb. 5.21**). Die halbe Elementhöhe ist ein Viertel der Balkenhöhe. Damit liegt der äußerste Integrationspunkt bei

$$(5.21) \qquad z = \frac{h}{4} + 0{,}57735\frac{h}{4} = 0{,}7887\frac{h}{2}$$

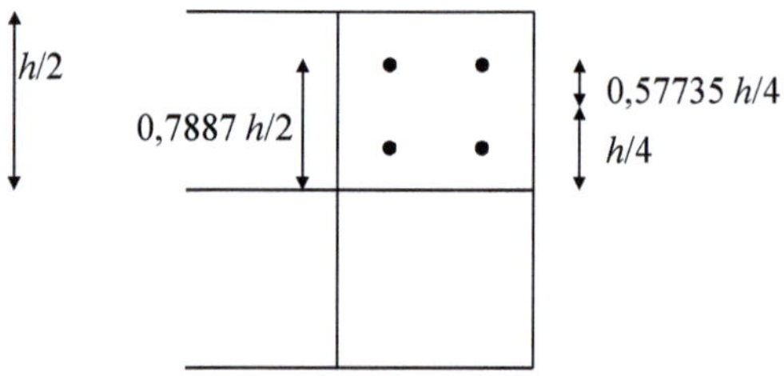

Abb. 5.21 Lage der Gauß-Punkte

Deshalb wird bei Biegung, wenn die neutrale Faser in der Mitte liegt, am äußersten Gaußpunkt auch nur 0,79 mal der Randspannung erreicht. Fließen tritt also erst ein, wenn

$$(5.22) \qquad \sigma_{Rand} = \frac{240}{0{,}7887} = 304\ N/mm^2 \begin{cases} > 0{,}800 \cdot 360 = 288\ N/mm^2 \\ < 0{,}875 \cdot 360 = 315\ N/mm^2 \end{cases}$$

Für die Darstellung im elastischen Bereich wird die Gaußpunktspannung zu den Knoten extrapoliert, sodass dort die höhere Spannung angezeigt wird.

In dem Pfadplot aus **Abb. 5.22** wird in Teilbereichen die Fließgrenze überschritten, wie oben erklärt, im Bereich der maximalen Beanspruchung wird aber nur die Fließgrenze angezeigt. Das liegt daran, dass nicht mehr extrapoliert wird, wenn ein Gaußpunkt im Element plastisch wird. Dann wird nur noch kopiert.

Bei Biegung ist es also erforderlich, zum Rand hin die Vernetzung dicht genug zu haben, sodass Fließen rechtzeitig eintritt.

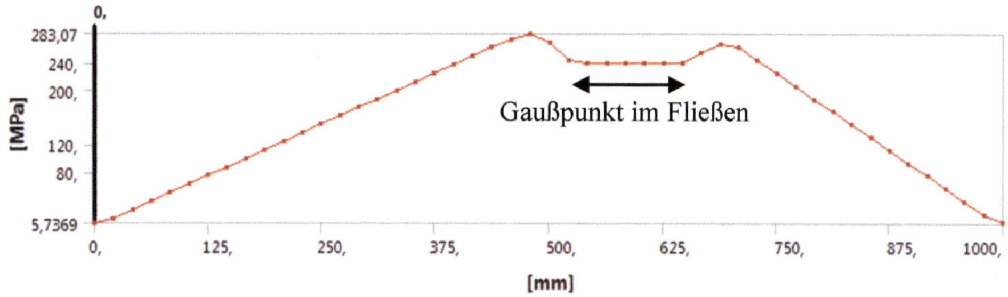

Abb. 5.22 Pfadplot der Vergleichsspannung an der Oberseite bei Maximallast

5.7.4 Maximal erreichbares Moment (Traglast)

In **Abb. 5.23** wird zunächst die rein elastische Spannungsverteilung dargestellt. Danach entsteht eine Plastizierungszone, die in den Querschnitt hineinwandert. Der theoretische Grenzzustand ist erreicht, wenn der ganze Querschnitt plastiziert ist, also überall die Spannung an der Fließgrenze liegt. Dann kann das Moment auch bei weiterer Verdrehung nicht mehr ansteigen. Man spricht von einem Fließgelenk.

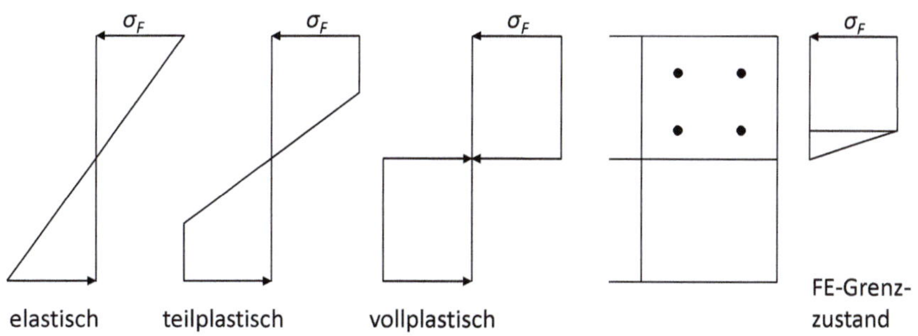

Abb. 5.23 Verschiedene Spannungszustände im System

Dann hat eine Hälfte die resultierende Kraft Spannung x Fläche und den Hebelarm h/4. Da es zwei Hälften gibt, beträgt das gesamte Moment

$$M_{pl} = 2\sigma_F b \frac{h}{2}\frac{h}{4} = \sigma_F \frac{bh^2}{4} = 1{,}5 M_{el} \tag{5.23}$$

allgemein

$$M_{pl} = 2\sigma_F S_y = 2\sigma_F \underbrace{\int_{(A)} z dA}_{S_y} \tag{5.24}$$

wobei S_y das Flächenmoment 1. Ordnung oder statische Moment darstellt.

Mit dem gewählten FE-Netz sollte gemäß der Skizze in **Abb. 5.23** und den Abmessungen nach **Abb. 5.21**

$$
\begin{aligned}
M &= M_{Viereck} + M_{Dreieck} \\
&= \sigma_F b\left[0{,}7887\frac{h}{2}\left(\frac{0{,}7887}{2}+1-0{,}7887\right)\frac{h}{2}+\frac{1}{2}(1-0{,}7887)\frac{h}{2}\frac{2}{3}(1-0{,}7887)\frac{h}{2}\right]
\end{aligned}
\tag{5.25}
$$

$$
M=\sigma_F\frac{bh^2}{4}0{,}9851 \tag{5.26}
$$

also ziemlich genau das voll plastische Moment erreicht werden. Hier macht sich bemerkbar, dass der Bereich, der nicht mehr voll plastisch werden kann (Dreieck), nur einen geringen Hebelarm hat. Dass bei t = 1 > 0,9851 gerade noch Konvergenz eintritt, liegt am verbleibenden Diskretisierungsfehler. Eine noch genauere Lösung würde eine Netzverdichtung in der Mitte erfordern. Nicht eingegangen in die Handrechnung ist die Tatsache, dass hier Biegung mit Querkraft vorliegt und die von 0 am Rand zur Mitte hin ansteigende Schubspannung auch in die Vergleichsspannung eingeht, ferner, dass das Moment an der Stelle der Lastaufbringung maximal wird.

Die Berücksichtigung von plastischem Materialverhalten in der Berechnung hat nur Sinn, wenn der Zustand nach Ersteintritt des Fließens noch Bedeutung für das technische Problem hat. Wird gegen den elastischen Grenzzustand ausgelegt, ist das nicht der Fall. Darf hingegen nur im Gebrauchszustand keine Plastizität eintreten, so kann es trotzdem sinnvoll sein zu untersuchen, ob eine um einen Sicherheitsfaktor gesteigerte Last unter Berücksichtigung plastischen Materialverhaltens noch aufgenommen werden kann.

5.8 Beispiel Kerbspannungsabbau

An Kerben sind die Spannungen besonders hoch, dies aber lokal begrenzt. Das Auftreten von plastischen Dehnungen führt zu einem Abbau der Spitzenspannungen und, zum Erhalt des Gleichgewichts, zur Umlagerung von Spannungen auf andere Bereiche. Im nachfolgenden Beispiel ist eine Scheibe mit den großen Abmaßen 400 x 200 mm, einem Ausschnitt von 200 x 100 mm und einer Ausrundung der entstehenden Kerbe mit Radius R = 20 mm links und oben *reibungsfrei*, d. h. längs des Randes verschieblich gelagert und am rechten Rand mit einer Kraft vertikal belastet (**Abb. 5.24**). Wie erwartet, ergibt sich eine Spannungskonzentration an der Ausrundung, die bei rein elastischer Berechnung einen Maximalwert nahe 960 MPa annimmt.

Nun gibt es nach Neuber einen einfachen Ansatz auszurechen, ob der Abbau der Spannungsspitze durch Umlagerung beim Plastizieren möglich ist, ohne dass eine elasto-plastische Berechnung durchgeführt werden muss. Das Spannungs-Dehnungs-Diagramm des elastischen Werkstoffgesetzes bildet eine Gerade bis zum Wertepaar $\{\varepsilon_{el},\sigma_{sk}\}$. Die Fläche darunter stellt eine Art Elementar-Arbeit dar (rot in **Abb. 5.26**).

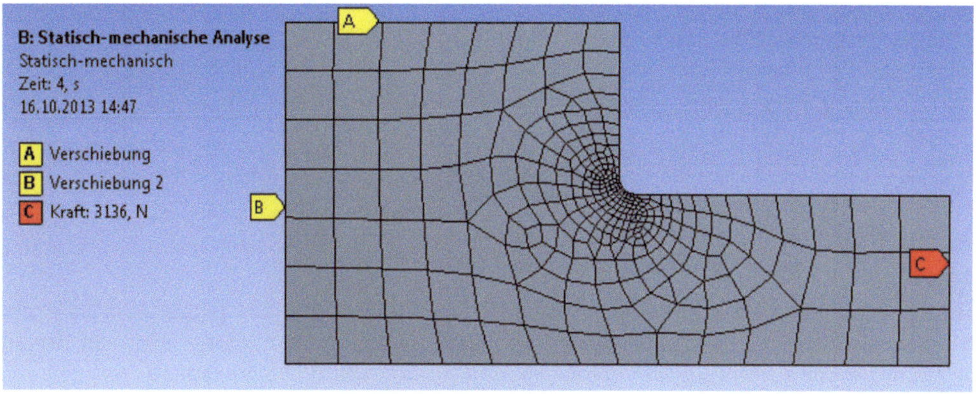

Abb. 5.24 System mit Kerbe, Netz, Festhaltungen und Belastung

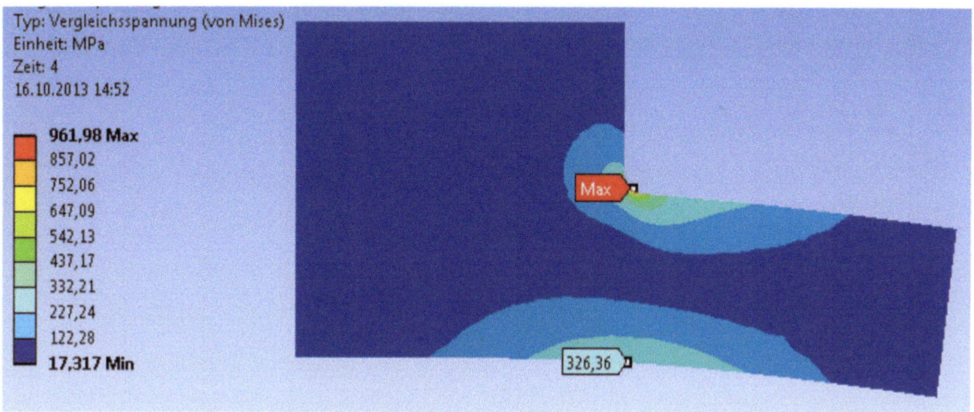

Abb. 5.25 Rein elastisch berechnete Vergleichsspannung

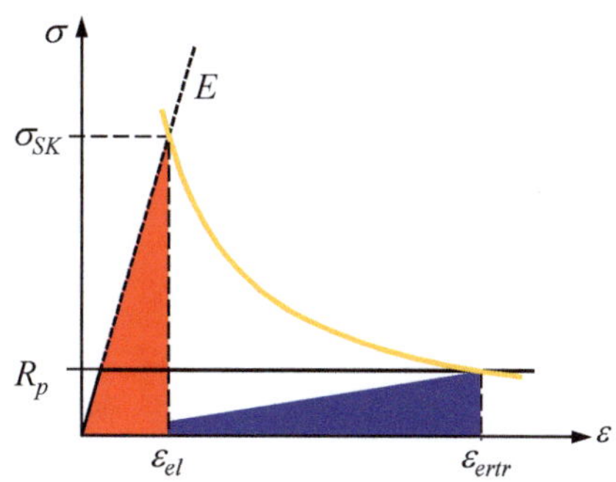

Abb. 5.26 Zur Neuber-Hyperbel

Der Ansatz ist nun, dass eine Umlagerung möglich ist, wenn das Material eine Dehnung ε_{ertr} ertragen kann, sodass die (blaue) Dreiecksfläche unter der Geraden zum Punkt $\{\varepsilon_{ertr}, R_p\}$ den gleichen Flächeninhalt hat, als Formel:

$$(5.27) \quad \sigma_{sk}\varepsilon_{el} = R_p\varepsilon_{ertr}$$

Diese lässt sich nach der Streckgrenze

$$(5.28) \quad R_p = \frac{\sigma_{sk}\varepsilon_{el}}{\varepsilon_{ertr}}$$

auflösen. Die Abhängigkeit der erforderlichen Streckgrenze von der ertragbaren Dehnung lässt sich als Neuber-Hyperbel darstellen (orange in **Abb. 5.26**) darstellen. Setzt man für die elastische Dehnung nun σ_{sk} geteilt durch den Elastizitätsmodul E ein, erhält man über

$$(5.29) \quad \frac{\sigma_{sk}^2}{E} = R_p\varepsilon_{ertr}$$

die aufnehmbare elastisch berechnete Spannung

$$(5.30) \quad \sigma_{sk} = \sqrt{ER_p\varepsilon_{ertr}}$$

in Abhängigkeit von der ertragbaren Dehnung und der Streckgrenze. Teilt man durch R_p ergibt sich mit

$$(5.31) \quad n_{pl} = \frac{\sigma_{sk}}{R_p} = \sqrt{\frac{E\varepsilon_{ertr}}{R_p}}$$

ein Faktor, um den die elastisch berechnete Spannung die Fließgrenze überschreiten darf. Die Gültigkeit dieser Formel soll nun an obigem Beispiel überprüft werden. Dazu wird bilineares Material mit Tangentenmodul 0 und Fließgrenze 240 MPa vereinbart. In der FE-Berechnung ergibt sich n_{pl} als Verhältnis der aufgebrachten Last zur elastischen Grenzlast, weil im Elastischen Spannung und Kraft proportional bleiben. So kann diese Größe in einer Berechnung mit schrittweiser Lasterhöhung ermittelt werden. Das Ergebnis zeigt **Abb. 5.27**. Im Bereich der geringeren Dehnung stimmen elasto-plastische FE-Berechnung und Neuber-Formel gut überein, dann ergeben sich deutlicher werdende Unterschiede. Die Ursache wird nach der nächsten Betrachtung besprochen.

(5.29) lässt sich auch nach der ertragbaren Dehnung auflösen:

$$\varepsilon_{ertr} = \frac{\sigma_{sk}^2}{ER_p}$$

Nun wird eine Folge von Berechnungen durchgeführt, bei der R_p > 240 MPa variiert wird. Die Last wird so lange gesteigert, bis Nichtkonvergenz eintritt. Die Dehnung bei der letzten konvergierten Lösung ist ε_{ertr}. Nun kann R_p über ε_{ertr} aufgetragen werden (**Abb. 5.28**). Wie zuvor bewegt sich der Neuber-Ansatz in diesem Beispiel ab ca. 2 % Dehnung auf der unsicheren Seite.

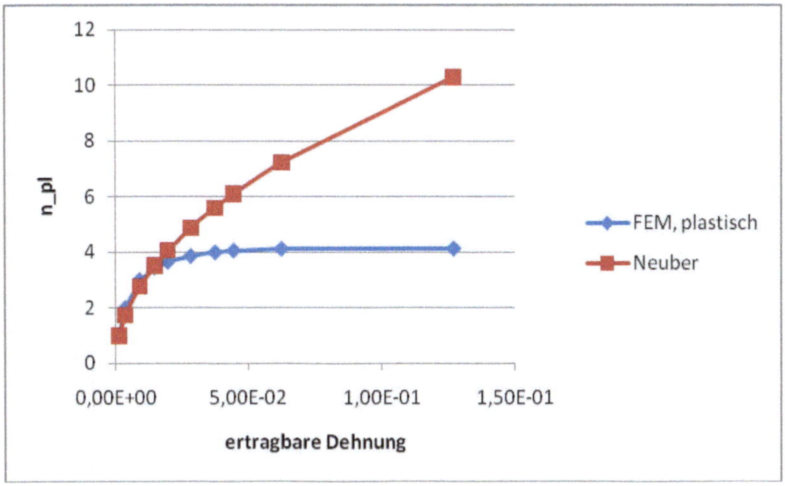

Abb. 5.27 Erhöhungsfaktor durch Plastizieren

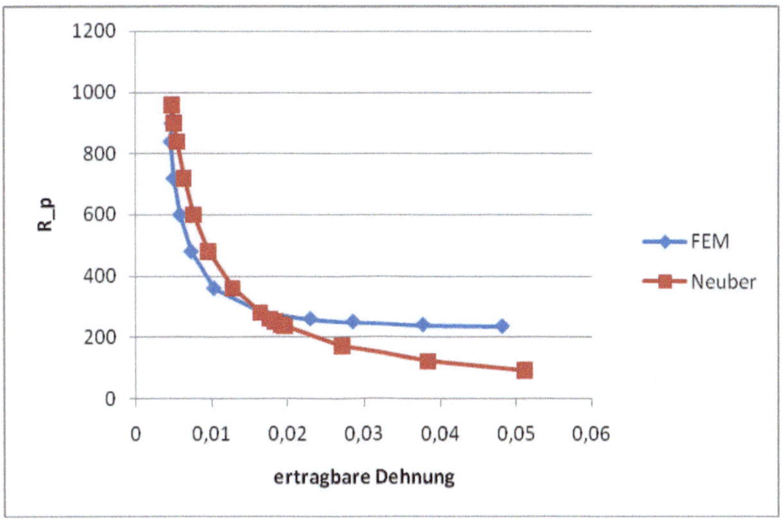

Abb. 5.28 Neuber-Hyperbel und Überprüung durch FEM

Was ist die Ursache für die Abweichungen?

Schon in **Abb. 5.25**, besonders aber im Ergebnis der elastischen Berechnung bis zur 4fachen elastischen Grenzlast (**Abb. 5.30**) ist erkennbar, dass es neben der Kerbe noch eine weitere Zone gibt, an der ein lokales Spannungsmaximum auftritt, das ab einem bestimmten Lastniveau die Fließgrenze überschreitet. In der elasto-plastischen Berechnung tritt Fließen ein, die betroffenen Zonen vergrößern sich mit der Last und wandern aufeinander zu, sodass sie sich schließlich beeinflussen. Von da an ist der Neuber-Ansatz nicht mehr gültig. Noch wahrscheinlicher ist das, wenn mehrere Kerben nahe beieinander liegen. Klarheit darüber gibt nur die elasto-plastische Berechnung, mit der man auch ermitteln kann, wo die Traglast liegt und wie groß der Sicherheitsabstand zur Gebrauchslast ist.

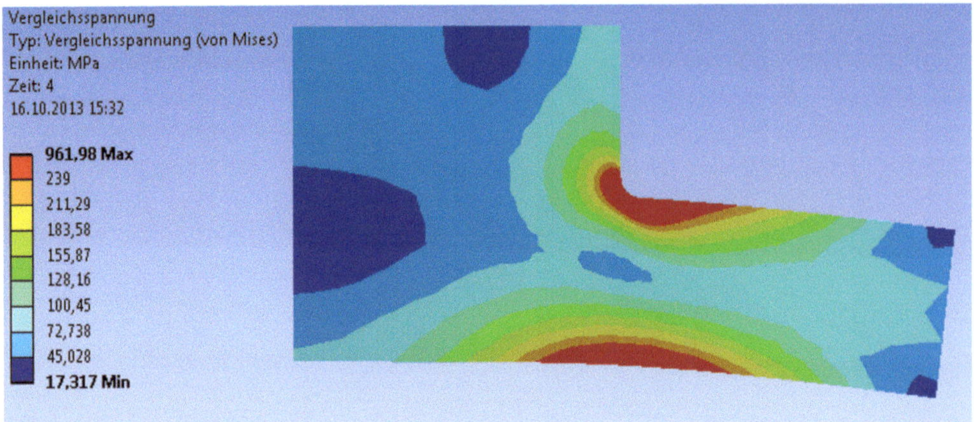

Abb. 5.29 Spannung in der elastischen Berechnung (rot: $\sigma > 240$ MPa)

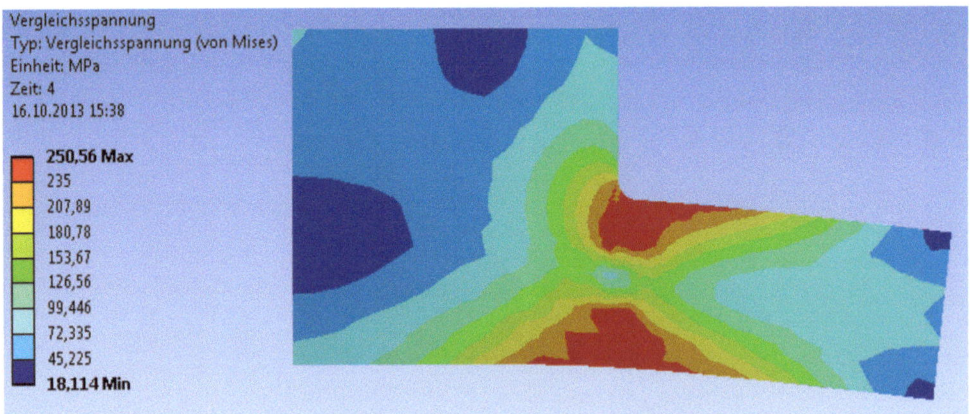

Abb. 5.30 Spannung in der elasto-plastischen Berechnung (rot: $\sigma \approx 240$ MPa)

5.9 Beispiel Struktur-Ratcheting

Wenn ein elasto-plastisches Bauteil einer konstanten Grundbelastung und einer zyklisch wechselnden Last, die zusammen mit der Grundbelastung Fließen auslöst, ausgesetzt ist, kann dies zu einmaligem oder mehrmaligem, aber abklingenden Plastizieren führen (Einspielen). Je nach Größe der kombinierten Last kann aber auch mit jedem Zyklus eine Zunahme der plastischen Dehnungen erfolgen. Dies wird dadurch ausgelöst, dass es in einer Richtung zu einer Überlagerung von Grund- und Wechsellast kommt, mit der die Fließgrenze überschritten wird, während, wenn die Wechsellast entgegen der Grundlast wirkt, kein Rückplastizieren auftritt. Die zyklische Zunahme nennt man Struktur-*Ratcheting* nach englisch *ratchet wheel* – Klinkenrad. Auch die Ratsche ist darin zu erkennen. In [5] gibt es mehr Beispiele zu diesem Thema mit teilweise abweichenden Ursachen.

Unser Beispiel ist ein Kragarm, links eingespannt und rechts zum einen mit einer zeitlich konstanten Längskraft belastet, die eine Spannung von 200 MPa erzeugt, zum anderen mit einem zyklisch wechselnden Moment, das für sich allein eine Randspannung von ± 87 MPa hervorruft. Das Material ist bilinear kinematisch, allerdings mit Tangentenmodul 0. Die Fließgrenze beträgt 240 MPa, sodass sie von der Überlagerung von Längs- und Biegespannung auf jeweils einer Seite überschritten wird.

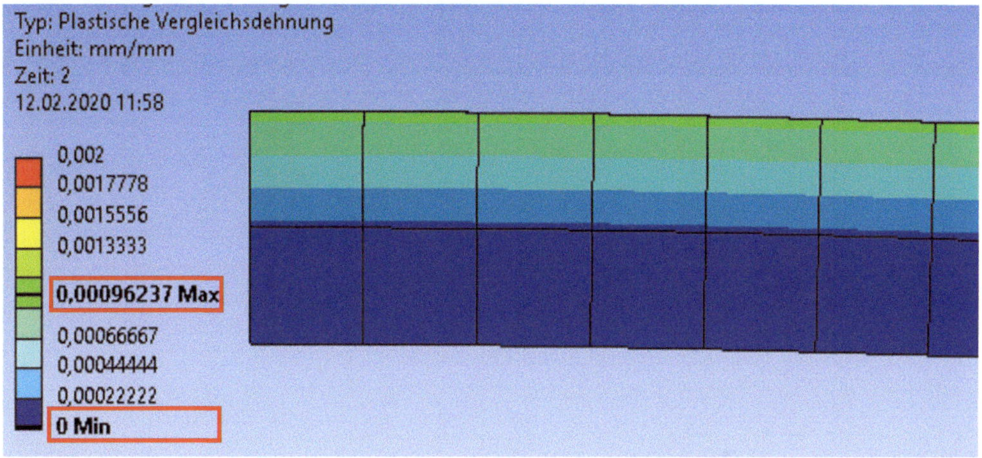

Abb. 5.31 Plastische Vergleichsdehnung nach erster Momentenaufbringung

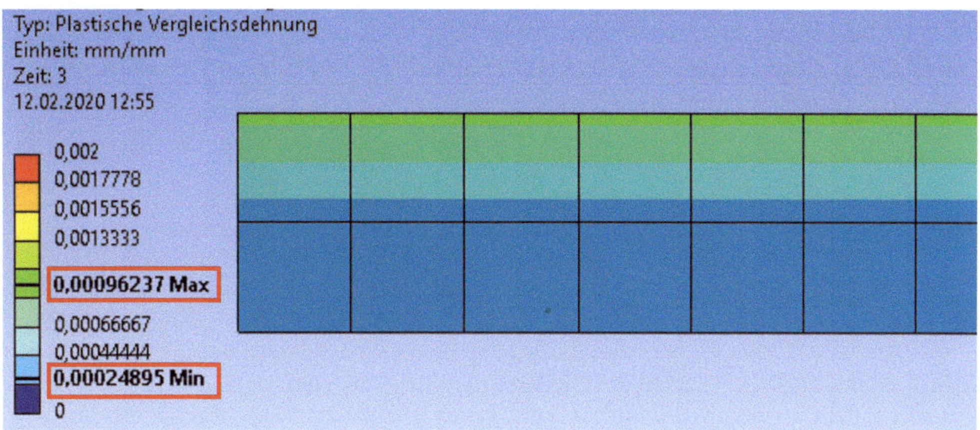

Abb. 5.32 Plastische Vergleichsdehnung nach gegenläufiger Momentaufbringung

Dadurch tritt nach der ersten Momentenaufbringung plastische Dehnung an der Oberseite, jedoch nicht unten auf (**Abb. 5.31**). Bei gegenläufiger Belastung entsteht oben Entlastung in den elastischen Bereich, während nun unten in Kombination die Fließgrenze überschritten wird, wodurch auch dort plastische Dehnungen entstehen (**Abb. 5.32**). Dies setzt sich fort, sodass nach neun Halbzyklen oben 0,2 % und unten 0,1 % plastische Dehnungen vorliegen (**Abb. 5.33**). In **Abb. 5.34** ist der Verlauf der plastischen Dehnung dargestellt. Man erkennt, dass wechselseitig jeweils gegen Ende des Halbzyklus an der Ober- bzw. Unterseite ein höheres Niveau erreicht wird. Der Zuwachs ist konstant: Ratcheting.

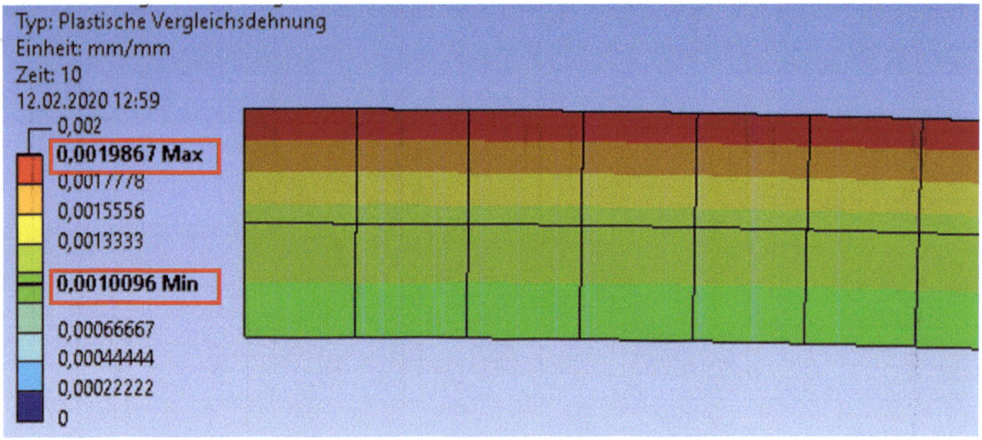

Abb. 5.33 Plastische Vergleichsdehnung nach neun Halbzyklen

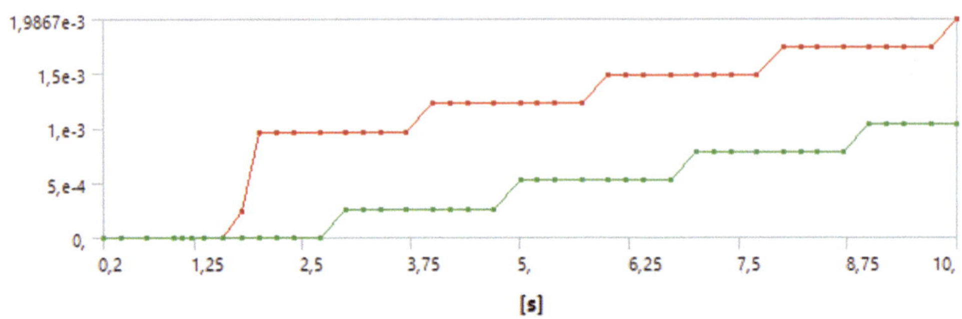

Abb. 5.34 Verlauf der plastischen Dehnung an Oberseite (rot) und der Unterseite (grün)

Was ändert sich bei Verfestigung? Bei bilinearer kinematischer Verfestigung mit Tangentenmodul $E_T = 10000$ MPa steigt die effektive Fließgrenze kontinuierlich an, solange die plastische Dehnung zunimmt. Obwohl die Fließgrenze in Gegenrichtung sinkt, gilt das auch für die Unterseite, denn nirgendwo erfolgt Rückplastizieren. Das hat zur Folge, dass an der Oberseite die plastische Dehnung bereits nach dem ersten Halbzyklus zum Stillstand kommt, während sich an der Unterseite die Inkremente mit jedem Zyklus verkleinern, bis auch hier Einspielen eintritt (**Abb. 5.35**).

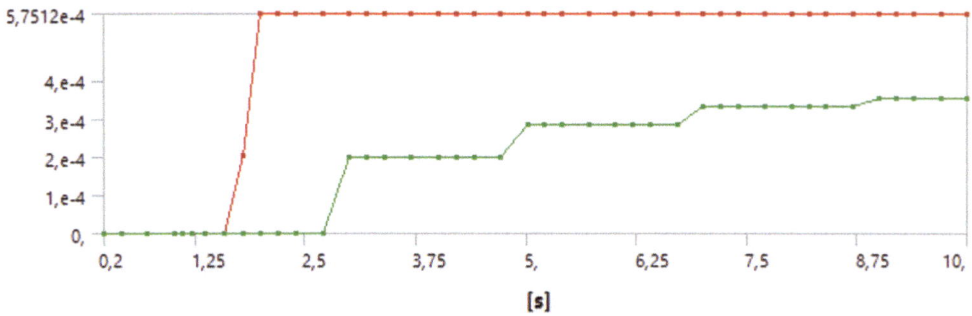

Abb. 5.35 Verlauf der plastischen Dehnung an Ober- und Unterseite bei linearer kinematischer Verfestigung

Zusammengefasst: Struktur-Ratcheting lässt sich mit ANSYS simulieren. Als elastoplastisches Material kommt eines mit kinematischer Verfestigung in Frage. Das Chaboche-Modell birgt jedoch die Gefahr, dass die Effekte mit unphysikalisch hohem Material-Ratcheting überlagert werden.

In diesem Beispiel kam es nicht zu Rückplastizieren. Dann kommt jede Art von Verfestigung in Betracht.

5.10 Konvergenz

Elasto-Plastizität allein ist nur selten Grund für ein Konvergenzproblem. Nicht umsonst ist so ein Gesetz für die Demonstration der quadratischen Konvergenz des Newton-Verfahrens in **Abb. 1.13** gewählt worden. Dies gilt jedenfalls für Gesetze, die ein stabiles Verhalten beschreiben, d. h. dass die Spannung stets steigt, wenn die Dehnung zunimmt. Auch idealplastisches Verhalten schadet meist nicht, solange nicht Querschnitte vollständig durchplastizieren, womit dann die Traglast erreicht wäre.

Plastizität kann aber mit großen Dehnungen und damit großen Elementverzerrungen verbunden sein, die irgendwann zu unzulässigen Formen und der Meldung `Excessive Element Distortion` führen kann. Dagegen kann vielleicht eine entgegengesetzte Vorverzerrung des Netzes oder die Einführung eines *Nichtlinearen adaptiven Bereiches* helfen.

Elasto-plastische Gesetze mit nicht-assoziierter Fließregel haben eine unsymmetrische Tangente. Zur besseren Konvergenz sollte diese unter den *Nichtlinearen Steuerungen* als *Newton-Raphson-Option: Unsymmetrisch* manuell eingestellt werden. Das erhöht den Rechenaufwand für die Gleichungslösung und ist bei ohnehin guter Konvergenz entbehrlich.

6 Kriechen

6.1 Grundsätzliches

Kriechen im klassischen Sinne (**Abb. 6.1**) bedeutet die zeitliche Zunahme von Dehnungen unter einer konstanten Spannung und ist als eine Ausprägung des hier behandelten Materialverhaltens zu sehen. Der andere Grenzfall, die zeitliche Abnahme der Spannung unter einer konstanten Zwangsbeanspruchung, wird als *Relaxation* (**Abb. 6.2**) bezeichnet. In der Simulation wird unter Kriechen (engl. *creep*, deshalb in Formeln mit Index *cr* versehen) auch jeder Zwischenzustand bzw. jede Mischform verstanden. Insbesondere kommt es, weil die Kriechgeschwindigkeit spannungsabhängig ist, zu unterschiedlich großen Kriechinkrementen, die zum Abbau von Spannungsspitzen und zur Spannungsumlagerung führen.

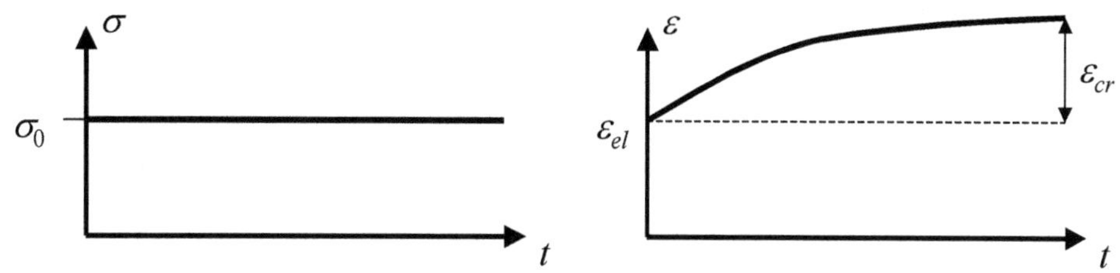

Abb. 6.1 Verlauf von Spannung und Dehnung beim Kriechen

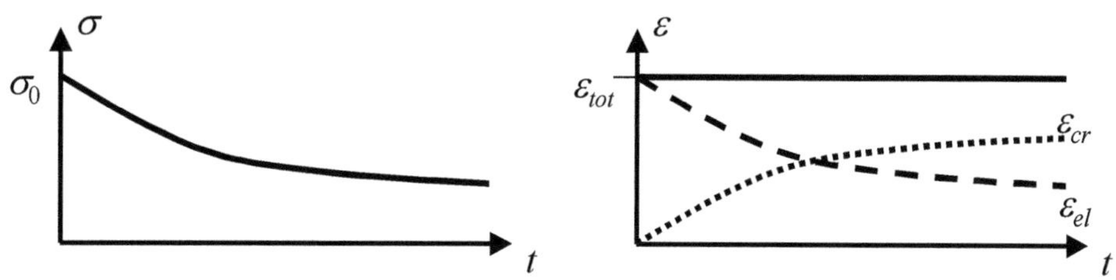

Abb. 6.2 Verlauf von Spannung und Dehnung bei der Relaxation

Beim klassischen Kriechen unterscheidet man die drei Phasen (**Abb. 6.3**):

- primäres Kriechen mit Abnahme der Kriechgeschwindigkeit
- sekundäres Kriechen mit konstanter Kriechgeschwindigkeit (lineare Zunahme der Kriechdehnung) bei konstanter Spannung und
- tertiäres Kriechen mit erneuter Zunahme der Kriechgeschwindigkeit, die kurz vor dem Bruch erfolgt.

Elektronisches Zusatzmaterial Die elektronische Version dieses Kapitels enthält Zusatzmaterial, das berechtigten Benutzern zur Verfügung steht. https://doi.org/10.1007/978-3-658-31421-7_6

W. Rust, *Nichtlineare Finite-Elemente-Berechnungen mit ANSYS Workbench*,
https://doi.org/10.1007/978-3-658-31421-7_6

In ANSYS wird tertiäres Kriechen rechnerisch nicht erfasst, der übrige Kriechvorgang wird additiv aufgespalten in einen Anteil mit – bei konstanter Spannung und Temperatur – abnehmender Geschwindigkeit (in der Tabelle der Kriechgesetze der Mechanical-APDL-Dokumentation als primär bezeichnet) und einen mit konstanter Geschwindigkeit (als sekundär bezeichnet) .

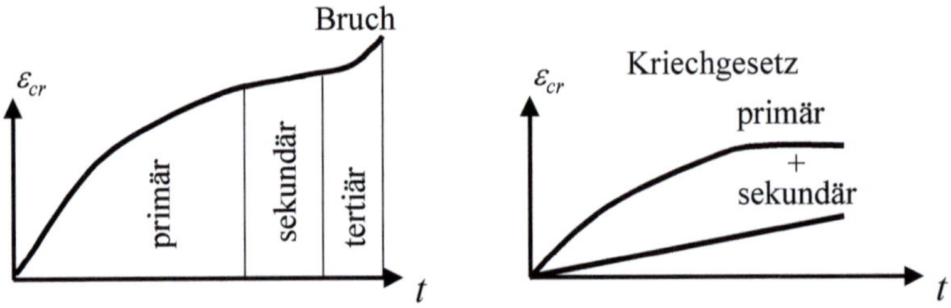

Abb. 6.3 Kriechphasen und rechnerische Umsetzung

6.2 Klassifizierung der Kriechgesetze

Workbench bietet alle 13 Kriechgesetze der Dokumentation (*Material Reference* 4.5.5) an, die als *primär* (p in **Abb. 6.4**), *sekundär* (s) oder *primär + sekundär* bezeichnet sind.

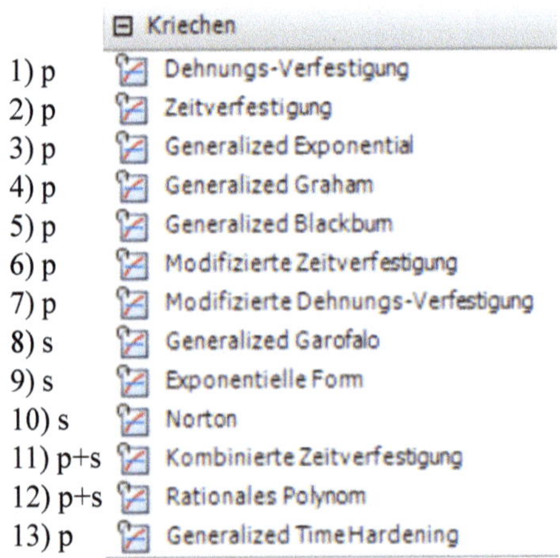

Abb. 6.4 Kriechgesetze

An dieser Stelle können nicht alle Gesetze beschrieben werden. Ihre Fülle erklärt sich z. T. daraus, dass früher mit dem expliziten Euler-vorwärts-Verfahren gearbeitet wurde, bei dem die Implementierung eines neuen Kriechgesetzes denkbar einfach ist. Auch für das aktuell verwendete implizite Euler-rückwärts-Verfahren ist die Programmierung systematisiert, wie man in USERCREEP sehen kann. Zum Teil ist das Angebot geschichtlich bedingt, zum Teil darauf zurückzuführen, dass bei keinem eine generell gute Übereinstimmung mit Messungen auf verschiedenen Spannungsniveaus erzielt wird. Daher im Folgenden ein paar Klassifizierungen der Eigenschaften:

Bis auf drei (Nr. 6, 11 und 13, Sinn wird weiter unten erläutert) beschreiben alle Kriechgleichungen die Kriechgeschwindigkeit, und zwar bis auf die *Dehnungsverfestigung* (Nr. 1 und 7) in der Form

(6.1) $\dot{\varepsilon}_{cr} = f(\sigma, t, T)$

(Zeitverfestigung) . Dabei bedeuten

ε	Dehnung
$(...)_{cr}$	Kriechen (von engl. creep)
$(\dot{\cdots}) = \frac{\partial \cdots}{\partial t}$	Zeitableitung
σ	Spannung
T	Temperatur
t	Zeit

Die Kriechgeschwindigkeit ist also eine direkte Funktion der Zeit. Das macht es relativ leicht, den Kriechdehnungsverlauf für konstante Spannung und Temperatur durch Integration zu errechnen, was wiederum die Parameterbestimmung aus Messkurven erleichtert. Bei *Dehnungsverfestigung* hingegen hängt die Kriechgeschwindigkeit von der Kriechdehnung selbst und damit nur indirekt von der Zeit ab. Man hat es mit einer nichtlinearen Differenzialgleichung zu tun (zu deren Lösung s.u.):

(6.2) $\dot{\varepsilon}_{cr} = f(\sigma, \varepsilon_{cr}, T)$

Die Abhängigkeit von der Temperatur wird gerne durch die sogenannte Arrhenius-Funktion beschrieben, in den meisten Fällen durch Multiplikation des Gesamtterms mit einer e-Funktion:

(6.3) $\dot{\varepsilon}_{cr} = g(\sigma, \varepsilon; t) e^{-\frac{C}{T}}$

C ist eine Eingabekonstante. Es ist auch möglich, die einzelnen Parameter temperaturabhängig zu definieren (Kap. 4.2), was bei Faktoren sicherlich, bei Formparametern wie Exponenten aber nicht in gleichem Maße sinnvoll ist, weil nur zwischen den Parametern, nicht den damit beschriebenen Kurven linear interpoliert wird. Zumindest aber kann man damit Korrekturen vornehmen, die Unzulänglichkeiten der Arrheniusfunktion ausgleichen.

Die Spannungsabhängigkeit wird meist durch eine Potenzfunktion, oft ebenfalls als Faktor im Gesamtterm, abgebildet:

(6.4) $\dot{\varepsilon}_{cr} = \sigma^C h(\varepsilon; t, T)$

C ist wieder eine Konstante, die meist etwas größer als 1 gewählt werden muss. Daneben gibt es noch eine Exponentialfunktion oder ein Polynom abhängig von σ.

Gesetz Nr. 2 (*Zeitverfestigung*) ist in Nr. 4 (*Generalized Graham*) enthalten und wäre damit entbehrlich. Es steht aber oben auf der Liste und wird sicher schon deshalb oft benutzt, es kann einzelne Kriechkurven gut abbilden und es ist die Grundlage für zwei weitere Modelle, nämlich Nr. 6 und 7 (*Modifizierte Zeit-* und *Dehnungsverfestigung*). Die Kriechgleichung für Nr. 2 lautet:

$$(6.5) \qquad \dot{\varepsilon}_{cr} = C_1 \sigma^{C_2} t^{C_3} e^{-\frac{C_4}{T}}$$

Für konstante Temperatur und Spannung (Kriechversuch) ergibt sich als Lösung für ε_{cr} bei Bestimmung der Integrationskonstante aus der Anfangsbedingung $\varepsilon_{cr}(t = 0) = 0$:

$$(6.6) \qquad \varepsilon_{cr} = C_1 \sigma^{C_2} t^{C_3+1} e^{-\frac{C_4}{T}} \frac{1}{C_3+1}$$

Man erkennt, dass C_3 negativ und C_3+1 positiv, aber kleiner als 1 sein muss, damit die Kriechdehnung zu-, die Kriechgeschwindigkeit aber abnimmt. Daraus folgt, dass $-1 < C_3 < 0$ sein muss.

Gleichung (6.6) entspricht Modell Nr. 6 (*Modifizierte Zeitverfestigung*), einem der Gesetze (neben Nr. 11 und 13), bei denen nicht die Geschwindigkeit, sondern die Kriechdehnung selbst als Funktion der Zeit angegeben ist.

Wofür noch so ein Gesetz, wenn es analytisch gleiche Ergebnisse wie das eigentlich schon überflüssige Modell Nr. 2 liefern sollte?

Weil die Ergebnisse *nicht* gleich sind, wie das nachfolgende Beispiel zeigt. Mit $C_1 = 4{,}38 \cdot 10^{-11}$, $C_2 = 2$, $C_3 = -0{,}75$ und $C_4 = 0$, d. h. ohne Temperaturabhängigkeit, soll sich bei einer Spannung von 480 MPa nach 22000 Zeiteinheiten (über die Einheiten wird noch gesprochen werden) gemäß (6.6) eine Kriechdehnung von $4{,}92 \cdot 10^{-4}$ ergeben. Mit einem Start-Zeitschritt von $\Delta t = 10$, der sich bis maximal 1000 vergrößern kann, erhält man das Ergebnis aus **Abb. 6.5**. Die Modifizierte Zeitverfestigung erreicht mit $4{,}92 \cdot 10^{-4}$ den analytischen Sollwert, die nicht modifizierte jedoch nur $3{,}95 \cdot 10^{-4}$, mithin $0{,}97 \cdot 10^{-4}$ oder ca. ein Fünftel weniger.

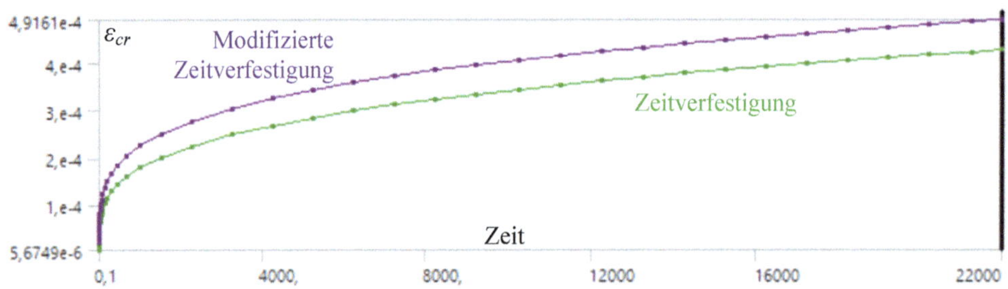

Abb. 6.5 Vergleich Zeit- und Modifizierte Zeitverfestigung

Bereits von Anfang an gibt es einen Unterschied zwischen diesen Modellen, der nach dem ersten Zeitschritt von 10 den Wert (7,18-1,79) $\cdot 10^{-5} = 6{,}39 \cdot 10^{-5}$ beträgt. Der Grund dafür ist das Zeitintegrationsverfahren. Weil die Kriechgeschwindigkeit mit der Zeit abnimmt, muss der Exponent der Zeit, C_3, negativ sein. Das bedeutet aber, dass für $t \to 0$ die Kriechgeschwindigkeit gegen Unendlich geht, danach aber schnell abklingt. Beim Euler-rückwärts-Verfahren wird jedoch angenommen, dass die Geschwindigkeit vom *Ende* des Zeitschritts konstant für den ganzen Zeitschritt gilt. Das Integral ist damit viel kleiner und das, was am Anfang fehlt, kann nicht mehr aufgeholt werden. Eine Verbesserung kann durch eine Verkleinerung des Anfangszeitschritts erreicht werden. Selbst bei einem Anfangszeitschritt von 0,1 erzielt die einfache Zeitverfestigung nur eine Kriechdehnung von $4{,}27 \cdot 10^{-4}$ bei $t = 22000$, immer noch deutlich zu wenig.

Hieraus folgt erst einmal, dass eher die *Modifizierte Zeitverfestigung* Verwendung finden sollte. Das Problem tritt mindestens auch bei Nr. 4 (*Generalized Graham*) auf.

Für die obigen Beispiele gab es einen Lastschritt mit einer konstanten Belastung (nicht *steigt linear an*). Es ist nicht unüblich, die Belastung in einem ersten Lastschritt aufzubringen und dabei in den *Analyseeinstellungen>Kriech-Steuerungen>Kriecheffekte:Aus* zu setzen, insbesondere dann, wenn die Lastaufbringung wegen anderer Nichtlinearitäten Substeps erfordert. Im zweiten Lastschritt ändert sich nur noch die Zeit, wobei *Kriecheffekte:Ein* eingestellt wird. Bei der *Dehnungsverfestigung* hat das auf die Übereinstimmung mit den Messkurven keinen Einfluss, bei jeder Art von direkter Zeitabhängigkeit ist zu beachten, dass *Kriecheffekte:Aus* nicht bewirkt, dass die Zeit für die Kriechsimulation angehalten und geshiftet wird. Sie läuft beständig weiter, sodass die Kriechgeschwindigkeit abnimmt und Kriechdehnungsanteile fehlen.

Löst man Gl. (6.6) für $C_4 = 0$ nach t auf:

$$t = \left[\frac{C_3 + 1}{C_1 \sigma^{C_2}} \varepsilon_{cr} \right]^{\frac{1}{C_3 + 1}} \tag{6.7}$$

und setzt in (6.5) ein:

$$\begin{aligned} \dot{\varepsilon}_{cr} &= C_1 \sigma^{C_2} \left[\frac{C_3 + 1}{C_1 \sigma^{C_2}} \varepsilon_{cr} \right]^{\frac{C_3}{C_3 + 1}} = \left[C_1 \sigma^{C_2} \right]^{\left(1 - \frac{C_3}{C_3 + 1} \right)} \left[(C_3 + 1) \varepsilon_{cr} \right]^{\frac{C_3}{C_3 + 1}} \\ &= \left[C_1 \sigma^{C_2} \right]^{\frac{1}{C_3 + 1}} \left\{ \left[(C_3 + 1) \varepsilon_{cr} \right]^{C_3} \right\}^{\frac{1}{C_3 + 1}} \end{aligned} \tag{6.8}$$

erhält man, wenn man das Ergebnis wieder mit dem Arrhenius-Term multipliziert, mit

$$\dot{\varepsilon}_{cr} = \left\{ C_1 \sigma^{C_2} \left[(C_3 + 1) \varepsilon_{cr} \right]^{C_3} \right\}^{\frac{1}{C_3 + 1}} e^{-\frac{C_4}{T}} \tag{6.9}$$

den Ausdruck für Modell 7, die *Modifizierte Dehnungsverfestigung*. Bei Temperatur*un*abhängigkeit sind die Gesetzmäßigkeiten also ineinander überführbar. Bei Temperatur*abhängigkeit* muss das C_4 der Zeitverfestigung durch (C_3+1) geteilt werden, um das C_4 der modifizierten Dehnungsverfestigung zu erhalten:

$$(6.10) \quad C_4^{mod.\,Dehnv.} = \frac{C_4^{Zeitv.}}{C_3 + 1}$$

Wozu aber braucht man dieses Gesetz, wenn nur die Differenzialgleichung schwerer zu lösen ist?

Die Antwort erhält man, wenn man während der Simulationszeit die Belastung signifikant ändert. Im folgenden Beispiel mit den Parametern wie oben, wird bis t = 1000 mit 250 MPa belastet, dann binnen Δt = 0,1 auf 480 MPa erhöht. Die Unterschiede zwischen der *modifizierten Zeitverfestigung* und der *modifizierten Dehnungsverfestigung* sind erheblich, wie **Abb. 6.6** zeigt. Bei der Zeitverfestigung hängt das Kriechvermögen von der vergangenen Zeit ab, ganz gleich, welche Vorgeschichte das Material in der Simulation hat. Deshalb ist die Kriechkurve für 480 MPa vertikal, also mit gleichem Zeitwert, zum Lastwechselpunkt verschoben. Bei der Dehnungsverfestigung ist der Maßstab für das Kriechvermögen die bisherige Kriechdehnung. Mit dem Lastwechsel nimmt die Kriechgeschwindigkeit wieder erheblich zu; die Kriechkurve für 480 MPa ist eher horizontal, d. h. zum gleichen Dehnungswert, verschoben. Dieses Verhalten kommt dem im Versuch beobachteten deutlich näher.

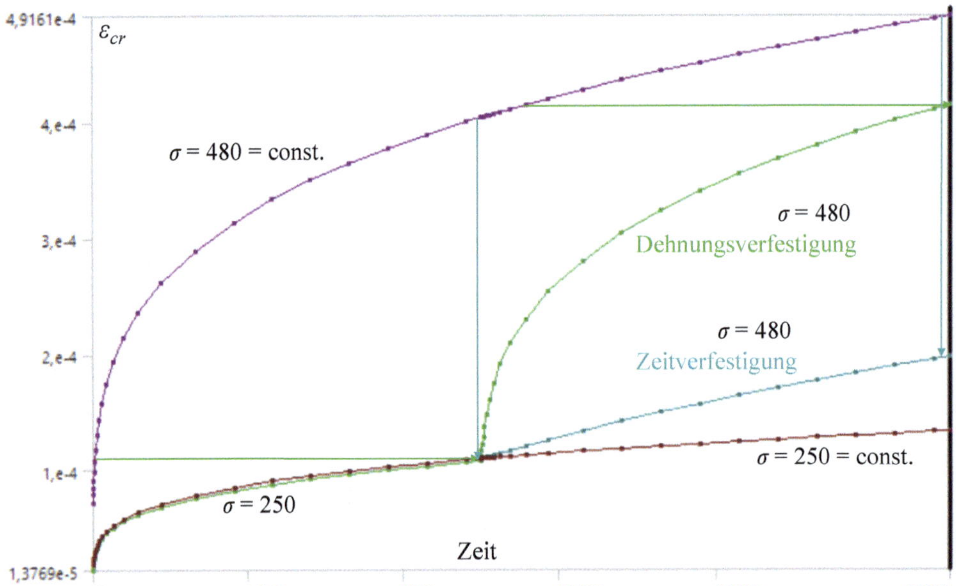

Abb. 6.6 Vergleich modifizierte Zeit- und Dehnungsverfestigung

Wenn sich die Last in einer Kriechsimulation signifikant ändert, ist die Dehnungsverfestigung zu bevorzugen. Auch Spannungsumlagerungen infolge des Abbaus von Spannungsspitzen durch Kriechen werden von beiden Modellen unterschiedlich abgebildet, jedoch nicht so deutlich.

Mit der *Modifizierten Dehnungsverfestigung* hat man die Chance, die relativ einfache Formel für die Zeitverfestigung zur Parameterbestimmung zu nutzen, aber doch mit Dehnungsverfestigung zu simulieren.

6.3 Umsetzung in Workbench

6.3.1 Definition der Materialparameter

Die zur Auswahl stehenden Kriechgesetze sind ja bereits in **Abb. 6.4** mit ihrem Menüeintrag abgebildet. Eines davon wird ausgewählt und in ein Material aus der Liste gezogen. Die elastischen Eigenschaften müssen zusätzlich definiert werden. Im Materialmenü ist nun Platz für die Konstanten; über deren Bedeutung muss man sich in der Hilfe informieren. **Abb. 6.7** zeigt ein Beispiel, hier *Generalized Exponential.*

Heikel ist die Einheitenfrage. Während man sonst von Workbench gewohnt ist, dass Einheiten passend umgerechnet werden, werden beim Kriechen nur *Referenzeinheiten* angezeigt.

Generalized Exponential	
Referenzeinheiten (Länge, Zeit, Temperatur, Kraft)	mm, s, K, Tonne m...
Kriechkonstante 1	2,12E-09
Kriechkonstante 2	2
Kriechkonstante 3	0
Kriechkonstante 4	0
Kriechkonstante 5	0,0002

Abb. 6.7 Beispiel für Definition eines Kriechgesetzes

Sie haben offenbar die Aufgabe, zur Prüfung des in *Mechanical* verwendeten Einheitensystems anzuregen. Wählt man andere Referenzeinheiten, gibt es beim Versuch, den Lösungsprozess zu starten, folgende Fehlermeldung:

```
Ein Fehler ist während dem Lösen aufgetreten: Die "Referenz-
einheit", die für die Kriecheigenschaft definiert ist, ist
nicht gleich mit dem Einheitensystem des Gleichungslösers.
```

Dann beginnt Workbench den Lösungsvorgang nicht. Für die Konstanten die richtige Einheit zu bestimmen, ist auch nicht ganz einfach. So hat bei Spannungsabhängigkeit nach (6.4) die Konstante C_1 in unserem Beispiel die Einheit [Spannung^{-C2}]. Da Kriechen oft ein sehr langsamer Vorgang ist, gibt es viele Zeitangaben in Stunden. Stunde ist aber keine wählbare Standardeinheit. Wenn man die Zeiteinheiten nicht noch für andere Effekte braucht, kann man beim Kriechen einfach so tun, als ob man in Sekunden rechnet, obwohl die Parameter auf Stunden angepasst sind.

Leider gibt es noch eine Prüfung durch Workbench, die schlichtweg falsch ist. Nach Eingabe der Materialparameter für die oben besprochenen miteinander verwandten Gesetzen 2, 6 und 7 erhält man bereits beim *Aktualisieren* die Meldung:

```
Material Modif. Dehnungsverfestigung enthält ein Materialge-
setz für Kriechen mit einer negativen Konstanten. Das kann zur
Berechnung negativer Kriechdehnungen führen.
```

Nun muss C_3 in diesen Modellen aber negativ sein, sonst würde ja kein Abnehmen der Geschwindigkeit erfolgen. Als – falscher – Hinweis im Sinne einer Warnung ist die Meldung nicht so schlimm, aber die vom Verfasser angestoßene Berechnung startete ebenfalls nicht, wohl aber bei Eingabe der Materialparameter über APDL mit dem *Befehls*objekt

```
TB,CREEP,matid,,,TBOpt          !TBOpt: Modellnummer
TBDAT,,C1,C2,C3,C4
```

das bei der jeweiligen *Geometrie* eingefügt wird. Letztlich hatte die unterschiedliche Wirkung eine andere Ursache, die Warnung führte aber erst einmal auf eine falsche Fährte.

Die Definition über einen *Befehl* zieht weitere Probleme nach sich, die mithilfe von APDL behoben werden müssen. Eine Folge der Benutzung von Befehlen ist, dass *Mechanical* nicht mehr weiß, dass eine Kriechberechnung durchgeführt werden soll, und deshalb bestimmte Einstellmöglichkeiten aus dem Menü filtert (s.u.).

6.3.2 Aktivieren des Kriechens

Insbesondere für Phasen der Lastaufbringung ist es vorgesehen, Kriecheffekte unberücksichtigt zu lassen. Deshalb muss Kriechen für jeden Lastschritt eingeschaltet werden und zwar durch folgenden Unterpunkt in den *Analyseeinstellungen*:

Kriech-Steuerungen	
Kriecheffekte	Ein
Verhältnis der Kriechgrenze	1,

Das entsprechende APDL-Kommando ist

```
RATE,ON/OFF
```

für die Kriecheffekte und

```
CUTCONTROL,CRPLIM,Wert
```

für die Kriechgrenze (Kriechverhältnis, *creep ratio*), die als

$$r_{cr} = \frac{\Delta\varepsilon_{cr}}{\varepsilon_{el}} \tag{6.11}$$

definiert ist, d. h. sie begrenzt das Kriechdehnungsinkrement im Verhältnis zur gesamten elastischen Dehnung, weil eine Zunahme der Kriechdehnung zu einer Abnahme der elastischen Dehnung und damit der Spannung führt, die die Kriechgeschwindigkeit mitbestimmt. Weil diese sich während des Zeitschritts eigentlich ändert, bei der Zeitintegration aber als konstant betrachtet wird, resultiert aus einem großen Kriechverhältnis also ein größerer Fehler bei der Lösung der Kriechgleichung.

6.3.3 Temperatureinheit/-offset

Wegen der Verwendung des Arrhenius-Ansatzes wird für die Temperatur die absolute (in K) erwartet. Bei Temperaturlasten ist aber eher eine Angabe in °C üblich. Dafür kennt APDL den Befehl `TOFFST,`*`Diff K - °C`*. Workbench setzt diese Kommando automatisch, wenn es von Kriechberechnungen weiß.

6.3.4 Ergebnisdarstellung

Ein weiterer Punkt betrifft die Ergebnisausgabe. Kriechdehnungen können nur als *Benutzerdefiniertes Ergebnis* dargestellt werden. Im zugehörigen Arbeitsblatt findet sich EPCR, das mit Angabe der Koordinatenrichtung (z. B. EPCRX) kombiniert wird.

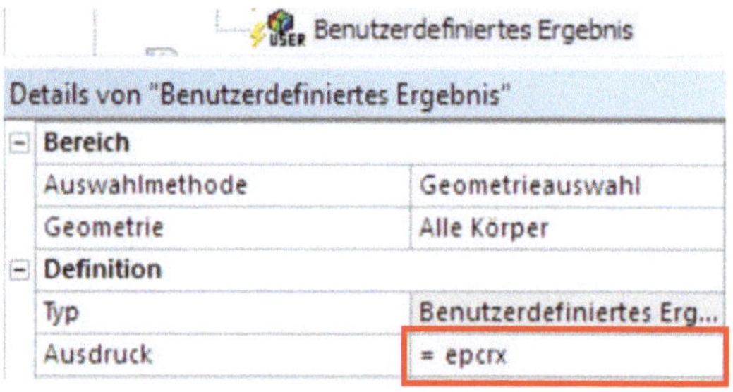

Die Vergleichskriechdehnung EPCREQV ist im Menü der Lösungen vorhanden:

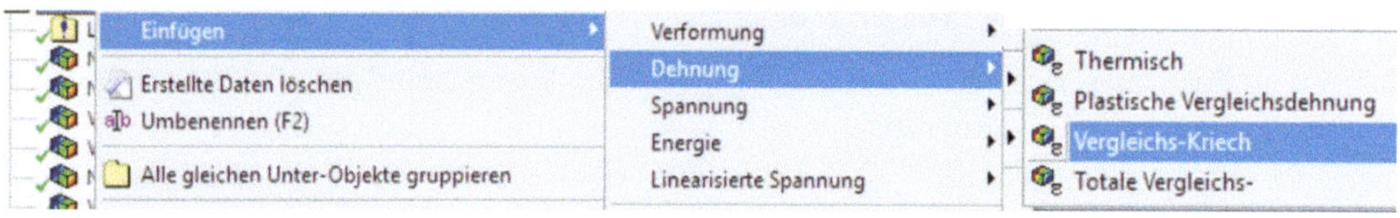

Diese Ergebnisse sind aber nur verfügbar, wenn sie vor der Lösung angefordert wurden. Weiß Workbench nichts von Kriechen, weil dieses nur über Kommandos definiert ist, muss mit dem *Befehl*

```
OUTRES,EPCR,ALL
```

nachgeholfen werden, wohlgemerkt vor der Lösung.

6.4 Materialdaten, Parameterbestimmung

6.4.1 Datenquellen

Materialdaten stammen aus eigens durchgeführten Versuchen, Material-Datenblättern oder Datenbanken. Es handelt sich in aller Regel um

- Kriechkurven
  Hierbei ist die Kriech- oder Gesamtdehnung über der Zeit infolge einer konstanten Belastung angegeben (Beispiel in **Abb. 6.8**).
- Kriechmodulkurven
  Der Kriechmodul stellt den Zusammenhang zwischen Spannung und Gesamtdehnung ε_{tot} her und wird über der Zeit angegeben (Beispiel in **Abb. 6.9**). Kurvenpara-

meter ist die Spannung. Zum Zeitpunkt $t = 0$ entspricht der Kriechmodul dem Elastizitätsmodul.

- Relaxationskurven
  Hier wird die Spannung über der Zeit infolge einer konstanten Gesamtdehnung angegeben (Beispiel in **Abb. 6.10**).
- Isochrone
  Isochrone zeigen Spannungs-Dehnungs-Linien, wobei der Kurvenparameter die Zeit ist (Beispiel in **Abb. 6.11**). Sie gehen jedoch nicht direkt aus einer Messung hervor, sondern fassen Messkurven für Kriechen *oder* Relaxation zusammen. Aus ihnen lassen sich umgekehrt sowohl Relaxations- als auch Kriechkurven ablesen. Näheres s. Kap. 6.4.2.
- Larson-Miller-Parameter
  Die Darstellung mithilfe des Larson-Miller-Parameters ist eine spezielle Zusammenfassung von Kriechdaten. Sie betrifft den Zeit-Temperatur-Zusammenhang. Trägt man nun die Spannung aus einem Relaxationsversuch über dem Larson-Miller-Parameter

(6.12) $$LMP = T(C + \log(t))$$

  (C Konstante) auf, kann man daraus für eine gewählte Temperatur T die Relaxationskurve Spannung über Zeit t ableiten.

In der Campus-Datenbank, zu der Kunststoffhersteller Daten beitragen, findet man speziell Isochrone und Kriechmodulkurven.

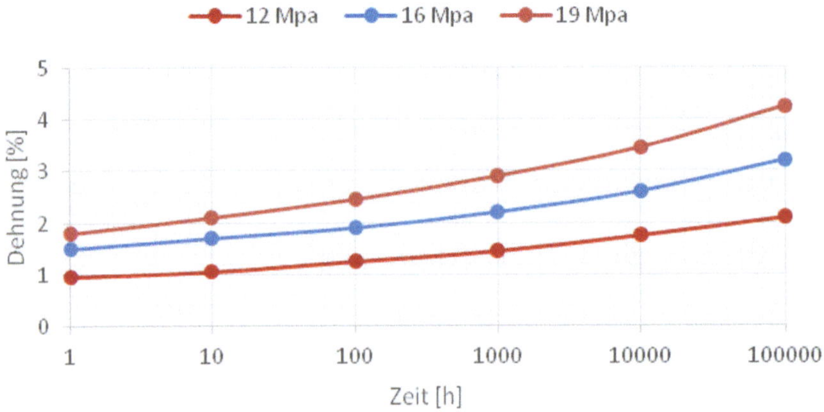

Abb. 6.8 Beispiel für Kriechkurven

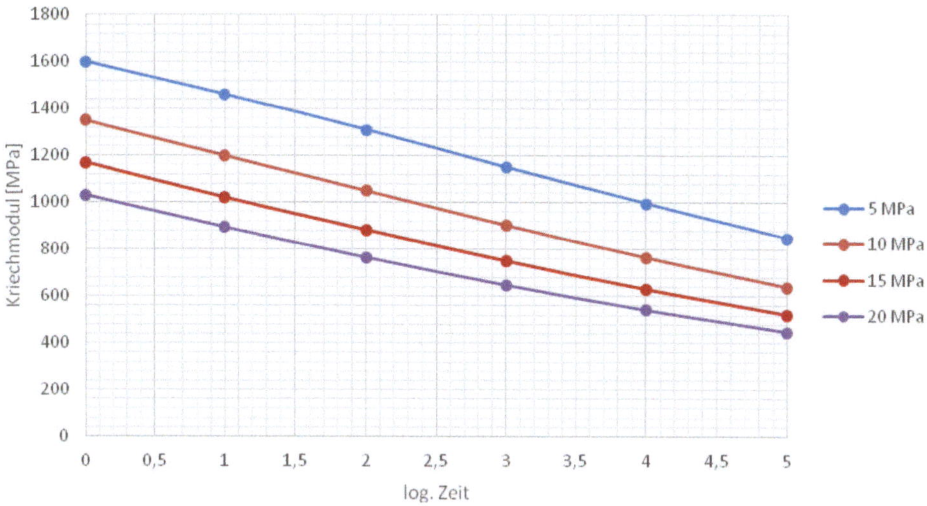

Abb. 6.9 Beispiel für Kriechmodulkurven

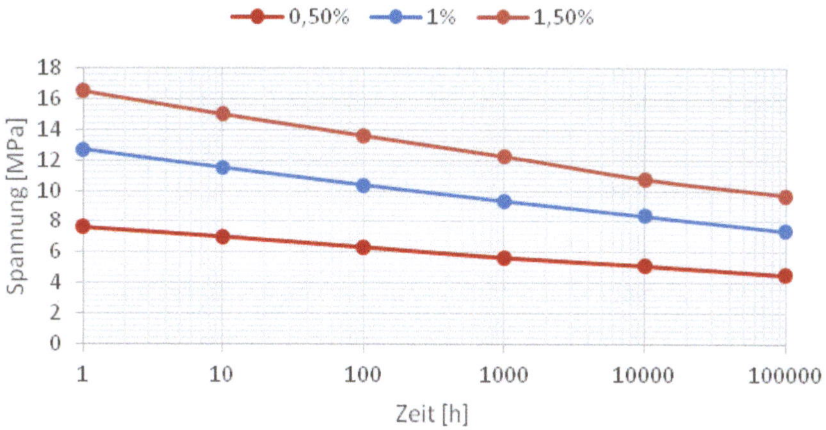

Abb. 6.10 Beispiel für Relaxationskurven

Tabellierte Werte werden gern für „Dekaden“ angegeben, z. B. 1, 10, 100, 1000, 10000 Stunden, weil die Kriechgeschwindigkeit mit der Zeit stark abnimmt. Deshalb werden Kriech-, Kriechmodul- und Relaxationskurven typischerweise im einfach logarithmischen Maßstab aufgetragen, Isochronen werden mit Dekaden als Kurvenparameter angegeben. 10.000 h sind übrigens 416 Tage, 100.000 h dementsprechend 11,4 Jahre, also für viele Produkte ein relevanter Zeitraum.

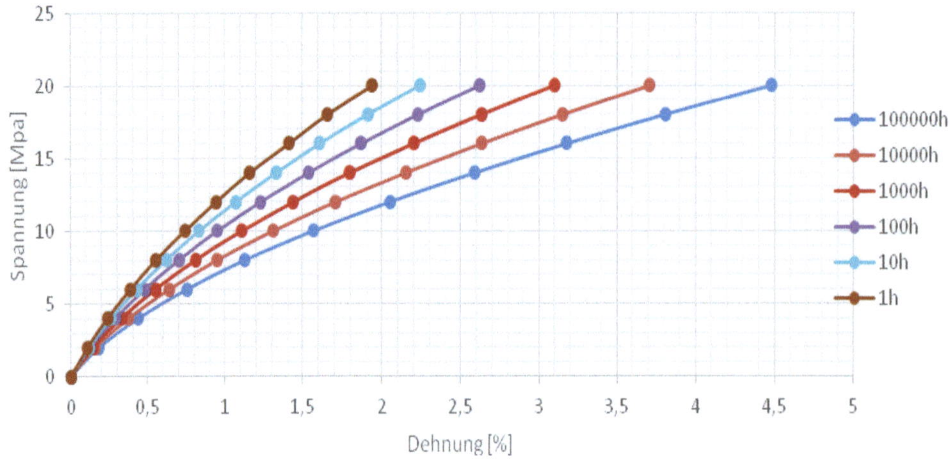

Abb. 6.11 Beispiel für Isochrone

6.4.2 Isochrone

Isochrone zeigen Spannungs-Dehnungs-Linien für verschiedene Zeitangaben. Ergibt ein Kriech- oder Relaxationsversuch zu einem Zeitpunkt t_i ein bestimmtes Paar Spannung und Gesamtdehnung, so wird dieses bei der Kurve für t_i eingetragen (**Abb. 6.12**).

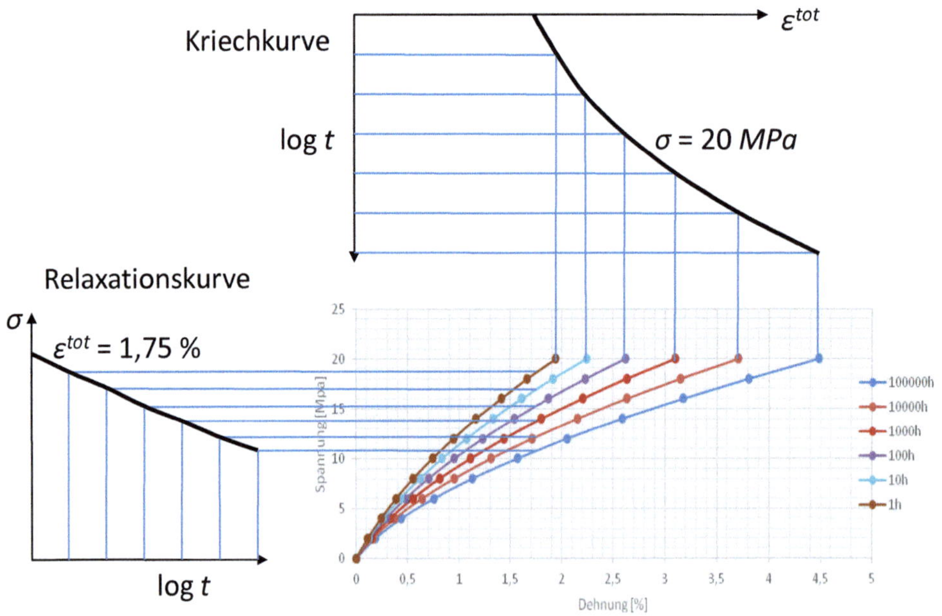

Abb. 6.12 Erstellung von Isochronen aus Kriech- oder Relaxationsversuchen

Eine Isochrone kann für eine vereinfachte Berechnung folgendermaßen direkt verwandt werden:

Interessiert nur die Lösung nach genau einer bestimmten Zeitspanne, wählt man die Spannungs-Dehnung-Linie für diese Zeit aus und führt damit eine elasto-**plastische** Analyse durch. Die „plastischen" Dehnungen entsprechen den Kriechdehnungen, außerdem erhält man die Gesamtverformungen nach der gewählten Zeit.

Mit dieser Methode wird aber weder der Verlauf der Kriechdehnungen über der Zeit berechnet, noch sind die Spannungsumlagerungen verlässlich, die darauf beruhen, dass höhere Spannungen zu höheren Kriechgeschwindigkeiten führen, wodurch höhere Kriechdehnungen entstünden, die die elastischen Dehnungen und damit die Spannungen stärker reduzierten.

Zur Bestimmung der Parameter eines Kriechgesetzes empfiehlt es sich, aus Isochronen Kriechkurven für verschiedene Spannungsniveaus abzulesen, indem man an den Schnittpunkten der jeweiligen Spannungslinie mit den Isochronen die Dehnung und die zugehörige Zeit (Kurvenparameter) abliest, also auf dem umgekehrten Weg wie bei der Erstellung (vgl. **Abb. 6.12**). Die Dehnungen sind Gesamtdehnungen ε_{tot}, die sich aus den Kriechdehnungen ε_{cr} und den elastischen Dehnungen ε_{el} zusammensetzen. Letztere hängen über den Elastizitätsmodul E mit der aufgebrachten Spannung σ_0 zusammen, sodass man die Kriechdehnungen als

(6.13) $$\varepsilon_{cr}(t) = \varepsilon_{tot}(t) - \varepsilon_{el} = \varepsilon_{tot}(t) - \frac{\sigma_0}{E}$$

errechnen kann. Bei Kunststoffen wird man eher den Zugmodul finden und auch der ist etwas speziell. Wichtig ist lediglich,

- dass der angesetzte E-Modul größer als die größte Steigung in den Isochronen ist.

6.4.3 Kriechmodulkurven

Mit dem Kriechmodul, der aus Diagrammen wie **Abb. 6.9** abgelesen werden kann, kann sogar eine linear-elastische Berechnung verwendet werden, um Verformungen durch Kriechen für einen bestimmten Zeitpunkt abzuschätzen:

- Man startet mit einem mittleren Wert für den Kriechmodul zur gewünschten Zeit und gibt diesen als Elastizitätsmodul vor.
- Aufgrund dieser Berechnung erhält man eine Spannungsverteilung.
- Nun weist man jedem Element aufgrund einer Vergleichsspannung den zugehörigen Kriechmodul zu.
- Das verändert die Spannungsverteilung, sodass man den Vorgang mehrfach wiederholen muss. Da Kriechen eine eher gutmütige Nichtlinearität ist, bestehen gute Chancen, dass die Prozedur zu einer konvergenten Lösung führt.
- Wird die Temperatur nicht benötigt (sie muss in dieser Art Berechnung konstant sein), kann man die Abhängigkeit des Kriechmoduls zum betrachteten Zeitpunkt von der Spannung als Temperaturabhängigkeit des Elastizitätsmoduls eingeben und muss nur aufgrund der berechneten Vergleichsspannung die Temperatur im nächsten Iterationsschritt für jeden Knoten neu einstellen.

Es gelten die gleichen Einschränkungen wie bei der direkten Verwendung von Isochronen. Die Spannungsumlagerungen, die man während der Iteration beobachtet, sind nicht gleichbedeutend mit denen, die eine echte Berechnung des zeitlichen Verlaufs des Kriechvorgangs erbringen würde.

Beide Methoden bringen u. U. hinreichende Näherungen der gewünschten Lösungen hervor. Ansonsten dienen Kriechmodulkurven und Isochrone als Basis zur Bestimmung der Kriechparameter bzw. zur Gewinnung von Kriech- oder Relaxationskurven.

Um aus Kriechmodulkurven Kriechkurven zu berechnen, hilft folgende Vorgehensweise:

Der Kriechmodul sei $E_{cr}(t)$. Dann kann daraus die Gesamtdehnung, die sich aus der elastischen und der Kriechdehnung zusammensetzt, berechnet werden:

$$(6.14) \quad \varepsilon_{tot}(t) = \varepsilon_{el} + \varepsilon_{cr}(t) = \frac{\sigma}{E_{cr}(t)}$$

Beim Kriechversuch ist die Spannung konstant. Über den Elastizitätsmodul E kann aus ihr die elastische Dehnung errechnet und dann (6.14) nach der Kriechdehnung aufgelöst werden:

$$(6.15) \quad \varepsilon_{cr}(t) = \frac{\sigma}{E_{cr}(t)} - \varepsilon_{el} = \frac{\sigma}{E_{cr}(t)} - \frac{\sigma}{E}$$

$$(6.16) \quad \varepsilon_{cr}(t) = \sigma\left(\frac{1}{E_{cr}(t)} - \frac{1}{E}\right) = \sigma\frac{E - E_{cr}(t)}{E\,E_{cr}(t)}$$

Für den E-Modul gelten ähnliche Anmerkungen wie bei den Isochronen. Wenn der Kriechmodul für den Zeitpunkt $t = 0$ nicht angegeben ist, was im logarithmischen Maßstab nicht möglich ist, muss sichergestellt werden,

- dass der angesetzte E-Modul größer als der größte Kriechmodul ist.

6.4.4 Parameterbestimmung mit ANSYS

Anders als für andere Klassen von Materialgesetzen ist die Bestimmung der Kriechkonstanten in Workbench nicht im Angebot, wohl aber in ANSYS selbst (Mechanical APDL). Dort gibt es eine durch ein verständliches und flexibles Menü geführte Anpassung. Leider kommt sie nicht immer zum Ziel, auch wenn Lösungen existieren, sodass in diesem Buch andere Wege ausgeführt werden.

6.4.5 Fehlerquadratmethode

In der Regel wird sich das Materialverhalten nicht nach der vorgesehenen mathematischen Funktion richten. Deren Parameter können jedoch so eingestellt werden, dass eine größtmögliche Übereinstimmung herrscht. Eine Methode, diese zu messen und herbeizuführen, ist die Minimierung der über die Stützstellen gebildeten Summe der kleinsten Quadrate der Abweichung zwischen Messwert und Funktionswert, die Fehlerquadratmethode, auch als Least-square-fit bekannt. Die Quadrate werden deshalb verwandt, weil sie vorzeichenunabhängig sind und weil zur Minimierung die Ableitung bestimmbar ist. Man hat es also mit einem Optimierungsproblem zu tun, dessen Zielfunktion

$$(6.17)\quad F = \frac{1}{2}\sum_i \left(f(x_i) - y_i\right)^2 \rightarrow Min.$$

lautet. Der Faktor ½ vereinfacht die Ableitung. Dabei sind $\{x_i, y_i\}$ Wertepaare aus den Messergebnissen, während $f(x_i)$ den Wert der parametrisierten Funktion an den Stützstellen bedeutet. Das heißt aber auch, *dass die anzupassende Funktion*, nicht nur ihre Ableitung oder eine Differenzialgleichung, *bekannt sein muss*. Siehe dazu Kap. 6.4.6.1 und im Gegensatz dazu Kap. 6.4.6.2.

6.4.5.1 Eigene Iterative Lösung

Die notwendigen Bedingungen sind:

$$(6.18)\quad \frac{\partial F}{\partial a_j} = 0$$

wobei a_j die Parameter der Funktion sind. Man erhält also:

$$(6.19)\quad h_j := \frac{\partial F}{\partial a_j} = \sum_i \left(f(x_i) - y_i\right)\frac{\partial f}{\partial a_j} = 0$$

Das sind in der Regel wieder nichtlineare Gleichungen, die man mit dem Newton-Raphson-Verfahren löst, dessen Iterationsvorschrift in Schritt m

$$(6.20)\quad \sum_k \frac{\partial h_j}{\partial a_k}\Delta a_k = -h_j$$

$$(6.21)\quad a_k^{(m+1)} = a_k^{(m)} + \Delta a_k$$

lautet. Die Ableitungen der Funktionen h sind:

$$(6.22)\quad \frac{\partial h_j}{\partial a_k} = \sum_i \left[\left(f(x_i) - y_i\right)\frac{\partial^2 f(x_i)}{\partial a_j a_k} + \frac{\partial f(x_i)}{\partial a_k}\frac{\partial f(x_i)}{\partial a_j}\right]$$

6.4.5.2 Lösung mit Tabellenkalkulation

Hat man die Abhängigkeit der Fehlerquadrate von den Materialparametern an einer Reihe von Stützstellen formelmäßig z. B. in Excel erfasst, kann man die Bestimmung dort versuchen. Da es sich im ersten Durchgang meist schon um mindestens zwei Parameter handelt, muss der „Solver" aktiviert sein. Beispiel s.u. Es ist anzunehmen, dass die oben erwähnten Ableitungen darin numerisch gebildet werden.

6.4.5.3 Lösung mit dem Optimierer in Workbench

Die Materialparameter (*Design-Variablen*) lassen sich als Workbench-Parameter deklarieren, ebenso Lösungen an ausgewählten Zeitpunkten. Daraus kann man die Fehlerquadratsumme (Zielfunktion, *objective*) als abhängigen Parameter codieren. Nun kann man versuchen, mit dem *DesignExplorer* oder *OptiSlang* diese zu minimieren. Vorteile sind:

- Die Optimierung erfolgt auf der Basis der Nachbildung des Versuches in Workbench und der Ermittlung der Ergebnisse durch ANSYS Mechanical, die ja auf numerischer Zeitintegration beruht und damit Abweichungen zu den analytischen Lösungen aufweisen kann.
- Materialparameter mit gleicher Bedeutung können so aufeinander bezogen werden, dass sie für den Optimierer nicht austauschbar sind, was anderenfalls zu einem schlecht gestellten Problem führen würde.

Für den Anwender bleiben noch die Angabe von Startwerten und Grenzen für die Materialparameter. Beides ist nicht trivial und setzt ein gewisses Verständnis vom funktionalen Zusammenhang voraus.

6.4.5.4 Lösung von Hand durch Probieren

Voraussetzung dafür, dass eines der obigen Verfahren zum Ziel führt, ist in der Regel das Vorliegen von Startwerten, die mindestens in der richtigen Größenordnung liegen. Bei Berechnung der Fehlerquadratsumme durch Excel oder ebenso bei einer grafischen Darstellung von Funktionsverlauf und Messwerten kann man schon durch wenige Versuche eine halbwegs brauchbare Übereinstimmung erzeugen, wenn man die Bedeutung der Parameter verstanden hat, z. B.

- (End-)Werte insgesamt zu klein oder zu groß → Vorfaktor ändern
- Kurve zu stark oder zu schwach gekrümmt → Exponenten ändern

Mit dem Ergebnis geht man dann in eine Form der mathematischen Optimierung.

Besonders hilfreich ist es, die Parameter zu klassifizieren nach solchen, die

- die Zeitabhängigkeit
- die Spannungsabhängigkeit und
- die Temperaturabhängigkeit

steuern. Ferner kann es Werte geben, die zur Grob- und solche, die zur Feineinstellung dienen.

6.4.6 Parameterbestimmung auf Basis von Kriechkurven

Nachdem gezeigt wurde, wie man aus Isochronen und Kriechmodulkurven Kriechkurven erhält, kann man Letztere zur Parameterbestimmung benutzen. Das ist einfacher als für Relaxationskurven, weil die Lösung der Differenzialgleichung für konstante Spannung einfacher ist, aber auch weil bei Relaxation die Veränderung der Kriechgeschwindigkeit gleichzeitig vom Fortschreiten der Zeit oder der Kriechdehnung und der Abnahme der Spannung beeinflusst wird.

Bei den folgenden Beispielen wird angenommen, dass die Temperatur bei allen Versuchen konstant ist.

Eine wichtige Voraussetzung für die Parameterbestimmung ist, dass man die Bedeutung der Parameter verstanden hat, z. B. dass ein Vorfaktor die Größe und ein Exponent die Form bestimmt.

6.4.6.1 Fall I: Lösung der Differenzialgleichung ist bekannt

Ist σ konstant, kann im Fall der direkten Zeitabhängigkeit die Kriechdehnung aus der Kriechgeschwindigkeit durch Aufintegrieren unter der Berücksichtigung der Anfangsbedingung $\varepsilon_{cr}(t = 0) = 0$ bestimmt werden. Bei der indirekten Zeitabhängigkeit ist es komplizierter. Hier kann die Trennung der Veränderlichen helfen. Ein paar Lösungen sind im Folgenden angegeben.

Modell 1: Dehnungsverfestigung (strain hardening)

Das ANSYS-Modell „strain hardening“ wird durch folgende Kriechgeschwindigkeit beschrieben:

(6.23) $$\dot{\varepsilon}_{cr} = \frac{d\varepsilon_{cr}}{dt} = A\varepsilon_{cr}^{C_3}$$

wobei

(6.24) $$A = C_1 \sigma^{C_2} e^{-\frac{C_4}{T}}$$

den Vorfaktor C_1, den Spannungsterm und den Temperaturterm zusammenfasst.

Für konstante Spannung kann man umformen, dabei die Veränderlichen ε_{cr} und t trennen und getrennt integrieren:

(6.25) $$\int \varepsilon_{cr}^{-C_3} d\varepsilon_{cr} = A\int dt + c$$

(6.26) $$\frac{1}{-C_3 + 1} \varepsilon_{cr}^{-C_3 + 1} = At + c$$

Beim Multiplizieren mit $-C_3+1$ ersetzen wir den Term mit c durch die neue Konstante d:

(6.27) $$\varepsilon_{cr}^{-C_3 + 1} = (-C_3 + 1)At + d$$

(6.28) $$\varepsilon_{cr} = \left[(-C_3 + 1)At + d\right]^{\frac{1}{-C_3 + 1}}$$

Aus der Anfangsbedingung folgt $d = 0$, also mit (6.24)

$$(6.29) \quad \varepsilon_{cr} = \left[(-C_3 + 1) C_1 \sigma^{C_2} t \cdot e^{-\frac{C_4}{T}} \right]^{\frac{1}{-C_3+1}}$$

Aus der Grundgleichung (6.23) ist erkennbar, dass C_3 negativ sein muss, damit die Kriechgeschwindigkeit mit der Kriechdehnung abklingt. Neben Konstanten enthält (6.29) den Term

$$t^{\frac{1}{-C_3+1}}$$

Da C_3 negativ ist, ist der Exponent stets positiv und kleiner 1, was für eine sich abschwächende Zunahme des Kriechens mit der Zeit spricht. Eine untere Schranke für C_3 ist nicht ablesbar.

Modell 2: Zeitverfestigung (time hardening)

Unter den Voraussetzungen in diesem Kapitel ist die Lösung von Modell 2 die Bestimmungsgleichung für Modell 6, s. (6.6). C_3 muss zwischen -1 und 0 liegen.

Modell 3: Generalized Exponential

Die Kriechgleichung lautet:

$$(6.30) \quad \dot{\varepsilon}_{cr} = C_1 \sigma^{C_2} r e^{-rt} \quad \text{mit } r = C_5 \sigma^{C_3} e^{-\frac{C_4}{T}}$$

Bei konstanter Temperatur und Spannung ist r eine Konstante und schon am zweifachen Auftauchen dieses Parameters erkennbar, dass die Lösung

$$(6.31) \quad \varepsilon_{cr} = -C_1 \sigma^{C_2} e^{-rt} + c$$

und nach Erfüllen der Anfangsbedingung

$$(6.32) \quad \varepsilon_{cr} = C_1 \sigma^{C_2} (1 - e^{-rt})$$

lauten soll. Während Modell 1 und 2 nur eine Spannungsabhängigkeit aufweisen, hat Modell 3 eine im Vorfaktor und eine im Exponenten r. Das kann die Anpassung an Kriechkurven für verschiedene Spannungsniveaus erleichtern, die nicht ähnlich im mathematischen Sinne sind. Dafür ist die Temperaturabhängigkeit aber auf den Exponenten beschränkt. Alle Parameter, auch der Vorfaktor C_1 können jedoch zusätzlich für verschiedene anzugebende Temperaturen definiert werden. Dazwischen werden die Materialwerte linear interpoliert.

Modell 4: Generalized Graham

Das Modell stellt eine Verfeinerung des Zeitverfestigungsmodells dar, hat aber auch das Manko, dass der erste Zeitschritt sehr klein sein muss, um die analytische Lösung zu erzielen, und dass nur der Größenfaktor, nicht der Exponent temperaturabhängig ist.

(6.33) $$\varepsilon_{cr} = C_1\sigma^{C_2}\left(\frac{1}{C_3+1}t^{C_3+1} + \frac{C_4}{C_5+1}t^{C_5+1} + \frac{C_6}{C_7+1}t^{C_7+1}\right)e^{-\frac{C_8}{T}}$$

Modell 5: Generalized Blackburn

Die Bestimmungsgleichung wird als

(6.34) $$\dot{\varepsilon}_{cr} = f(1-e^{-rt}) + gt \quad \text{mit} \quad f = C_1 e^{C_2\sigma}, \quad r = C_3\left(\frac{\sigma}{C_4}\right)^{C_5}, \quad g = C_6 e^{C_7\sigma}$$

angegeben. C1, C3 und C6 sollen > 0 sein. Für konstante Spannung sind *f*, *r* und *g* konstant, sodass die Lösung

(6.35) $$\varepsilon_{cr} = f(t + \tfrac{1}{r}e^{-rt}) + \tfrac{1}{2}gt^2 + c$$

und nach Erfüllung der Anfangsbedingung

(6.36) $$\varepsilon_{cr} = f\left(t + \tfrac{1}{r}(e^{-rt} - 1)\right) + \tfrac{1}{2}gt^2$$

lautet. *f* ist der Sättigungswert für die Kriechgeschwindigkeit aus dem ersten Term, während diese mit *g* zusätzlich linear über der Zeit anwächst. Über die Zeit anwachsende Kriech*geschwindigkeit* ist nicht das typische Verhalten, das zu Beginn des Kapitels beschrieben wurde. Als Gleichung für die Kriechdehnung selbst würde (6.34) besser dazu passen, wäre dann vom Typ schon primär + sekundär. Ein Test ergab aber einen mit (6.36) übereinstimmenden Verlauf.

Modell 6 und 11

Beide Modelle geben bereits die Kriechdehnung selbst an.

Modell 7: Modifizierte Dehnungsverfestigung

Wie schon beschrieben, ist die Absicht, dass für dieses Gesetz die Parameter für die Modelle 2 bzw. 6 verwendet werden können. Vergleicht man die Kriechgeschwindigkeit für Modell 7,

(6.37) $$\dot{\varepsilon}_{cr7} = \left\{C_1\sigma^{C_2}\left[(C_3+1)\varepsilon_{cr}\right]^{C_3}\right\}^{\frac{1}{C_3+1}} e^{-\frac{C_4}{T}}$$

mit der für Modell 1,

(6.38) $$\dot{\varepsilon}_{cr1} = \frac{d\varepsilon_{cr}}{dt} = C_1\sigma^{C_2}\varepsilon_{cr}^{C_3}e^{-\frac{C_4}{T}}$$

fällt auf, dass beide für

$$C_{11} = (C_{17})^{\frac{1}{C_{37}+1}} (C_{37}+1)^{\frac{C_{37}}{C_{37}+1}}$$

$$(6.39) \quad C_{21} = \frac{C_{27}}{C_{37}+1}$$

$$C_{31} = \frac{C_{37}}{C_{37}+1}$$

übereinstimmen, wobei der zweite Index das jeweilige Modell angibt. Hier eine kleine Warnung: Bei einer Parameterbestimmung für *Zeitverfestigung* (Modell 2 bzw. 6) ergaben sich die Werte C_1 = 1,1112E-05, C_2 = 1,5499 und C_3 = -0,9008, also die Kriechgeschwindigkeit

$$(6.40) \quad \dot{\varepsilon}_{cr} = 1{,}111 \cdot 10^{-5}\, \sigma^{1{,}55} t^{-0{,}9}$$

Sowohl die Spannungs-, als auch die Zeitabhängigkeit deuten auf ein eher gutmütiges Verhalten hin. Die Parameter sind auch für die *modifizierte Dehnungsverfestigung* (Modell 7) gültig. Wertet man nun aber (6.39) aus, erhält man C_{11} = 1,513E-41, C_{21} = 15,620 und C_{31} = -9,078, also für die *Dehnungsverfestigung* (Modell 1) die Kriechgeschwindigkeit

$$(6.41) \quad \dot{\varepsilon}_{cr} = 1{,}513 \cdot 10^{-41}\, \sigma^{15{,}62} \varepsilon_{cr}^{-9{,}078}$$

Das ist nun eine extreme Spannungs- und sehr starke Dehnungsabhängigkeit mit einem äußerst kleinen Vorfaktor. Für Modell 7 gilt der gleiche Zusammenhang, er ist nur komplizierter beschrieben. Tatsächlich lassen sich die Materialtests mit Modell 2, 6 und 7 mit ANSYS nachrechnen und zeigen eine vergelichbare Übereinstimmung zwischen berechneter und Messkurve. Bei einem System ähnlich dem aus Kap. 6.6 kommt es aber bei beiden Dehnungsverfestigungen zu numerischen Problemen, die darin gipfeln, dass auch bei sehr kleinen Zeitschritten die Berechnung nicht zum Ziel führt und bei Rev. 19.2 die Meldung:

```
The creep integration algorithm does not converge for element
3922, material 1, creep model 7.
```

hervorrufen, während bei Rev. 2019R3 auch bei kleinen Zeitschritten und vielen Bisektionen keine Konvergenz eintritt.

Modell 8, 9, 10

Bei konstanter Spannung ergibt sich eine konstante Kriechgeschwindigkeit, die nur noch mit der Zeit t multipliziert werden muss.

Modell 12: Rationales Polynom/Rational Polynomial

Die Beschreibung des Modells ist schon etwas kryptisch:

$$(6.42) \quad \dot{\varepsilon}_{cr} = C_1 \frac{\partial \varepsilon_c}{\partial t} \qquad \text{mit}$$

(6.43) $$\varepsilon_c = \frac{cpt}{1+pt} + \dot{\varepsilon}_m t$$

Für $\dot{\varepsilon}_m$, c, p gibt es umfangreiche Ausdrücke, sie sind aber für konstante Spannung ebenfalls konstant. Dann ist das Zeitintegral über die Kriechgeschwindigkeit

(6.44) $$\varepsilon_{cr} = C_1 \varepsilon_c + d = C_1 \frac{cpt}{1+pt} + C_1 \dot{\varepsilon}_m t + d$$

wobei die Integrationskonstante d wegen der Anfangsbedingung 0 wird. Die Interpretation bleibt schwierig, für größere Werte p mal Zeit t geht der erste Term asymptotisch gegen c und ist vorher stets kleiner als c. Das ist also ein Sättigungswert. p muss die Einheit [1/Zeit] haben.

Modell 13: Generalized Time Hardening

Hier ist bereits die Kriechdehnung selbst angegeben:

(6.45) $$\varepsilon_{cr} = f\, t^r e^{-\frac{C_6}{T}} \quad \text{mit} \quad \begin{aligned} f &= C_1\sigma + C_2\sigma^2 + C_3\sigma^3 \\ r &= C_4 + C_5\sigma \end{aligned}$$

Sowohl Vorfaktor als auch Exponent sind durch Polynome spannungsabhängig. Das hat ein gewisses Potential, solange die äußere Belastung sich nicht sprunghaft ändert. Was andernefalls passiert, zeigt **Abb. 6.20**. r sollte kleiner als 1 bleiben; bei Kenntnis des Spannungsniveaus kann C_5 entsprechend gewählt werden.

Was fängt man nun damit an?

- Wir gehen von vorhandenen Kriechkurven für verschiedene Spannungsniveaus aus.
- Man bestimmt, wie im Folgenden beschrieben, auf Basis der Kriechdehnungsformel Parameter für jedes Spannungsniveau getrennt. Diese werden sich unterscheiden.
- Nun benutzt man die Möglichkeiten, die Spannungsabhängigkeit zu beschreiben.

Beispieldaten

Für einen Kunststoff mit dem Elastizitätsmodul E = 18000 N/mm² findet sich folgende Isochronendarstellung (**Abb. 6.13**). Die Wertepaare an den Punkten sind auch tabelliert und werden nach Bedarf eingeführt. Es handelt sich wohlgemerkt um Spannungen über Gesamtdehnungen ε_{tot}. Kurvenparameter ist die Zeit in h.

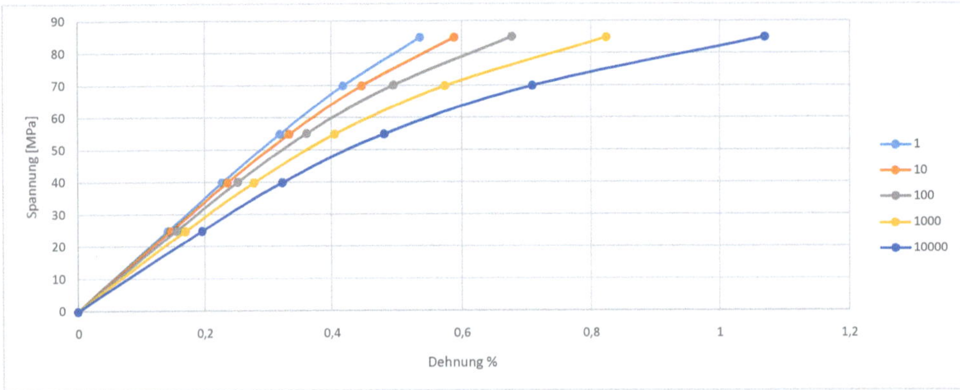

Abb. 6.13 Isochronen für Beispiel

Wir beschäftigen uns zunächst mit den Werten für $\sigma = 55$ MPa, das mittlere Niveau der Spannungen (**Tab. 6.1**).

Tab. 6.1 Kriechdaten für 55 MPA

t in h	ε_{tot}	ε_{cr}
1	0,0031869	0,00013134
10	0,0033443	0,00028874
100	0,0036094	0,00055384
1000	0,004056	0,00100044
10000	0,0048083	0,00175274

Nun soll als Erstes eine Anpassung für *Generalized Time Hardening* (Modell 13) erfolgen, das als GTH abgekürzt wird. Wird in der Bestimmungsgleichung (6.45) der Temperaturparameter $C_6 = 0$ gesetzt, ergibt sich mit

(6.46) $$\varepsilon_{cr} = f\, t^r$$

eine Funktion, die nur noch zwei Parameter aufweist. r muss wegen des Abklingens zwischen 0 und 1 liegen, also wird als Startwert 0,5 gewählt. Mit der Annahme, dass bei t = 10000 h der Messwert erreicht werden soll, kann mit

(6.47) $$f = \frac{\varepsilon_{cr}}{t^r} = \frac{0{,}00175274}{10000^r}$$

eine Abhängigkeit eingeführt werden, sodass nur eine Variable übrig bleibt. Dies muss natürlich nicht die beste Lösung sein, hilft aber für die Probiermethode. Die Startwerte ergeben den Vergleich aus **Abb. 6.14** mit der linearen und, was aussagekräftiger ist, der logarithmischen Zeitskala. Neben der der Grafik wird auch die Fehlerquadratsumme, der doppelte Wert aus Gl. (6.17) betrachtet.

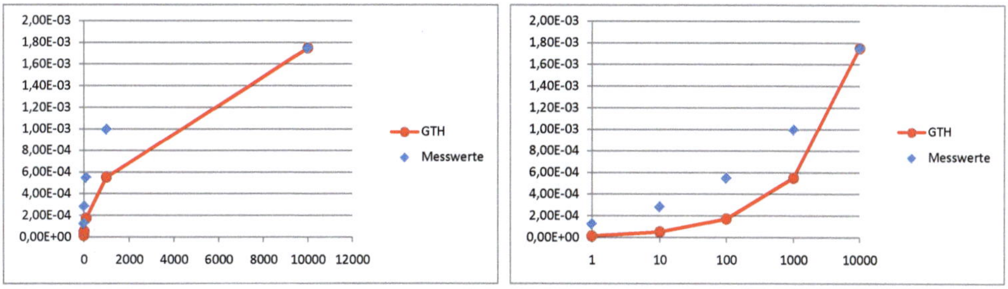

Abb. 6.14 Messwerte und GTH für Startwerte, links lineare, rechts logarithmische Zeitskala

Hier ist noch etwas nachzubessern, wie in **Tab. 6.2** dokumentiert. Nach vier Versuchen ist r = 0,25 auf zwei Stellen genau bestimmt, kleine Veränderungen der zweiten Stelle bringen Verschlechterungen. Das Fehlerquadrat beträgt 2,676E-09.

Tab. 6.2 Parameter r und Fehlerquadrat bei der Probiermethode

r	Fehlerquadrat	Kriechkurve im logarithmischen Maßstab
0,5	4,0977E-07	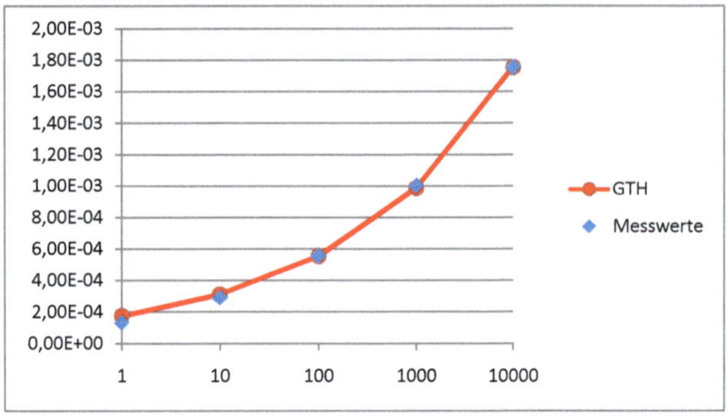
0,3	3,2846E-08	
0,2	7,625E-08	
0,25	2,676E-09	
0,24	6,5197E-09	
0,26	2,8054E-09	

Die *Zielwertsuche* in Excel mit Zielwert 0 ist zunächst mit dem Startwert zufrieden, tut also gar nichts, weil 10^{-7} schon sehr klein ist. Sie ergibt aber r = 0,25438 und Fehlerquadrat 2,27877E-09, wenn man als Zielzelle nicht das Fehlerquadrat verwendet, sondern eine weitere, in der man es mit 10^{7} multipliziert. Das ist nicht viel besser als mit der Hand, außerdem vollführt Excel viele Iterationen, in denen auch schon einmal Division durch null angezeigt wird.

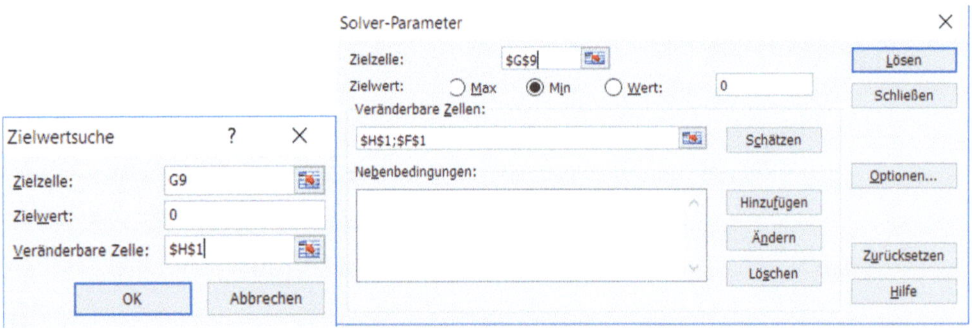

Abb. 6.15 Zielwertsuche (links) und Solver (rechts) in Excel

Mit dem vergrößerten Zielwert kann man auch den *Solver* in Excel verwenden. Hier kann man sich auch ein Minimum wünschen und mehrere veränderbare Zellen angeben, sodass die Bedingung (6.47) aufgegeben werden kann. Man erhält r = 0,25679, f = 1,6577E-04 und das Fehlerquadrat 2,16215E-09, eine leichte Verbesserung. Grafisch ist kein Unterschied mehr auszumachen.

Man muss dazu sagen, dass hier die gemessene und die formelmäßig erfasste Kriechkurve vom Verlauf her sehr gut zueinander passen. Wenn das nicht so ist, ist wird Probieren weniger zuverlässig als Optimieren sein.

Mit den Werten für σ = 55 MPa als Startwerte errechnet der Solver
für σ = 85 MPa die Werte r = 0,23500, f = 6,8881E-04 und das Fehlerquadrat 4,34215E-09,
für σ = 25 MPa die Werte r = 0,27664, f = 4,5000E-05 und das Fehlerquadrat 5,16281E-10.

Es sind auch Kurven für σ = 40 MPa und 70 MPa verfügbar, für die Erläuterung des prinzipiellen Vorgehens sollen diese Anpassungen genügen.

Im nächsten Schritt wird nun für f und r die Spannungsabhängigkeit eingebaut, denn die Parameter waren für die unterschiedlichen Spannungsniveaus verschieden. Sie sind in **Tab. 6.3** zusammengefasst.

Tab. 6.3 Spannungsabhängigkeit in GTH-Modell

σ	f	r
25	4,5000E-05	0,27664
55	1,6577E-04	0,25679
85	6,8881E-04	0,23500

Nun ist

(6.48) $$r = C_4 + C_5\sigma$$

definiert, also eine Geradengleichung. Tatsächlich ist die Abhängigkeit von der Spannung auch fast linear. Der Excel-Solver liefert als angepasste Werte mit minimalem Fehlerquadrat C_4 = 0,29431 und C_5 = -6,94E04.

Für die kubische Parabel

(6.49) $$f = C_1\sigma + C_2\sigma^2 + C_3\sigma^3$$

liefert der Solver keine Lösung, vielleicht weil für eine Minimierungsaufgabe zu wenige Daten vorliegen. Dafür kann man aber ein Gleichungssystem aufstellen:

(6.50) $$C_1\sigma_i + C_2\sigma_i^2 + C_3\sigma_i^3 = f(\sigma_i)$$

wobei die Werte für alle Spannungen i eingesetzt werden müssen, sodass das Gleichungssystem

(6.51)

C_1	C_2	C_3	f
25	625	15625	4,50E-05
55	3025	166375	1,66E-04
85	7225	614125	6,89E-04

entsteht, das die Lösungen C_1 = 3,7489E-06, C_2 = -1,3178E-07 und C_3 = 2,1531E-09 hat. **Abb. 6.16** zeigt das Ergebnis der Anpassungen für r und f, wobei für f eine kubische Parabel vorliegt, die einen Wendepunkt haben kann, wie man letztlich auch sieht. Deshalb empfiehlt es sich, mehrere Zwischenwerte und auch solche unterhalb der kleinsten Spannung zu berechnen, um zu kontrollieren, ob der Verlauf auch plausibel ist.

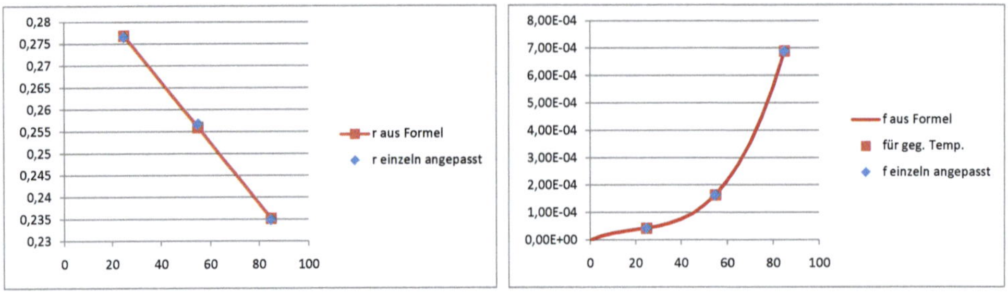

Abb. 6.16 Verlauf der Parameter *r* und *f* über der Spannung.

Nach diesen Überlegungen muss noch in ANSYS gezeigt werden, dass die Ergebnisse auch tatsächlich gut sind. Dazu werden drei Würfel modelliert, an drei Flächen reibungsfrei gelagert und an einer Fläche mit einem Druck von -25, -55 bzw. -85 MPa belastet (**Abb. 6.17**).

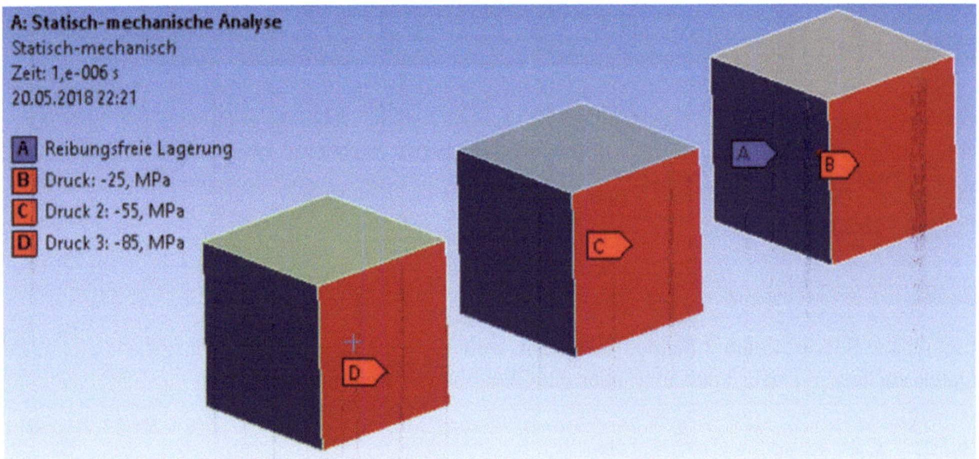

Abb. 6.17 System Kriechen.wbpj

Das Material wird in den *Technischen Daten* definiert. Mangels Stunden als wählbarer Einheit werden Sekunden verwandt, allerdings mit den gleichen Zahlenwerten, wie sie für Stunden ermittelt wurden. Der Elastizitätsmodul wird auf 18000 MPa eingestellt. Für die Querkontraktion existiert keine Angabe, sie wird auf 0,3 gesetzt, spielt aber hier bei der zwängungsfreien Lagerung und homogenen Belastung keine Rolle. Als Kriechmodell wird *Generalized Time Hardening* aus der *Toolbox* in das Material gezogen. Die *Referenzeinheiten* wurden schon erwähnt, die Parameter C_1 bis C_6 werden so eingestellt wie oben hergeleitet (**Abb. 6.18**). Sie können per Cut and Paste aus der Tabellenkalkulation übernommen werden.

9	Generalized Time Hardening	
10	Referenzeinheiten (Länge, Zeit, Temperatur, Kraft)	mm, s, K, Tonne mm s^-2
11	Kriechkonstante 1	3,7489E-06
12	Kriechkonstante 2	-1,3178E-07
13	Kriechkonstante 3	2,1531E-09
14	Kriechkonstante 4	0,29431
15	Kriechkonstante 5	-0,000694
16	Kriechkonstante 6	0

Abb. 6.18 Kriechparameter

In den *Analyseeinstellungen* werden zwei Lastschritte vereinbart. Schritt 1 dient nur zur Lastaufbringung, dauert 10^{-6} s, hat nur einen Substep und die *Kriecheffekte* sind *aus*geschaltet. In Lastschritt 2, der bis 10000 s reicht, sind sie natürlich *ein*geschaltet, die *automatische Zeitschrittsteuerung* ist aktiviert, *anfänglicher* und *minimaler Zeitschritt* betragen 1 s, der *maximale* 1000 s; die maximale Größe wird im Verlauf der Analyse auch erreicht.

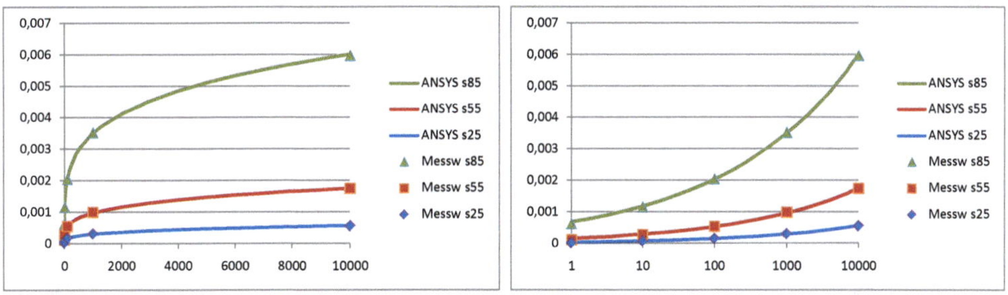

Abb. 6.19 Vergleich Kriechdehnung nach ANSYS-Berechnung und Messwerte
Abszisse links linear, rechts logarithmisch

Abb. 6.19 zeigt den Vergleich zwischen den Messwerten und den mit ANSYS berechneten Kriechkurven. Für diese Darstellung werden drei *Vergleichs-Kriechdehnungs*-Objekte für je einen Würfel eingefügt und in einem *Chart/Diagramm* zusammengefasst. Die Zahlenwerte werden dann exportiert, sodass in Excel eine gemeinsame Darstellung mit den Messwerten erfolgen kann.

Die Übereinstimmung zwischen gemessenen und berechneten Kriechdehnungen ist exzellent. Die Gründe dafür sind:

- Für jede berücksichtigte Spannung gelang einzeln eine sehr gute Anpassung.
- Sowohl der Größenparameter f als auch der Formparameter r besitzen eine Spannungsabhängigkeit.
- Das Gesetz beschreibt direkt die Kriechdehnung als Funktion der Zeit.

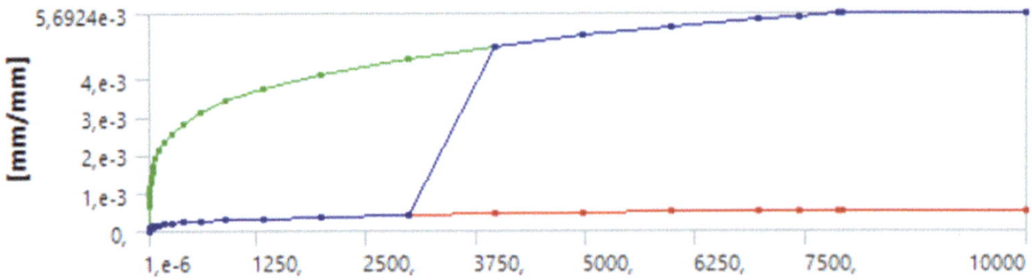

Abb. 6.20 Verhalten von *Generalized Time Hardening* bei Spannungsänderung

Auch bei *Generalized Time Hardening* bestehen Bedenken, es bei signifikanten Spannungsänderungen zu verwenden. Das Verhalten ist zwar anders als das für (*Modified*) *Time Hardening* in Kap. 6.2 beschriebene (vgl. **Abb. 6.6**), aber auch nicht physikalisch richtiger. Hier springt die Kriechdehnung bei Spannungsänderung (von 25 auf 85 MPa) auf den Wert der Kurve zu 85 MPa, als ob der Werkstoff gar keine Vorgeschichte bei 25 MPa gehabt hätte (**Abb. 6.20**). Der spätere Rücksprung auf 25 MPa endete mit Nichtkonvergenz.

Als zweites Modell wird die *Dehnungsverfestigung* verwandt, und zwar in der aufintegrierten Form

$$(6.29)\qquad \varepsilon_{cr} = \left[(-C_3+1)C_1\sigma^{C_2}t\cdot e^{-\frac{C_4}{T}}\right]^{\frac{1}{-C_3+1}}$$

C_4 wird zu 0 gesetzt, Teile des Vorfaktors und Exponenten abgekürzt als

$$(6.52)\qquad A = C_1\sigma^{C_2},\ r = -C_3+1,\ \text{also}\quad \varepsilon_{cr} = \left[rA\ \ t\right]^{\frac{1}{r}}$$

Hier ist r gleichzeitig Teil des Größenfaktors und des Formparameters, was die Probiermethode erschweren dürfte. Für diese ist es wieder ratsam, einen Messwert, nämlich den bei t = 10000 h treffen zu wollen, zunächst wieder für σ = 55 MPa:

$$(6.53)\qquad A = \frac{\varepsilon_{cr}^r}{rt} = \frac{0{,}00175274^r}{10000r}$$

Durch Probieren erhält man r = 3,93 und ein Fehlerquadrat von 2,27833E-09, die darauf aufbauende Excel-Zielwertsuche kommt nach heftigem Hin und Her auf r = 3,9275, A = 3,80591E-16 und ein Fehlerquadrat von 2,27802E-09, also unwesentlich weniger. Der Solver führte zunächst zu keinem Ergebnis, was an der Größenordnung von A liegen könnte. Tatsächlich, verwendet man als veränderbare Zelle das 10^{16}fache von A, liefert der Solver r = 3,9056, A = 4,50290E-16 und ein Fehlerquadrat von 2,15423E-09. Man sieht hier schon, dass man die Parameterbestimmung nicht ohne Vorüberlegung einer Optimierung überlassen kann, bei der man die Grenzen der Parameter vorgeben muss.

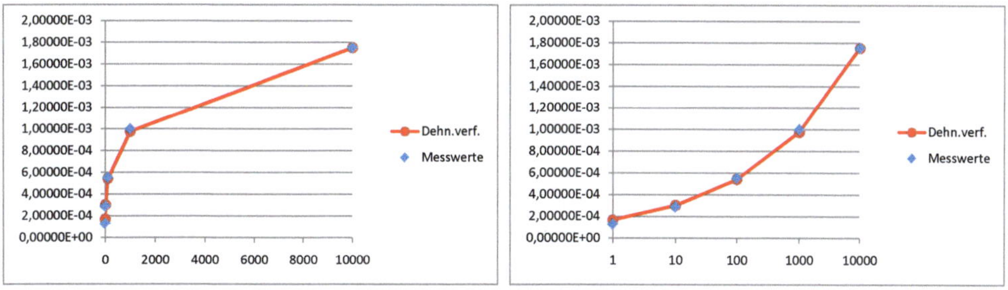

Abb. 6.21 Verlauf für Dehnungsverfestigung nach Anpassung von r links linearer, rechts logarithmischer Zeitmaßstab

Für die Spannung $\sigma = 55$ MPa erhält man so eine sehr gute Übereinstimmung mit den Messwerten (**Abb. 6.21**). Nun ergibt sich für $\sigma = 25$ MPa $r = 3{,}68$ und für $\sigma = 85$ MPa $r = 4{,}27$. Leider wird r nur von C_3 bestimmt und besitzt keine Spannungsabhängigkeit, sodass man sich auf ein r für alle Spannungsniveaus festlegen muss. Dazu wird jetzt das Fehlerquadrat über alle Spannungsniveaus gebildet. Man kann diskutieren, ob hier eine unterschiedliche Wichtung angebracht ist, das wird an dieser Stelle aber nicht verfolgt. Die Zielwertsuche, bei der nur r veränderlich ist und die drei As über (6.53) berechnet werden, ergibt $r = 4{,}22875$ und ein Gesamtfehlerquadrat von 1,79788E-08. Auch der Solver kommt mit den vier Variablen (3 A und r) zurecht, wenn man die As und das Fehlerquadrat so skaliert, dass die Werte näher bei 1 liegen und diese modifizierten Parameter als veränderbare Zellen angibt. Man erhält $r = 4{,}22427$, $A(25) = 4{,}07415\text{E-}19$, $A(55) = 5{,}05403\text{E-}17$, $A(85) = 9{,}81861\text{E-}15$ und ein Gesamtfehlerquadrat von 1,53092E-08. Das ist noch etwas besser als bei der Zielwertsuche, aber nicht wirklich lohnend, wenn man bedenkt, dass man dazu Zellen aus mehreren Arbeitsblättern verknüpfen muss. Schon mit der Probiermethode und (6.53) war man schnell bei $r = 4{,}22$.

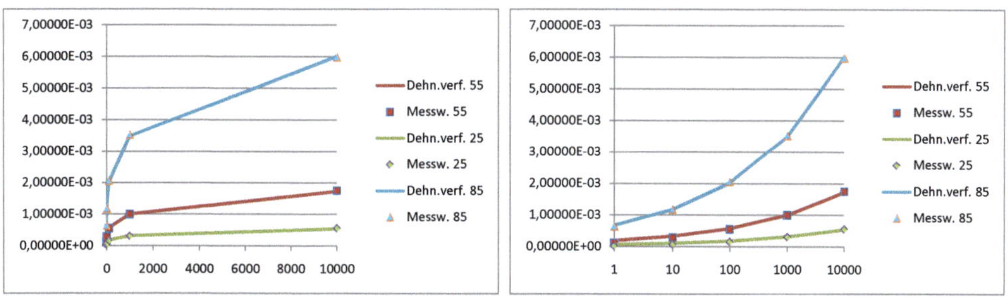

Abb. 6.22 Verlauf für Dehnungsverfestigung nach simultaner Anpassung von r und von A für drei Spannungen, links linearer, rechts logarithmischer Zeitmaßstab

Nun müssen die 3 As noch gemäß (6.52) durch

$$A(\sigma) = C_1 \sigma^{C_2} \tag{6.54}$$

ausgedrückt werden. Gäbe es nur Kurven zu zwei Spannungen, könnte man die zwei Parameter direkt bestimmen, indem man (6.54) zweimal anschreibt:

$$(6.55)\quad \begin{aligned} A(\sigma_1) &= C_1\sigma_1^{C_2} \\ A(\sigma_2) &= C_1\sigma_2^{C_2} \end{aligned}$$

Teilt man die eine durch die andere, erhält man

$$(6.56)\quad \frac{A(\sigma_1)}{A(\sigma_2)} = \frac{\sigma_1^{C_2}}{\sigma_2^{C_2}} = \left(\frac{\sigma_1}{\sigma_2}\right)^{C_2}$$

$$(6.57)\quad \log\frac{A(\sigma_1)}{A(\sigma_2)} = C_2\log\frac{\sigma_1}{\sigma_2} \quad\Leftrightarrow\quad C_2 = \frac{\log\frac{A(\sigma_1)}{A(\sigma_2)}}{\log\frac{\sigma_1}{\sigma_2}}$$

Nun muss man sich entscheiden, welche zwei Spannungsniveaus man auswerten will. Das könnten das niedrigste und das höchste nach Datenlage oder das höchste in der linearen Berechnung sein, hier werden die beiden höchsten gewählt, weil man hier die größten Kriechdehnungen erhält, die dann auch die größten Veränderungen gegenüber der linearen Lösung bewirken:

$$(6.58)\quad C_2 = \frac{\log\frac{5{,}05403\text{E-17}}{9{,}81861\text{E-15}}}{\log\frac{55}{85}} = 12{,}1044$$

Durch Auflösen von (6.54) ergibt sich

$$(6.59)\quad C_1 = \frac{A(85)}{85^{C_2}} = \frac{9{,}81861\text{E-15}}{85^{12{,}1044}} = 4{,}34103\text{E-38}$$

Nachdem man die Größenordnung der Parameter skaliert hat, liefert der Solver mit diesen als Startwerte bei der Minimierung des Gesamtfehlerquadrats eine Abweichung bei C_1 und C_2 in der sechsten geltenden Ziffer. Bei Startwert $C_1 = 6\cdot 10^{-38}$ und $C_2 = 12$ landet man bei etwas größeren Veränderungen. Mit den oben ermittelten ergeben sich die Werte von **Tab. 6.4**. Aus $r = 4{,}22427$ wird wegen (6.52) $C_3 = -3{,}22427$.

Tab. 6.4 Soll-Vorfaktoren und Annäherung durch Eingabeparameter

σ	A(Soll)	$C1^*\sigma^{C2}$
25	4,07415E-19	3,6209E-21
55	5,05403E-17	5,05403E-17
85	9,81861E-15	9,81861E-15

Für $\sigma = 25$ weicht der Vorfaktor A um zwei Größenordnungen ab. Versuche ergeben, dass es mit der Funktion (6.54) keine gute Übereinstimmung für alle drei Kurven gibt. Für welche zwei man sich entscheidet oder ob man eine Wichtung der Kurven beim Fehlerquadrat vornimmt, hängt von der Relevanz für die Simulation ab. In **Abb. 6.23** sieht man den Verlauf nach Formeln. Nun ist zu prüfen, was ANSYS daraus macht. In älteren Versionen von ANSYS wurden Parameter der Größenordnung 10^{-38} gar nicht angenommen, mit Version 18.2 entsteht aber kein Problem. Workbench (**Abb. 6.24**) lässt die Eingabe zu und ANSYS rechnet die erwarteten Ergebnisse aus (**Abb. 6.25**), fast so, wie nach Formeln vorhergesagt.

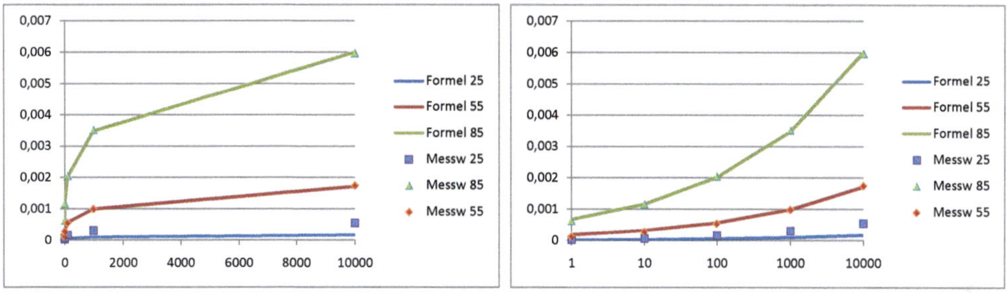

Abb. 6.23 Verlauf für Dehnungsverfestigung nach Anpassung von C_1 und C_2 bei gegebenem r links linearer, rechts logarithmischer Zeitmaßstab

9	⊟ Dehnungs-Verfestigung	
10	Referenzeinheiten (Länge, Zeit, Temperatur, Kraft)	mm, s, K, Tonne m...
11	Kriechkonstante 1	4,341E-38
12	Kriechkonstante 2	12,104
13	Kriechkonstante 3	-3,2243
14	Kriechkonstante 4	0

Abb. 6.24 Kriechparameter für Dehnungsverfestigung

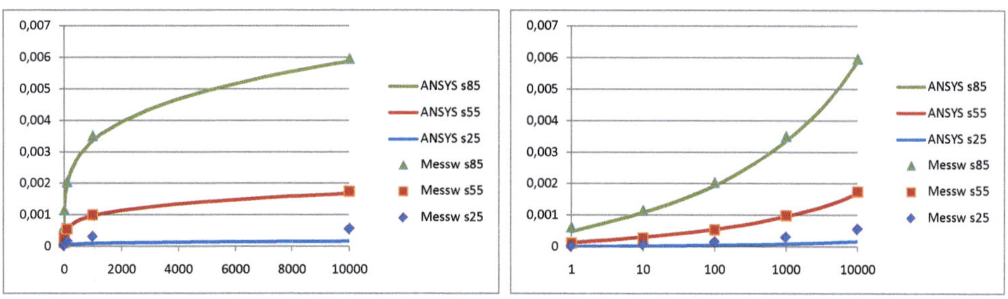

Abb. 6.25 Kriechdehnungsverlauf für Dehnungsverfestigung in ANSYS-Berechnung links linearer, rechts logarithmischer Zeitmaßstab

Fazit

- Trotz Lösung der Differenzialgleichung ist die Parameterbestimmung für das Modell *Dehnungsverfestigung* schwieriger.
- Die abgeschätzten Parameter haben eine zunächst unerwartete Größenordnung.
- Eine Optimierung in der Tabellenkalkulation ist nur erfolgversprechend, wenn Startwerte in der richtigen Größenordnung vorgegeben werden und die Ziel- und veränderbaren Zellen so skaliert sind, dass deren Größenordnung bei 1 liegt.
- Die Funktion für die Spannungsabhängigkeit erweist sich als nicht so gut wie bei *Generalized Time Hardening.*
- Die beste Übereinstimmung sollte daher im für die jeweilige Berechnung relevanten Bereich liegen.
- Trotz der Schwierigkeiten bleibt es dabei, dass Dehnungsverfestigung zu bevorzugen ist, wenn sich die Spannungen signifikant über die Zeit ändern.

6.4.6.2 Fall II: Lösung der Differenzialgleichung ist *nicht* bekannt

Für die Anpassung eines Kriechgesetzes mit direkter Zeitabhängigkeit an Kriechkurven, wird man eine Lösung der Dgl. finden (wenn nicht, hilft dieses Kapitel auch). Bei Dehnungsverfestigung kann das zu kompliziert sein. Diese beschreibt aber die Abhängigkeit der Kriechgeschwindigkeit von der Kriechdehnung. Entnimmt man der Messung Wertepaare $\{\varepsilon_{cr}, d\varepsilon_{cr}/\mathrm{d}t\}$, kann man wieder wie bei der Zeitabhängigkeit vorgehen.

Nur, woher bekommt man die Zeitableitung? Schließlich ist die Kriechkurve nicht als Funktion gegeben. Also muss man eine Näherungsfunktion angeben. Bei den fünf Stützstellen, die die verwendeten Beispielkriechkurven aufweisen, kann man eine Parabel vierter Ordung, bei Hinzunahme von $\{t, \varepsilon_{cr}\} = \{0,0\}$ auch eine fünfter Ordnung versuchen. Mit dem Ansatz

$$(6.60)\qquad \varepsilon(t) = a + bt + ct^2 + dt^3 + et^4$$

für die vierte Ordnung erhält man ein Gleichungssystem mit den fünf Unbekannten a bis e. Jede einzelne Gleichung für die Stützstelle i hat die Form

$$(6.61)\qquad a + bt_i + ct_i^2 + dt_i^3 + et_i^4 = \varepsilon_i^{cr}$$

und lässt sich in der Tabellenkalkulation leicht generieren. Die Lösung für das Beispiel trifft zwar alle Messpunkte, sieht aber aus, wie in **Abb. 6.26** dargestellt. Es gibt negative Werte und der Maximalwert ist größer als 4.

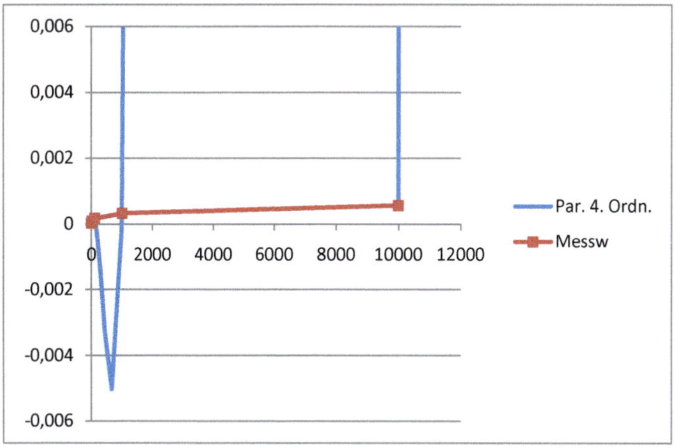

Abb. 6.26 Parabel vierter Ordnung durch die Stützstellen

Mit so einem Verhalten muss man bei Parabeln höherer Ordnung generell rechnen. Hier ist aber wesentlich, dass die Stützstellen im linearen Maßstab einen stark unterschiedlichen Abstand haben. Anders im logarithmischen Maßstab. Hier sind die Abstände gleich und das System mit den Gleichungen

$$a + b\log t_i + c\log^2 t_i + d\log^3 t_i + e\log^4 t_i = \varepsilon_i^{cr} \tag{6.62}$$

führt zu einem glatten Verlauf zwischen den Stützstellen (**Abb. 6.27**). Hier ist eine Hinzunahme von $t = 0$ nicht möglich.

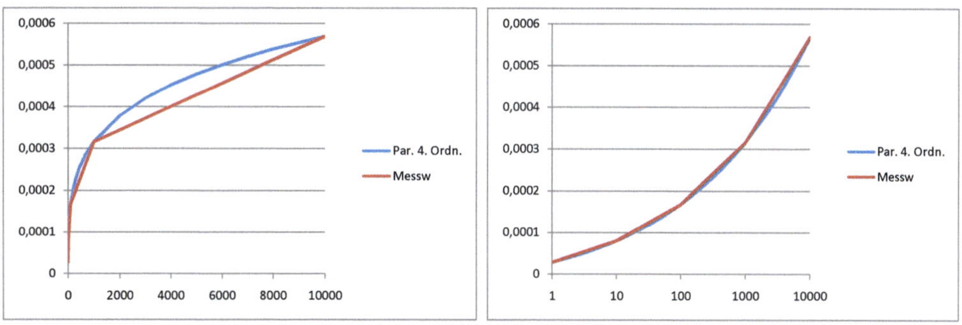

Abb. 6.27 Glatter Verlauf bei Anpassung im logarithmischen Maßstab

Damit ist die Ableitung

$$\frac{d\varepsilon_{cr}}{dt} = \frac{d\varepsilon_{cr}}{d\log t}\frac{d\log t}{dt} = \left(b + 2c\log t_i + 3d\log^2 t_i + 4e\log^3 t_i\right)\frac{d\log_k t}{dt} \tag{6.63}$$

mit

(6.64) $$\frac{d\log_k t}{dt} = \frac{1}{\ln k}\frac{1}{t}$$

und die Wertepaare können in **Tab. 6.5** angegeben werden.

Tab. 6.5 Kriechgeschwindigkeit in Abhängigkeit von der Kriechdehnung für $\sigma = 25$ MPa

ε_{cr}	$d\varepsilon_{cr}/dt$
2,8511E-05	1,62362E-05
7,9911E-05	2,89525E-06
0,00016731	4,87927E-07
0,00031601	8,34861E-08
0,00056911	1,40762E-08

Diese Stützstellen sollen nun durch die *modifizierte Dehnungsverfestigung* (Modell 7) angenähert werden, deren Gleichung lautet:

(6.65) $$\dot{\varepsilon}_{cr} = \left\{ \underbrace{C_1 \sigma^{C_2}}_{=:A} \left[(C_3 + 1)\varepsilon_{cr} \right]^{C_3} \right\}^{\frac{1}{C_3+1}} e^{-\frac{C_4}{T}}$$

mit $C_4 = 0$ und Abkürzung A eingeführt:

(6.66) $$\dot{\varepsilon}_{cr} = \left\{ A\left[(C_3 + 1)\varepsilon_{cr} \right]^{C_3} \right\}^{\frac{1}{C_3+1}}$$

Zum Probieren wird C_3 gewählt und A nach Auflösen von (6.66) aus der ersten Stützstelle, in der Annahme, dass es nützlich ist, die Anfangsgeschwindigkeit zu treffen, bestimmt:

(6.67) $$A = \frac{\dot{\varepsilon}_{cr}^{C_3+1}}{\left[(C_3 + 1)\varepsilon_{cr} \right]^{C_3}}$$

Z. B. ergibt sich für C_3 = -0,6 Parameter A = 1,3135E-05. Mit dem Excel-Solver erhält man über das Fehlerquadrat bei Freigabe von C_3 und A die Werte C_3 = -0,6341 und A = 1,2265E-05. Damit erhält man den Verlauf aus **Abb. 6.28**. Im linearen Maßstab sieht das sehr gut aus. Trägt man die Ordinate aber logarithmisch auf, weil sich die Kriechgeschwindigkeit um Größenordnungen ändert, stellen sich jedoch zum Ende hin Abweichungen ein.

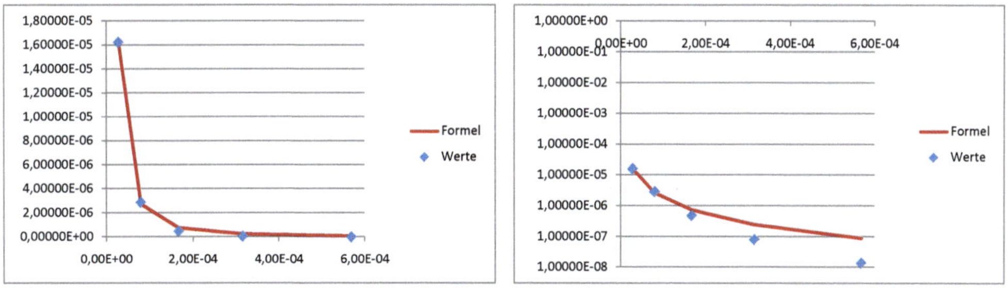

Abb. 6.28 1. Anpassung Kriechgeschwindigkeit in Abhängigkeit von Kriechdehnung Ordinate links linear, rechts logarithmisch

Das ist vermutlich der Grund dafür, dass die Berechnung mit ANSYS eine deutliche Abweichung hervorbringt (**Abb. 6.29**). Eine Skalierung von A auf der Basis der Dehnung bei t = 10000 h führt zu einem schon brauchbar aussehenden Ergebnis, aber es geht noch besser.

Dazu wird die Optimierung mit einem gewichteten Fehlerquadrat wiederholt, und zwar wird das Quadrat des Fehlers in der Kriechgeschwindigkeit durch das Quadrat des Sollwertes geteilt:

$$F = \sum_i \frac{\left(f(x_i) - y_i\right)^2}{y_i^2} \rightarrow Min. \tag{6.68}$$

Nun tragen alle Fehler in ähnlicher Größenordnung zum Gesamtmaß bei. Man bedenke, dass die niedrigeren Geschwindigkeiten über einen deutlich längeren Zeitraum gelten.

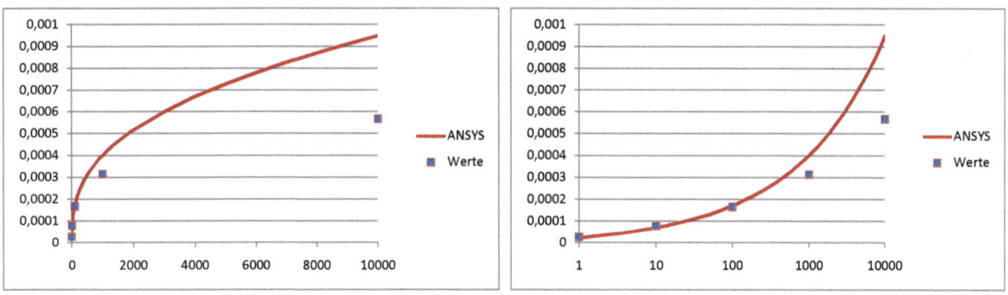

Abb. 6.29 Verlauf für modifizierte Dehnungsverfestigung in ANSYS-Berechnung, 1. Versuch links linearer, rechts logarithmischer Zeitmaßstab

Zu der neuen Bedingung ermittelt der Solver C_3 = -0,70116 und A = 1,09769E-05. Die Kriechgeschwindigkeiten nach Formel (6.66) zeigt **Abb. 6.30**. Im linearen Maßstab sind anfänglich Abweichungen erkennbar. Insgesamt ist die Anpassung gut, was auch die von ANSYS berechnete Kriechdehnung über der Zeit (**Abb. 6.31**) zeigt.

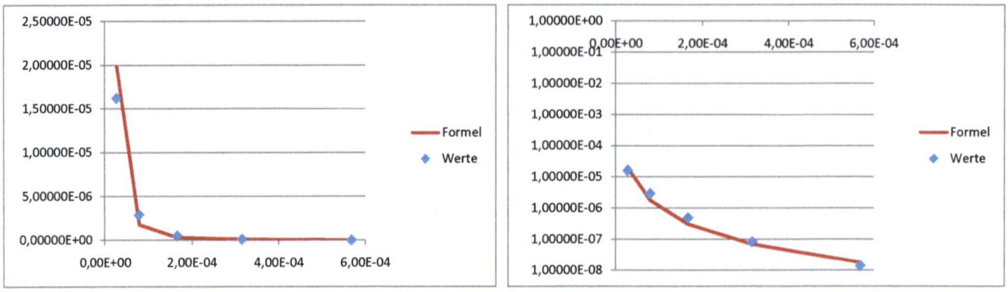

Abb. 6.30 2. Anpassung Kriechgeschwindigkeit in Abhängigkeit von -dehnung Ordinate links linear, rechts logarithmisch

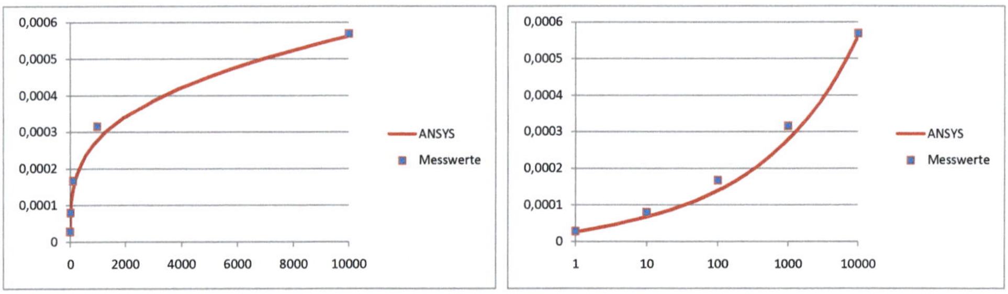

Abb. 6.31 Verlauf für modifizierte Dehnungsverfestigung in ANSYS-Berechnung, 2. Versuch links linearer, rechts logarithmischer Zeitmaßstab

Dieses Ergebnis könnte evtl. durch eine Optimierung in Workbench noch verbessert werden, man sollte jedoch bedenken, dass die Anpassung für die anderen Spannungsniveaus noch aussteht und dass der Exponent nicht spannungsabhängig ist. Wir halten fest, dass die mit dem Sollwert gewichtete Fehlerquadratfunktion die entscheidende Verbesserung brachte und nehmen damit die Anpassung für die anderen Spannungsniveaus vor.

Man erhält

für $\sigma = 55$ MPa $C_3 = -0{,}7325$ und $A = 4{,}0404\text{E-}05$ und

für $\sigma = 85$ MPa $C_3 = -0{,}7619$ und $A = 1{,}5985\text{E-}04$.

Die Optimierung der drei As für ein gemeinsames C_3 ist leider nicht erfolgreich, sodass für C_3 der Wert für 55 MPa, der auch etwa dem Mittelwert entspricht, gewählt und dafür jeweils das beste A ermittelt wird. Damit ergeben sich

für $\sigma = 25$ MPa $A = 9{,}3519\text{E-}06$ und

für $\sigma = 55$ MPa $A = 4{,}0404\text{E-}05$ und

für $\sigma = 85$ MPa $A = 1{,}4396\text{E-}04$.

Diese Werte für A müssen nun nach der Definition in (6.65) durch C_1 und C_2 ausgedrückt werden. Ein Startwert für C_1 kann z. B. nach (6.59) aus einem gewählten C_2 errechnet werden. Leider hilft der Solver auch hier nicht, sodass nach der Probiermethode $C_2 = 2{,}7$ und

$$(6.69) \qquad C_1 = \frac{A(85)}{85^{C_2}} = 8{,}89\mathrm{E}-10$$

ermittelt werden. Grafisch (**Abb. 6.32**) sieht das nach guter Übereinstimmung aus.

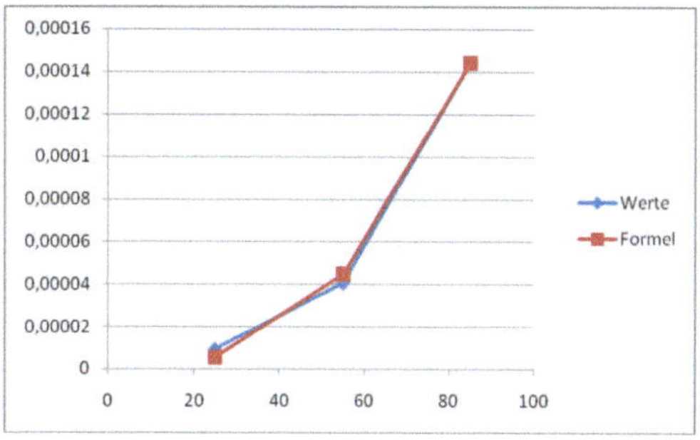

Abb. 6.32 Parameter A, ausgedrückt durch C_1 und C_2, über der Spannung

Die folgende ANSYS-Berechnung liefert die Ergebnisse aus **Abb. 6.33**. Diese sehen akzeptabel aus. Es ist an den unterschiedlich abweichenden Krümmungen zu erkennen, dass vor allem ein spannungsabhängiger Exponent eine Verbesserung bringen würde.

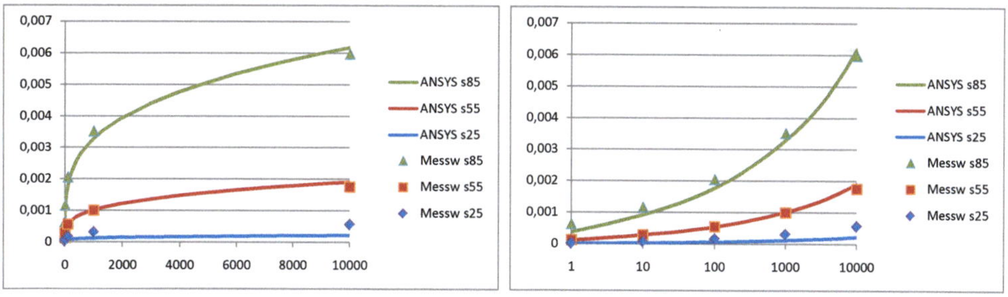

Abb. 6.33 Mit ANSYS berechnete Kriechdehnungen bei modifizierter Dehnungsverfestigung (Kurvenparameter Spannung), links linearer, rechts logarithmischer Zeitmaßstab

Statt durch eine Parabel n-ter oder $(n$-1)ter Ordnung können die Kriechgeschwindigkeiten auch mit Parabeln zweiter Ordnung für je drei Stützstellen bestimmt werden, wobei außer für die beiden Ränder jeweils nur die Geschwindigkeit am mittleren Zeitwert verwendet wird. Ebenfalls in Betracht kommen kubische Splines, die bereichsweise zwischen den Stützstellen definiert werden und deren Koeffizienten aus den nachfolgenden Bedingungen ermittelt werden. Für n Stützstellen benötigt man n-1 Splines mit je 4 Parametern, also insgesamt $4n$-4 Stück. Diese werden bestimmt aus den Forderungen:

- An der Stützstelle muss der Funktionswert getroffen werden.
  Die inneren Werte können für beide angrenzenden Abschnitte verwendet werden, sodass man $2(n\text{-}2)+2 = 2n\text{-}2$ Bedingungen erhält.
- An den inneren Stützstellen müssen die erste und zweite Ableitung der einen Kurve den entsprechenden Werten der anschließenden entsprechen.
  Das ergibt $2(n\text{-}2) = 2n\text{-}4$ Bedingungen.
- Für die restlichen beiden Bedingungen gibt es verschiedene Möglichkeiten. Am besten scheint die, dass die zweite Ableitung an den beiden Enden gleich 0 sein soll. (Für Mechaniker: Wenn man eine Latte über mehrere Stützen legt und die Enden auf Stützen zu liegen kommen, ist dort das Moment, die zweite Ableitung der Biegelinie, 0).

Das sind dann $2n\text{ -}2 + 2n\text{-}4 + 2 = 4n\text{-}4$ Gleichungen.

Auch hier kann das Arbeiten im logarithmischen Maßstab vorteilhaft sein.

6.4.7 Basis Relaxationskurven

Sind als Basis nicht Kriech-, sondern Relaxationskurven gegeben, kann die Parameteranpassung schwieriger werden. Dies soll am Beispiel desselben Werkstoffs untersucht werden. Die Relaxationskurven aus **Tab. 6.6** sind aus den gleichen Isochronen abgeleitet wie die Kriechkurven aus **Tab. 6.1**. Relaxationskurven zeigen die Spannung über der Zeit bei konstanter Gesamtdehnung. Die Schwierigkeit besteht darin, dass die Kriechgesetze Kriechgeschwindigkeiten oder -dehnungen angeben. Bei der Relaxation ändern sich die Spannung und die Kriechdehnung zeitgleich, sodass es nicht möglich ist, die Parameterbestimmung nacheinander durchzuführen. Damit muss auch eine Anpassung für mehrere Kurven gleichzeitig erfolgen.

Tab. 6.6 Werte der Relaxationskurven

ε_{tot0} [%]	0,53625	0,31869	0,14174
t	σ	σ	σ
1	85	55	25
10	79,4199283	52,5684861	24,1251362
100	73,4172544	49,1411667	22,7702095
1000	66,600959	44,7099219	20,7842102
10000	58,6505357	39,4746761	18,0975485

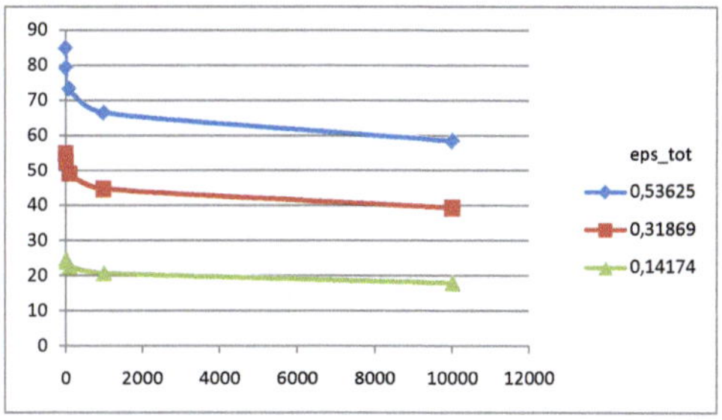

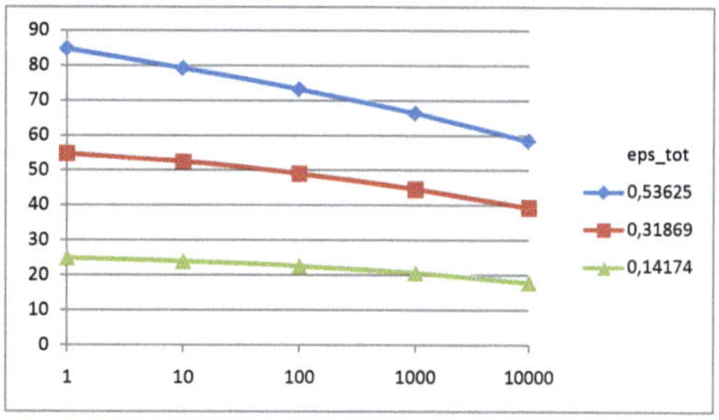

Abb. 6.34 Relaxationskurven Spannung über Zeit, Zeitachse links linear, rechts logarithmisch

6.4.7.1 Fall I: Lösung der Differenzialgleichung für Relaxation bekannt

Das grundsätzliche Vorgehen zur Lösung ist das Aufstellen einer Differenzialgleichung für die Spannung, basierend darauf, dass die elastische Dehnung sich aus der – konstanten – Gesamtdehnung $\varepsilon_{tot} = \varepsilon_0$ abzüglich der Kriechdehnung ε_{cr} ergibt.

(6.70) $$\sigma = E(\varepsilon_0 - \varepsilon_{cr})$$

Diese Beziehung wird nach der Zeit abgeleitet:

(6.71) $$\dot{\sigma} = \frac{d\sigma}{dt} = E(-\dot{\varepsilon}_{cr})$$

Beispielhaft wird hier eine Lösung für *Generalized Exponential* (Modell 3) bei konstanter Temperatur ($C_4 = 0$) und Unabhängigkeit des Exponenten r von der Spannung erarbeitet. Die Kriechgleichung lautet dann:

(6.72) $$\dot{\varepsilon}_{cr} = C_1 \sigma^{C_2} r e^{-rt}$$

In (6.71) eingesetzt:

(6.73) $$\frac{d\sigma}{dt} = E\left(-C_1 \sigma^{C_2} r e^{-rt}\right)$$

Das ist eine Dgl. 1. Ordnung für σ, die man durch Trennung der Veränderlichen und Integrieren lösen kann:

(6.74) $$\int \sigma^{-C_2} d\sigma = EC_1 \int -re^{-rt} dt + A$$

(6.75) $$\frac{1}{-C_2+1}\sigma^{-C_2+1} = EC_1 e^{-rt} + A$$ Diese Lösung ist nur für $C_2 \neq 1$ möglich!

(6.76) $$\sigma^{-C_2+1} = (-C_2+1)C_1Ee^{-rt} + \underbrace{A(-C_2+1)}_{=:\,B}$$

(6.77) $$\sigma = \left[(-C_2+1)C_1Ee^{-rt} + B\right]^{\frac{1}{-C_2+1}}$$

Die Konstante bestimmt man aus der Anfangsbedingung $\sigma(0) = \sigma_0$ und Auflösen von (6.76):

(6.78) $$B = \sigma_0^{-C_2+1} - (-C_2+1)C_1E$$

(6.79) $$\sigma = \left[(-C_2+1)C_1Ee^{-rt} + \sigma_0^{-C_2+1} - (-C_2+1)C_1E\right]^{\frac{1}{-C_2+1}}$$

(6.80) $$\sigma = \left[(-C_2+1)C_1E\left(e^{-rt}-1\right) + \sigma_0^{-C_2+1}\right]^{\frac{1}{-C_2+1}}$$

$\sigma(0)$ errechnet sich aus Elastizitätsmodul und Gesamtdehnung, die ja anfänglich als rein elastisch gilt. Das macht den Anfangswert stark von der Richtigkeit des E-Moduls abhängig.

Nun hat man eine Funktion $\sigma(t)$. C_1 ist wieder ein Größenfaktor, r bestimmt nur die Form, C_2 Form und Größe, sodass sich insbesondere C_2 und r nicht trennen lassen. Es ist wegen der veränderlichen Spannung ohnehin nicht möglich, die Kriechparameter aus nur einer Relaxationskurve eindeutig zu bestimmen.

Denkbar ist aber, C_2 und r durch Probieren anzupassen, wenn man C_1 so wählt, dass ein Punkt einer Kurve getroffen wird, also durch Auflösen von (6.76) und Einsetzen der zuvor bestimmten Konstante B:

(6.81) $$\sigma^{-C_2+1} = (-C_2+1)C_1E\left(e^{-rt}-1\right) + \sigma_0^{-C_2+1}$$

(6.82) $$C_1 = \frac{\sigma^{-C_2+1} - \sigma_0^{-C_2+1}}{(-C_2+1)E\left(e^{-rt}-1\right)}$$

Es stellt sich heraus, dass die in diesem Gesetz enthaltene e-Funktion den gewünschten Verlauf nicht gut abbilden kann (**Abb. 6.35**): Entweder werden die Werte bis 100 h gut getroffen, dann ist aber das Kriechvermögen abgeklungen und die Spannung bleibt konstant (links), oder die Werte für 1000 h und 10000 h werden gut getroffen, dann ist der Verlauf davor nicht steil genug (rechts). Beide Parametersätze,

links: C_1 = 1,51694E-06, C_2 = 1,63515, r = 0,008482,

rechts: C_1 = 2,73308E-06, C_2 = 1,53641, r = 0,0012022

wurden nach Ausprobieren von Anfangswerten durch Optimieren mit dem Excel-Solver bei Freigabe aller drei Parameter ermittelt. Für die linke Kurve trugen alle Stützstellen zur Fehlerquadratsumme bei, für die rechte nur die für 1000 h und 10000 h.

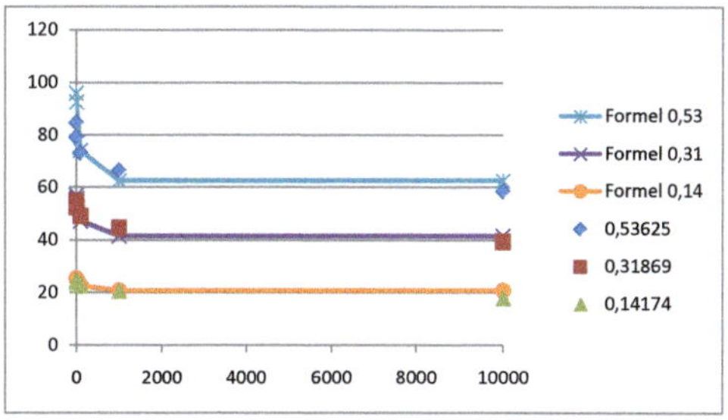

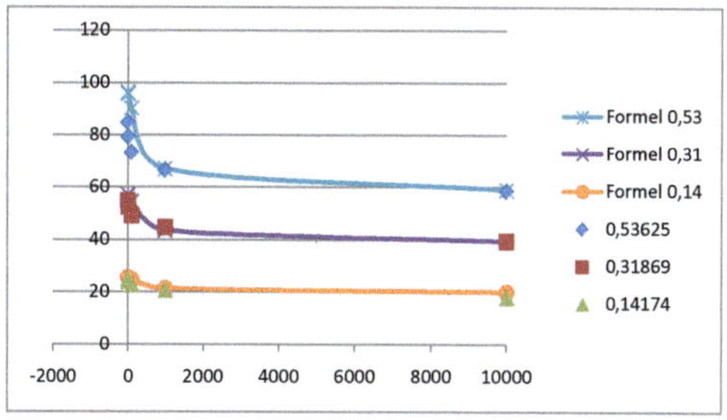

Abb. 6.35 Anpassung des Gesetzes *General Exponential* für Relaxation links bis 100 h brauchbar, rechts ab 1000 h

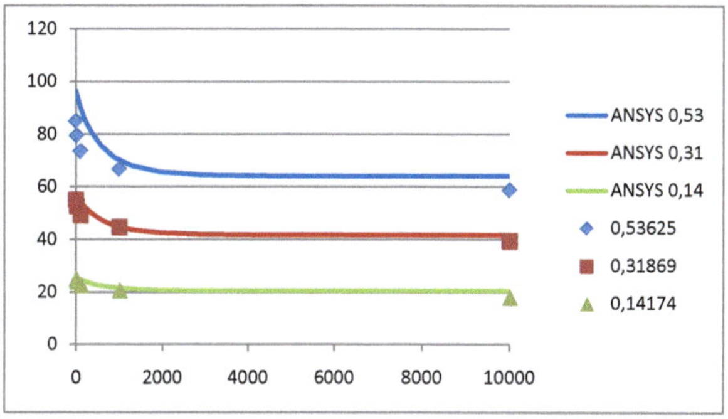

Abb. 6.36 ANSYS-Ergebnisse mit Parametersatz „rechts"

Das ANSYS-Ergebnis (**Abb. 6.36**) zeigt noch etwas größere Abweichungen, als vorhergesagt. Wegen der Unzulänglichkeit wird darauf verzichtet, r durch C_5 und C_3 auszudrücken und damit spannungsabhängig zu machen.

6.4.7.2 Fall II: Lösung der Differenzialgleichung für Relaxation nicht bekannt

Ist eine analytische Lösung für $\sigma(t)$ nicht bekannt, ist es besser, bei Dehnrate und Dehnung zu bleiben. Dazu müssen zuerst die Spannungs-Zeit-Kurven in Kriechdehnungskurven umgewandelt werden. Dabei wird

(6.70) $\sigma = E(\varepsilon_0 - \varepsilon_{cr})$

zu

(6.83) $\varepsilon_{cr}(t) = \varepsilon_0 - \dfrac{\sigma(t)}{E}$

Damit ergeben sich aus **Tab. 6.6** die die hier benötigten Kriechdehnungen über der Zeit (**Tab. 6.7**), die in **Abb. 6.37** dargestellt sind.

Tab. 6.7 Relaxationskurven in Kriechdehnungen umgerechnet

ε_{tot0} [%]	0,53625	0,31869	0,14174
t [h]	ε_{cr}	ε_{cr}	ε_{cr}
1	0,00064028	0,00013134	2,8511E-05
10	0,00095028	0,00026643	7,7115E-05
100	0,00128376	0,00045684	0,00015239
1000	0,00166245	0,00070302	0,00026272
10000	0,00210414	0,00099386	0,00041198

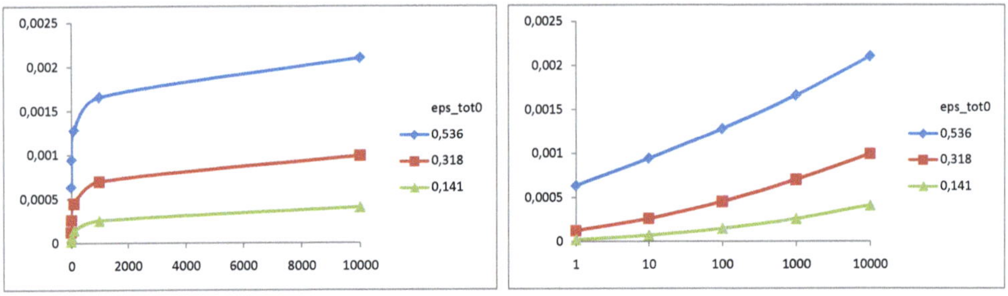

Abb. 6.37 Relaxationskurven in Kriechdehnung über Zeit umgerechnet, links linearer, rechts logarithmischer Zeitmaßstab

Mit dem Ansatz (6.62) bis (6.64) (Bestimmung der Steigung im logarithmischen Maßstab) ergeben sich daraus die Kriechgeschwindigkeiten in Abhängigkeit von der Kriechdehnung aus **Abb. 6.38** und **Tab. 6.8**.

Tab. 6.8 Kriechgeschwindigkeit in Abhängigkeit von der Kriechdehnung

ε_0 = 0,53		ε_0 = 0,31		ε_0 = 0,14	
ε_{cr}	$\dot{\varepsilon}_{cr}$	ε_{cr}	$\dot{\varepsilon}_{cr}$	ε_{cr}	$\dot{\varepsilon}_{cr}$
0,00064028	0,0001331	0,00013134	4,7977E-05	2,8511E-05	1,702E-05
0,00095028	1,3802E-05	0,00026643	7,023E-06	7,7115E-05	2,613E-06
0,00128376	1,5321E-06	0,00045684	9,519E-07	0,00015239	3,986E-07
0,00166245	1,7699E-07	0,00070302	1,1783E-07	0,00026272	5,6252E-08
0,00210414	2,0766E-08	0,00099386	1,3314E-08	0,00041198	7,3348E-09

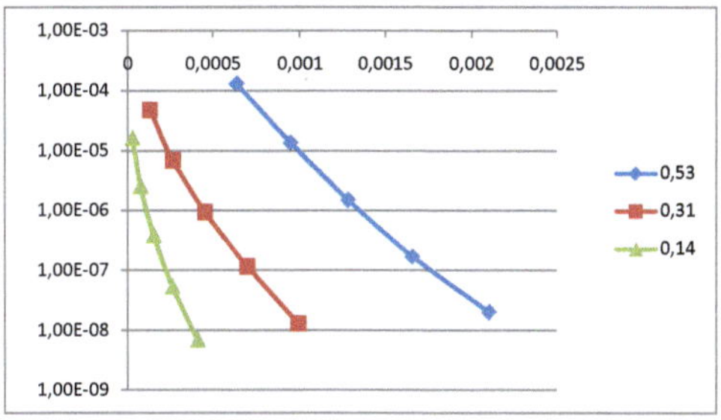

Abb. 6.38 Kriechgeschwindigkeit in Abhängigkeit von der Kriechdehnung, logarithmische Ordinate

Als Beispiel wird die Dehnungsverfestigung (Modell 1) gewählt. Durch Einsetzen von (6.70) in die Gleichung für die Kriechgeschwindigkeit (ohne Temperaturabhängigkeit, d. h. $C_4 = 0$)

$$\text{(6.84)} \quad \dot{\varepsilon}_{cr} = C_1 \sigma^{C_2} \varepsilon_{cr}^{C_3}$$

ergibt sich

$$\text{(6.85)} \quad \dot{\varepsilon}_{cr} = C_1 \left[E(\varepsilon_0 - \varepsilon_{cr})\right]^{C_2} \varepsilon_{cr}^{C_3}$$

Um nicht sofort mit drei Parametern arbeiten zu müssen, wird C_1 zunächst für den mittleren Wert der mittleren Kurve von C_2 und C_3 abhängig gemacht:

$$\text{(6.86)} \quad C_1 = \frac{\dot{\varepsilon}_{cr}}{\left[E(\varepsilon_0 - \varepsilon_{cr})\right]^{C_2} \varepsilon_{cr}^{C_3}} = \frac{9{,}519\mathrm{E}-7}{\left[18000(0{,}0031 - 0{,}00045684)\right]^{C_2} 0{,}00045684^{C_3}}$$

Damit erhält man durch das nach (6.68) gewichtete Fehlerquadrat zu den Werten aus **Tab. 6.8** mit dem Excel-Solver die Parameter

C1	C2	C3	Fehlerquadrat
3,0249E-28	7,04581149	-2,89777877	5,95319096

Nach zusätzlicher Freigabe von C_1 (für den Solver durch 10^{-28} geteilt) ergeben sich die Werte aus **Tab. 6.9**.

Tab. 6.9 Kriechparameter für Dehnungsverfestigung, ermittelt aus Relaxationsversuch

C1	C2	C3	Fehlerquadrat
5,88022E-27	6,37297005	-2,806091	4,72874998

Damit erhält man die Verläufe aus **Abb. 6.39**. Man erkennt, dass für $\varepsilon_0 = 0{,}53$ % die Übereinstimmung nicht so gut ist. Vielleicht könnte eine andere Gewichtung noch eine Verbesserung bringen, dann aber wahrscheinlich zu Lasten der Genauigkeit in den anderen Bereichen.

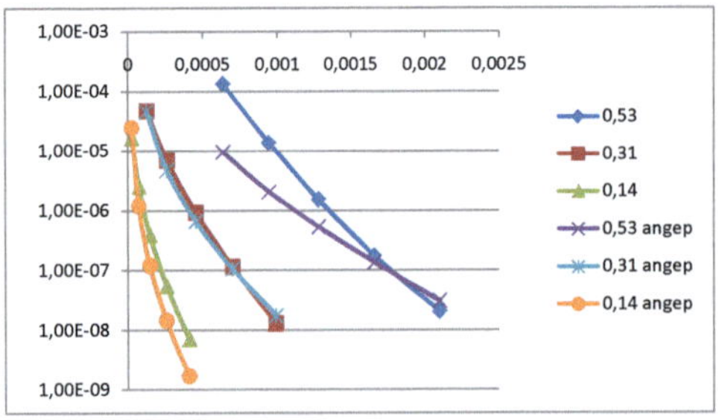

Abb. 6.39 Kriechgeschwindigkeit über Kriechdehnung, Ordinate logarithmisch, aus Messdaten und über angepasste Parameter

Mit diesen Parametern trifft die ANSYS-Simulation die Messwerte recht gut (**Abb. 6.40**). Erwartungsgemäß sind die Abweichungen für ε_0 = 0,53 % größer als in den anderen Dehnungsbereichen - deutlicher erkennbar im logarithmischen Maßstab -, aber auch dort ist die berechnete Kurve noch nahe dran, bei 10000 h geht sie sogar fast exakt durch den Messpunkt.

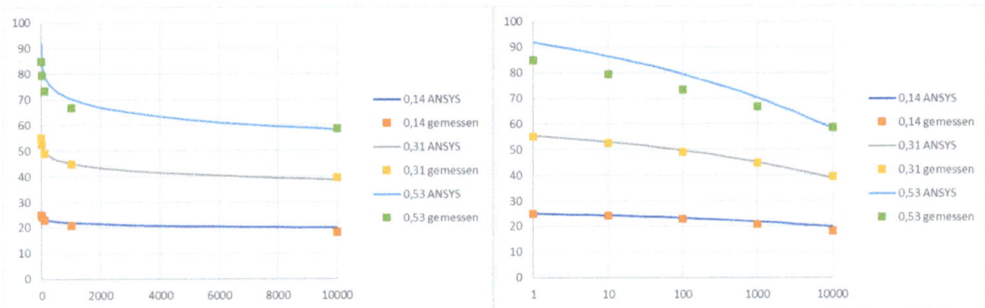

Abb. 6.40 Spannung über Zeit, linearer und logarithmischer Zeitmaßstab

6.4.8 Zusammenfassung

Als Erkenntnis aus den Beispielen zur Parameterbestimmung für Kriechsimulationen lässt sich zusammenfassen:

- Am einfachsten ist die Bestimmung auf der Basis von Kriechkurven und wenn die Lösung der Differenzialgleichung bekannt ist.
- Auch Kriechmodul- und Relaxationskurven kommen in Betracht.
- Auch auf Basis der Formeln für die Kriechgeschwindigkeit (Dgl.) ist eine Anpassung der Parameter möglich.
- Der Zeitbereich der Messwerte sollte die Simulationszeit abdecken; die Parameteranpassung sollte nur für die beabsichtigte Simulationszeit erfolgen.

- Man mache sich Gedanken über die Bedeutung der einzelnen Parameter für die Verläufe, insbesondere identifiziere man Größen- und Formparameter und versuche, zunächst nur wenige, z. B. für ein Spannungs- oder Dehnungsniveau und ein Temperaturniveau, zu bestimmen.
- Optimierungsverfahren, seien sie aus der Tabellenkalkulation oder aus Workbench, sollten gute Startwerte haben, die man aus Überlegen oder Probieren erhält.
- Die Fehlerquadratmethode benötigt evtl. eine Wichtung.
- Der Solver in Excel konvergiert besser, wenn die beteiligten Zellen Werte enthalten, die nicht zu viele Größenordnungen von 1 entfernt sind.

6.5 Beispiel Scheibe mit Loch

Ein Viertel einer Scheibe mit Loch (Symmetriebedingungen durch *Reibungsfreie Lagerung*), die am Ende mit einem Druck von 25 MPa belastet ist, wird einer Kriechberechnung unterzogen. Die Materialparameter stammen aus **Tab. 6.9**. Am Lochrand liegt eine Spannungskonzentration vor (**Abb. 6.41**). Diese wird durch den Kriechvorgang abgemindert (Spannungsumlagerung).

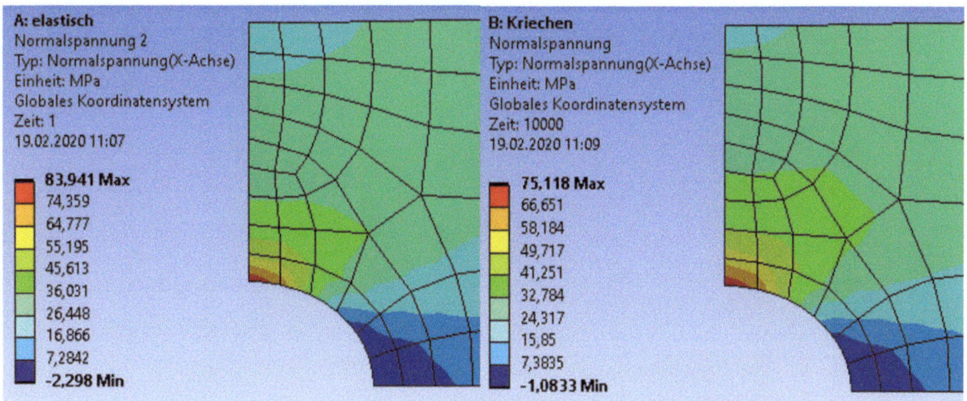

Abb. 6.41 Scheibe mit Loch, Spannungen vor und nach dem Kriechvorgang

Besonders deutlich sieht man den Effekt der Umlagerung in dem Pfadplot längs des linken Randes vom Lochrand nach außen (**Abb. 6.42**). Wenn die Spannung teilweise zurückgeht, muss sie in einem anderen Bereich anwachsen, damit weiter Gleichgewicht herrscht, hier zu sehen zwischen 5 und 15 mm.

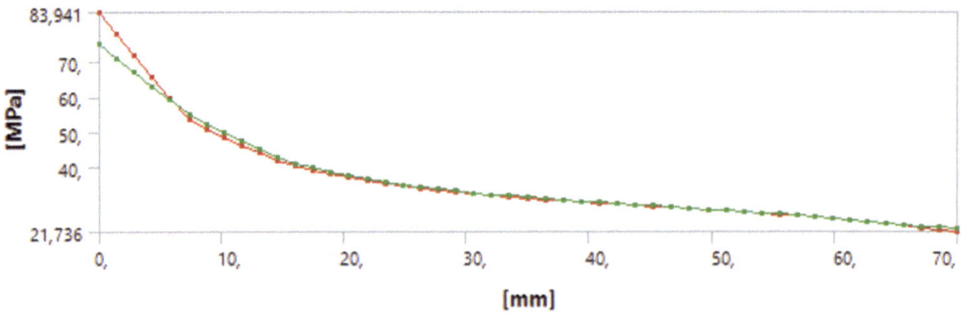

Abb. 6.42 Spannungsverteilung längs des Randes vor (rot) und nach dem Kriechvorgang bis 10000 h

6.6 Beispiel Kunststoff-Feder

Eine Feder aus Kunststoff, dessen Kriechverhalten mit Dehnungsverfestigung und den Parametern aus **Tab. 6.9** beschrieben wird, wird für zwei Einbausituationen simuliert: Zum einen ist die Feder für den Dauerzustand eingezwängt (weggesteuert simuliert), zum anderen mit einem Druck von oben belastet. In beiden Fällen erfolgt die Lastaufbringung in sehr kurzer Zeit und mit ausgeschalteten Kriecheffekten. In **Abb. 6.43** sieht man die Vergleichsspannung der weggesteuerten Variante nach 10000 h, in **Abb. 6.44** deren Zeitverlauf.

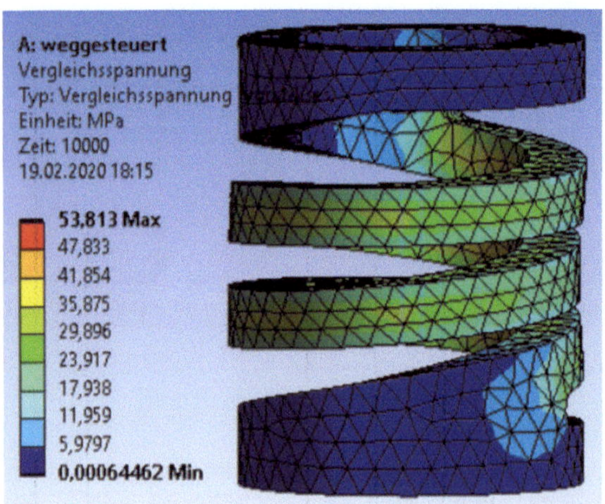

Abb. 6.43 Vergleichsspannung in der Feder nach 10000 h, weggesteuert

Dass die Spannung abnimmt, ist in dieser Variante zu erwarten. Woher kommt aber der deutliche Sprung am Anfang (roter Pfeil)? Der Effekt hat mit der in Kap. 4.3 beschriebenen Logik zu tun: Solange keine Kriechdehnung vorliegt, werden die Spannungen zu den Knoten extrapoliert, danach kopiert, was bei einem groben Netz erhebliche Unterschiede ausmachen kann.

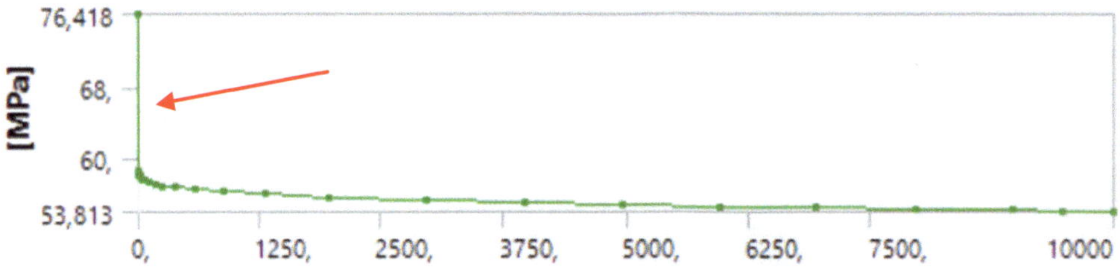

Abb. 6.44 Verlauf der maximalen Vergleichsspannung über der Zeit (in h)

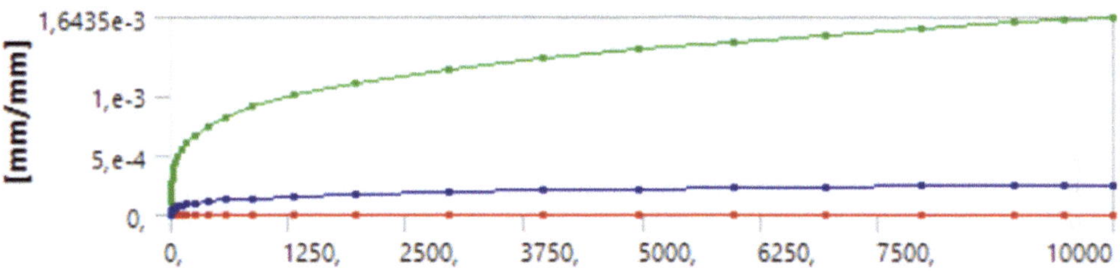

Abb. 6.45 Verlauf der Vergleichskriechdehnung über der Zeit (in h)

Die Kriechdehnung steigt, die Kriechgeschwindigkeit (Steigung) nimmt aber ab (**Abb. 6.45**). Dies bewirkt, dass die Reaktionskraft abnimmt, die Feder also nicht mehr die anfängliche Kraft ausübt (**Abb. 6.46**).

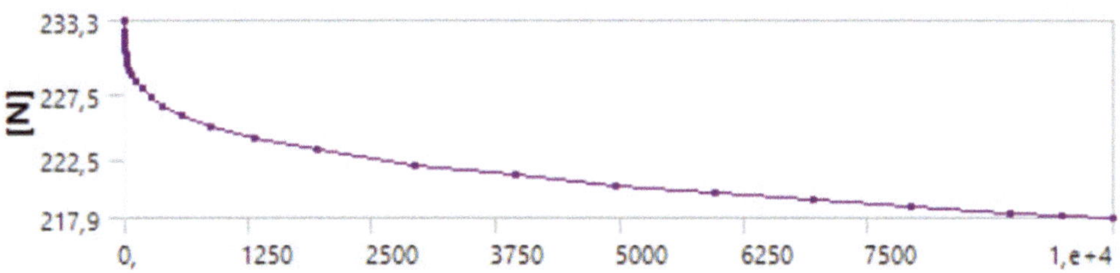

Abb. 6.46 Reaktionskraft über der Zeit (in h)

In der kraftgesteuerten Variante – die Kriechdehnungsverteilung nach 10000 h ist in **Abb. 6.47** dargestellt – zeigt sich ein ähnlicher Verlauf der Kriechdehnung (**Abb. 6.48**). Die bewirkt nun aber, dass die Feder zeitabhängig mehr nachgibt. Den Zeitverlauf der Verschiebung zeigt **Abb. 6.49**.

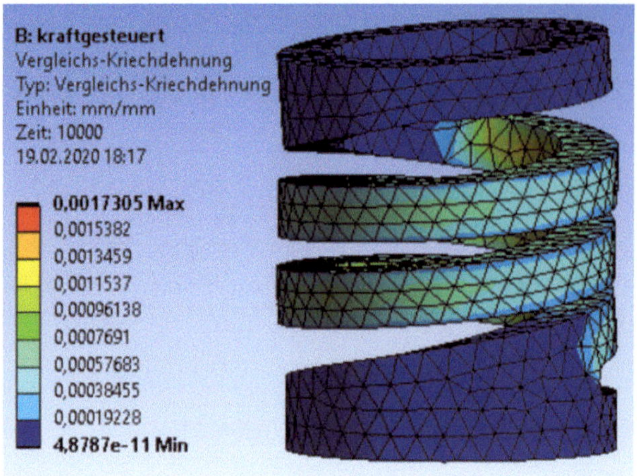

Abb. 6.47 Vergleichskriechdehnung nach 10000 h, kraftgesteuert

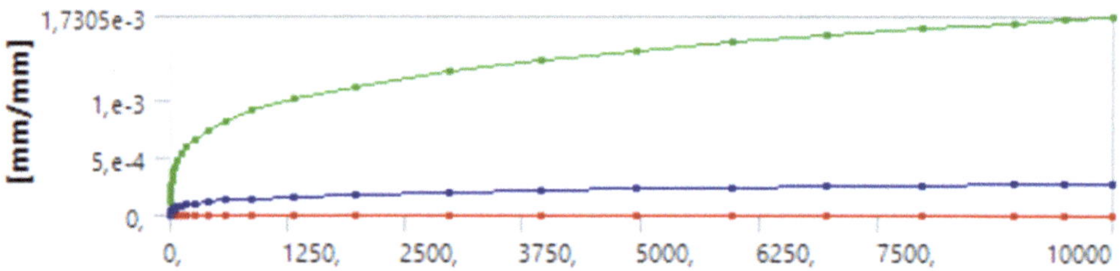

Abb. 6.48 Kriechdehnung über der Zeit (in h)

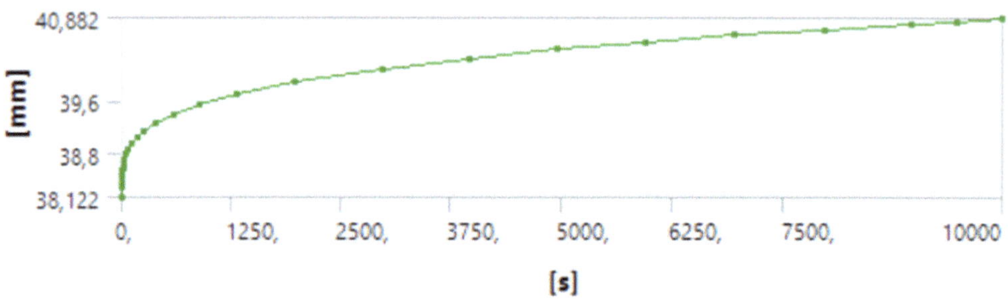

Abb. 6.49 Maximale Verschiebung über der Zeit (in h)

6.7 Konvergenz

Kriechen ist eine eher gutmütige Nichtlinearität. Konvergenzprobleme aufgrund von Kriechen allein sind eher selten. Was jedoch passieren kann, ist, dass bei der Erfüllung des Stoffgesetzes ein Fehler auftritt. Das kann an extremen Parametersätzen liegen. Es kann vorkommen, dass ein parametriertes Modell am Einheitswürfel gut konvergierende Lösungen erzeugt, am Bauteil aber nicht mehr. In diesem Fall hilft evtl. eine Abschwächung (die aber eine schlechtere Abbildung der Messkurven bedeuten kann) oder die Wahl eines anderen Gesetzes.

7 Gummiartige Materialien (Hyperelastizität)

7.1 Grundsätzliches Verhalten

Hyperelastizität beschreibt das Verhalten von gummiartigen Materialien, seien Sie natürlichen oder künstlichen Ursprungs (Elastomere). Die Orientierung der sie bildenden langen Molekülketten ist zufällig, sodass von isotropem Verhalten ausgegangen werden kann. Hier werden nur die Modelle betrachtet, bei denen rein elastisches, jedoch nichtlineares Verhalten abgebildet wird. Das heißt, dass bei Lastwegnahme die Verformung vollständig zurückgeht und die Entlastung auf demselben Spannungs-Dehnungs-Pfad wie die Belastung erfolgt. Der Bereich der möglichen Dehnungen kann mehrere 100 % erfassen.

Ebenfalls erfolgt eine Beschränkung auf inkompressibles oder nahezu inkompressibles Verhalten. Das bedeutet, dass

- Gestaltänderungen relativ leicht möglich sind
  In Verbindung mit den großen Dehnungen sind starke Elementverzerrungen wahrscheinlich, die zu Problemen mit der Elementformulierung führen können und evtl. während der Simulation eine Neuvernetzung erfordern.
- das Volumen sich kaum ändert
  Das kann zu Problemen im Materialgesetz führen und in diesem Punkt spezielle Elementformulierungen erfordern.

Inkompressibilität entspräche einer Querkontraktionszahl von ν = 0,5, was dazu führen würde, dass der Kompressionsmodul

$$K = \frac{E}{3(1-2\nu)} \tag{7.1}$$

gegen ∞ strebt. Bei den hyperelastischen Modellen werden allerdings im Gegensatz zu vielen anderen Materialgesetzen keine Parameter für den linear elastischen Anteil eingegeben. K taucht in abgewandelter Form wieder auf.

7.2 Basis der Materialmodelle

Die Materialmodelle für Hyperelastizität stellen grundsätzlich Beziehungen zwischen Green-Lagrange-Dehnungen oder Streckungen und 2. Piola-Kirchhoff-Spannungen her. **Im Folgenden werden nur Normalspannungen und -dehnungen in den Hauptrichtungen betrachtet**, d. h. es liegen keine Schubkomponenten vor bzw. diese sind in die Hauptrichtungen eingeflossen. Es wird also nur gezogen oder gedrückt, durchaus auch in mehreren Richtungen.

Eine Streckung ist definiert als das Verhältnis der Länge L im verformten zur Länge L_0 im unverformten Zustand in der betrachteten Richtung und lässt sich leicht durch die jeweilige Ingenieurdehnung ε_{Ing} ausdrücken:

$$\lambda = \frac{L}{L_0} = \frac{L_0 + \Delta u}{L_0} = 1 + \frac{\Delta u}{L_0} = 1 + \varepsilon_{Ing} \tag{7.2}$$

Elektronisches Zusatzmaterial Die elektronische Version dieses Kapitels enthält Zusatzmaterial, das berechtigten Benutzern zur Verfügung steht. https://doi.org/10.1007/978-3-658-31421-7_7

W. Rust, *Nichtlineare Finite-Elemente-Berechnungen mit ANSYS Workbench*,
https://doi.org/10.1007/978-3-658-31421-7_7

Die Streckungen sind in diesem Fall aber auch die Bestandteile des Deformationsgradienten

$$\mathbf{F} = \left[\frac{\partial x_i}{\partial x_{0j}} \right] \tag{7.3}$$

der sich in Hauptrichtungen auf

$$\mathbf{F} = \begin{bmatrix} \lambda_1 & 0 & 0 \\ 0 & \lambda_2 & 0 \\ 0 & 0 & \lambda_3 \end{bmatrix} \tag{7.4}$$

reduziert. Im unverformten Zustand lautet er

$$\mathbf{F} = \begin{bmatrix} 1 & 0 & 0 \\ 0 & 1 & 0 \\ 0 & 0 & 1 \end{bmatrix} \tag{7.5}$$

entspricht also dem Einheitstensor **I**. Aus **F** kann der rechte Cauchy-Green-Tensor

$$\mathbf{C} = \mathbf{F}^T \mathbf{F} \tag{7.6}$$

berechnet werden, der in Hauptrichtungen nur

$$\mathbf{C} = \begin{bmatrix} \lambda_1^2 & 0 & 0 \\ 0 & \lambda_2^2 & 0 \\ 0 & 0 & \lambda_3^2 \end{bmatrix} \tag{7.7}$$

enthält. Zur Bestimmung der Hauptrichtungen muss man das Eigenwertproblem

$$(\mathbf{C} - \omega \mathbf{I})\boldsymbol{\varphi} = \mathbf{0} \tag{7.8}$$

lösen. Dabei entsteht das charakteristische Polynom, das zu den Invarianten I_i mal den Potenzen von ω zusammengefasst werden kann. Invariant bedeutet, dass diese Größen unabhängig von der Ausrichtung des Koordinatensystems sind. Liegen schon Hauptrichtungen vor, wird das charakteristische Polynom zu

$$\left(\lambda_1^2 - \omega\right)\left(\lambda_2^2 - \omega\right)\left(\lambda_3^2 - \omega\right) = 0 \tag{7.9}$$

sodass die Invarianten

$$\begin{aligned} I_1 &= \lambda_1^2 + \lambda_2^2 + \lambda_3^2 \\ I_2 &= \lambda_1^2 \lambda_2^2 + \lambda_2^2 \lambda_3^2 + \lambda_3^2 \lambda_1^2 \\ I_3 &= \lambda_1^2 \lambda_2^2 \lambda_3^2 \end{aligned} \tag{7.10}$$

betragen. Im unverformten Zustand gilt:

$$I_1 = 3 \qquad (7.11) \quad I_2 = 3 \qquad I_3 = 1$$

Das Werkstoffgesetz wird nun über die Verzerrungsenergiefunktionen

(7.12a) $W = W(I_1, I_2, I_3)$ oder (7.12b) $W = W(\lambda_1, \lambda_2, \lambda_3)$

beschrieben. Diese werden nach den Green(-Lagrange)'schen Verzerrungen

(7.13) $\boldsymbol{\varepsilon}^{GL} = \frac{1}{2}(\mathbf{C} - \mathbf{I})$, in Hauptrichtungen $\varepsilon_i^{GL} = \frac{1}{2}\left(\lambda_i^2 - 1\right) \quad i = 1,2,3$,

abgeleitet, um die 2. Piola-Kirchhoff-Spannungen zu erhalten:

$$(7.14) \quad \sigma_{ij}^{PK} = \frac{dW}{d\varepsilon_{ij}^{GL}} = \sum_k \frac{dW}{dI_k} \frac{dI_k}{d\varepsilon_{ij}^{GL}} \quad \text{bzw.} \quad = \sum_k \frac{dW}{d\lambda_k} \frac{d\lambda_k}{d\varepsilon_{ij}^{GL}}$$

Unter Verwendung von (7.2) ergibt sich hier die Beziehung zwischen Green'schen und Ingenieurdehnungen:

$$(7.15) \quad \varepsilon_i^{GL} = \frac{1}{2}\left(\lambda_i^2 - 1\right) = \frac{1}{2}\left(\left(1 + \varepsilon_i^{Ing}\right)^2 - 1\right) = \varepsilon_i^{Ing} + \frac{1}{2}\varepsilon_i^{Ing^2}$$

während sich die 2. Piola-Kirchhoff-Spannungen durch

$$\sigma_i^{PK} = \sigma_i^{Ing} \frac{1}{1 + \varepsilon_i^{Ing}}$$

aus den Ingenieurgrößen ausdrücken lassen. $\boldsymbol{\varepsilon}^{GL}$ und $\boldsymbol{\sigma}^{PK}$ werden jedoch nur intern verwandt. In ANSYS angezeigt werden vielmehr die logarithmischen oder Hencky-Verzerrungen

$$(7.16) \quad \varepsilon_i^{log} = \ln \lambda_i = \ln\left(1 + \varepsilon_i^{Ing}\right)$$

und „wahren" oder Cauchy-Spannungen

$$(7.17) \quad \sigma^{wahr} = \frac{F}{A_{verformt}} = \sigma^{Ing}\left(1 + \varepsilon^{Ing}\right)$$

So kommen in diesem Abschnitt drei verschiedene Spannungs- und Dehnungsmaße vor, die man kennen muss, wenn man die Materialparameter selbst bestimmen will.

Ebenfalls von Bedeutung ist das relative Volumen

(7.18) $J = \frac{V}{V_o}$, infinitesimal $\frac{dV}{dV_o} = \lambda_1\lambda_2\lambda_3 = \sqrt{I_3}$

das im unverformten Zustand und bei Inkompressibilität den Wert $J = 1$ annimmt. Damit können die deviatorischen, d. h. gestalt- und nicht volumenändernden, Anteile bestimmt werden:

(7.19)
$$\overline{\lambda_i} = J^{-1/3}\lambda_i$$
$$\overline{I_i} = J^{-2/3} I_i$$

Dabei gilt $\overline{\lambda_1\lambda_2\lambda_3} = 1$

Die Verzerrungsenergiefunktionen werden nun in deviatorische und volumetrische Anteile aufgespalten:

(7.20) $W = W_d\left(\overline{I_1}, \overline{I_2}\right) + U(J)$ bzw. $W = W_d\left(\overline{\lambda_1}, \overline{\lambda_2}, \overline{\lambda_3}\right) + U(J)$

Aus W_d werden die deviatorischen Spannungsanteile und aus J die hydrostatische Spannung oder mittlere Normalspannung

(7.21) $p = \frac{1}{3}(\sigma_1 + \sigma_2 + \sigma_3)$

berechnet:

(7.22) $\boldsymbol{\sigma}^{PK} = \frac{\partial W_d}{\partial \boldsymbol{\varepsilon}^{GL}} + \frac{\partial U}{\partial \boldsymbol{\varepsilon}^{GL}} = \boldsymbol{\sigma}_d + p\mathbf{I}$

Beim einachsigen Zugversuch ergibt sich

(7.23) $$\boldsymbol{\sigma} = \begin{bmatrix} \sigma & 0 & 0 \\ 0 & 0 & 0 \\ 0 & 0 & 0 \end{bmatrix} \quad \Rightarrow \quad p = \frac{1}{3}\sigma \quad \Rightarrow \quad \boldsymbol{\sigma}_\mathrm{d} = \begin{bmatrix} \frac{2}{3}\sigma & 0 & 0 \\ 0 & -\frac{1}{3}\sigma & 0 \\ 0 & 0 & -\frac{1}{3}\sigma \end{bmatrix}$$

So vorzugehen ist vielleicht nicht zwingend, aber absolut üblich. Nur für Hyperelastizität verwendet ANSYS die genannten Spannungs- und Dehnungsmaße, dies im Wesentlichen, damit Materialparameter aus der Literatur verwendet werden können.

7.3 Beispiele für Verzerrungsenergiefunktionen

7.3.1 Auswahl

In Workbench können eine ganze Reihe von hyperelastischen Modellen ausgewählt werden, die sich in den Verzerrungsenergiefunktionen unterscheiden. Einige davon sind nachfolgend beschrieben. Unter *Technische Daten* finden sie sich in der Rubrik *Hyperelastisch* (**Abb. 7.1**) Einem Material können mehrere Modelle hinzugefügt werden, jedoch kann nur eines aktiv sein, die anderen werden unterdrückt. Unterdrückte werden durchgestrichen, die Werte bleiben aber sichtbar.

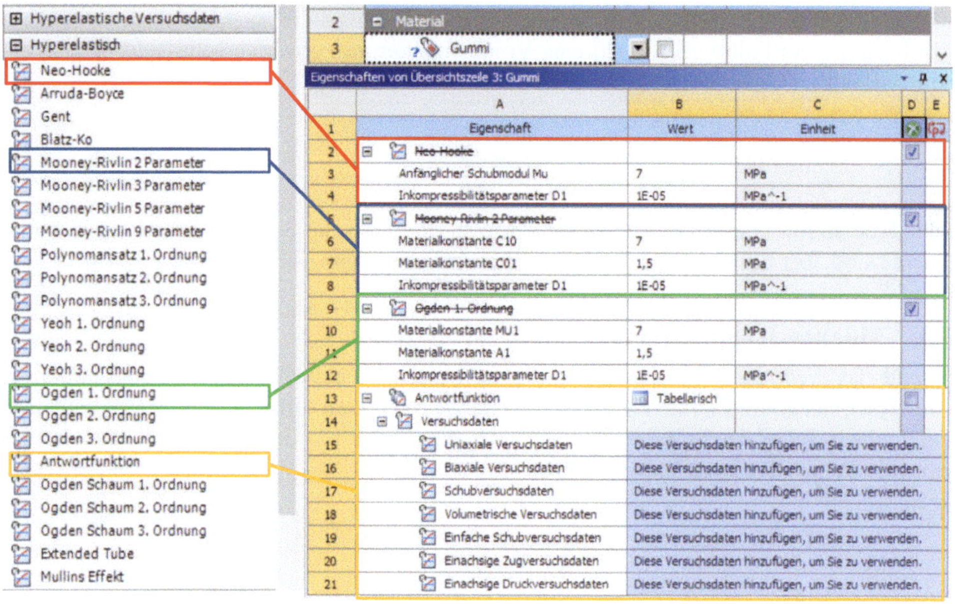

Abb. 7.1 Auswahl hyperelastischer Materialmodelle

7.3.2 Neo-Hooke-Modell

Das einfachste Materialgesetz ist das *Neo-Hooke*-Modell:

$$W = \frac{\mu}{2}\left(\overline{I}_1 - 3\right) + \frac{1}{d}\left(J - 1\right)^2 \tag{7.24}$$

Darin sind die beiden Eingabeparameter μ der Schubmodul und d der „Inkompressibilitätsparameter“ oder die volumetrische Nachgiebigkeit.

Parameter d ergibt sich über

$$(7.25)\quad \frac{1}{d}=\frac{1}{2}K$$

aus dem Kompressionsmodul nach (7.1) ergibt. Der Faktor ½ führt dazu, dass nach dem Ableiten des volumetrischen Terms in (7.24) K mal Volumendehnung übrig bleibt. Über

$$(7.26)\quad d=\frac{2}{K}=\frac{6(1-2\nu)}{E}$$

erhält man den Zusammenhang zur Querkontraktionszahl. d wird typischerweise als Zehnerpotenz eingegeben. Der volumetrische Term zeigt nun Folgendes: Geht K gegen ∞, geht d gegen 0. In diesem Fall wird $J = 1$ (keine Volumenänderung) erwartet, sodass der Klammerausdruck 0 wird. Das bedeutet, dass

$$(7.27)\quad U=\frac{1}{d}(J-1)^2$$

gegen „0/0" strebt. Dieser Grenzwert kann wieder endlich sein, bei der Umsetzung in Finite Elemente sind aber besondere Maßnahmen erforderlich (s. Kap. 7.7).

7.3.3 Mooney-Rivlin-Gesetz

Während das *Neo-Hooke*-Modell nur die erste Invariante enthält, verwendet das *Mooney-Rivlin*-Gesetz auch die zweite. Es ist im deviatorischen Anteil mit 2, 3, 5 oder 9 Parametern C_{ij} verfügbar, wobei der Index i auf die Potenz des Terms mit der ersten und j auf die des Terms mit der zweiten Invariante verweist:

2 Parameter:

$$(7.28)\quad W=C_{10}\left(\bar{I}_1-3\right)+C_{01}\left(\bar{I}_2-3\right)+\frac{1}{d}(J-1)^2$$

Hier soll sich über

$$(7.29)\quad \mu=2(C_{10}+C_{01})$$

der Anfangsschubmodul und über

$$(7.30)\quad d=\frac{1-2\nu}{C_{10}+C_{01}}$$

die volumetrische Nachgiebigkeit aus den Parametern ergeben. Bedenkt man, dass der Schubmodul bei Inkompressibilität gegen $E/3$ geht, harmoniert (7.30) mit (7.26).

3 Parameter:

$$W = C_{10}\left(\overline{I_1} - 3\right) + C_{01}\left(\overline{I_2} - 3\right) + C_{11}\left(\overline{I_1} - 3\right)\left(\overline{I_2} - 3\right) + \frac{1}{d}(J-1)^2 \tag{7.31}$$

5 Parameter:

$$\begin{aligned} W &= C_{10}\left(\overline{I_1} - 3\right) + C_{01}\left(\overline{I_2} - 3\right) \\ &+ C_{20}\left(\overline{I_1} - 3\right)^2 + C_{11}\left(\overline{I_1} - 3\right)\left(\overline{I_2} - 3\right) + C_{02}\left(\overline{I_2} - 3\right)^2 + \frac{1}{d}(J-1)^2 \end{aligned} \tag{7.32}$$

9 Parameter:

$$\begin{aligned} W &= C_{10}\left(\overline{I_1} - 3\right) + C_{01}\left(\overline{I_2} - 3\right) \\ &+ C_{20}\left(\overline{I_1} - 3\right)^2 + C_{11}\left(\overline{I_1} - 3\right)\left(\overline{I_2} - 3\right) + C_{02}\left(\overline{I_2} - 3\right)^2 \\ &+ C_{30}\left(\overline{I_1} - 3\right)^3 + C_{21}\left(\overline{I_1} - 3\right)^2\left(\overline{I_2} - 3\right) + C_{12}\left(\overline{I_1} - 3\right)\left(\overline{I_2} - 3\right)^2 + C_{03}\left(\overline{I_2} - 3\right)^3 \\ &+ \frac{1}{d}(J-1)^2 \end{aligned} \tag{7.33}$$

Die sinnvolle Wahl der Anzahl der Parameter hängt vom Umfang der verfügbaren Messdaten und von der Zahl der in den Messkurven vorhandenen Wendepunkte ab. Die Reihenfolge der Parameter in der Eingabe kann von der in den obigen Formeln abweichen. Ohnehin wird man am ehesten auf die Parameterbestimmung aus Versuchen durch Workbench (s. Kap. 7.6) zurückgreifen. Brauchbare Literaturwerte finden sich vielleicht für eine niedrige Anzahl von Eingabegrößen.

7.3.4 Ogden-Modell

Ein Beispiel für die Beschreibung über die Streckungen ist das *Ogden*-Modell:

$$W = \sum_{i=1}^{N} \frac{\mu_i}{\alpha_i}\left(\overline{\lambda}_1^{\alpha_i} + \overline{\lambda}_2^{\alpha_i} + \overline{\lambda}_3^{\alpha_i} - 3\right) + \sum_{k=1}^{N} \frac{1}{d_k}(J-1)^{2k} \tag{7.34}$$

Dass dabei α sowohl im Nenner des Vorfaktors als auch im Exponenten der Streckungen vorkommt, erklärt sich ebenfalls dadurch, dass das α im Nenner beim Ableiten verschwindet.

μ orientiert sich ebenfalls am Schubmodul, je nach Anzahl N jedoch aufgeteilt. Bei N = 1 dürfte α am ehesten zwischen 1 und 2 liegen, d. h. der Exponent nach dem Ableiten zwischen 0 und 1, sodass bei Zug eine abnehmende Steifigkeit vorliegt.

7.3.5 Weitere hyperelastische Modelle

Darüber hinaus gibt es noch das Arruda-Boyce-, Extended-Tube-, Yeoh-, Gent- und ein Polynom-Form-Modell (in dem Mooney-Rivlin enthalten ist), die alle ihre Vorteile und Anwendungsbereiche haben (insbesondere die Dehnungsbereiche, in denen sie das Materialverhalten gut beschreiben, unterscheiden sich), deren Abgrenzung hier aber den Rahmen sprengen würde. Außerdem gibt es noch das Bergström-Boyce-Gesetz mit inelastischen Anteilen, ein Gesetz für den Mullins-Effekt, der nichtreversible Dehnungen bei der Anfangsbelastung beschreibt und das mit anderen Hyperelastizitätsmodellen kombiniert werden kann, sowie anisotrope Hyperelastizität.

7.3.6 Antwortfunktionsmodell

Noch betrachtet werden soll aber das Modell *Antwortfunktion*, bei dem keine aufwändige Parameterbestimmung vorgenommen werden muss, sondern direkt Messkurven aus Versuchen eingegeben werden können. Entspricht die Belastung nicht einem der Versuche, aus denen die Eingabe ermittelt wurde, wird zwischen den in Frage kommenden Kurven interpoliert, wobei angenommen wird, dass die erste Invariante maßgebend ist.

Es erfolgt aber keine Extrapolation über den Definitionsbereich hinaus, vielmehr wird die Ingenieurspannung – in dieser Größe werden die Eingaben getätigt – in diesem Fall konstant gehalten (**Abb. 7.2** für einachsigen Zugversuch). Da Hyperelastizität nach *großen Verformungen* verlangt, werden allerdings „wahre“ Spannungen angezeigt (**Abb. 7.3**), die bei Zug noch größer werden, weil die Querschnittsfläche kleiner wird. **Abb. 7.2** ist deshalb durch Umrechnung (*Benutzerdefiniertes Ergebnis*) gemäß der Umkehrung von (7.16) und (7.17) entstanden.

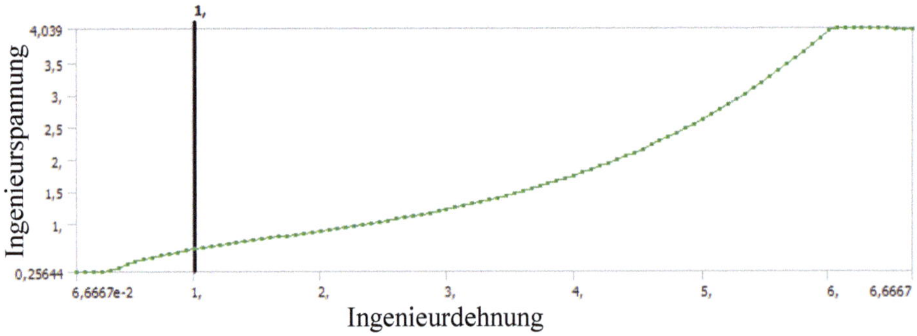

Abb. 7.2 Ingenieurspannung über -dehnung für einachsigen Zug mit Antwortfunktionsmodell

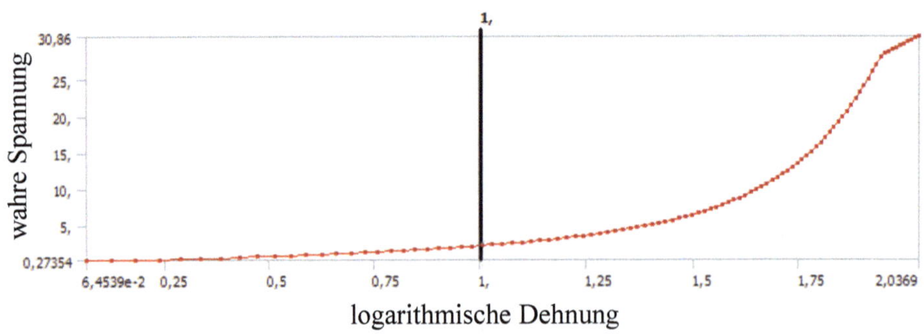

Abb. 7.3 Wahre Spannung über logarithmische Dehnung für einachsigen Zug mit Antwortfunktionsmodell

7.4 Standardversuche

Die Materialparameter müssen aus Versuchsdaten bestimmt werden. Nur ein Versuch ist aber zu wenig für alle Deformationszustände. Daher empfiehlt es sich, alle vorgesehenen Versuche zu kennen. Es ist nicht immer leicht, die für Materialversuche erwünschten homogenen Spannungs-Dehnungs-Zustände im Messbereich zu erzeugen.

Standard-Versuche sind

- einachsiger Zug / uniaxial tension
- (äqui-)biaxialer Zug / (equi-)biaxial tension
- ebener (auch: reiner) Schub / plane (pure) shear

Außerdem gibt es noch den

- einfachen Schubversuch / simple shear

Eingabegrößen für das Curve-Fitting in ANSYS und *Workbench* sind Ingenieurdehnungen und -spannungen, auch wenn die ermittelten Parameter für die Invarianten der Green'schen Verzerrungen mit den zugeordneten 2. Piola-Kirchhoff-Spannungen gelten und in den Ergebnissen logarithmische (Hencky-)Dehnungen und wahre (Cauchy-)Spannungen angezeigt werden.

Zusätzlich benötigt man für *näherungsweise* Inkompressibilität auch noch einen

- volumetrischen Test

In den folgenden Darstellungen zu den einzelnen Versuchen wird bei der Angabe der Streckungen in den Richtungen, in denen keine Last wirkt, von Inkompressibilität ausgegangen.

7.4.1 Einachsiger Zug

Der Prüfkörper ist schlank, sodass Rand- oder Einspanneffekte nur in einem im Verhältnis zur Länge kleinen Bereich auftreten. Die Streckung in Lastrichtung beträgt

(7.35) $$\lambda_1 = \frac{l}{l_0}$$

wobei l die verformte und l_0 die Ausgangslänge ist. Für das Curve-Fitting errechnet sich daraus die Ingenieurdehnung

(7.36) $$\varepsilon_1^{Ing} = \lambda_1 - 1 = \frac{l - l_0}{l_0} = \frac{\Delta l}{l_0}$$

Die Ingenieurspannung σ_1 erhält man aus Kraft F geteilt durch Ausgangsquerschnittsfläche A_0.

Ein typisches Spannungs-Dehnungs-Diagramm zeigt bei der Erstbelastung höhere Werte als bei nachfolgenden Lastzyklen und eine durch Be- und Entlastungspfad gebildete Hysterese (**Abb. 7.4**). Das heißt, vor der Parameterbestimmung müssen die stabilisierten Kurven verschoben und ausgemittelt werden, wobei es noch auf den in der Berechnung erwarteten Dehnungsbereich ankommt. Für das genauere Abbilden dieser Kurven müsste man noch den

Mullins-Effekt berücksichtigen und viskose Eigenschaften hinzufügen, wobei es für letztere auf die Belastungsgeschwindigkeit ankommt.

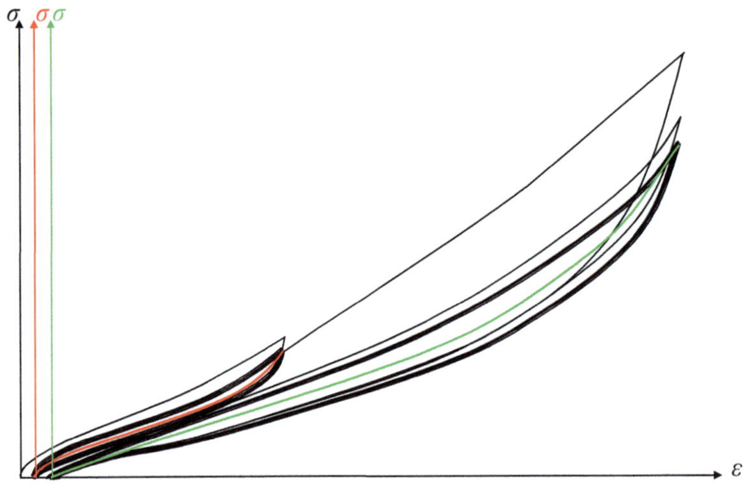

Abb. 7.4 Typische Spannungs-Dehnungs-Linien bei mehrfacher Belastung und unterschiedlichem Lastniveau (schwarz) und für Parameterbestimmung verschobene und ausgemittelte Kurven (rot und grün)

7.4.2 Äquibiaxialer Zugversuch

Soll ein Prüfkörper in zwei Richtungen mit der gleichen Zugspannung beaufschlagt werden, bietet sich als Form auf den ersten Blick ein Quadrat an, genauer ein Quader, der in der dritten Richtung dünn ist. Da es bei gummiartigen Materialien aber sehr große Verformungen gibt, muss man dafür sorgen, dass die Last sich gleichmäßig auf die größer werdende Fläche verteilt, etwa indem man viele schmale Lastübertragungselemente verwendet, die sich seitlich verschieben können. In **Abb. 7.5** sieht man ein Prinzipbild.

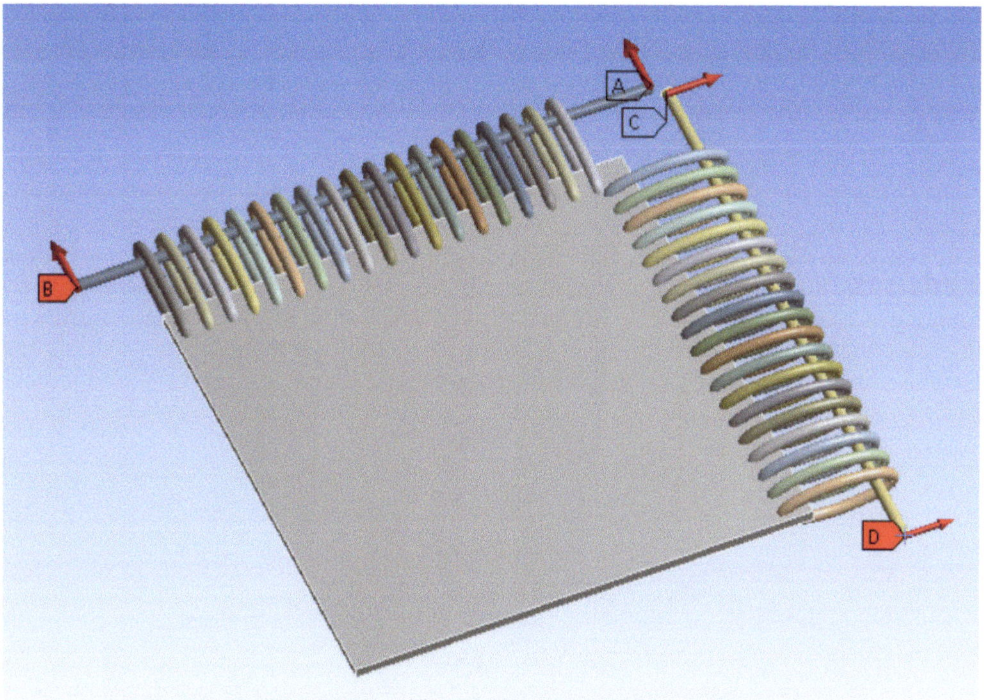

Abb. 7.5 Ein Viertel einer quadratischen Versuchsanordnung für den äquibiaxialen Test

Alternativ dazu kommt ein speziell gestalteter Körper in Frage, der radial belastet wird. Hierzu muss aber der Kraftfluss so möglich sein, dass in wesentlichen Abschnitten eine homogene Spannung auftritt, was in **Abb. 7.7** auch einigermaßen gelungen scheint. Die Abmessungen eines gut geeigneten tatsächlichen Prüfkörpers können jedoch noch abweichen.

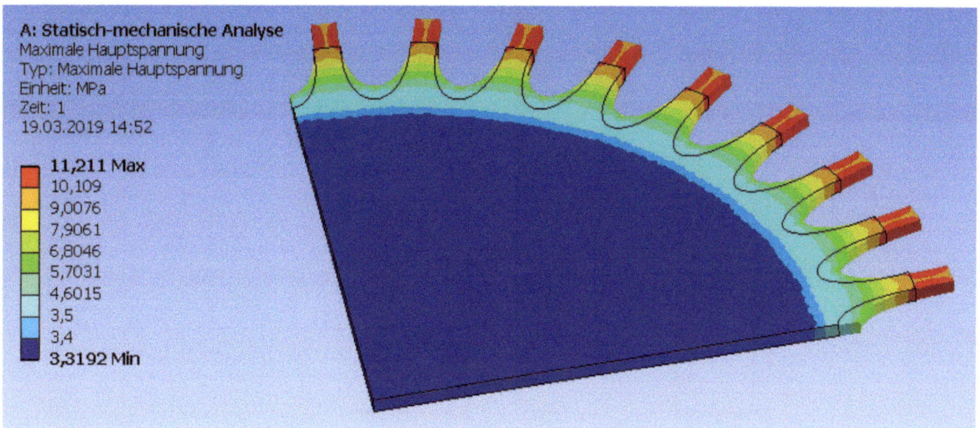

Abb. 7.6 Ein Viertel einer runden Versuchsanordnung für den äquibiaxialen Test

Die Ingenieurspannung erhält man aus der Summe aller eingeleiteten Kräfte F geteilt durch die Randfläche A_0, die sich aus dem Umfang mal der Dicke im Ausgangszustand ergibt. Bei der radial belasteten Probe ist der Umfang dort zu nehmen, wo die Aussparungen enden.

7.4.3 Reiner Schub / ebener Zug

Die Versuchsanordnung ergibt sich etwa wie in **Abb. 7.7** dargestellt. Ein kurzer, breiter Prüfkörper ist in einen starren Körper eingespannt und kann sich am Anschluss nicht seitlich zusammenziehen. Lediglich zur Randmitte hin ergibt sich eine gewisse Einschnürung. Wegen der Breite des Prüfkörpers ist aber davon auszugehen, dass in wesentlichen Teilen keine Verformung in Richtung der größten Ausdehnung auftritt. Es kann also davon ausgegangen werden, dass Verzerrungen nur in Ebenen senkrecht zum Prüfkörper auftreten, daher die zweite Bezeichnung in der Überschrift. Bei Inkompressibilität sind diese deviatorisch, also gestaltändernd. Solche werden mit Schub gleichgesetzt, weil sich die Längenverhältnisse, also auch Winkel zwischen Kante und Diagonale, ändern (**Abb. 7.8**).

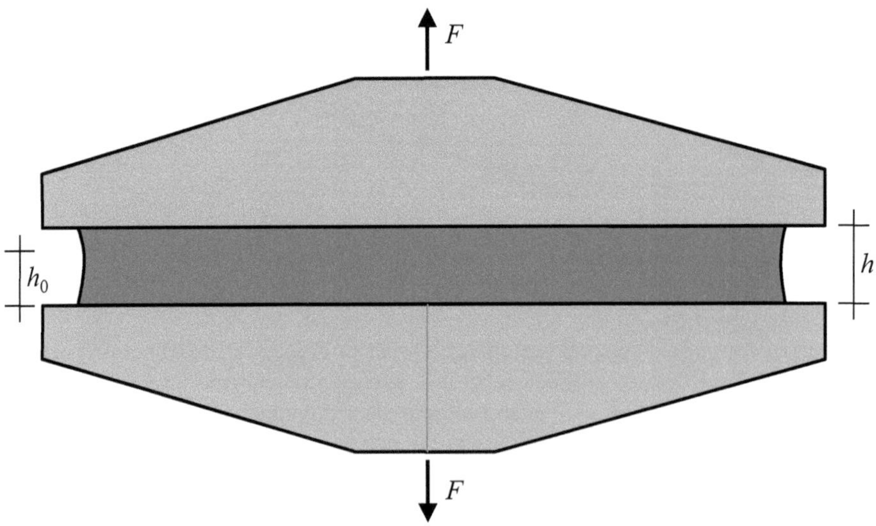

Abb. 7.7 Versuchsanordnung reiner Schub

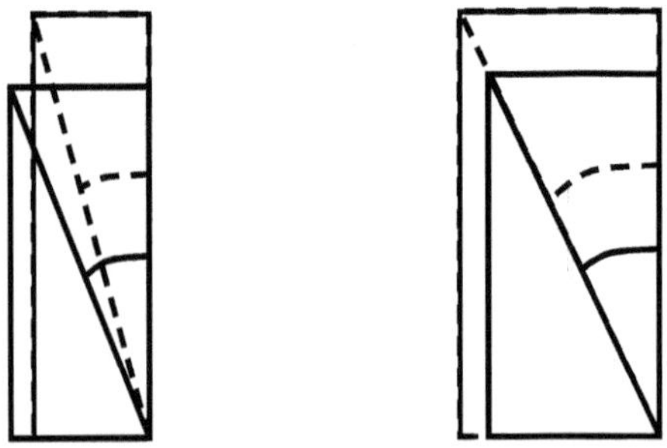

Abb. 7.8 Schubverformung durch Strecken (links), Volumenänderung (rechts)

Die für das Curve-Fitting anzugebende Spannung ist Kraft F durch Breite mal Dicke im Ausgangszustand, die Ingenieurdehnung Höhe h im verformten zu Höhe h_0 im Ausgangszustand minus 1.

7.4.4 Äquivalente Versuche

Geht man von Inkompressibilität aus, dann hat ein hydrostatischer Zustand, d. h. allseitig gleiche Zug- oder Druckspannungen, keinen Einfluss auf die Verformungen. Das bedeutet, dass man vergleichbare Ergebnisse bekommt, wenn man ein- oder zweiachsigen Zug durch allseitigen Druck kompensiert, also im Ergebnis zwei- bzw. einachsigen Druck aufbringt. Die Versuchsanordnungen sind jedoch anders. Sind in den vorigen Kapiteln Zugversuche dargestellt, die beim Lastangriff oft Probleme bereiten, müssen die äquivalenten druckdominierten Versuche sicherstellen, dass sich nicht durch Reibung inhomogene Spannungszustände einstellen. *Äquibiaxialer Druck* als Alternative zum einachsigen Zug – überlagert man einer Zugspannung von σ in einer Richtung $-\sigma$ in drei Richtungen bleibt $-\sigma$ in zwei Richtungen übrig – lässt sich kaum realisieren, weil hier die druckbelasteten Flächen kleiner würden. Schon eher könnte *einachsiger Druck* statt des äquibiaxialen Zuges eingesetzt werden, wenn man die Schwierigkeiten der Versuchsanordnungen aus Kap. 7.4.2 bedenkt.

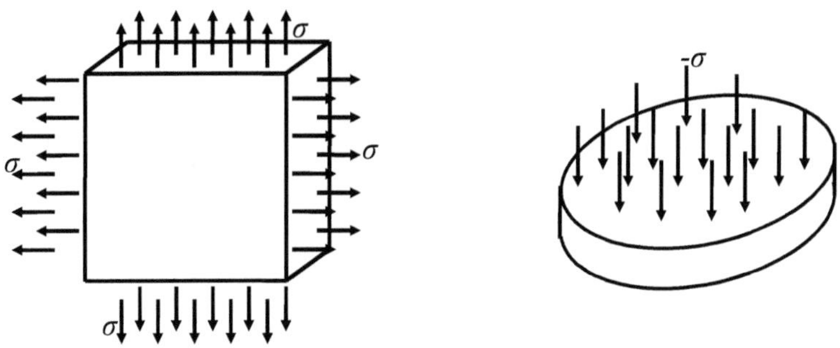

Abb. 7.9 Äquibiaxaler Zug (links) und einachsiger Druck (rechts) als äquivalente Versuche

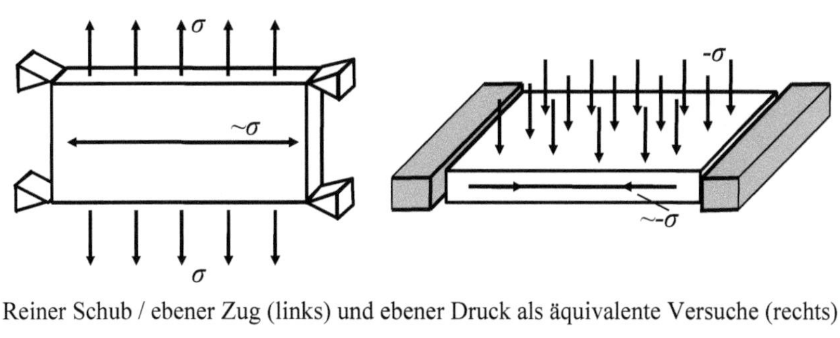

Abb. 7.10 Reiner Schub / ebener Zug (links) und ebener Druck als äquivalente Versuche (rechts)

7.4.5 Volumetrischer Test

Für die Ermittlung der Kompressibilität wird eine schlanke, zylindrische Probe, die umgeben von einem massiven, steifen Körper ist, mit einem steifen Zylinder vom Durchmesser der Probe zusammengedrückt. Für das Curve-Fitting werden bei diesem als einzigem Versuch *Cauchy*-Spannungen (7.17) und *Hencky*-Dehnungen (7.16) erwartet.

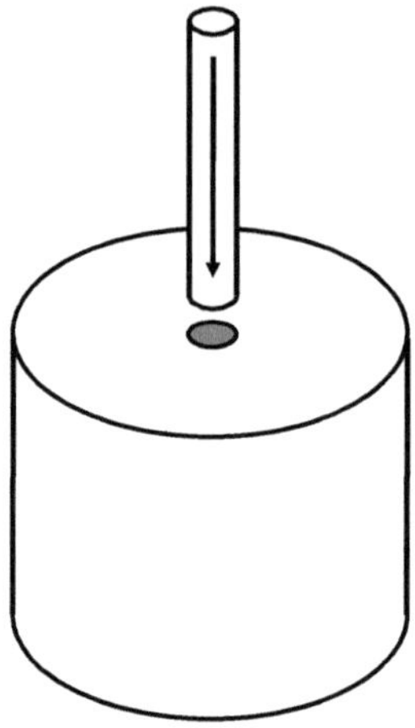

Abb. 7.11 Volumetrischer Versuch

7.5 Materialparameter aus der Literatur

Für das Neo-Hooke-Modell ist der einzige (deviatorische) Parameter

$$(7.37) \quad \mu = G = \frac{E}{3}$$

der *anfängliche* Schubmodul G, der sich aus dem anfänglichen Elastizitätsmodul E berechnen lässt. In der Literatur findet man auch Abschätzungsformeln auf der Basis der Shore-Härte A nach DIN53505 (in den Formeln als H bezeichnet), und zwar z. B. erstens nach Battermann/Köhler [1]

$$(7.38) \quad \mu = 0{,}086 \cdot 1{,}045^{H}$$

zweitens nach Lutz [7]

$$(7.39) \quad \mu = \frac{0{,}07515H + 0{,}549}{(4{,}1 + 3{,}9\,\mathrm{e}^{(-1{,}397h)})(0{,}395h + 0{,}315h^{2})} \qquad \text{mit } h = 0{,}025(100 - H)$$

Beide Formeln stimmen für kleinere Shore-Härten etwa überein, für größere liefert [7] deutlich höhere Werte. Das ist schon etwas wage, richtiger ist die Anpassung an einen Versuch, wobei ein Modell mit nur einem Parameter in einem größeren Dehnungsbereich nur begrenzt genau sein kann.

Für das 2-Term-Mooney-Rivlin-Gesetz soll

$$\mu = 2(c_{10} + c_{01}) = G \tag{7.40}$$

gelten, wobei noch die Zusatzannahme über das Verhältnis der beiden Parameter zu treffen ist, das erfahrungsgemäß im Bereich

$$\frac{c_{01}}{c_{10}} = \frac{1}{4} \ldots \frac{1}{7} \tag{7.41}$$

liegt.

7.6 Parameterbestimmung durch Workbench (Curve-Fitting)

7.6.1 Vorgehen

Workbench kann im Kontext der *Technischen Daten* aus den genannten Standardversuchen die Materialparameter für ein gewähltes Modell automatisiert bestimmen, indem der Fehler zwischen Versuchsdaten und durch das Materialgesetz berechneten Werten minimiert wird. Hier können Daten für die oben beschriebenen Versuche eingegeben werden. Folgende Schritte sind durchzuführen:

1. Die *Technischen Daten* auf der Projektseite werden geöffnet, ein neues Material angelegt und mit einem Namen versehen:

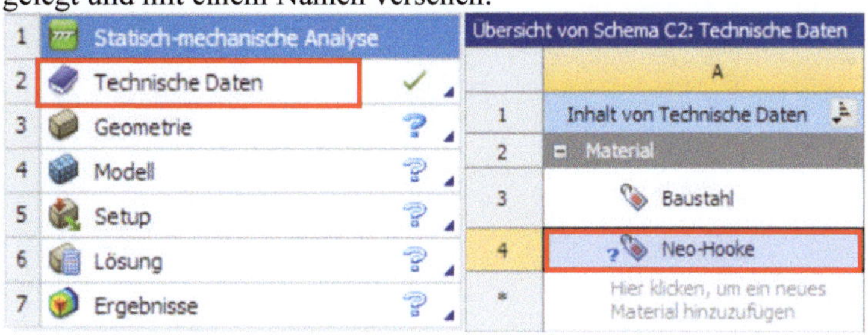

2. Aus der Material-*Toolbox* wird ein *hyperelastisches* Werkstoffmodell gewählt, entweder durch Doppelklicken oder durch Ziehen mit der linken Maustaste:

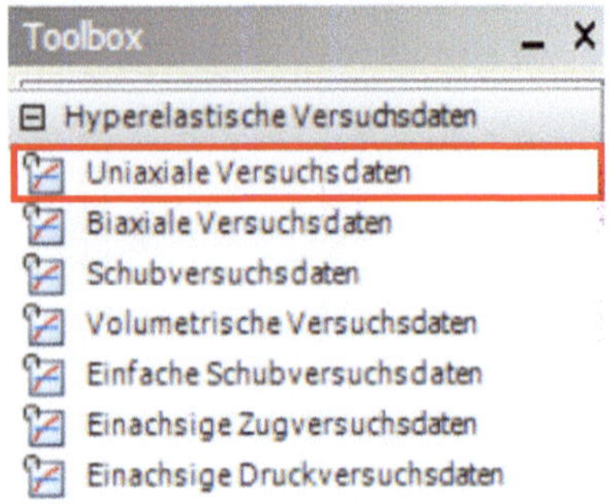

3. Eine oder mehrere Hülsen für *Hyperelastische Versuchsdaten* werden ebenfalls aus der *Toolbox* (oben) in das zu beschreibende Material gezogen, mit folgendem Ergebnis:

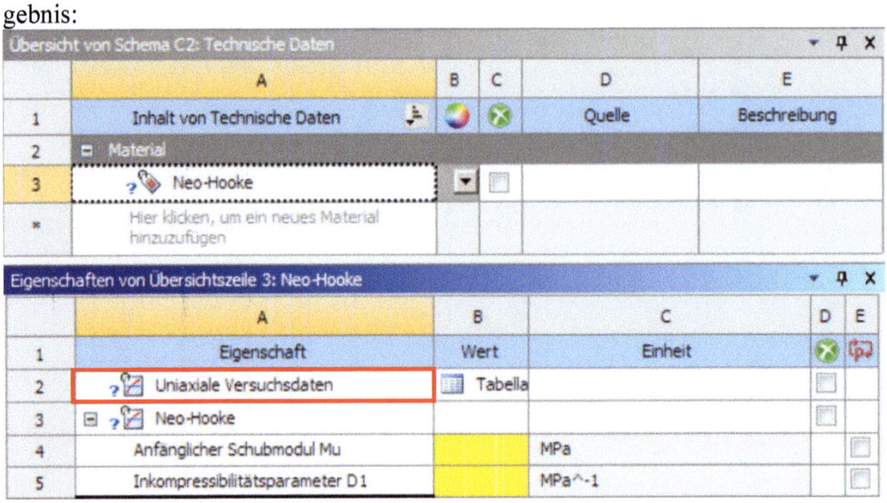

4. Klickt man nun auf die Testdaten, erscheint – wie man auch an dem Symbol in Spalte B sieht – daneben eine Tabelle, in die man die experimentell ermittelten Werte-

paare *Dehnung* und *Spannung* eintragen muss. Sie können auch aus einer Datei (mehrere Spalten sollten durch Tabulatoren getrennt sein) eingelesen werden. Dazu muss Feld B2 markiert werden. Anschließend findet man mit RMB die entsprechende Option.

Tabelle von Eigenschaftenzeile 2: Uniaxiale Versuchsdaten

	A
1	Temperatur (C)
2	22
*	

	B	C
1	Dehnung (mm mm^-1)	Spannung (MPa)
2	0,05	0,5495
3	0,1	1,006
4	0,15	1,382
5	0,2	1,688
6	0,25	1,938
7	0,3	2,142
8	0,35	2,313
9	0,4	2,464
10	0,45	2,606
11	0,5	2,75
12	0,55	2,91
13	0,6	3,096

Wie immer muss man prüfen, welches Einheitensystem man im entsprechenden Reiter der Projektseite eingestellt hat.

Sobald möglich, werden die Daten geplottet:

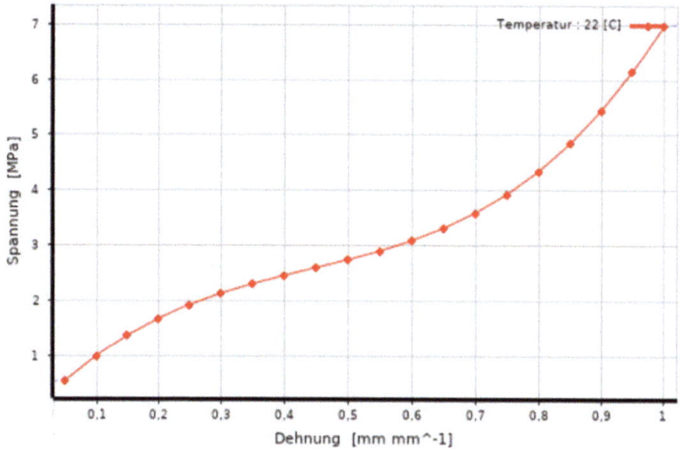

5. Aus der *Toolbox* ganz oben muss nun das *Curve Fitting* in das bearbeitete Material gezogen werden (wenn es nicht schon mit den *Versuchsdaten* zusammen auftaucht).

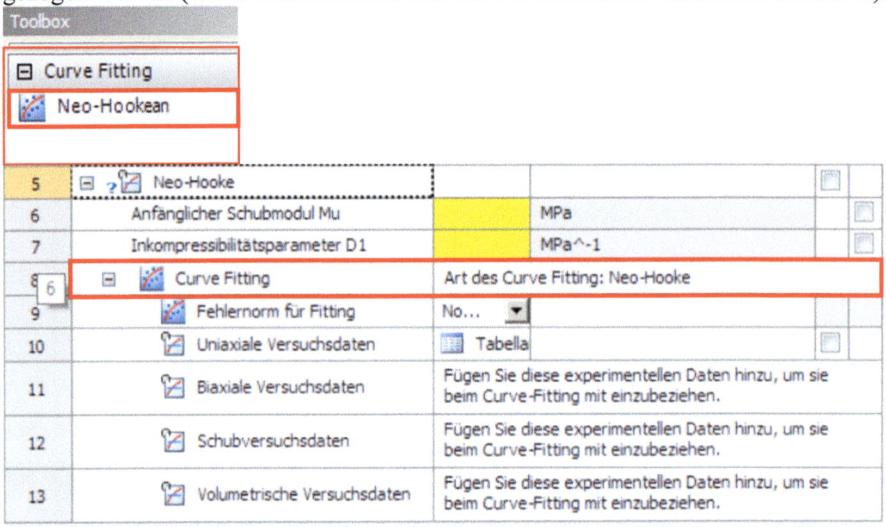

6. Durch RMB über *Curve Fitting* lässt sich zuerst *Curve Fitting lösen* und dann *Berechnete Werte in Eigenschaft kopieren* auswählen:

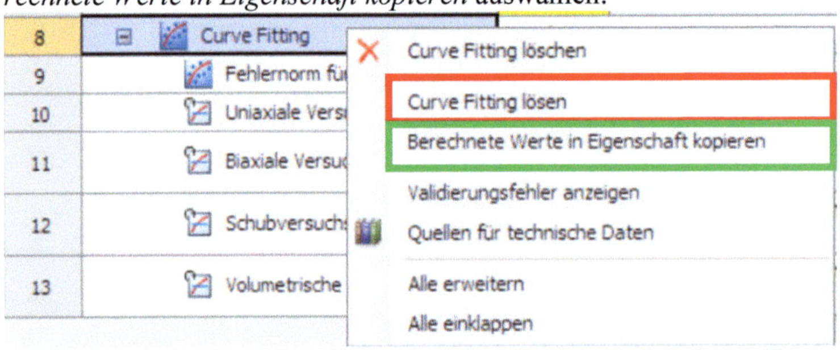

Das Ergebnis ist dann der Eintrag bei dem Parameter (vorher gelb markiert) und der Vergleich der angepassten Kurve mit den Versuchsdaten:

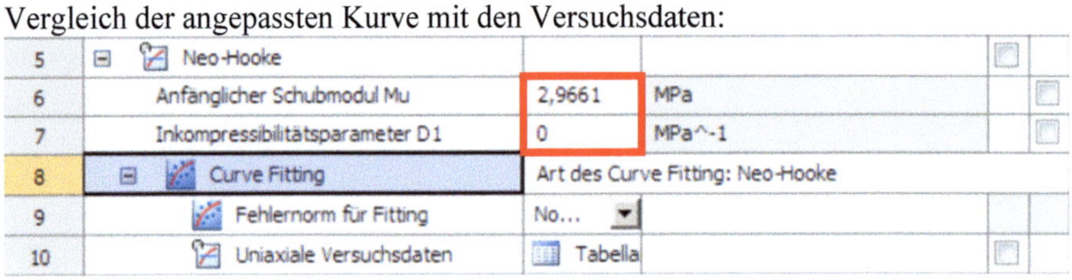

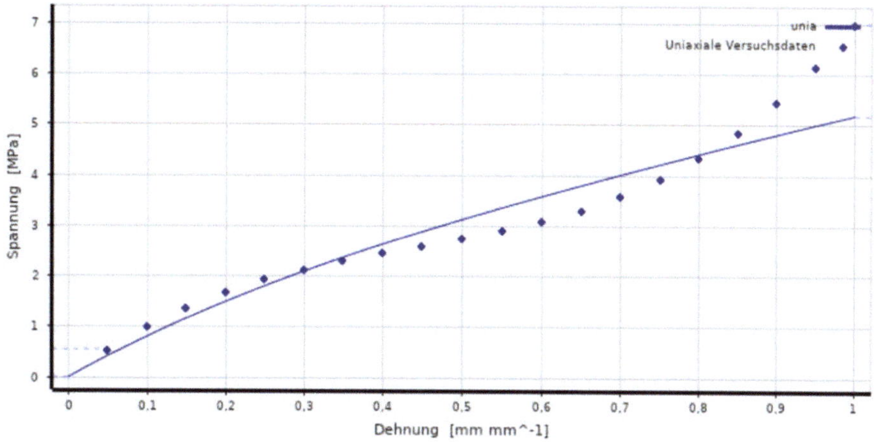

7. Durch Markieren des Namens des gefitteten Materialgesetzes erscheinen nun auch Kurven für die Dehnungszustände, für die keine Versuchsdaten vorlagen:

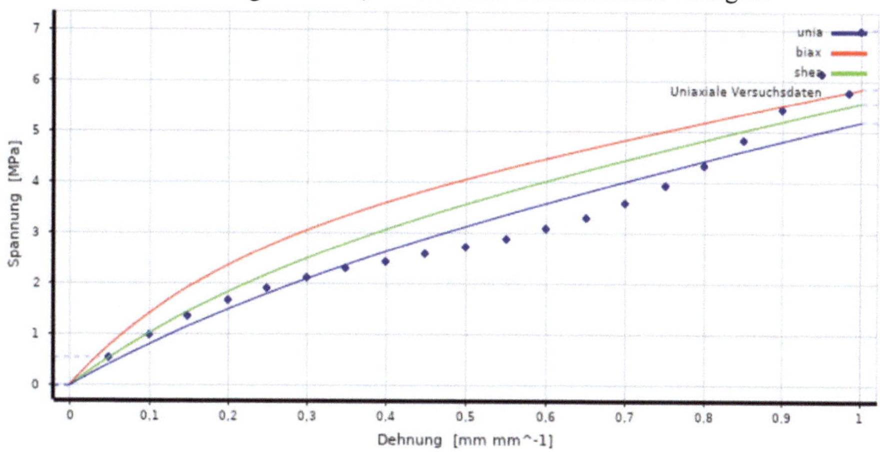

8. Es ist möglich, mehrere Materialmodelle zu einem Werkstoffnamen hinzuzufügen und neu zu fitten. Das vorherige Gesetz wird dabei deaktiviert, erkennbar daran, dass der Name durchgestrichen ist und unter dem wie handgeschrieben wirkenden Kreuz im grünen Kreis ein Haken gesetzt ist. Anfänglich etwas verwirrend, dass ein Haken für *de*aktiviert steht, das ist aber in diesem Kontext durchgehend so.
Auf diese Weise ist es möglich, herauszufinden, welches Modell die beste Übereinstimmung mit den Versuchen ergibt:

1	Eigenschaft	Wert	Einheit		
2	⊞ Uniaxiale Versuchsdaten	Tabelle		☐	
5	⊞ ~~Neo-Hooke~~			☑	
14	⊟ Mooney-Rivlin 3 Parameter			☐	
15	Materialkonstante C10	-3,2825	MPa		☐
16	Materialkonstante C01	5,6381	MPa		☐
17	Materialkonstante C11	1,001	MPa		☐
18	Inkompressibilitätsparameter D1	0	MPa^-1		☐
19	⊟ Curve Fitting	Art des Curve Fitting: Mooney-Rivlin 3 Parameter			

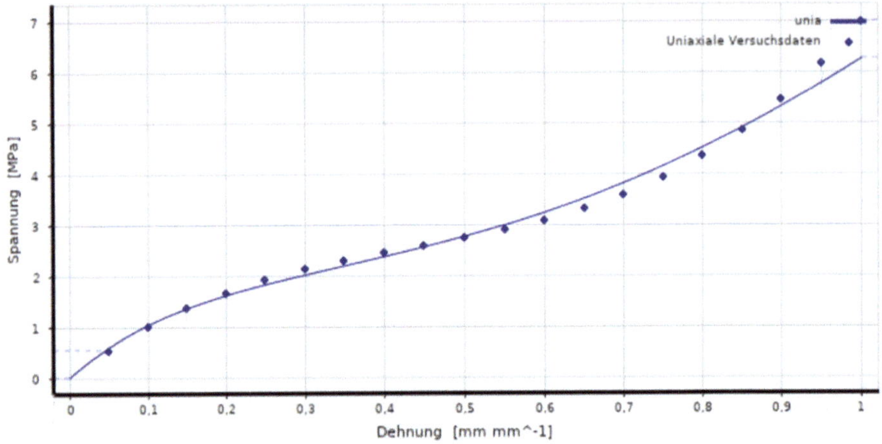

7.6.2 Hinweise

Das Curve-Fitting für Hyperelastizität ist recht stabil. Dennoch sollte man folgende Regeln beachten, um keine unliebsamen Überraschungen zu erleben, die darin bestehen können, dass das Programm mit einer materialmodellbezogenen Fehlermeldung abbricht oder das Ergebnis von späteren Experimenten sehr deutlich abweicht:

- Es müssen mindestens doppelt so viele Datenpaare vorhanden sein, wie Parameter bestimmt werden sollen. Sonst können sich leicht fantasievolle Verläufe zwischen den Stützstellen einstellen.
- Die Modelle beschreiben mehrdimensionales Verhalten und reagieren unterschiedlich auf die verschiedenen Beanspruchungsarten wie einachsigen Zug oder Druck, Schub oder mehrachsige Spannungszustände. Deshalb sollten auch unterschiedliche Versuchstypen einbezogen werden. Beispiel: Im vorigen Kapitel wurde unter 7. gezeigt, wie sich die aus den einachsigen Versuchsdaten ermittelten Parameter für Neo-Hooke-Material auf drei Versuchstypen auswirken. Unter 8. wurde derselbe Versuch für die Bestimmung von drei Parametern für ein Mooney-Rivlin-Modell benutzt. Die Übereinstimmung für den einachsigen Versuch war besser. Bedenkt man aber, dass die Koeffizienten für zwei verschiedene Invarianten und einen gemischten Term gelten, verwundert es nicht, wenn sich für die zwei anderen Standardversuche die Verläufe aus **Abb. 7.12** ergeben, die sich um Größenordnungen von dem Spannungsniveau des einen Versuches unterscheiden.

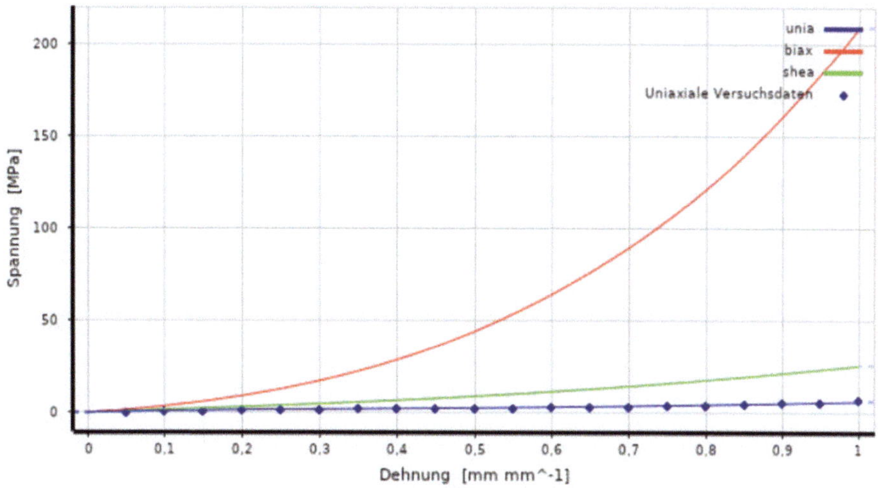

Abb. 7.12 Spannungs-Dehnungs-Verläufe für ein 3-Term-Mooney-Rivlin-Modell, das für nur einen Versuch parametriert wurde

- Verwendet man Daten aus mehreren Versuchstypen, ist damit zu rechnen, dass die Übereinstimmung für ein einzelnes Experiment zurückgeht. Dafür verbessert sich aber die Abbildung des gesamten physikalischen Verhaltens.
- Insbesondere, wenn die Gesetzmäßigkeiten Kurven mit Wendepunkten beschreiben können, ist es denkbar, dass sich bei bestimmten Dehnungskonstellationen abfallende Kurven einstellen. Diese bedeuten instabiles Materialverhalten, was die Gefahr birgt, dass es auch zur numerischen Instabilität kommt. Das muss in den Standardversuchen nicht unbedingt sichtbar sein. Wenn man dies als Ursache für den Abbruch der Simulation für möglich hält, sollte man kleine Prinzipmodelle mit unterschiedlichen Dehnungsverhältnissen durchrechnen und dann die Auswirkungen von Parameteränderungen studieren.

7.7 Geeignete Elementtypen bzw. –formulierungen

7.7.1 Locking-Problem

Dadurch, dass die gummiartigen Materialien vollständig oder beinahe inkompressibel sind, kommt es bei Elementen, die nach der Standard-Verschiebungsmethode formuliert sind, oft zu einem deutlich zu steifen Verhalten. Dies macht dann nicht nur ein paar Prozent aus, die man mit Netzverfeinerung schnell verringern kann, sondern es kann sich um Größenordnungen handeln. Einen solchen Effekt nennt man *Locking*, weil das Element bestimmte Verformungen blockiert. Im Falle der Inkompressibilität heißt das *Volumetrisches Locking*.

7.7.2 Optionen

Bei näherungsweiser Inkompressibilität kommen zur Vermeidung von Locking verschiedene Methoden in Frage:

- die reduzierte Integration
    - selektiv reduziert oder
    - vollständig reduziert
- die „enhanced strain"-Formulierung
- die gemischte (andere sagen auch *hybride*) u-p-Formulierung

Bei den Elementen müssen Integrale über das Volumen gebildet werden. Weil das bei allgemeiner Gestalt schwierig wäre, geschieht das numerisch mit der Gauß-Quadratur. Wissen muss man, dass das Stoffgesetz an den Integrationspunkten erfüllt wird und dann eine Summation daraus berechneter Terme multipliziert mit Wichtungen und der Jacobi-Determinante, die der Größe und Gestalt Rechnung trägt, erfolgt. Für eine bestimmte Ansatzordnung ist zur vollständigen Integration eine Anzahl von Gaußpunkten erforderlich. Bei der *reduzierten Integration* werden weniger als die eigentlich erforderliche Anzahl verwendet. Bei der *vollständig reduzierten Integration* (*uniform reduced integration, URI*) gilt das für alle Terme. Dies hilft gegen verschiedene Arten des Lockings (auch *Schub-/Shear-Locking*), hat aber auch den Verlust von Steifigkeit gegen bestimmte Verformungen zur Folge. Dieser *Hourglassing* genannte Effekt muss durch zusätzliche Stabilisierungsterme bekämpft werden. Deshalb erfreut sich diese Methode höchst unterschiedlicher Beliebtheit, funktioniert aber bei der Bekämpfung der Lockings. Sie findet ihre Grenzen jedoch, wenn bestimmte regelmäßige, aber unphysikalische Verformungsmuster in der Lösung erkennbar werden (*Hourglass-Formen*; eine bekannte erinnert bei zwei Elementen an ein Stundenglas, daher der Name).

Um *Hourglassing* zu vermeiden, wird deshalb auch die *selektiv reduzierte Integration* (*SRI*) verwendet. Hierbei werden die deviatorischen Terme vollständig und nur die volumetrischen Terme reduziert integriert. In der Dokumentation der Volumenelemente SOLID185 und der Scheibenelemente PLANE182 – das sind jeweils Elemente ohne Mittenknoten, ausgewählt bei der Vernetzung in *Workbench* als *linearer Ansatz* – wird diese Form als *full integration with B-bar* ($\overline{B}$) *method* bezeichnet.

Enhanced strain bedeutet, dass Ansätze für die Dehnungen gemacht werden, die den Dehnungsverlauf besser anpassen können, dies zusätzlich zu den Verschiebungsansätzen. Die Dehnungsfreiheitsgrade werden vor dem Zusammenbau des Gesamtgleichungssystems eliminiert, tauchen dort also nicht auf.

Die Wahl zwischen *B-bar*, *URI* und *enhanced strain* hat man nur bei Hexaedern oder Viereckelementen *ohne* Mittenknoten. Tetraeder und Dreiecke ohne Mittenknoten sind immer schlecht, Hexaeder und Viereckelemente *mit* Mittenknoten sind standardmäßig unterintegriert, neigen aber nur dann zum Hourglassing, wenn einzelne Elemente übereinander gestapelt werden (Workbench gibt dann eine Warnmeldung aus). Die drei Methoden sind für Querkontraktionszahlen bis 0,49 oder vielleicht auch 0,495 bzw. entsprechende volumetrische Nachgiebigkeiten (d-Werte nach (7.26)) ausreichend.

Bei der „*mixed u-p*"-Formulierung gibt es neben Ansätzen für die Verschiebungen u auch solche für den hydrostatischen Druck p, zur Vermeidung von Locking mit unterschiedlicher Ansatzordnung. Bei näherungsweiser Inkompressibilität ist das Verfahren so formuliert, dass die Volumenänderung aus dem Verschiebungsansatz und aus dem Druck-Freiheitsgrad im

Mittel über das Element gleich sein soll. Mathematisch handelt es sich um ein *„Perturbed Lagrange"-Verfahren.* Es können alle Gleichungslöser verwandt werden. Diese Option gibt es für alle Hexaeder-Elemente und für Tetraeder mit Mittenknoten.

Bei vollständiger Inkompressibilität ($d = 0$, entspricht $v = 0{,}5$) gibt es keine konstitutive Beziehung zwischen Druck und Volumenänderung mehr, sodass die Bedingung lautet, dass – letztlich über das Gleichgewicht – ein hydrostatischer Druck p gefunden werden muss, sodass keine Volumenänderung vorliegt. Das mathematische Verfahren ist ein (reines) Lagrange-Verfahren, das die Eigenschaft hat, dass es Nullen auf der Hauptdiagonale der Systemmatrix erzeugt. Dadurch können die *iterativen* Gleichungslöser **nicht** benutzt werden!

Als Tetraeder ohne Mittenknoten gibt es ein spezielles Element (SOLID285) mit Druckfreiheitsgraden an den Knoten. Dieses Element ist, verglichen mit Mittenknoten-Elementen, steifer, hat aber den Vorteil, dass es kaum möglich ist, durch Verformungen eine unzulässige Gestalt (Jacobi-Determinante < 0) zu bekommen. Außerdem ist es am besten für die nichtlineare adaptive Neuvernetzung auf der Basis des *Schiefe-*(*Skewness-*)Kriteriums geeignet, die während der Berechnung neue Netze erzeugt, wenn Elemente zu stark verzerrt werden, was bei den für gummiartige Materialien typischen großen Verformungen nicht selten vorkommt.

7.7.3 Auswahl in ANSYS bzw. Workbench

Bei *voller* Inkompressibilität wählt ANSYS automatisch die „mixed u-p"-Formulierung und meldet dazu z. B.:

```
ELEMENT TYPE    1 IS SOLID186. KEYOPT(2)=0 IS SUGGESTED. SINCE IT IS
ASSOCIATED  WITH  FULLY  INCOMPRESSIBLE  HYPERELASTIC  MATERIALS,
KEYOPT(6)=1 MUST BE USED. THEY HAVE BEEN RESET.
 KEYOPT(1-12)=   0   0   0   0   0   1   0   0   0   0   0   0
```

Bei *näherungsweiser* Inkompressibilität wird die u-p-Formulierung nicht automatisch gewählt, weil ihr Nutzen von der volumetrischen Nachgiebigkeit d abhängt (s. o.). ANSYS meldet:

```
ELEMENT TYPE    1 IS SOLID186. KEYOPT(2)=0 IS SUGGESTED AND HAS BEEN
RESET.
 KEYOPT(1-12)=   0   0   0   0   0   0   0   0   0   0   0   0
```

Die u-p-Formulierung muss, wenn gewünscht, durch den *Befehl*

```
KEYOPT,typeids(1),6,1
```

bei dem entsprechenden Geometrieobjekt eingestellt werden. Ähnliches gilt, wenn Hexaeder *ohne* Mittenknoten mit einer der anderen genannten Elementformulierungen berechnet werden sollen. Hierbei bedeutet:

KEYOPT(2)	= 0	B-bar (SRI)
KEYOPT(2)	= 1	URI
KEYOPT(2)	= 2	enhanced strain

Weil, wie in Kap. 1.11 erwähnt, von Workbench aus die automatische Änderung von Elementoptionen aktiviert wird, muss in diesen Fällen in die Analyse ein *Befehle*-Objekt mit dem Inhalt

```
/PREP7
ETCON,OFF  !ANSYS darf Elementoptionen nicht ändern
```

```
/SOL
```

eingefügt werden.

Ist in Verbindung mit hyperelastischem Material mit Tetraedern ohne Mittenknoten diskretisiert worden, wählt *Workbench* automatisch den Elementtyp 285, der mit Druckfreiheitsgraden, also als u-p-formuliert ist. Ohne Zutun des Benutzers erscheint:

```
ELEMENT TYPE     1 IS SOLID285. NO SUGGESTION IS AVAILABLE AND NO
RESETTING IS NEEDED.
```

7.8 Berechnungsdurchführung, Vernetzung

7.8.1 Berechnungsoption

Es müssen immer *große Verformungen: Ein* geschaltet werden. Das geschieht nicht automatisch, aber sonst erfolgt keine Berechnung.

7.8.2 Vernetzung

Elemente können während der Deformation sehr stark verzerrt werden. Kommt eine Simulation dadurch nicht zum Ziel, muss die Vernetzung geändert werden. Stellt sich etwa eine starke Schubverzerrung zur einen Seite ein, kann man versuchen, das Ausgangsnetz zur anderen Seite hin schiefzustellen. Das kann mit *Elementgröße auf Kanten>Typ: Anzahl der Einteilungen* mit einem entsprechenden *Abweichungstyp* und *Abweichungsfaktor* gelingen. Diese Option hat den klarsten Effekt bei strukturierten Netzen.

Hilfreich sein kann auch das *Einfügen* eines *nichtlinearen adaptiven Bereichs* mit dem *Kriterium: Netz*. Dies ist nur für Tetraeder möglich.

Die Meldung „`Excessive element distortion`" oder „`Error in element formulation`" in der Solver-Ausgabe sollte eigentlich auf Elementverzerrungen hinweisen. Wenn man aber partout nicht erkennen kann, wo diese Verzerrung auftreten soll, kann das daran liegen, dass diese Meldung auch erscheint, wenn das Stoffgesetz nicht erfüllt werden kann. Dann kann auch die Elementformulierung nicht zu Ende gebracht werden. In diesem Fall sollte man den speziellen Spannungs-Dehnungs-Zustand des betroffenen Elementes (im vorausgehenden Substep) ansehen.

Bei den gemischten Elementformulierungen stellt die Erfüllung der volumetrischen Bedingung eine zusätzliche Aufgabe dar, die noch nicht gelöst sein muss, wenn die Konvergenzkriterien bereits Gleichgewicht signalisieren. Dann wird eine entsprechende Warnmeldung in den Lösungsinformationen erfolgen und die Iteration fortgesetzt werden.

7.9 Kontakteinstellungen

7.9.1 Detektionsmethode

Programmgesteuert wird meist mit Elementen mit Mittenknoten vernetzt und im Kontakt als *Detektionsmethode: Am Gaußpunkt* verwendet:

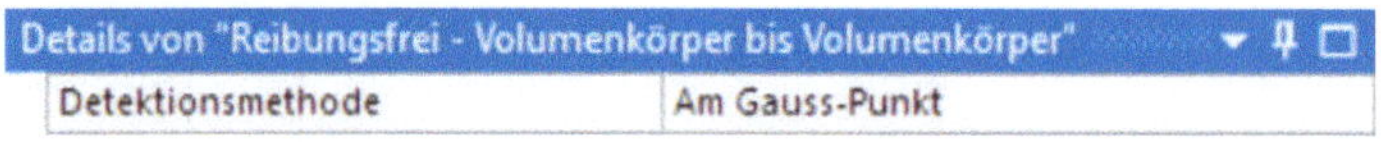

Kontaktelemente, seien sie mit oder ohne Mittenknoten, haben in ANSYS aber immer zwei Gaußpunkte je Richtung bei Vierecken oder insgesamt drei bei Dreiecken. Bei den meisten Anwendungen ist das kein Problem. Hyperelastisches Material leistet Volumenänderungen sehr großen Widerstand, Gestaltänderungen/Schubverzerrungen aber nur kleinen. Das kann zu Kontaktergebnissen wie in **Abb. 7.13** (wahre Skalierung) führen. Hier müssen drei Knoten von zwei Kontakt-Gaußpunkten gestützt werden, was wegen der beschriebenen Eigenschaften zu einer girlandenförmigen Oberflächenverformung führen kann. **Abb. 7.14** soll das noch einmal verdeutlichen. Die Werte der Knotenverschiebungen und Eindringungen stammen aus einer ANSYS-Berechnung. Die Verschiebung in Form einer quadratischen Parabel entspricht der Elementformulierung, wird aber in ANSYS- oder Workbench-Plots wie in **Abb. 7.13** nur durch zwei Geradenabschnitte dargestellt, weil anderenfalls Probleme beim Grafikaufbau aufträten.

Verwendet man hingegen die *Detektionsmethode: Knoten* mit verschiedenen Ausprägungen:

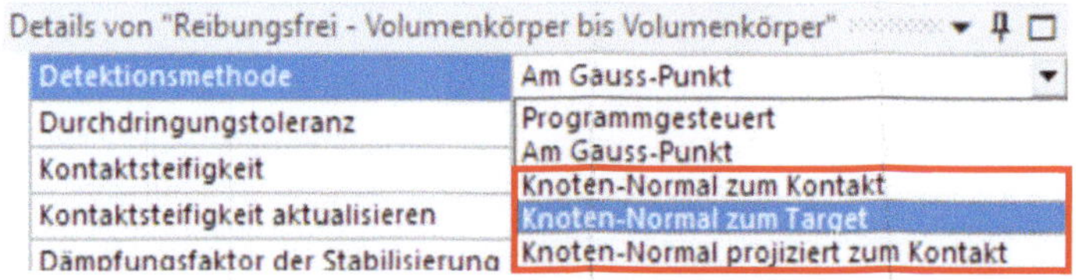

(für die Abbildung *Normal zum Target*, *Normal projiziert zum Kontakt* geht aber auch) werden alle Knoten gestützt und man erhält das erwartete Verhalten aus **Abb. 7.15**.

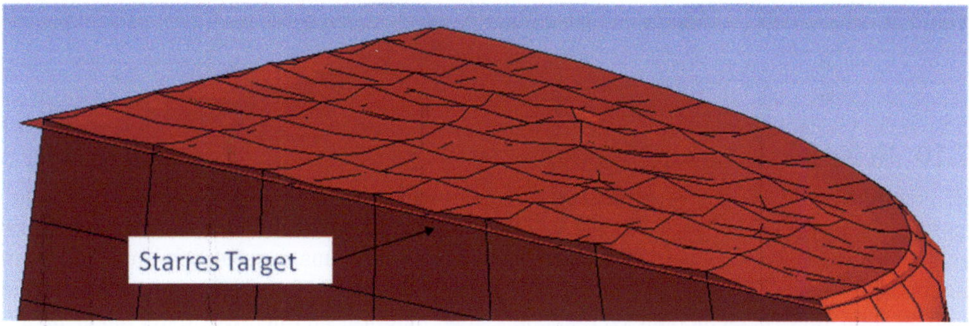

Abb. 7.13 Kontakt mit gummiartigem Material und *Detektionsmethode: Am Gaußpunkt*

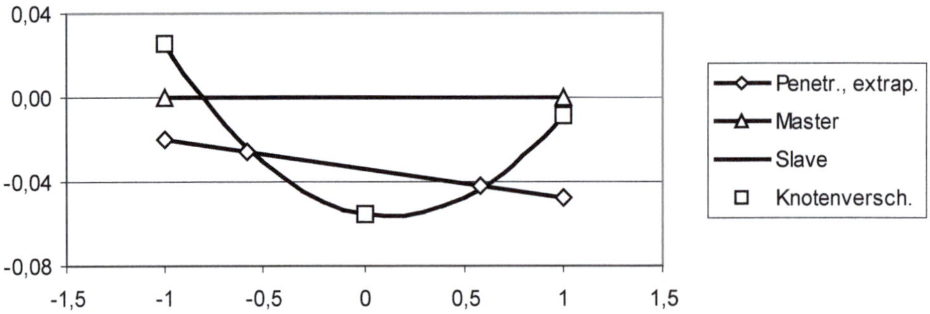

Abb. 7.14 Eindringung und Verformung eines 3-Knoten-Kontakt-Elementes auf hyperelastischem Material, gestützt durch 2 Gaußpunkte

Abb. 7.15 Kontakt mit gummiartigem Material und *Detektionsmethode: Knoten*

7.10 Beispiel Rotationskörper

Hier wird ein rotationssymmetrischer (*Geometrie>2d-Verhalten: axialsymmetrisch*) und einfach flächensymmetrischer Körper aus Neo-Hooke-Material mit $\mu = G = 10$ MPa und volumetrischer Nachgiebigkeit $d = 9 \cdot 10^{-5}$ MPa^{-1} (errechnet aus $\nu = 0{,}49995$), der oben mit einem sehr steifen Körper verklebt ist, welcher nur durch die Randbedingung UX = 0 und eine gleichmäßige Verschiebungsvorgabe in y abgebildet ist, nämlich UY *steigt linear an* auf 50 mm nach unten, berechnet. Details zur Geometrie zeigt **Abb. 7.16** (Maße in mm).

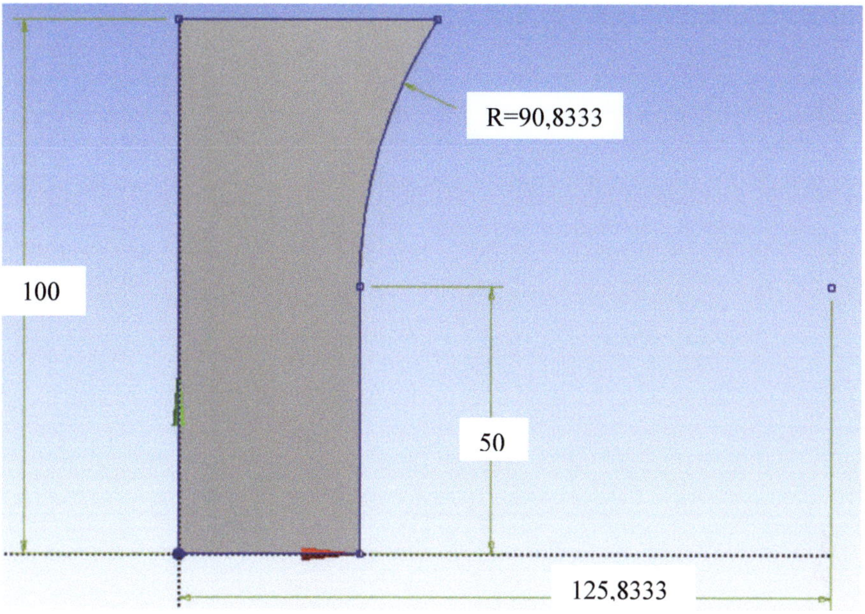

Abb. 7.16 Geometrie Rotationskörper

Das strukturierte Netz (**Abb. 7.17**) besteht aus Vierecken ohne Mittenknoten und als Elementgröße ist 10 mm eingestellt.

Das Bauteil wird auf die halbe Höhe zusammengedrückt. Dabei weitet sich der untere Bereich wegen der Inkompressibilität stark auf (**Abb. 7.17**), sodass man die ursprüngliche Form nicht mehr erahnt. Die Reaktionskraft steigt infolgedessen überproportional an (**Abb. 7.18**).

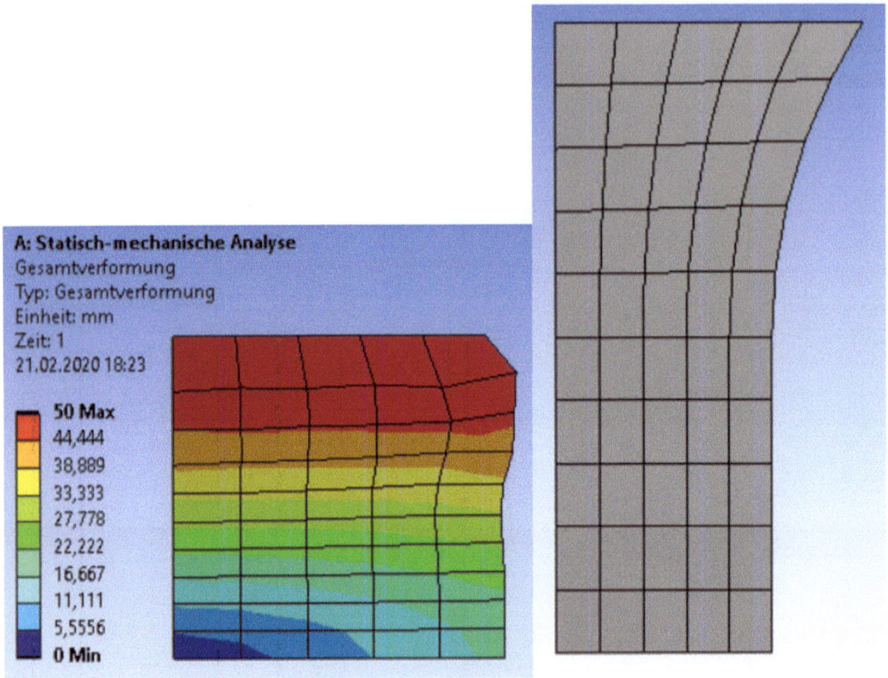

Abb. 7.17 Verformung bei 50 mm Vertikalverschiebung, nahezu inkompressibles Neo-Hooke-Material, und Ausgangsnetz

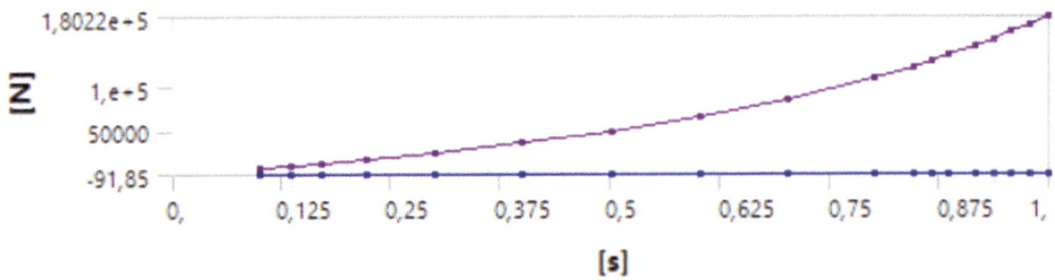

Abb. 7.18 Verlauf der Reaktionskraft über der Zeit (proportional zum Weg)

7.11 Beispiel Topflager

Gummiartige Materialien können leicht gestaltändernd verformt werden, sie bleiben aber volumenkonstant. Verhindert man, dass das Material quer zur Last ausweichen kann, kann es große Kräfte übertragen. Gleichzeitig kann es aber lokalen Verformungen ausweichen. Das gilt auch für Verdrehungen, die auf der einen Seite zu mehr, auf der anderen zu weniger Stauchungen führen. Diesen Effekt macht man sich beim so genannten *Topflager*, auch *Neo-Topflager*, wobei *Neo* von Neopren herrührt, zunutze. Ein Topf, gefüllt mit Gummi, erhält einen Deckel, der wegen der o. g. Eigenschaften als gelenkiges Lager für das daran befestigte Bauteil wirkt. In diesem Beispiel wird der Topf durch radiale Festhaltungen ersetzt, damit man den Unterschied zu dem Lager ohne Topf sichtbar machen kann. Auf dem Lager ruht ein balkenähnliches Bauteil, das von oben flächig belastet ist, vornehmlich auf Biegung, sodass eine Verdrehung über dem Lager ermöglicht werden soll. Das Gummi wird durch ein *Neo-Hooke*-Modell mit Anfangsschubmodul G = 10 MPa und volumetrischer Nachgiebigkeit $d = 9 \cdot 10^{-5}$ MPa^{-1} abgebildet.

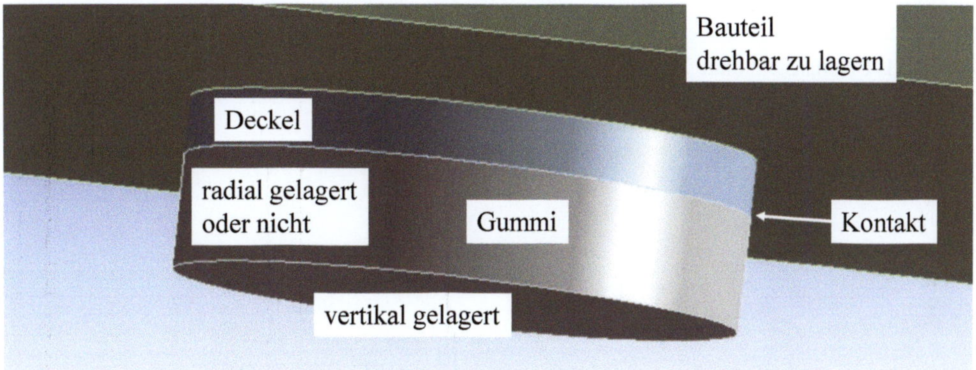

Abb. 7.19 Topflager, System und Randbedingungen

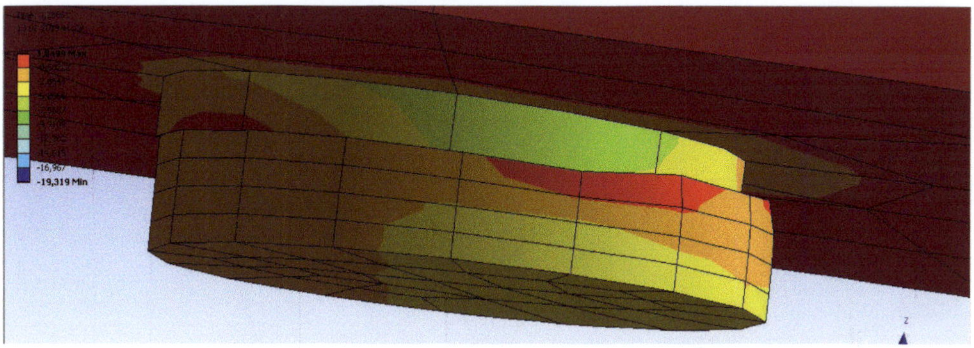

Abb. 7.20 Verformung ohne Topf

Ohne die Topf-Randbedingung sieht man in **Abb. 7.20**, wie das Gummi unter dem Deckel hervorquillt. Ferner ist in **Abb. 7.21** erkennbar, dass der Deckel sich als Ganzes durchsenkt.

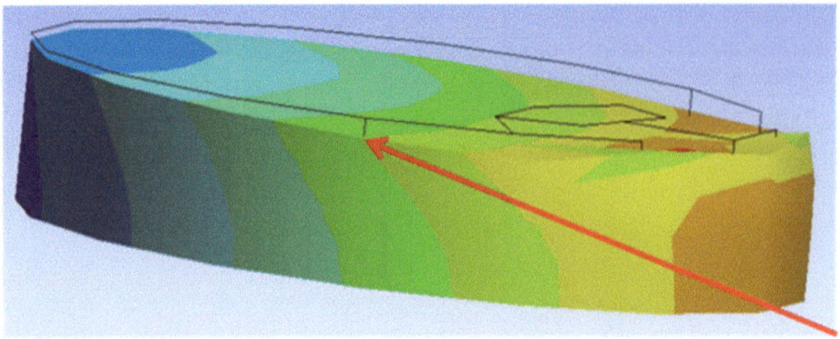

Abb. 7.21 Detailansicht ohne Topf: Mittendurchsenkung (roter Pfeil)

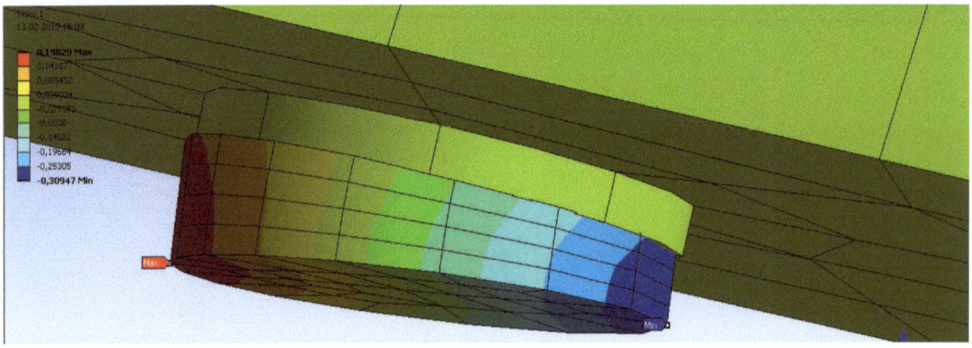

Abb. 7.22 Verformung mit Topf

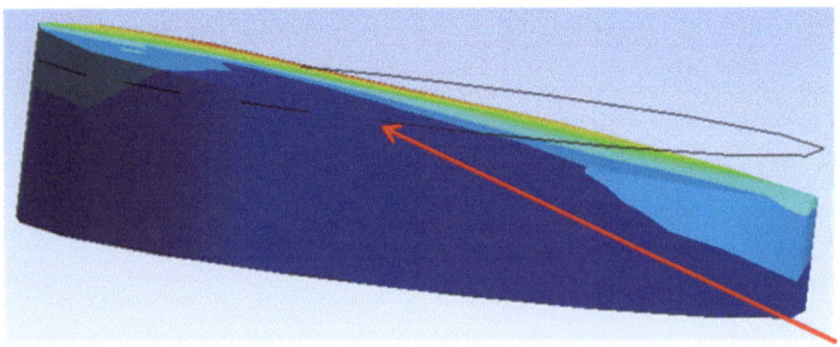

Abb. 7.23 Detailansicht mit Topf: praktisch keine Mittendurchsenkung (roter Pfeil)

Mit der Topf-Randbedingung verdreht sich der Deckel nur (**Abb. 7.22**), im Mittel ist die Durchsenkung gegenüber den Gummi-Verformungen vernachlässigbar (**Abb. 7.23**). Eine rückdrehende Wirkung durch das Lager ist in **Abb. 7.24** nicht erkennbar. Das Moment (*Momentenreaktion* auf die *Randbedingung* unter dem Gummi und auf den *Kontaktbereich* zwischen Deckel und Gummi liegt bei etwa 10^6 Nmm. Das ist nicht 0, bei einer festen Einspannung erhielte man aber das Doppelte des Momentes in der Mitte, das $7{,}5 \cdot 10^8$ Nmm beträgt. Demgegenüber ist das Lagermoment sehr klein, was das Ziel dieser Konstruktion ist.

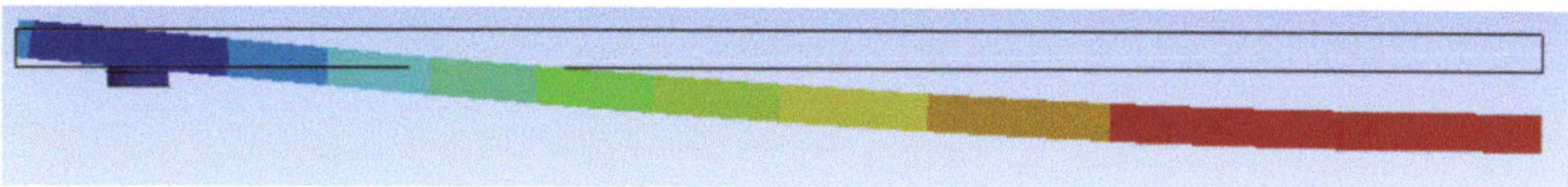

Abb. 7.24 Verformung des Gesamtsystems

7.12 Konvergenz

Wegen der besonderen Form der hyperelastischen Stoffgesetze besteht die Gefahr, dass ein Modell Messkurven halbwegs passend abbildet, für bestimmte Verzerrungszustände sich aber instabil verhält, d. h. dass die Spannung bei zunehmender Dehnung abfällt. Das kann eine lokale oder globale Instabilität zur Folge haben. Möglich aber auch, dass die Materialroutine sich dazu meldet.

Außerdem ist ein Gummibauteil oft mit großen bis sehr großen Verformungen verbunden, die zu starken Elementverzerrungen führen können. Hiergegen ist eine entgegengesetzte Vorverzerrung des Netzes denkbar oder auch die Einführung eines *Nichtlinearen adaptiven Bereichs*.

8 Kontaktberechnungen

8.1 Was bedeutet Kontakt?

Wir unterscheiden die folgenden Fälle:

1. Ein Körper nähert sich einer starren Fläche und wird von dieser aufgehalten. Wird mehr Kraft aufgebracht, wird der Körper von (oder an) dem Hindernis deformiert.
2. Zwei Körper nähern sich einander und deformieren sich gegenseitig nach der Berührung.
3. Verschiedene Regionen desselben Körpers berühren sich (Selbstkontakt).
4. Zwei Starrkörper berühren sich. Das ist eigentlich ein Widerspruch, denn ein Körper wird normalerweise als starr bezeichnet, wenn er deutlich steifer ist als ein anderer oder aus anderen Gründen die Deformation keine Rolle spielt. Dennoch gibt es Programme, bei denen man für die Durchdringung zweier Starrkörper Kraft-Eindringungs-Charakteristiken vorgeben kann.

Diese Situationen haben gemeinsam, dass die Berührzone nicht im Vorhinein bekannt ist oder sich während der Lastaufbringung ändert. Anderenfalls sollte kein Kontakt modelliert werden. Situation 1 könnte durch Randbedingungen modelliert werden, 2 und 3 durch gemeinsame Knoten oder Koppelgleichungen.

Klebekontakt (*bonded contact*), bei dem sich die Kontaktelemente nicht öffnen können, wird allerdings auch gern eingesetzt, um verschieden vernetzte Bauteile ohne gemeinsame Knoten aneinander zu binden und stellt insofern eine Ausnahme zu obiger Regel dar. Dies geschieht häufig bei der Übernahme der Geometrie aus einem CAD-System und ist solange zulässig, wie dieser Übergang nicht im Mittelpunkt des Berechnungsinteresses steht. Es kann dort zu Störungen im Verlauf der Spannungen und Dehnungen kommen.

Abb. 8.1 zeigt die Situationen 1 bis 3 in einem System.

Abb. 8.1 Kontaktsituationen

Elektronisches Zusatzmaterial Die elektronische Version dieses Kapitels enthält Zusatzmaterial, das berechtigten Benutzern zur Verfügung steht. https://doi.org/10.1007/978-3-658-31421-7_8

W. Rust, *Nichtlineare Finite-Elemente-Berechnungen mit ANSYS Workbench*,
https://doi.org/10.1007/978-3-658-31421-7_8

Die obige Definition des Standardkontaktes betrifft die Bewegung und Kräfte senkrecht zu den Kontaktflächen. Eine Bewegung in tangentialer Richtung ist weiterhin möglich, wobei Reibung auftreten kann, oder kann getrennt unterdrückt werden.

In ANSYS Mechanical APDL, dem klassischen ANSYS wird Starrkörper-Starrkörper-Kontakt (Nr. 4) nicht abgebildet (Begründung s. o.). Dies ist der *Mehrkörperdynamik* vorbehalten.

8.2 Modellierung von Kontakt

Entsprechend dem Workbench-Konzept basiert die Kontaktdefinition auf der Geometrie und ist daher im Strukturbaum vor der Vernetzung angeordnet. Durch Erweitern von *Kontakte/Verbindungen* kommt man über den Ordner *Kontakte* auf die einzelnen Kontaktdefinitionen (**Abb. 8.2**). Ist *Automatische Verbindungen beim Aktualisieren erzeugen* aktiviert, werden zwischen nah beieinander liegenden Flächen Verbundkontakte generiert. Dies ist bei größeren Modellen oft nützlich, jedoch nicht mehr, wenn man bei den Kontakten Veränderungen vorgenommen hat und dann die Geometrie modifiziert. Das führt oft zu einer Reihe von neuen Kontakten. Deshalb sollte man diese Option spätestens nach dem ersten Einladen der Geometrie ausschalten. Man kann mit RMB auf *Kontakte* immer noch Verbindungen generieren lassen.

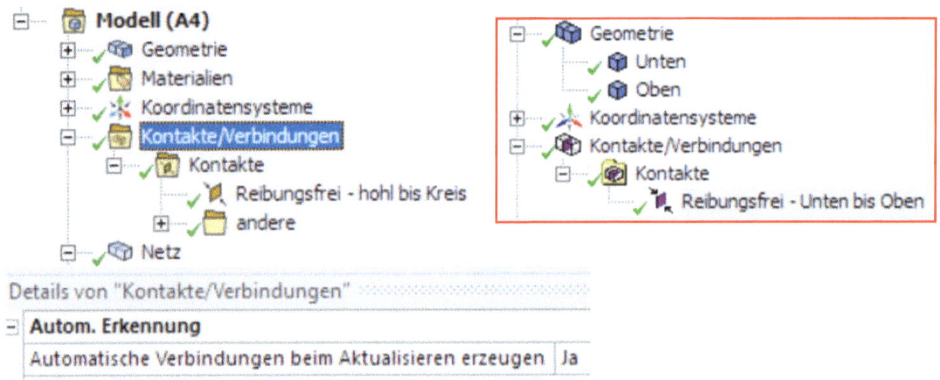

Abb. 8.2 Kontakte im Strukturbaum

Im Folgenden beschäftigen wir uns vornehmlich mit dem echten Kontakt, der sich also öffnen und schließen kann, und mit der manuellen Kontaktdefinition, die man über *Kontakte> Einfügen> Manueller Kontaktbereich* erreicht. Hat man die Bestandteile der Geometrie mit Namen versehen, erscheinen diese zusammen mit dem *Typ* aus dem Detailfenster (**Abb. 8.3**), hier *Reibungsfrei*, im Strukturbaum (**Abb. 8.2**). Mit RMB auf die Bezeichnung eines Kontaktes findet man eine Option zum Aktualisieren, was besonders bei automatisch erzeugten Paarungen oder bei nachträglich umbenannter Geometrie nützlich ist. Die Namensanpassung geschieht aber auch bei jeglicher Änderung. Auch bei manueller Definition ist die Voreinstellung für *Typ* zunächst *Verbund*, die möglichen Typen zeigt ein Untermenü (**Abb. 8.3**). Echter Kontakt kann *reibungsfrei* oder *reibungsbehaftet* sein, Ersteres unterscheidet sich aber nicht von *reibungsbehaftet* mit *Reibfaktor* 0. *Rau* bedeutet, dass im geschlossenen Zustand keine

Tangentialbewegung möglich ist, *keine Trennung*, dass sich ein einmal geschlossener Kontakt nicht mehr öffnet, ein Gleiten mit oder ohne Reibung aber möglich bleibt. Bei *Verbund* wählt *Workbench* die Option *Bonded Always*, was bedeutet, dass Kontaktpunkte, die sich im *Pinball*-Bereich (Kap. 8.5.2) befinden oder im Laufe der Simulation in ihn hineingeraten, sowohl in Normalen-, als auch in tangentialer Richtung festgehalten werden.

8.3 Auswahl von Ziel- und Kontakt-Seite

Am Anfang der Definition (**Abb. 8.3**) steht die Auswahl der betroffenen Flächen. Diese werden in *Kontakt* und *Ziel* unterschieden, in der einschlägigen Literatur heißt die Zielfläche *Master* und die Kontaktfläche *Slave*, aber bei ANSYS sollte es offenbar keine Sklaven geben. Für das weitere Verständnis muss man wissen, um welche Art der Kontaktabbildung bzw. -feststellung es sich hier handelt. Standard ist, dass an den Integrations**punkten** der *Kontakt*fläche der Abstand zur bzw. die Eindringung in die *Ziel***fläche** bestimmt wird. Deren Oberflächengeometrie wird mit FE-Ansatzfunktionen kontinuierlich beschrieben. Per Voreinstellung gehören die Punkte zur Gauß-Quadratur, werden also auch als *Gauß-Punkte* bezeichnet. Die Methode mit den Integrationspunkten hat den Vorteil, dass sie auch für Kontakt mit Mittenknoten-Elementen geeignet ist, die lange Zeit ein Problem bei Kontaktberechnungen darstellten. Im Falle von Eindringung werden Kontaktspannungen (Drücke) berechnet, die dann numerisch zu Knotenkräften integriert werden.

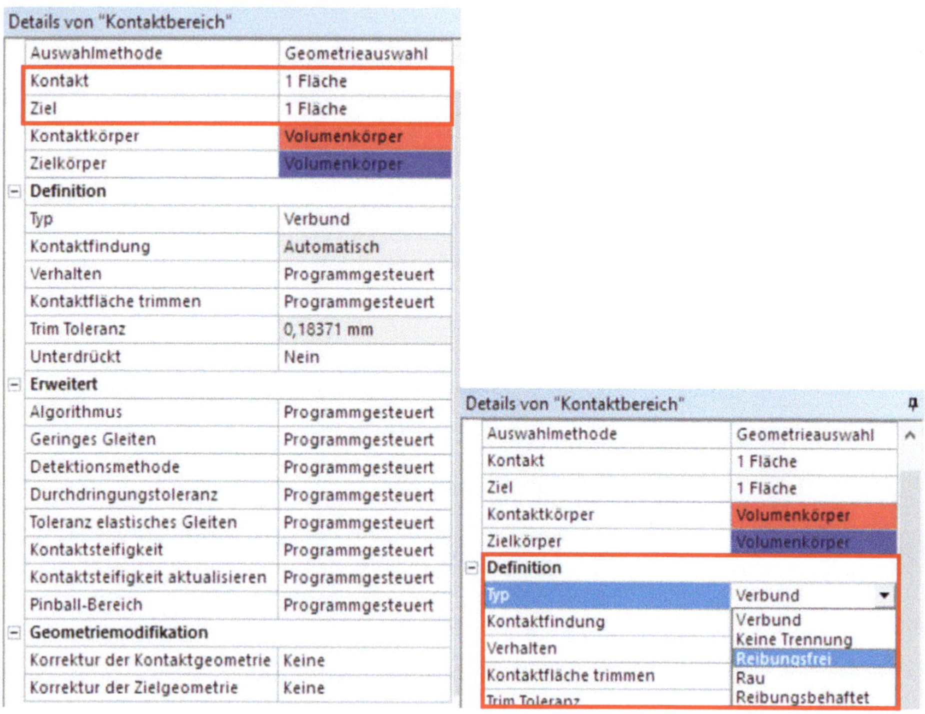

Abb. 8.3 Manuelle Kontaktdefinition

Bei der Festlegung von *Kontakt* und *Ziel* ist zu verhindern, dass es zu nicht feststellbaren Eindringungen kommt. Als Regeln mögen gelten:

1) Die gröber vernetzte Seite wird *Ziel* (sonst s. **Abb. 8.4**).
2) Die überstehende Fläche wird *Ziel* (**Abb. 8.5**)
3) Die konkave, schwächer gekrümmte oder ebene Fläche wird *Ziel* (sonst s. **Abb. 8.6**).
4) Die Fläche mit höherer Ansatzordnung für die Geometrie wird *Ziel* (**Abb. 8.10**).
5) Die Fläche mit dem darunter liegenden steiferen Material wird *Ziel.*

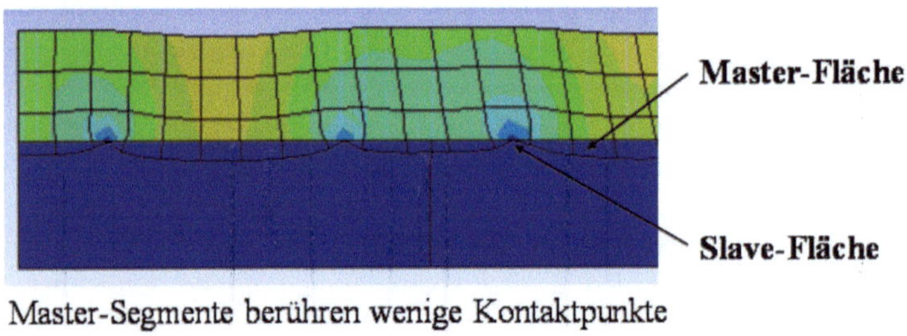

Abb. 8.4 Fehlerhafte *Ziel-Kontakt*-Zuordnung bei ungleicher Vernetzung

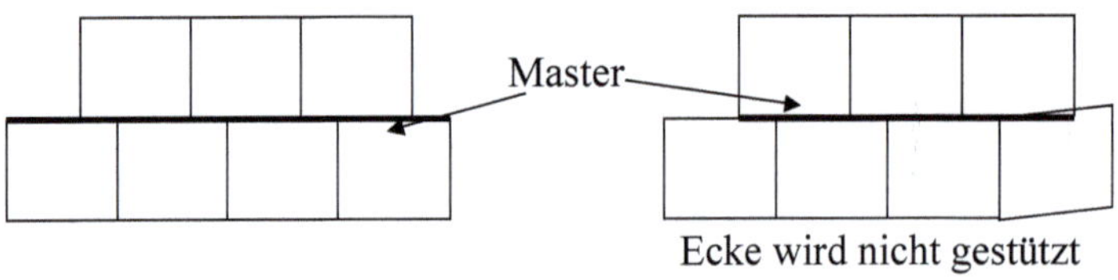

Abb. 8.5 Richtige und fehlerhafte *Ziel-Kontakt*-Zuordnung bei überstehender Fläche

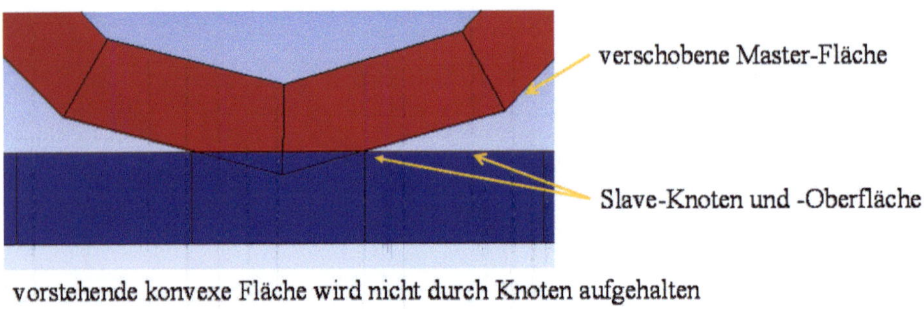

Abb. 8.6 Fehlerhafte *Ziel-Kontakt*-Zuordnung bei plan-konvexem Kontakt

Bei Integrationspunkt-Kontakt ist in 2d jeder Knoten von zwei Kontaktfeststellungspunkten und in 3d im regelmäßigen Netz von vieren umgeben. Wegen dieser erhöhten Zahl verliert ein Teil der Regeln an Bedeutung, d. h. der Schaden ist geringer als bei Knoten-zu-Oberfläche-Kontakt. Bei Regel 3) kommt hinzu, dass ein Eindringen eines einzelnen Knotens (der ja kein Kontaktpunkt ist) als unvermeidlich in Kauf genommen wird (**Abb. 8.7**). Die übrigen Regeln sollten aber beachtet werden.

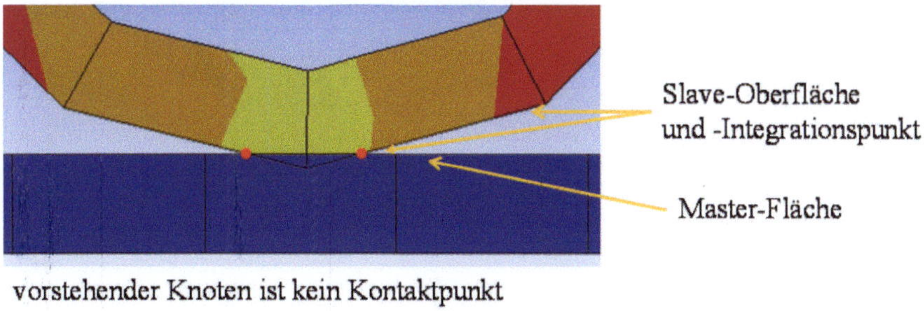

Abb. 8.7 Grob vernetzte *Kontakt*-Fläche bei Integrationspunkt-Kontakt

In dem Beispiel aus **Abb. 8.8** wird unter Ausnutzung der doppelten Symmetrie eine Halbkugel mit Elastizitätsmodul E = 1100 N/mm² auf einen Quader mit E = 200000 N/mm² gedrückt. Man genügt den Regeln 1) bis 3) und 5), wenn die Oberfläche des Quaders *Ziel* wird. Verstößt man gegen Regel 1), erhält man als Ergebnis zu viel Eindringung (**Abb. 8.8** rechts) infolge einer nur an wenigen Punkten gestützten und damit punktuell stark verformten Oberfläche (**Abb. 8.9** links). Bei richtiger Zuordnung ist die Kugeloberfläche glatt (**Abb. 8.9** rechts).

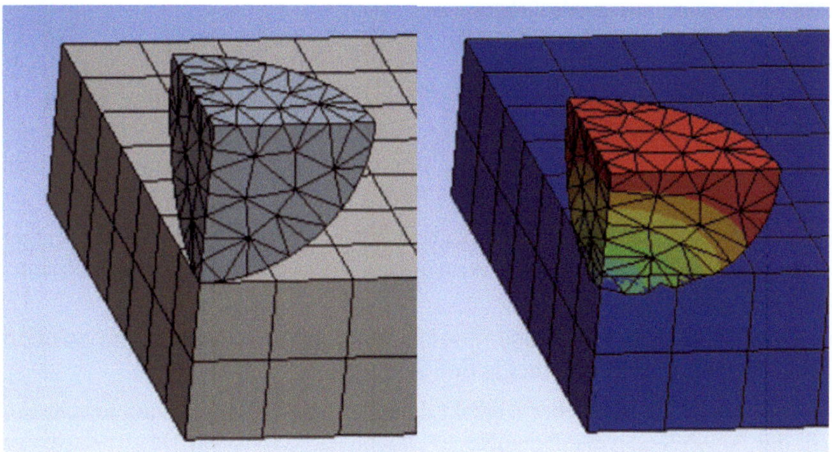

Abb. 8.8 Kontaktbeispiel und Ergebnis bei fehlerhafter Kontakt-Ziel-Zuordnung

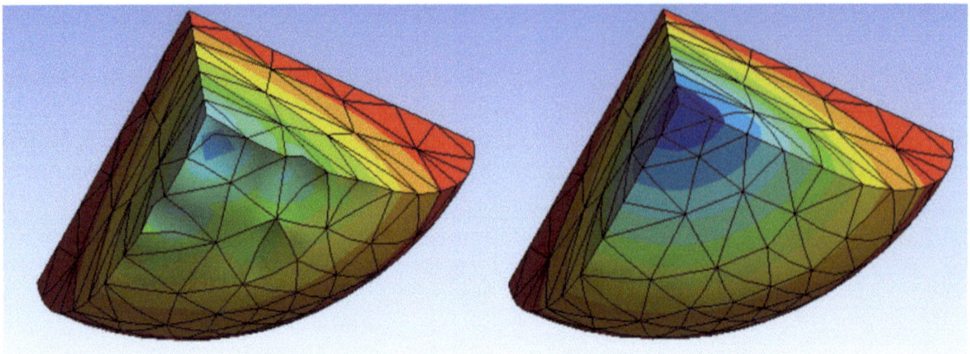

Abb. 8.9 Untersicht der verformten Kugel, links falsche, rechts richtige Zuordnung

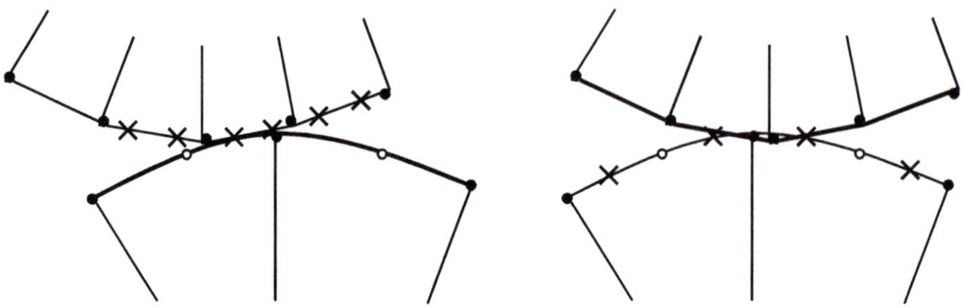

Ansatz höherer Ordnung: Master (glatter) Ansatz höherer Ordnung: Slave (Knicke)

Abb. 8.10 Kontakt mit Elementen unterschiedlicher Ansatzordnung

Wenn die Hinweise zur Auswahl von *Kontakt* und *Ziel* einander widersprechen, hat Nr. 1) (grobe Seite *Ziel*) Priorität. Zudem ist dann **symmetrischer Kontakt** zu empfehlen, d. h. der Kontakt wird ein zweites Mal unter Vertauschung von *Ziel*- und *Kontakt*-Seite definiert (in Workbench wählbar).

Bei eindeutigen Verhältnissen ist der asymmetrische Kontakt vorzuziehen, weil er weniger Rechenaufwand bedeutet und Doppelkontakte vermeidet. *Automatisch asymmetrisch* bedeutet laut Hilfesystem:

„The program internally selects which asymmetric contact pair is used at the solution stage (used only when symmetry contact is defined)"

Das heißt, es wird zunächst symmetrischer Kontakt definiert, aber bei der Lösung jeweils nur das nach Ansicht des ANSYS-Solvers geeignetere Kontaktpaar verwendet. Das ist dasjenige Kontaktpaar, das mehr Kontaktelemente mit dem Status *Near* und *Closed* hat. Dies genügt meist der Regel 1), dass die gröbere Seite *Ziel* werden sollte. Diese Option entspricht vom Speicheraufwand aber eher symmetrischem Kontakt und liegt vom Rechenaufwand nur wenig darunter. *Autom. asymmetrisch* kann sich auch bei *Programmgesteuert* einstellen. Es kann dazu kommen, dass *Ziel* und *Kontakt* gegenüber der Workbench-Definition vertauscht sind.

Hat man die Auswahl selbst mit Bedacht getroffen, sollte man das mit *asymmetrisch* ausschließen. S. a. Text zu **Abb. 8.48** auf S. 241.

Für die Entscheidung hat Workbench den Schalter *Verhalten*:

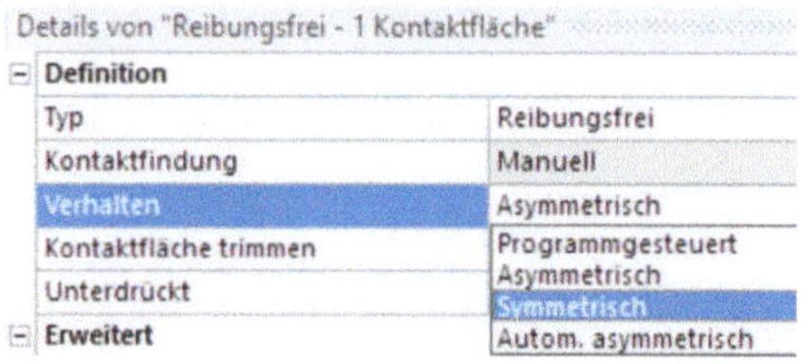

Bei *symmetrischem* Kontakt kommt es dazu, dass teilweise beide Kontakte an einem Ort geschlossen sind, teilweise aber nur einer. Der Algorithmus in ANSYS stellt recht zuverlässig sicher, dass keine doppelten Kontaktkräfte auftreten, was die Spannungsverteilung verfälschen könnte.

Die automatische Kontaktgenerierung beachtet die beschriebenen Auswahlregeln, auch die wichtige Nr. 1), nicht. Zum Vertauschen von *Kontakt* und *Ziel* findet man mit *RMB* auf den Strukturbaumeintrag des Kontaktes *Kontakt/Ziel umkehren*. (**Abb. 8.11** von links zur Mitte) Die *Kontakt*seite ist rot, die *Ziel*seite blau eingefärbt. Bei symmetrischem Kontakt ist die Auswahl gleichgültig. Von jeder Fläche ist nur eine Seite eingefärbt, bei Volumina zeigt diese nach außen. Bei Schalen muss man die Seite kontrollieren, denn die Farben der *Kontakt*- und *Ziel*fläche markieren die Normalenrichtungen. Diese müssen aufeinander zu zeigen, sonst kommt kein oder falscher Kontakt zu Stande. Die zu Anfang eingefärbte Schalenseite ist *Oben*, das kann unter *Schalenseite für ...* auf *Unten* geändert werden (**Abb. 8.12**).

Beide Flächen werden noch einmal getrennt in gesonderten Fenstern *Ansicht Kontaktkörper* und *Ansicht Zielkörper* zusammen mit den transparent dargestellten Körpern des ganzen Kontaktes gezeigt (**Abb. 8.11**). In diesen Fenstern kann die Perspektive unabhängig verändert werden.

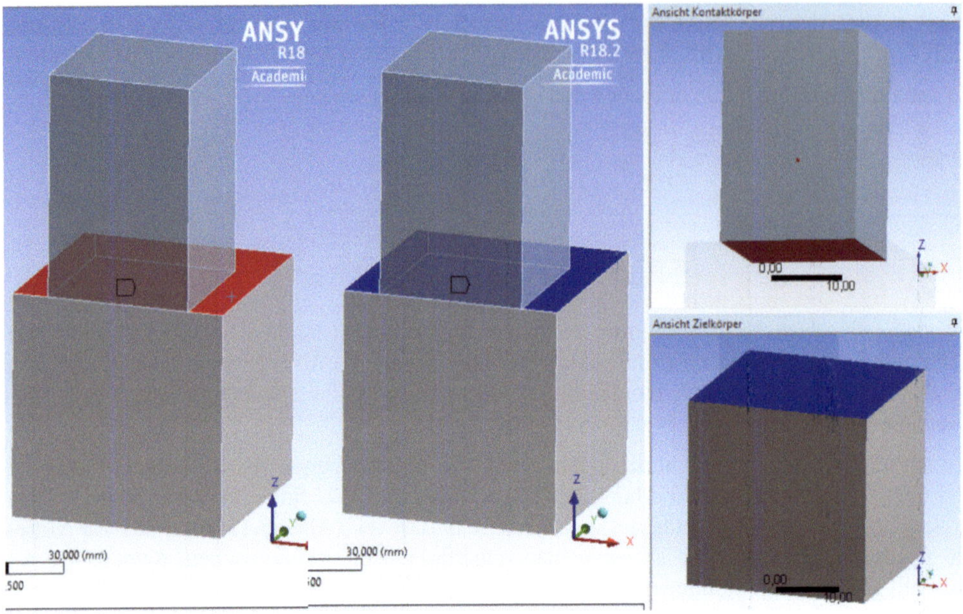

Abb. 8.11 Vertauschen von Kontakt und Ziel; getrennte Ansichten der beteiligten Flächen

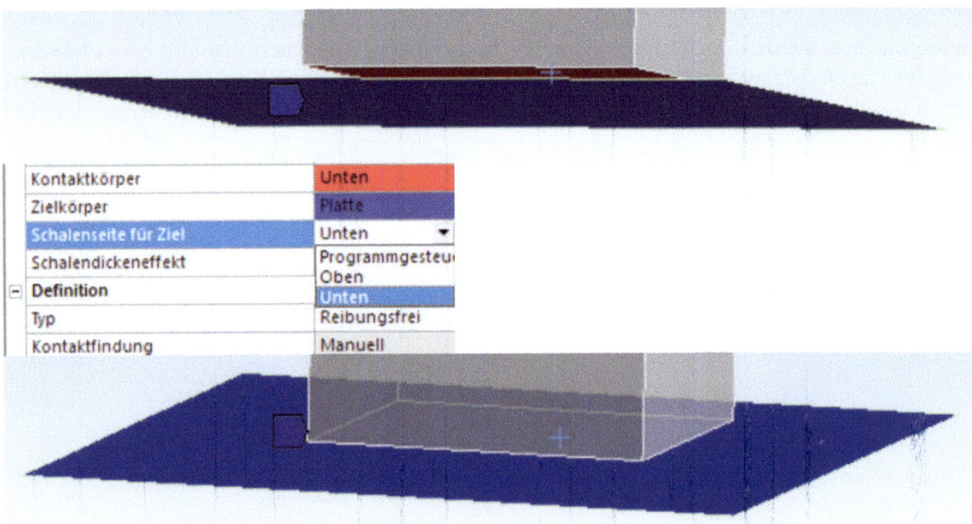

Abb. 8.12 Orientierung der Normalenrichtung, hier blau für *Ziel*, vor und nach der Auswahl *Unten* als *Schalenseite für …*

Hat man die Kontaktflächen ausgewählt und den Typ eingestellt, kann man, natürlich nach Definition von Lasten und Festhaltungen, **die Berechnung starten**; für alles andere gibt es Voreinstellungen.

8.4 Kontakt mit Schalenelementen

Der Kontakt in ANSYS ist normalenorientiert. Die Normalen von *Kontakt* und *Ziel* müssen aufeinander zu zeigen. Für Volumenelemente ist klar, dass die Oberflächensegmente nach dem Erzeugen nach außen zeigen. Das könnte man mit dem *Befehl* `ESURF,,REVERSE` ändern, man müsste dafür einen besonderen Grund haben. In neueren Versionen gibt es auch einen Menü-Eintrag:

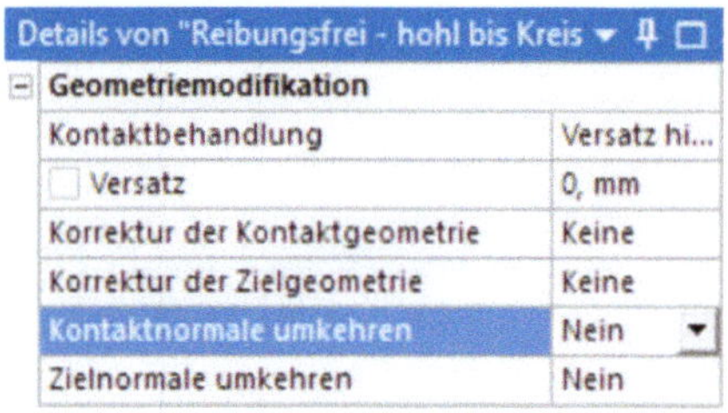

Bei Schalen wird vom Benutzer eine Auswahl verlangt (s.u.).

Die folgenden Überlegungen werden an dem System aus **Abb. 8.13** erläutert. Dabei sind zwei Schalen zunächst jeweils am äußeren Ende gehalten, das rechte Teil wird im Folgenden bewegt. Stellt man die Dicke mit dar (*Ansicht/Anzeige>Dicke Schalen und Balken*) erkennt man, dass sich die Oberflächen der durch das Schalenmodell repräsentierten Bauteile berühren (**Abb. 8.14**). Zwischen beiden soll Kontakt berücksichtigt werden.

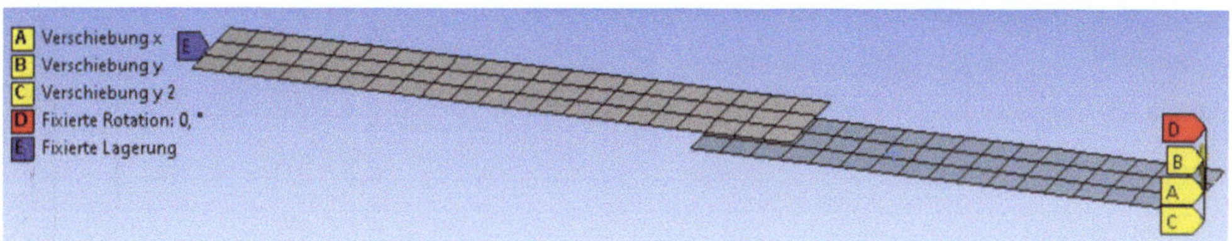

Abb. 8.13 System für Schalenkontakt

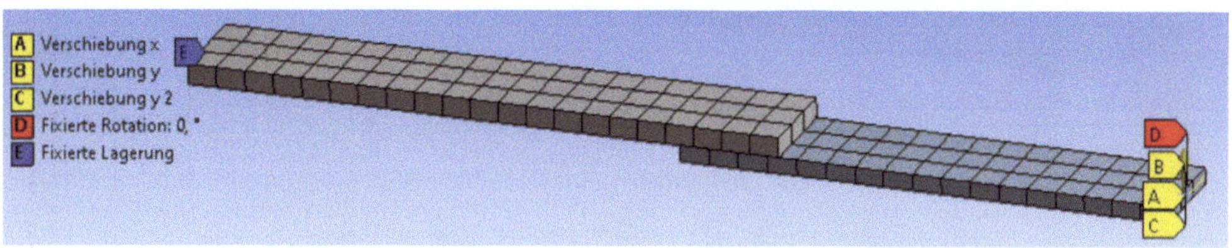

Abb. 8.14 Schalen mit Dickendarstellung

Schalenelemente haben eine Ober- und eine Unterseite und man muss sich für die Kontaktdefinition auf eine festlegen:

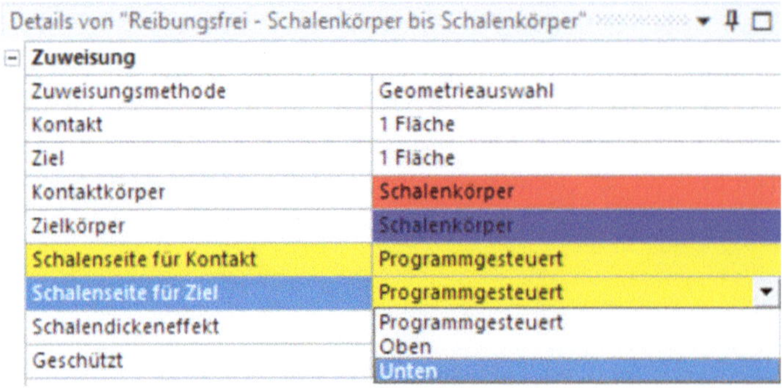

Bei *Schalenseite für* steht zwar *Programmgesteuert*, dies ist aber bei echtem Kontakt (Typ *Reibungs…*) keine zulässige Auswahl. Wo aber ist *Oben*? Dort, wo bei der ersten Definition die Fläche farbig, rot oder blau, angelegt ist (**Abb. 8.15**). Im Beispiel muss die *Ziel*fläche umorientiert, also auf *Unten* gesetzt werden, aber auch für die *Kontakt*fläche muss eine explizite Eingabe erfolgen, nämlich *Oben*. Dann verschwindet die gelbe Färbung und in der Grafik erkennt man jetzt die Änderung (**Abb. 8.16**).

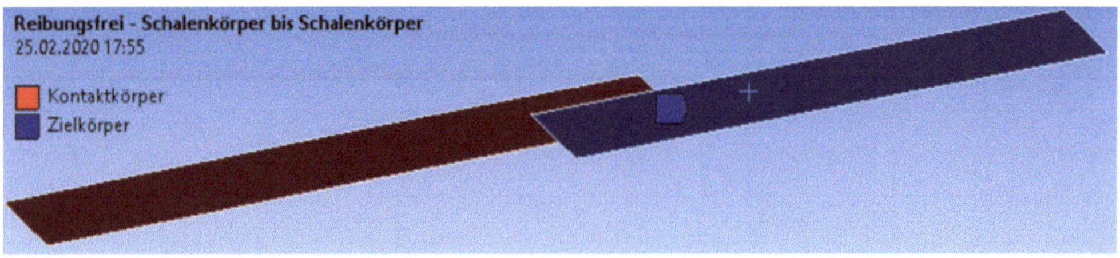

Abb. 8.15 Oberseite der Schalen im Ausgangszustand

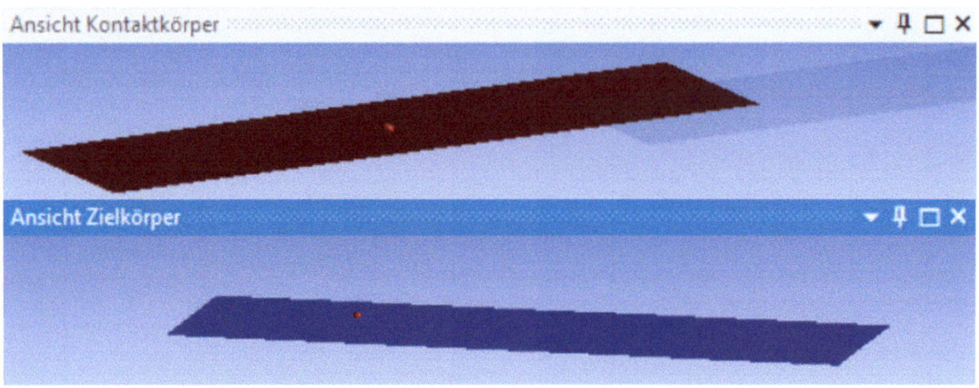

Abb. 8.16 Orientierung der positiven Seiten nach Setzen der Schalenseite für *Ziel* auf *Unten*

Der Abstand der Schalenmittelflächen beträgt die Summe der halben Dicken, also 10/2 + 8/2 = 9 mm. Das rechte Teil wird nun in Einerschritten um 10 mm nach oben geschoben. Erst nach 9 mm tritt Kontakt (der Mittelflächen) ein und die Bauteile verformen sich gegenseitig (**Abb. 8.17**).

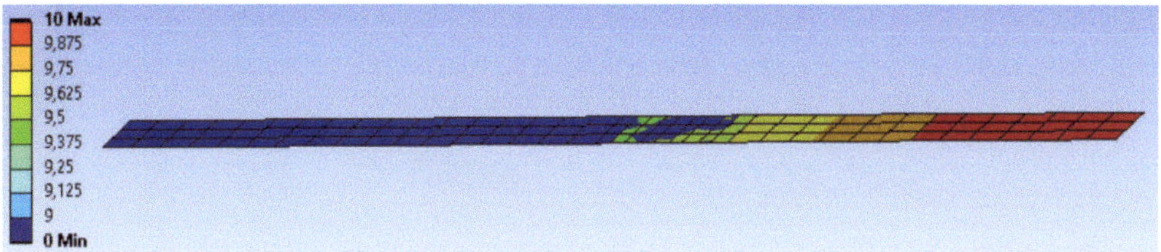

Abb. 8.17 Verformung ohne *Schalendickeneffekt*

Das entspricht nun nicht dem abzubildenen Verhalten. Das Einblenden der Dicke war nur Grafik, es muss auch noch der *Schalendickeneffekt* aktiviert werden:

Kontaktkörper	Schalenkörper
Zielkörper	Schalenkörper
Schalenseite für Kontakt	Oben
Schalenseite für Ziel	Unten
Schalendickeneffekt	Ja

Der gilt immer auf beiden Seiten. Nun wird die Berechnung wiederholt. Kontakt tritt jetzt von Anfang an auf, die Mittelflächen behalten ihren Abstand und nun zeigt die Darstellung mit Dicken, was man eigentlich berechnet hat (**Abb. 8.18**).

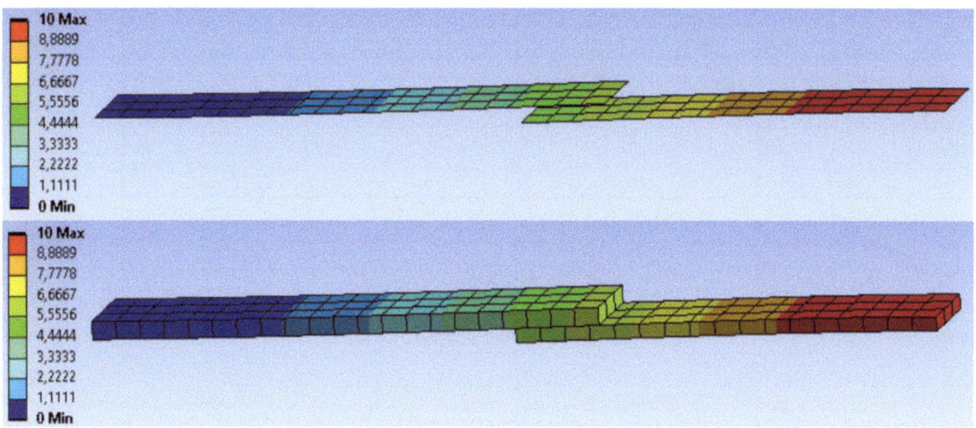

Abb. 8.18 Verformung mit *Schalendickeneffekt* ohne und mit Ansicht für *dicke Schalen*

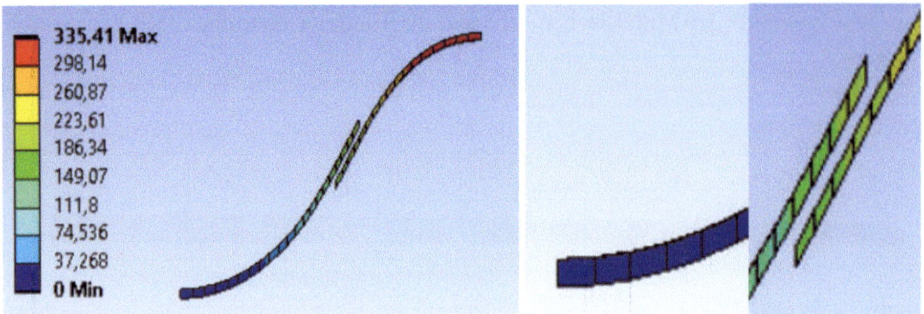

Abb. 8.19 Fehlerhafte Darstellung der Schalennormalen bei großen Drehungen

Bei großen Drehungen offenbart sich aber eine Unzulänglichkeit der Darstellung: Die Schalennormale, in deren Richtung die Dicke abgetragen wird, wird für die Grafik nur einmal, nämlich ganz am Anfang, bestimmt und behält ihre Richtung danach bei. Bei 90° Drehung würde man keine Dicke mehr sehen. **Abb. 8.19** zeigt keine Perspektive, sondern den Blick genau in Richtung der Mittelflächen. Am Rand sieht man die richtige Dicke, zur Mitte hin wird sie immer kleiner dargestellt. Rechnerisch ist das Ergebnis in Ordnung, wie man am Abstand erkennen kann. *Mechanical APDL* bekommt die Darstellung richtig hin (**Abb. 8.20**).

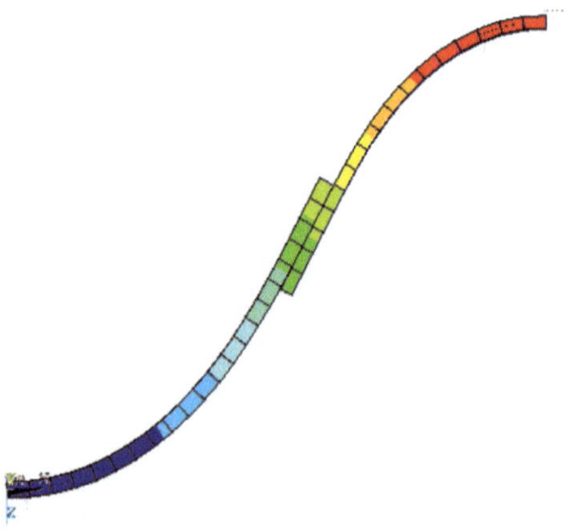

Abb. 8.20 Korrekte Darstellung der Schalennormalen bei großen Drehungen in *Mechanical APDL*

Nun wird der *Typ* auf *Verbund* gesetzt, um Effekte in tangentialer Richtung zu studieren. Sie träten aber auch auf, wenn wegen Reibung Tangentialkräfte übertragen würden. Die Vertikalverschiebung und die Rotationsfixierung am rechten Ende werden freigegeben, in Längsrichtung wird gezogen. Wegen des Abstands der Mittelflächen müsste das Versatzmoment zu Biegung führen, tut es aber nicht, wenn man den *Algorithmus* auf *Programmgesteuert* lässt (**Abb. 8.21**). Einzig das *MPC-Verfahren* erzeugt das Moment und damit die Biegung. Man sieht hier auch sehr schön einen Unterschied zwischen *Große Verformungen: Aus* (**Abb. 8.22**) und *Ein* (**Abb. 8.23**). Bei kleinen Verformungen wird das Gleichgewicht am unverformten System gebildet. Das Versatzmoment wird berechnet und führt zur Biegung nach oben. Bei großen Verformungen erfolgt zwar erst eine Biegung nach oben, damit liegt der Lastangriff aber oberhalb der Mittelfläche des linken Teils und erzeugt eine Gegenbiegung.

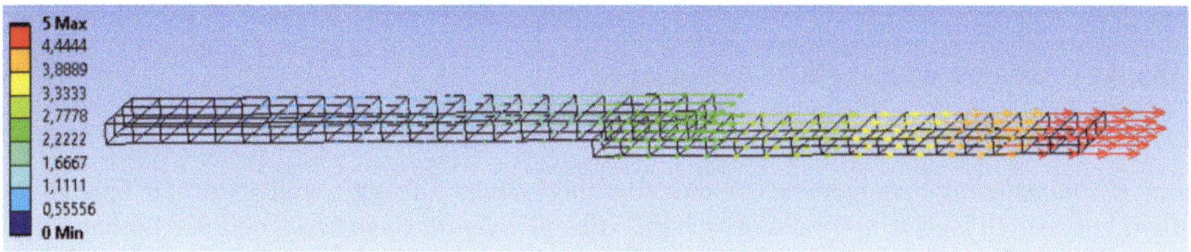

Abb. 8.21 Fehlendes Versatzmoment bei *Penalty*-Kontakt

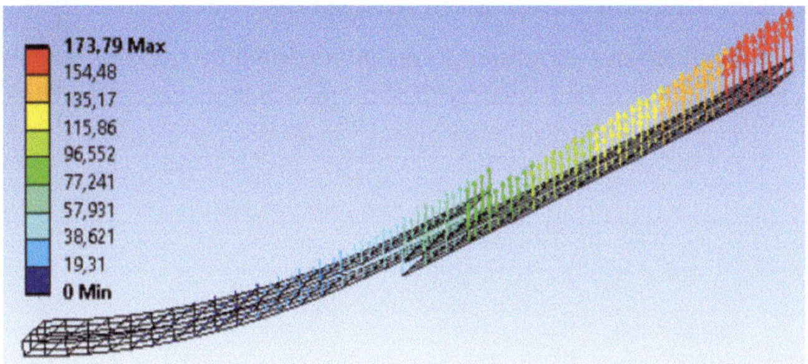

Abb. 8.22 Verformung durch Versatzmoment bei *MPC*-Kontakt, kleine Verformungen

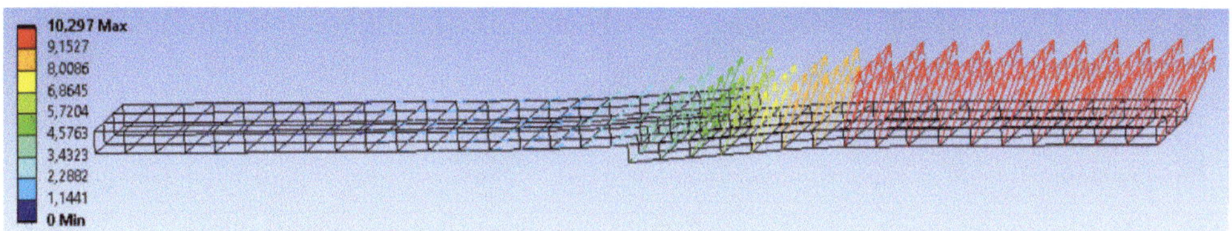

Abb. 8.23 Verformung durch Versatzmoment bei *MPC*-Kontakt, große Verformungen

MPC steht für *Multi-Point Constraint* und bedeutet, dass der Klebekontakt dadurch realisiert wird, dass die Freiheitsgrade der im Verbund befindlichen Teile der *Kontakt*fläche an die *Zielfläche* durch Koppelgleichungen angeschlossen werden. Diese berücksichtigen auch bei großen Drehungen den Zusammenhang zwischen den Rotationen und den Verschiebungen abhängiger Knoten in einem Abstand. Die MPC-Knotenverbindungen können durch einen Schalter bei den *Lösungsinformationen* sichtbar gemacht werden (**Abb. 8.24**).

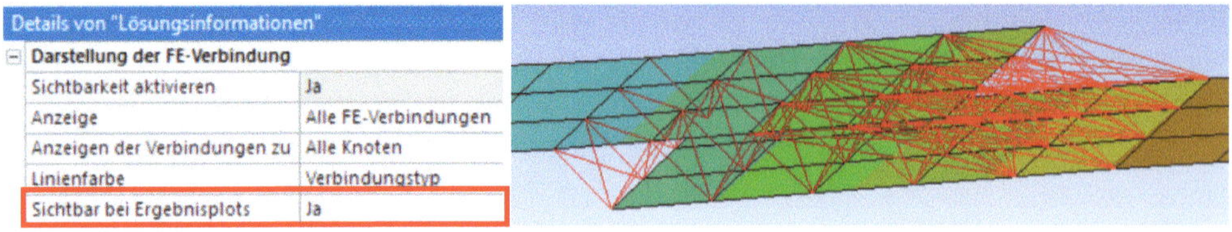

Abb. 8.24 Sichtbarmachen der MPC-Verbindungen

Für *Reibungsbehafteten* Kontakt ist das allerdings keine Lösung, weil dafür *MPC*-Kontakt nicht zugelassen ist. Da wäre das Abschalten des *Schalendickeneffektes* und der Einbau eines Volumens zwischen den Schalen eine Möglichkeit. Auch könnte man statt Schalen- Volumenelemente verwenden. Schon die Standard-Elemente, ohne Mittenknoten mit „enhanced strain"-Formulierung, dürfen recht dünn werden, bevor sie zum Locking neigen, aber es gibt ja auch noch das schalenartige Volumenelement (Solid Shell) SOLSH190.

Werden Schalenkanten mit Schalenoberflächen verbunden, werden auch Momente übertragen (**Abb. 8.25**). Sowohl der *Algorithmus* als auch der *Schalendickeneffekt* haben einen Einfluss auf die erzeugten Spannungen.

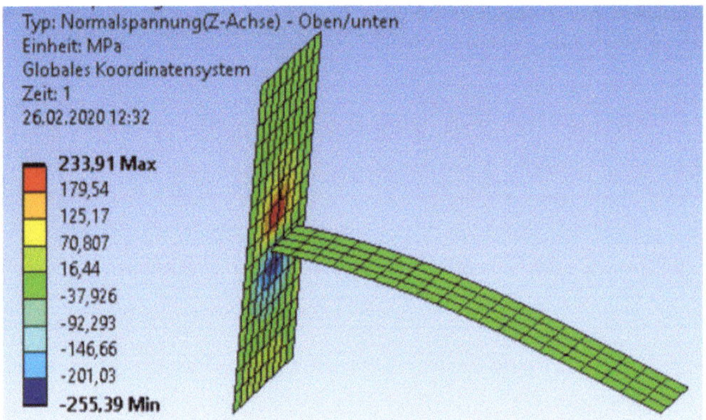

Abb. 8.25 Momentenanbindung bei *Verbund* einer Schalenkante mit einer Schalenfläche

Werden Schalenkanten an Oberflächen von Volumenelementen angebunden, werden Momente nur beim *MPC-Verfahren* übertragen (**Abb. 8.26**).

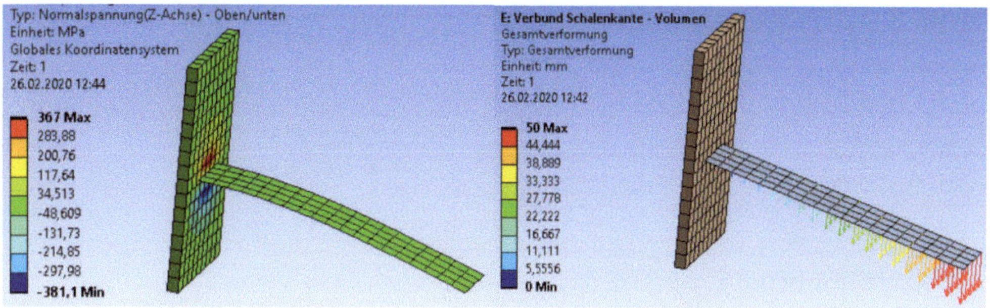

Abb. 8.26 Momentenanbindung bei *Verbund* einer Schalenkante mit einer Volumenoberfläche links ja durch *MPC-Verfahren*, rechts nein durch andere *Algorithmen*

8.5 Kontaktcheck und Ausgaben

8.5.1 Durchführung

Mit RMB auf *Kontakte* erscheint unter *erstellt* die Auswahl *Kontakt-Tool*, die einen neuen Eintrag im Strukturbaum erzeugt. Ein Klick darauf zeigt den rechten Teil von **Abb. 8.27**, die einzelnen Kontakte erscheinen aber erst nach Druck auf *Hinzufügen*. Zuvor könnte man die Vorauswahlen *Kontaktflächenauswahl* und *Kontaktseite* ändern. Macht man das nachträglich, ist *Anwenden* die richtige Option. Man kann aber auch jederzeit Änderungen für die einzelnen, in Tabellenform gelisteten Kontakte vornehmen.

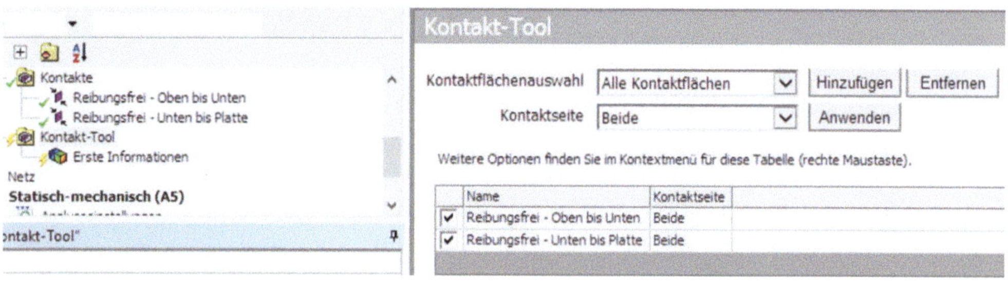

Abb. 8.27 Eingefügtes Kontakttool mit Arbeitsblatt

Mit RMB findet man *Anfangskontaktstatus erstellen*. Ist noch kein Netz vorhanden, wird es jetzt erstellt. Man erhält (nebeneinander) folgende Informationen:

Erste Informationen

Weitere Optionen finden Sie im Kontextmenü für diese Tabelle (rechte Maustaste).

Name	Kontaktseite	Typ	Status	Anzahl der Kontaktelemente
Reibungsfrei - Oben bis Unten	Kontakt	Reibungsfrei	Geschlossen	36,
Reibungsfrei - Oben bis Unten	Ziel	Reibungsfrei	Geschlossen	35,
Reibungsfrei - Unten bis Platte	Kontakt	Reibungsfrei	Weit geöffnet	0,
Reibungsfrei - Unten bis Platte	Ziel	Reibungsfrei	Inaktiv	N/A

Durchdringung (mm)	Spalt (mm)	Geometrische Durchdringung (mm)	Geometrischer Spalt (mm)	Pinball im Ergebnis (mm)	Real-Konstante
7,1054e-015	0,	7,1054e-015	3,5527e-015	3,3333	4,
7,1054e-015	0,	7,1054e-015	3,5527e-015	3,75	5,
0.	0.	0,	0,	3,75	6,
N/A	N/A	N/A	N/A	N/A	7,

Abb. 8.28 Anfangskontaktstatus

Mit RMB kann man noch Folgendes hinzufügen:

Kontakttiefe (mm)	Kontaktsteifigkeit (N/mm³)	Tangentiale Steifigkeit (N/mm³)
3,3333	1,0667e+006	0,
3,75	1,0667e+006	0,
3,75	0,	0,
N/A	N/A	N/A

Abb. 8.29 Anfangskontaktstatus, erweitert

Die Informationen werden für die *Kontakt*seite ermittelt. Gibt es auch Angaben für *Ziel*, bedeutet das, dass symmetrischer Kontakt vorliegt, wobei die Fläche, die in der Workbench-Definition *Ziel* war, im zweiten Kontakt für diese Paarung jetzt *Kontakt* ist, anderenfalls wird bei *Ziel* inaktiv und in den Rubriken N/A für not applicable - nicht anwendbar erscheinen.

Im Folgenden sollen die wichtigsten dieser Angaben erläutert werden. *Durchdringung*, *Spalt* und *Status* können mit *RMB* über *Kontakttool* auch für die grafische Darstellung eingefügt werden. Man kann auch mehrere Kontakttools einfügen, insbesondere um in der Grafik die unabhängig definierten Kontakte zu trennen.

8.5.2 Pinball und Status

Die Berechnung der exakten Eindringung, des Berührpunktes auf der *Ziel*fläche und der Normalenrichtung, in der die Kontaktkraft wirkt, ist recht aufwändig. Hat jede Seite nur 1000 Segmente, müssen schon 1 Million Paarungen abgeprüft werden. Um eine Vorauswahl zu treffen, gibt es den *Pinball*-Algorithmus. Den Abstand zweier Punkte – hier genügt auch das Quadrat – zu berechnen, ist relativ einfach. Ist der Abstand größer als der *Pinball*-Radius, kann die Berechnung für die aktuelle Paarung abgebrochen und zu einem neuen Kontakt-Ziel-Paar übergegangen werden. Das ist, als ob um einen *Kontakt*punkt ein Kreis geschlagen wird (**Abb. 8.30**), und diejenigen Zielflächen ausgeschlossen werden, die nicht Punkte in diesem Kreis haben. *Kontakt*segmente, die keiner *Ziel*fläche nah genug sind, bekommen den Status *Weit geöffnet*.

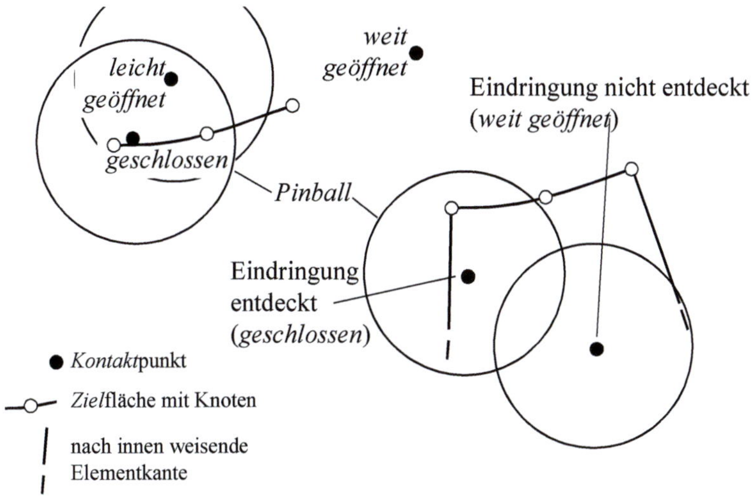

Abb. 8.30 Kontaktpunkt-orientierter Pinball-Algorithmus

Für die in der Nähe liegenden Kontaktpunkte erfolgen dann genauere Berechnungen. Ergibt sich daraus noch ein Abstand, erhält der Punkt den Status *Leicht geöffnet*. Ist der Abstand 0 im Rahmen der Rechnergenauigkeit oder liegt eine Anfangseindringung vor, ist der Status *Geschlossen*. Bei reibungsbehaftetem Kontakt wird in der Lösung noch zwischen *Haftend* und *Gleitend* unterschieden (wird in Kap. 8.8 erläutert), im Anfangsstatus bleibt es aber bei *Geschlossen*.

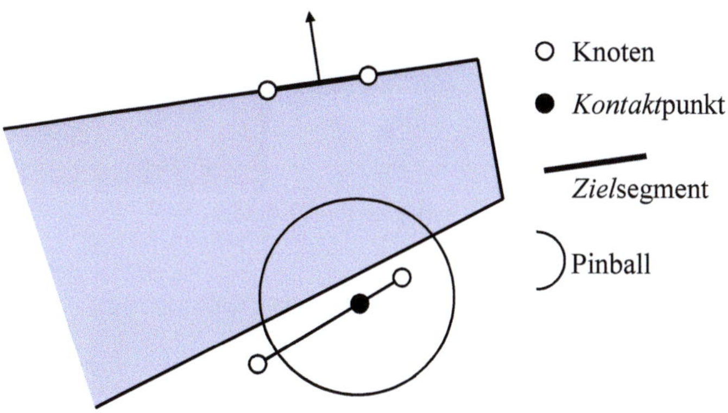

Abb. 8.31 Vermeidung von falschen Kontaktfeststellungen durch den Pinball-Algorithmus

Die mit dem Pinball einhergehende Beschränkung der Eindringtiefe – der Pinballradius gilt in allen Richtungen – hat auch den positiven Effekt, dass falsche Kontakte vermieden werden, wenn, wie in **Abb. 8.31** zu sehen, ein *Kontakt*punkt unter ein *Ziel*segment gerät, sich aber außerhalb des Körpers befindet. Ohne die Suchtiefenbeschränkung würde der Punkt von einer riesigen unphysikalischen Kraft nach oben gezogen. Vielleicht würde sie unten von einem anderen Segment aufgehalten, dort aber fixiert. Wahrscheinlicher ist jedoch, dass das untere Segment keine Kraft generieren kann, die der vom oberen das Gleichgewicht hält. Dann käme es höchstwahrscheinlich zur Nichtkonvergenz.

Auf der anderen Seite kann es aber auch zum Kontaktdurchbruch (*abrupt status change*)

```
*** WARNING ***                           CP =        4.969   TIME= 20:32:07
 Contact element 445  (real  ID  11)  status  changes  abruptly  from
 contact -> no-contact (with target element 461).
```

kommen, wenn eine Belastung zu einer so großen Eindringung führt, dass der Pinballradius überschritten ist. Auch bei einer zu großen Anfangseindringung kann ein Kontaktpunkt den Status *Weit* erhalten. Im nachfolgenden Beispiel hatte die *Kontakt*seite die Elementgröße 3,6 mm. Dennoch wurde der Pinball-Radius vom Programm auf 0,47 mm festgesetzt (eher ungewöhnlich). Dadurch kam es im Verlauf der Berechnung zu einem partiellen Kontaktdurchbruch (**Abb. 8.32**), der zu einer deutlichen Eindringung und dem Status *Weit entfernt* (blau) führte. Eine Erhöhung des Pinball-Radius‘ auf 3,6 mm behebt das Problem, es tritt nur noch der Status *Gleitend* oder *Nah* auf (**Abb. 8.33**).

Achtung! Die Voreinstellungen für den Pinball-Radius bei *Verbund-* und *reibungsfreiem* Kontakt sind von Workbench aus unterschiedlich. Hat man einen Kontakt als *Verbund* schon für eine Rechnung benutzt, kann es passieren, dass ein kleinerer Wert als nützlich auch für *reibungsfreien* Kontakt an ANSYS übertragen wird. Der wird in der *Solver-Ausgabe* als `User defined pinball region PINB` gelistet, obwohl man *programmgesteuert* gewählt hat.

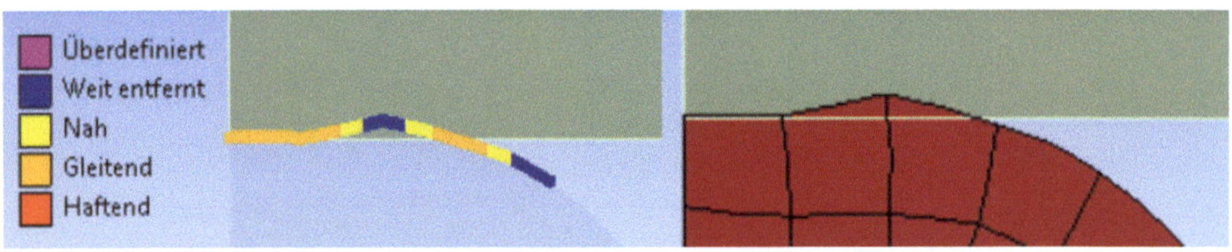

Abb. 8.32 Kontaktdurchbruch bei zu geringem Pinball-Radius

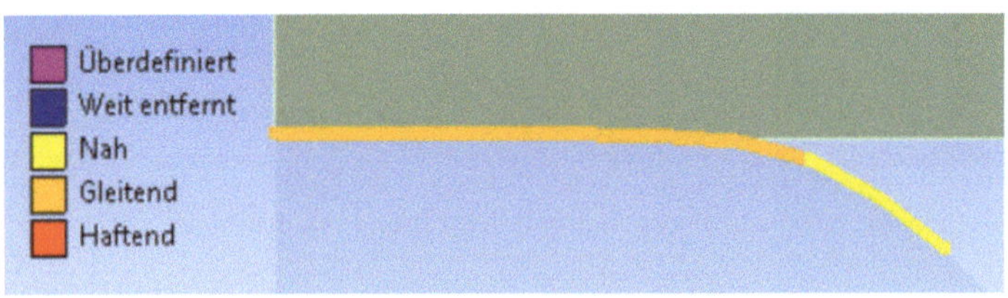

Abb. 8.33 Kontaktstatus bei vergrößertem Pinball-Radius

In der grafischen Darstellung heißt *weit geöffnet* nun *weit entfernt* und *leicht geöffnet* heißt *nah. Überdefiniert* wird noch in Kap. 8.10 erläutert. Man sieht stets den Zustand, den die jeweilige *Kontakt*seite hat, beim symmetrischen Kontakt also zwei Seiten, aber immer nur die Werte der Oberfläche, auf die man in der gewählten Perspektive blickt, nicht von unten (Unterschied in **Abb. 8.34** zwischen links und rechts).

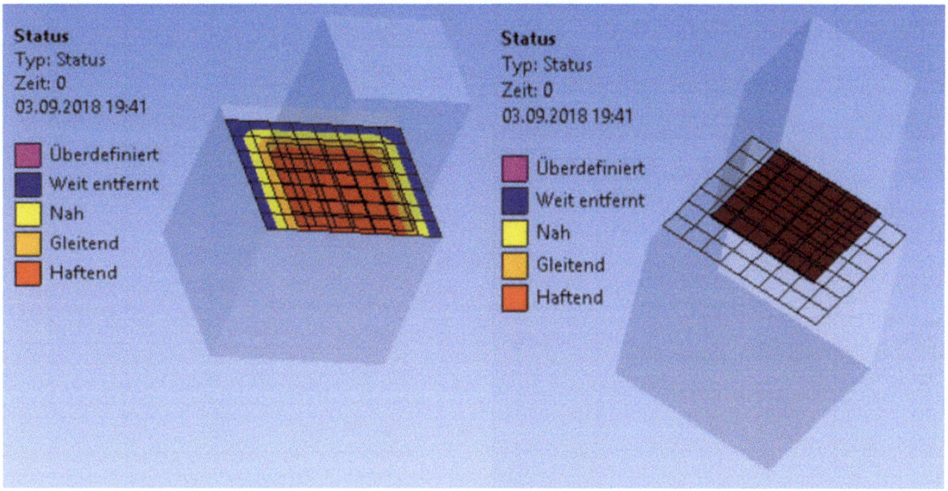

Abb. 8.34 Kontaktstatus, Ansicht unterschiedlicher Oberflächen

Neben den vier darstellbaren Zuständen gibt es auch noch Bereiche, für die kein Status angegeben ist, etwa in **Abb. 8.32** und **Abb. 8.33** in Fortsetzung der gekrümmten Kontur oder in **Abb. 8.35**. In allen Fällen wurde die *Kontaktfläche* nicht *getrimmt.*

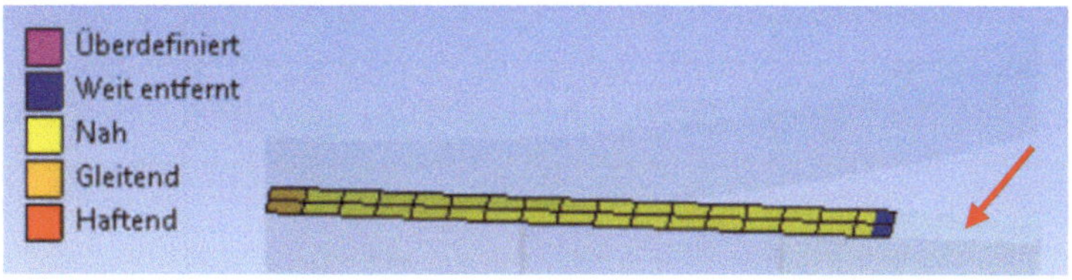

Abb. 8.35 Kontaktbereich ohne Status (Pfeil)

8.5.3 Anzahl der Kontaktelemente

In dem Beispiel für den *Anfangskontaktstatus* werden alle Oberflächen aus der Kontaktdefinition mit *Kontakt-* bzw. *Ziel*elementen überzogen, dies kann man im klassischen ANSYS kontrollieren. Die *Anzahl der Kontaktelemente* führt nur diejenigen auf, die sich im *geschlossenen* oder *leicht geöffneten* Zustand befinden, weil nur für diese auch die übrigen Werte wie Eindringung oder Spalt berechnet werden.

8.5.4 Spalt und Durchdringung

Spalt bei *leicht geöffnetem* und *Durchdringung* bei *geschlossenem* Kontakt werden standardmäßig am Gaußpunkt senkrecht zur *Kontakt*oberfläche gemessen.

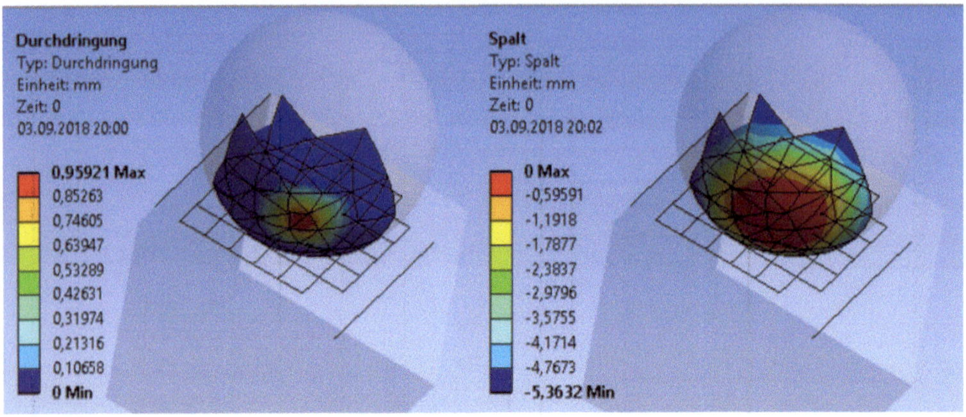

Abb. 8.36 Durchdringung und Spalt

In **Abb. 8.36** ist die Kugel so modelliert, dass sie maximal 1 mm eindringt. Da bei diesem Maximum kein Integrations- und damit Kontaktfeststellungspunkt liegt, wird die Eindringung am nächstgelegenen Gaußpunkt angezeigt und die ist messbar kleiner als 1 mm.

Die *Durchdringung* erhält in der grafischen Darstellung positives, der *Spalt* negatives Vorzeichen. Es handelt sich um dieselbe geometrische Größe, nämlich die Lage eines Oberflächenpunktes auf der Normalen, die nur aufgrund des Vorzeichens nach ihrer Bedeutung beim Wert 0 getrennt wird.

Was bedeutet nun *geometrisch* in der Tabelle? *Geometrisch* sind die Werte, die sich aus der im **vernetzten Zustand** sichtbaren Geometrie ergeben. Die in der Berechnung wirksame Lage der Flächen zueinander (ohne *geometrisch*) kann durch Angabe eines *Versatzes* und durch verschiedene aktivierbare Automatiken (Kap. 8.6.9) verändert werden. *Geometrisch* sind also Spalt und Durchdringung ohne Zusatz. Insbesondere bei Bauteilen, die nur durch Kontakt ausreichend festgehalten sind, sind anfänglich geschlossene Kontakte erforderlich, um Starrkörperbewegungen zu verhindern und damit eine Gleichungslösung zu ermöglichen. Die Größe eines *geometrischen Spaltes* gibt Aufschluss darüber, in welchem Maße Veränderungen der Lage der aktiven Kontaktfläche vorgenommen werden müssen. Dies ist leicht einmal bei CAD-Modellen der Fall, kann aber auch aus der Diskretisierung und der hier verwendeten Kontaktdetektion über Gaußpunkte herrühren.

8.5.5 REAL-Konstante

Die REAL-Konstanten in ANSYS beschreiben allgemein für die einzelnen Elemente Eigenschaften, die durch Dezimalbrüche angegeben werden und damit in FORTRAN vom Typ REAL sind. Die Zuordnung erfolgt durch die Nummer des REAL-Sets. Für Kontakt kommt noch eine weitere Funktion hinzu: *Kontakt*- und *Ziel*elemente sind verschiedene

Elementtypen. Damit das Programm weiß, welche davon auf Kontakt abgeprüft werden sollen, bekommen die *Kontakt-* und die *Ziel*seite einer Kontaktdefinition zwar verschiedene TYPE-, aber eine gemeinsame REAL-Nummer zur Identifikation. Für die reine Workbench-Anwendung sind sie unbedeutend, sie können aber wichtig werden, wenn man Warnmeldungen aus der *Solver-Ausgabe* den einzelnen Kontakten zuordnen will oder wenn man *Befehle* benutzt, die sich auf einen Kontakt beziehen. In den *Befehlen*, die man unter der Kontaktdefinition einfügt, kann man diese Nummer aus der Variable `CID` ablesen und diese für Änderungen an den REAL-Konstanten oder KEYOPTionen nutzen oder ggf. in einer frei definierten Variable zwischenspeichern, bis sie in einer anderen *Befehls*sequenz zur Identifikation benötigt wird, z. B.:

```
!   Commands inserted into this file will be executed just after the
! contact region definition.
!   The type number for the contact type is equal to the parameter "cid".
!   The type number for the target type is equal to the parameter "tid".
!   The real and mat number for the asymmetric contact pair is equal to
! the parameter "cid".
!   The real and mat number for the symmetric contact pair(if it exists)
! is equal to the parameter "tid".
...
! Druck, bei dem ein Fluid beginnt, zwischen Kontakt- und Zielflaeche
! zu wandern (fluid-pressure penetration, nicht in WB zugaenglich)
RMODIF,cid,27,0.01
...
!REAL-Nummer zwischenspeichern
KONTAKT1 = CID
```

später dann z. B.:

```
!Aenderung des Wertes der Key-Option 12 auf 6
!Typ bonded (initial), nicht in WB zugaenglich
KEYOPT,KONTAKT1,12,6
```

8.5.6 Kontakttiefe und Kontaktsteifigkeit

Die *Kontakttiefe h* (zumindest gedacht als senkrecht zur Oberfläche durch das angrenzende mechanische Element gemessen, aber nicht selten so groß wie die Kantenlänge) ist Maßstab für verschiedene Voreinstellungen, etwa für die *Durchdringungstoleranz* (Kap. 8.6.4), aber auch von Bedeutung für die *Kontaktsteifigkeit* im Penalty-Verfahren. Diese kann als Steifigkeit einer Feder zwischen dem *Kontakt*punkt und der *Ziel*oberfläche interpretiert werden, die für die näherungsweise Verhinderung einer Eindringung sorgt. Ihr Wert wird in Spannung/Länge oder Kraft/Länge^3 angegeben. Näheres hierzu in Kap. 8.6.5.

8.5.7 Solver-Ausgabe

Zu Beginn der Berechnung werden von ANSYS alle relevanten Größen jeder Kontaktpaarung in der Textdatei angegeben, die man über *Lösungsinformationen>Solver-Ausgabe* ansehen kann.

Für die zwei Quader aus **Abb. 8.34** erhält man:

```
Symmetric Deformable- deformable contact pair identified by real
constant set 5 and contact element type 5 has been set up.  The
companion pair has real constant set ID 6.  Both pairs should have the
same behavior.
For asymmetric contact analysis, you may keep the current pair and
deactivate its companion pair.
Contact algorithm: Augmented Lagrange method
Contact detection at: Gauss integration point
Contact stiffness factor FKN                    1.0000
The resulting initial contact stiffness        0.10667E+07
Default penetration tolerance factor FTOLN     0.10000
The resulting penetration tolerance            0.33333
Max. initial friction coefficient MU           0.30000
Default tangent stiffness factor FKT            1.0000
Default elastic slip factor SLTOL              0.10000E-01
The resulting elastic slip tolerance           0.33333E-01
Update contact stiffness at each iteration
Default Max. friction stress TAUMAX            0.10000E+21
Average contact surface length                  3.3333
Average contact pair depth                      3.3333
Default pinball region factor PINB              1.0000
The resulting pinball region                    3.3333
Contact offset towards to contact CNOF          1.1000
*WARNING*: Initial penetration is included.

*** NOTE ***                            CP =       0.562   TIME= 15:53:22
Max.  Initial penetration 0.1 was detected between contact element 1784
and target element 1946.
You may move entire target surface by : x= -3.830269434E-16, y=
-2.73114864E-16, z= -0.1,to reduce initial penetration.
```

8.6 Kontaktoptionen

8.6.1 Kontaktfläche trimmen

Die Kontaktdefinition erfolgt ja über Flächen. Nun kann es sein, dass nur kleine Bereiche dieser Flächen tatsächlich während der Simulation in Kontakt kommen, weshalb es genügen würde, diese mit Kontaktelementen zu überziehen. Vorteil ist eine mögliche Verkürzung der Rechenzeit, schließlich muss ein Teil der Kontaktberechnungen für jede mögliche Paarung wiederholt werden und hängt damit, grob gesprochen, vom Quadrat der Zahl der Kontaktelemente ab. Beabsichtigt man nur kleine Relativbewegungen, kann der Bereich vor der Berechnung ausgewählt werden. Diese Beschränkung ist mit *Trimmen* gemeint.

Entscheidet man sich für *Ein*, muss man auch eine *Trimm-Toleranz* festlegen. Dabei handelt es sich etwa um den maximalen Abstand, den Oberflächensegmente zur Gegenseite haben können, sodass sie noch mit Kontaktelementen versehen werden. Der richtige Wert hängt von der vorgesehenen Verschiebung ab.

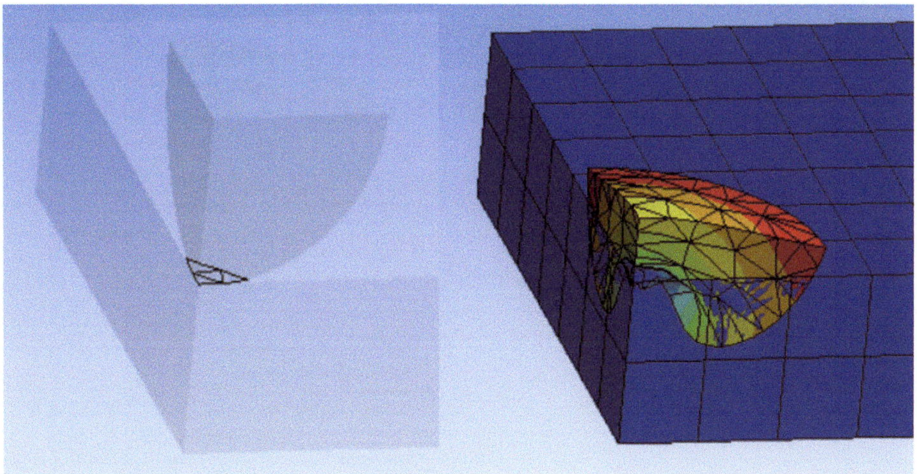

Abb. 8.37 Getrimmte Kontaktfläche und die Folgen

Überlässt man die Trimmentscheidung dem Programm, kann man Fehlschläge erleben. In **Abb. 8.37** sieht man links die *Kontakt*elemente nach der Ermittlung des Anfangsstatus‘. Es wurden *programmgesteuert* nur 3 Elemente generiert. Das reicht für den ersten Millimeter Verschiebung, nicht aber für die ganze Belastung (rechts). Es fehlt später an unterstützenden Elementen, es trat nicht etwa ein Kontaktdurchbruch auf.

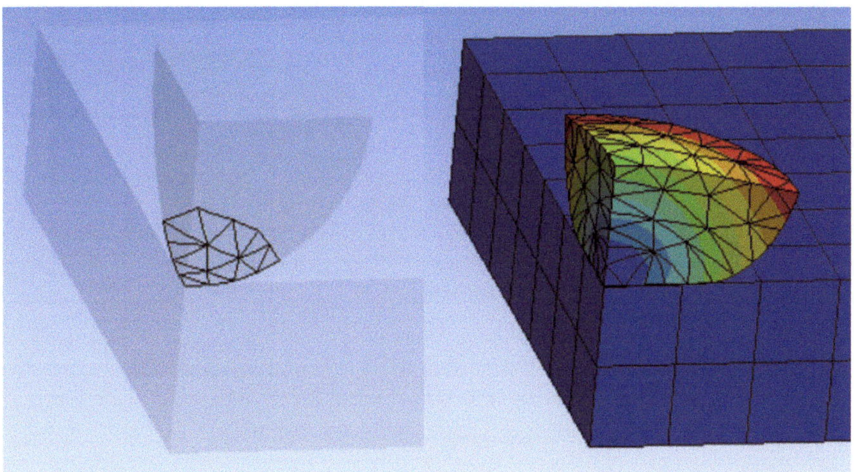

Abb. 8.38 Weniger knapp getrimmte Kontaktfläche und Ergebnis

Wird die Trimmtoleranz manuell auf 10 mm (bei 30 mm Radius) gesetzt, entspricht das Ergebnis den Erwartungen (**Abb. 8.38**). Bevor man unangenehme Überraschungen erlebt, schaltet man dass Trimmen besser aus. Befinden sich anfangs keine Elemente im Status *Nah* oder *Geschlossen*, wird per Voreinstellung nicht getrimmt.

8.6.2 Algorithmus

Die Kontaktbedingung, nämlich, dass zwar ein Spalt, aber keine Eindringung vorliegen darf, muss durch Zusatzmaßnahmen in die Berechnung eingeführt werden, nachdem festgestellt wurde, dass ohne sie die Bedingung verletzt wird. Dazu stehen verschiedene Methoden zur Wahl.

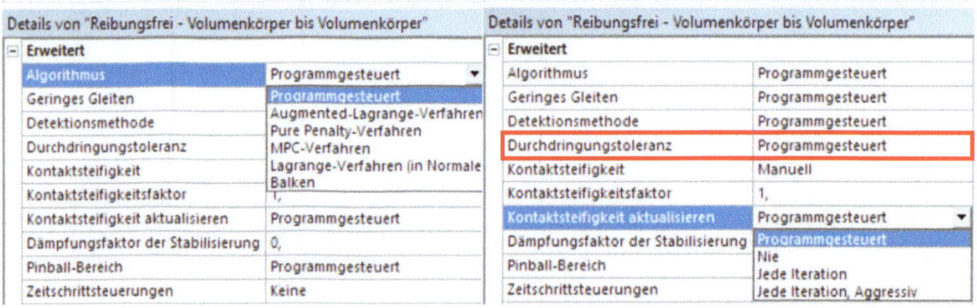

Das gängigste Verfahren ist das *Penalty-Verfahren.* Ist ein Punkt eingedrungen, wird quasi eine Feder zwischen *Kontakt*punkt und *Ziel*fläche eingefügt, die bei Eindringung 0 die Kraft 0 hat und deren Steifigkeit gewählt werden muss. Glücklicherweise tut dies das Programm, es sei denn, man hat Grund, daran etwas zu ändern.

Beim Penalty-Verfahren gehört zu einer Kontaktkraft immer auch eine Eindringung. Diese muss klein gehalten werden, damit die Simulation noch physikalisch richtig werden kann. Klein genug bedeutet, dass die Eindringung unbedeutend für das Ergebnis ist. Das ist jedoch von der Aufgabe abhängig. Wird über den Kontakt eine bestimmte Kraft übertragen, genügt es, wenn die Kontaktzone bei Vergrößerung der Steifigkeit ihre Größe augenscheinlich nicht mehr ändert oder wenn die Kontaktspannungen stabil bleiben. Bei einer Presspassung, einem Übermaß, also Zwängung, kann das Ergebnis empfindlicher sein.

Andererseits soll die Kontaktsteifigkeit auch nicht zu hoch gewählt werden, weil sonst Konvergenzprobleme auftreten. In einfachen Beispielen wird das nicht so schnell passieren, gerne aber, wenn es mehrere oder ausgedehnte Kontaktflächen gibt. Das Kontaktelement kennt ja nur die Zustände „Feder da" oder „Feder weg", keinen gleitenden Übergang dazwischen. Ist während der Iteration nun an einer Stelle der Kontakt aktuell geschlossen, kann es sein, dass an anderen Stellen so große Kontaktkräfte generiert werden, dass diese die Kontaktfläche so weit auseinander drücken, dass am zuerst betrachteten Punkt der Kontakt sich wieder öffnet und damit die Federsteifigkeit entfällt, was wieder zu (mehr) Eindringung führt. So kann es hin- und hergehen.

Als ein Indiz für diese Verhaltensweise gilt, dass sich das Vorzeichen bei der *Solver-Ausgabe* „`MAX DOF INC=`" (lässt sich unter *Lösungsausgabe>Max. DOF-Inkrement* auch grafisch darstellen) ständig ändert, während der Betrag annähernd gleich bleibt.

Die Regel bei der Einstellung der *Kontaktsteifigkeit* lautet also erst einmal:

- Eindringung zu groß, Steifigkeit größer,
- Konvergenz zu schlecht, Steifigkeit kleiner.

Die voreingestellte Steifigkeit lässt sich vom Benutzer unter *Kontaktsteifigkeit>manuell* mit dem *Kontaktsteifigkeitsfaktor* skalieren.

Hier stellen sich bald zwei Fragen:

- Was, wenn bei zu großer Eindringung die Konvergenz immer noch schlecht ist?

und

- Kann man da automatisch nachbessern?

Eine Antwort auf beide Fragen ist das *Augmented-Lagrange-Verfahren*, hier in der Form des Uzawa-Algorithmus': Zunächst ist das Penalty-Verfahren aktiv, dessen Steifigkeit niedriger als beim reinen Penalty-Verfahren gewählt werden kann, sodass eher Konvergenz eintritt. Ist nun die Eindringung an bestimmten Stellen größer als die – vom Programm oder vom Nutzer – eingestellte *Durchdringungstoleranz*, wird nachgebessert, indem an diesen Stellen zusätzlich erforderliche Kontaktkräfte berechnet und zu den schon vorhandenen Kräften zugefügt werden, bis der Toleranzwert unterschritten ist. Auch das ist ein iterativer Vorgang. Eine Garantie, dass dann gobale Konvergenz eintritt, gibt es auch nicht, die Chancen erhöhen sich aber. Dass der Augmented-Algorithmus aktiv ist, erkennt man in der *Solver-Ausgabe* an der Meldung:

```
THERE IS TOO MUCH PENETRATION AT     7  CONTACT POINTS OF THE 3D CONTACT ELEMENTS
```

Sie bedeutet noch nicht, dass ein Problem vorliegt, lediglich, dass noch an der Verringerung der Eindringung gearbeitet wird. Lässt die Anzahl allerdings den Schluss zu, dass alle Kontaktpunkte im geschlossenen Zustand die Toleranz überschreiten, ist dieses Verfahren eher nicht nützlich. Wahrscheinlich wäre eine größere Steifigkeit besser.

Augmented Lagrange ist zzt. die *programmgesteuerte* Auswahl, das war aber schon einmal anders.

Die zweite Antwort auf die Fragen heißt *Kontaktsteifigkeit aktualisieren*, wobei man noch die Wahl zwischen *Jede Iteration* und *Jede Iteration, Aggressiv* hat. Dann reagiert das Programm beim *Pure Penalty-Verfahren* durch Vergrößern und Verkleinern der Kontaktsteifigkeit im Sinne der o. g. Regeln automatisch. *Aggressiv* bedeutet nur, dass die Abweichungen vom Anfangswert größer sein können. Auch diese Form reagiert auf die *Durchdringungstoleranz*. Sollte diese, je nach Programmversion, einmal weggefiltert sein, kann man sie zunächst bei *Algorithmus>Programmgesteuert* einstellen, dann auf *Pure Penalty* umstellen. Der Toleranzwert behält seine Wirkung.

MPC heißt *Multi-Point Constraints* und bedeutet, dass ein *Kontakt*punkt dadurch an die *Ziel*fläche angebunden wird, dass auf der Basis des Finite-Elemente-Verschiebungsansatzes Koppelgleichungen generiert werden. Im Gegensatz zu denen, die der APDL-Kenner mit der Familie der CE-Kommandos erzeugt, werden die Koeffizienten bei einer größeren Drehung angepasst. Die Methode ist also auch dann für große Verformungen geeignet, wenn der *Kontakt*punkt einen Abstand zur *Ziel*fläche hat. Mit der *MPC*-Methode wird die Kontaktbedingung exakt erfüllt. *MPC*-Kontakt ist nur für *Verbund* vorgesehen.

Das *Penalty-Verfahren* muss immer eine Eindringung zur Erzeugung der Kontaktkraft zulassen. Demgegenüber wird mit dem *Lagrange-Verfahren* die Kontaktbedingung exakt erfüllt. Dazu bedient es sich bestimmter Zusatzterme, die die Nebenbedingung, d. h. Eindringung gleich null, und Lagrange'sche Multiplikatoren enthalten. Letztere lassen sich als die Kontaktspannungen an den Integrationspunkten identifizieren. Durch die Zusatzterme bleibt das Gleichungssystem zwar symmetrisch, wird aber um die Lagrange-Multiplikatoren vergrößert und bekommt Nullen auf der Hauptdiagonalen. Deshalb ist der iterative Gleichungslöser nicht geeignet.

Neben der Veränderung des Gleichungssystems tendiert das *Lagrange-Verfahren* zu mehr Konvergenzproblemen. Während beim *Penalty-Verfahren* Veränderungen der Kontaktkräfte während der Iteration möglicherweise in anderen Eindringungen innerhalb des geschlossenen Zustandes resultieren, führt beim *Lagrange-Verfahren* jegliche Störung leichter zur Öffnung des Kontaktes, dadurch zum Verlust der Kontaktkraft, dadurch wieder zur Eindringung usw. Dem muss dadurch begegnet werden, dass es eine Toleranz gegenüber dem Wiederöffnen gibt, was letztlich auch eine Unzulänglichkeit darstellt.

In ANSYS kann das *Lagrange-Verfahren* auch in tangentialer Richtung, bei der Haftreibung, gewählt werden. Da es dann aber keinen Toleranzbereich, die Haftzone (*sticking zone*), für die Richtungsumkehr der Relativbewegung und damit der Reibkraft gibt, ist dadurch die Konvergenzerzielung erschwert. Deshalb offeriert *Workbench* das *Lagrange-Verfahren* nur *in Normalenrichtung*.

8.6.3 Wert oder Faktor

Verschiedene Einstellungen, für die es einen Standardwert gibt, können manuell verändert werden. Bei einigen wird abgefragt, ob ein *Faktor* oder ein *Wert* eingestellt werden soll.

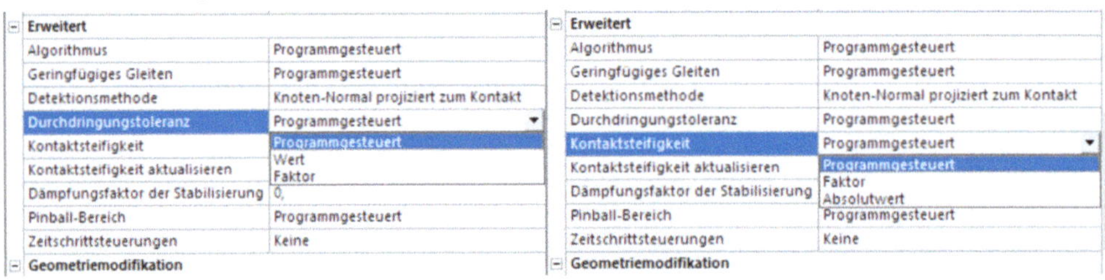

Bei der *Kontaktsteifigkeit* bezieht sich der Faktor auf die Voreinstellung, bei Längen wie der *Durchdringungstoleranz* auf die sogenannte *Kontakttiefe*. Diese wird im Kontaktcheck (Kap. 8.5.6) und in der *Solver-Ausgabe* (Kap. 8.5.7), dort als *contact depth*, gelistet und ist nicht zufällig oft gleich einer charakteristischen Elementlänge in der Kontaktoberfläche (*contact surface length*). Die *Werte* sind einheitenbehaftet.

8.6.4 Durchdringungstoleranz

Sowohl für das Augmented-Lagrange-Verfahren als auch für das Penalty-Verfahren mit an die Eindringung (und den Iterationsverlauf) angepasster Steifigkeit wird eine *Durchdringungstoleranz* berücksichtigt. Es gibt hier eine Voreinstellung, die man mit einem *Wert* oder *Faktor* verändern kann.

Welche Durchdringung ist akzeptabel?

Man sollte die Durchdringung in Relation zu

- der Elementkantenlänge und
- der gegenseitigen Verformung

im Kontaktbereich setzen.

Die Kantenlänge ist deshalb Maßstab, weil sie den Diskretisierungsfehler und die Auflösung der Kontaktzone in Segmente bestimmt. Damit hängt die Genauigkeit der Ausbreitung der Kontaktzone unmittelbar davon ab. Ist diese zu grob aufgelöst, spielt in vielen Fällen auch eine relativ dazu kleine Eindringung keine Rolle mehr für den Fehler in den Ergebnissen der berechneten Bauteile.

Die gegenseitige Verformung ist ein Kriterium, weil die beiden genannten Verfahren erreichen sollen, dass vor allem die Bauteile deformiert werden. Ist demgegenüber die Eindringung vernachlässigbar klein, ist das Ergebnis genau genug für die Auswertungen der Berechnung.

Bei beiden Kriterien ist es zwar mitunter möglich, 1 Millionstel zu erreichen, aber nicht immer. Wegen des oben beschriebenen Einflusses sollte man das Berechnungsziel erreichen, wenn die Penetration im Prozentbereich der Vergleichsgrößen liegt. Damit muss und kann man sich manchmal zufrieden geben, ohne dass der Wert der Simulation beeinträchtigt ist.

8.6.5 Kontaktsteifigkeit

Die Kontaktsteifigkeit ist die zentrale Größe im Penalty-Verfahren und auch sehr wichtig im Augmented-Lagrange-Verfahren, das in dieser Implementierung eine Erweiterung des Penalty-Verfahrens darstellt. Sie erhält vom Programm einen Wert, der als

(8.1) $$k_n = c\frac{E}{h}$$

berechnet wird, wobei c ein gewählter Faktor, normalerweise unter 100, E der Elastizitätsmodul und h die Kontakttiefe ist.

Für den Kontakt *Oben bis unten* aus **Abb. 8.28** beträgt die *Kontaktsteifigkeit* laut **Abb. 8.29** $1{,}0667 \cdot 10^6$ N/mm³, das entspricht für die *Kontakt*seite einem $c \approx 18$. Bei symmetrischem Kontakt sind die Kontaktsteifigkeiten für beide Paarungen gleich. Bei unterschiedlich steifen Materialien auf einer Seite ist die Auswahl des Elastizitätsmoduls zufällig. Dadurch passierte es in einem System aus einem Trägermaterial aus Silikon mit $E_s = 4{,}5$ MPa, in das Metallstücke mit $E_m = 60000$ MPa in die Oberfläche eingebettet waren, die aber kaum zur Steifigkeit beitrugen, dass vom Programm eine viel zu hohe Kontaktsteifigkeit errechnet und damit keine Konvergenz erzielt wurde. Eine Anpassung in Anlehnung an (8.1) mit E_s brachte den Erfolg.

Solche manchmal ungeeigneten Voreinstellungen sind unvermeidlich. Der Wert nach (8.1) entspricht einer Überlegung für eher voluminöse Körper, die durch den Kontakt eher lokal verformt werden. Für andere, schlanke und Schalenkörper, muss die Penalty-Steifigkeit in einem gesunden Verhältnis zur **System**steifigkeit stehen. Diese kann das Programm nicht wissen, man müsste sie erst errechnen.

Wer den Eindruck hat, dass das Konvergenzproblem auf die Kontaktsteifigkeit zurückzuführen ist, kann

- durch Probieren, indem die *Kontaktsteifigkeit* per *Faktor* um eine oder mehrere Zehnerpotenzen niedriger gewählt wird, einen besser geeigneten Wert herausfinden oder
- durch eine einmalige lineare Berechnung die relevante Systemsteifigkeit bestimmen.

Letzteres kann etwa folgendermaßen ablaufen:

- Fixieren beider Kontaktpartner
- Aufbringen eines Drucks p auf ein Element je Seite (oder auf wenige)
    - Auswahl von Knoten und *Komponente erstellen*
    - Aufbringen eines *FE-Drucks*
- Durchführen einer linearen Berechnung
- Ablesen der Verschiebungen u_1 und u_2 der beiden Körper in der Kontaktzone
- Kontaktsteifigkeit $k_n \approx 100 \frac{p}{|u_1|+|u_2|} \frac{A_l}{A_c}$

  wobei A_l die hier belastete Fläche und A_c die erwartete Kontaktfläche bedeutet. Stattdessen kann auch das Verhältnis der betroffenen Elementanzahlen verwendet werden. So oder so kommt es zu Beginn nur auf die richtige Zehnerpotenz an. Sollte danach eine konvergente Lösung erzielt worden sein, die aber zu viel Eindringung aufweist, kann man ggf. in kleineren Schritten nachbessern.

Ist das nicht aufwändig?

Ja, wenn man auch mit der Voreinstellung zum Ziel kommt, nein, wenn man bedenkt, dass die Definition dieses Lastfalls einfach ist und nur linear gerechnet werden muss. Das heißt, dass nur eine Gleichungslösung erfolgt. Bekommt man damit eine gut konvergierende Berechnung, verkürzt man mit jedem gesparten Iterationsschritt die Rechenzeit um den Betrag, den man zur Steifigkeitsbestimmung eingesetzt hat, ganz zu schweigen von der vertanen Rechen- und Arbeitszeit, wenn das Berechnungsziel wegen Konvergenzproblemen nicht erreicht wird.

Beispiel: Das System aus **Abb. 8.39** besteht aus zwei schlanken Bauteilen, die unterschiedlich lang und dick sind. Beide sind am jeweiligen Außenende gehalten. Sie überlappen sich um 20 mm und sind mit der Elementgröße 20 mm vernetzt. Für die Vorberechnung werden jeweils die Knoten zweier Elemente ausgewählt und damit *Komponenten erstellt* (**Abb. 8.40**). Auf diese Knotenkomponenten wird jeweils ein *FE-Druck* von 1 MPa aufgebracht (**Abb. 8.41**). Damit erhält man die Verschiebungen der Kontaktzone von +390 und -392 mm. Erwartet wird, dass die Kontaktzone der belasteten Zone entspricht. Daraus ergibt sich

$$(8.2) \qquad k_n \approx 100 \frac{1}{|390|+|-392|} \cdot 1 \approx 0{,}13 \text{ N/mm}^3$$

Die Größenordnung zählt, also wird 0,1 N/mm³ eingegeben.

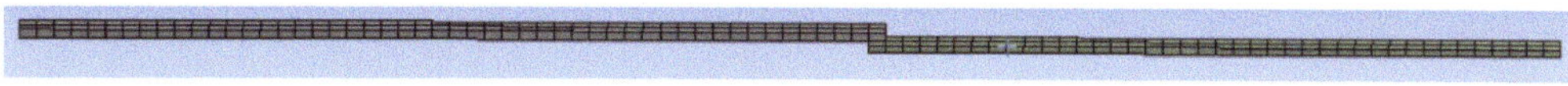

Abb. 8.39 Zu berechnendes System

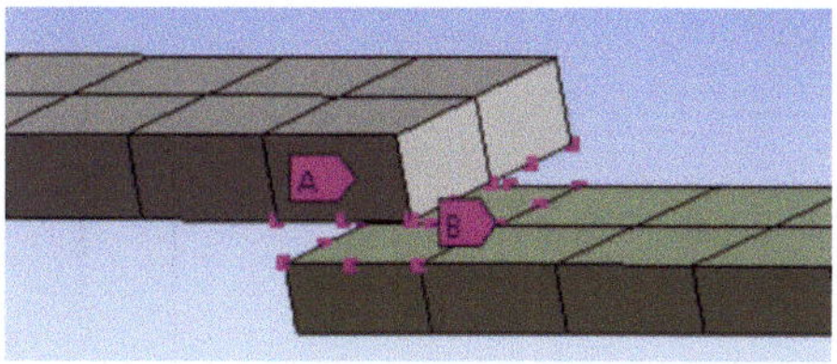

Abb. 8.40 Knotenkomponenten *oben* (A) und *unten* (B)

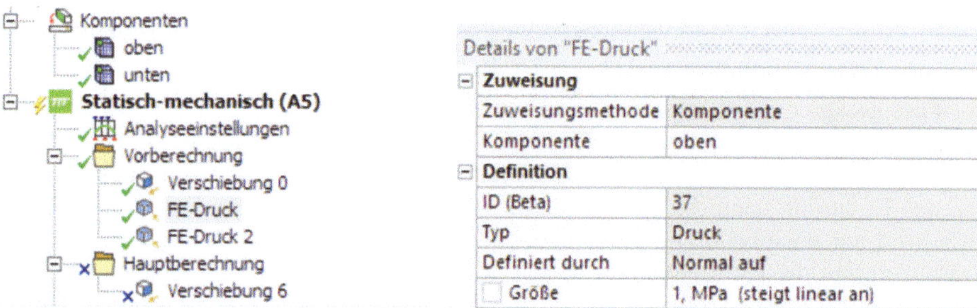

Abb. 8.41 Festhaltung und *FE-Druck* im Strukturbaum und *Detail*fenster

Abb. 8.42 Verschiebung in der Vorberechnung

Mit der gewählten Steifigkeit wird nun die Hauptbelastung aufgebracht, die darin besteht, dass das untere Bauteil so weit nach oben geschoben wird, dass eine Überlappung von 2 mm entsteht. Durch den Kontakt verschieben sich beide Teile um je ca. 1 mm. Die Durchdringung beträgt etwas mehr als 0,02 mm (**Abb. 8.43**). Das ist ein Tausendstel der Kantenlänge, etwas mehr als 1 % der gegenseitigen Verformung und damit akzeptabel. Da die Systemsteifigkeit aus der gegenseitigen Verformung im Testlastfall bestimmt wurde, ist das für dieses Kriterium ziemlich zuverlässig.

Abb. 8.43 Durchdringung mit gewählter Steifigkeit

Programmgesteuert wird die *Kontakttiefe* zu h = 10 bzw. 8 mm bestimmt und entspricht damit der Kantenlänge in Dickenrichtung der Bauteile. Das ergibt eine *Kontaktsteifigkeit* von $0{,}4 \cdot 10^6$ N/mm³, also 2 Millionen mal so viel, wie über die Systemsteifigkeit berechnet. Es ist aber der Wert, der sich nach (8.1) bei $E = 200.000$ MPa und $c = 20$ ergibt.

Es muss gesagt werden, dass das Programm für den weggesteuerten Lastfall auch mit der Voreinstellung zum Ziel kommt. Schwierigkeiten bekommt man aber, wenn man kraftgesteuert rechnet, hier mit einer Kraft, die eine ähnliche Verformung wie verschiebungsgesteuert erzeugt. Es entfällt dann die stabilisierende Wirkung der Festhaltung. Die Verschiebungsvorgabe wird nur noch benutzt, um die beiden Körper auf Abstand 0 zu bringen, dann wird sie deaktiviert und die Kraft aufgebracht. Mit der Orientierung an der Systemsteifigkeit erreicht man bei einem Substep Konvergenz in zwei Iterationsschritten, mit der Voreinstellung wird das untere Bauteil wegkatapultiert und die Berechnung bricht ab.

In Kap. 8.11 werden noch andere Vorgehensweisen für diesen Fall besprochen, aber mit der überlegt eingestellten Steifigkeit geht es jedenfalls.

8.6.6 Pinball-Bereich

Die Bedeutung des *Pinball*-Algorithmus‘ ist bereits in Kap. 8.5.2 beschrieben.

Der *Pinball*-Radius kann vergrößert werden, wenn es zum Kontaktdurchbruch kommt, evt. auch, wenn der Durchbruch im konvergierten Ergebnis nicht sichtbar ist, während der Iteration aber häufig `abrupt status change ... from contact --> no contact` gemeldet wird. Wird die Kontaktsteifigkeit (zur Konvergenzverbesserung) signifikant verkleinert, wachsen die Eindringungen, sodass ein Durchbruch begünstigt wird. Hier nimmt die Wahrscheinlichkeit zu, dass der *Pinball*-Radius angepasst werden muss.

Es scheint so zu sein, dass bei einem *Versatz* der Mittelpunkt des *Pinballs* nicht mit versetzt wird. Das macht nichts, solange der Versatz klein gegenüber dem *Pinball-Radius* ist. Verwendet man aber den *Versatz* zur Modellvereinfachung, etwa um eine elastische Schicht, die zwar zum Kontakt, aber nicht zum Gesamttragverhalten des Systems beiträgt, nicht diskretisieren zu müssen, kann der *Versatz* größer ausfallen und man sollte prüfen, ob der *Pinball* ausreichen kann. Nebenbei: In einem solchen Fall muss sich die *Kontaktsteifigkeit* an der Steifigkeit der Deckschicht orientieren. Eindringungen sind dann nicht nur unvermeidlich, sondern physikalisch erforderlich.

8.6.7 Detektionsmethode

Per Voreinstellung sind die Punkte der *Kontakt*fläche, die auf Eindringung in die *Ziel*fläche abgeprüft werden, die *Gauß-Punkte* der *Kontakt*elemente. Diese liegen stets im Innern der Elemente. Bei Einheitskoordinaten im Viereck, die von einer Kante zur gegenüberliegenden von -1 bis +1 variieren, weisen sie die Positionen +/-0,5774 auf, liegen also etwas außerhalb der Viertelspunkte und sind zusammen vier Stück. Das gilt sowohl für Elemente mit als auch solche ohne Seitenmittenknoten. Im Dreieck sind es stets drei. An diesen Punkten werden Kontaktdrücke erzeugt, weshalb die Kontaktsteifigkeit auch die Einheit [Druck/Länge] hat. Wie bei äußeren Drücken auch, werden diese arbeitsäquivalent zu Knotenkräften integriert. Das hat den großen Vorteil, dass diese Methode auch für Elemente mit quadratischem Ansatz anwendbar ist. Weiterer Vorzug ist, dass jeder Eckknoten von so vielen Kontaktfeststellungspunkten umgeben ist, wie Elemente diesen Knoten einschließen. Wäre der Kontakt knotenorientiert, wäre die Auflösung der Kontaktfläche geringer, denn die Knoten gehören zu mehreren Elementen. Knotenbezogener Kontakt wird auch angeboten, und zwar in verschiedenen Varianten:

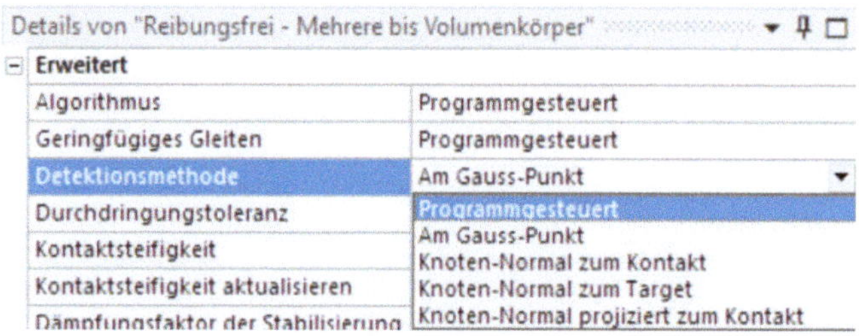

Der in Workbench angebotene Kontakt, jedenfalls der für Flächen zu Flächen, arbeitet weiterhin mit Druck als Reaktion auf eine Eindringung und mit Integration, nur bei *Knoten* mit einer anderen numerischen Regel. Welche ist nicht dokumentiert, eine Newton-Cotes-Regel, die beim linearen Ansatz auch Trapez-, beim quadratischen Simpson-Regel heißt, wäre vorstellbar. Dadurch bleibt Kontakt mit Mittenknotenelementen weiterhin möglich. Das bedeutet aber auch, dass ein über die *Ziel*fläche überstehender Knoten, der sich ja selbst nicht in Kontakt befinden kann, wie beim Gaußpunkt-Kontakt auch eine Knotenkraft bekommen kann. Das hat seine Richtigkeit.

Was bedeuten die knotenorientierten Optionen und wann sollte man sie benutzen?

Bei *Detektionsmethode: Knoten* kann man zwischen *Normal zum Kontakt* und *zum Target* wählen (*projiziert* wird weiter unten besprochen). Das muss abhängig vom zu analysierenden System entschieden werden. Die *Knoten*methode wird zum Beispiel gewählt, wenn ein Eckknoten die *Ziel*fläche berühren kann und nicht eindringen soll. Ähnlich verhält es sich, wenn eine konvexe *Kontakt*fläche grob vernetzt ist. Wenn man zu dem Beispiel aus **Abb. 8.7** (S. 213) die knotenbezogene Methode wählt, wird der vorstehende Knoten abgefangen (**Abb. 8.44**). Wegen der Symmetrie ergeben sich keine Unterschiede aus der Wahl der Normalenrichtung. Bei *Normal zum Kontakt* wird sie aus den angrenzenden Flächen gemittelt.

Die Auswirkung soll deshalb an einem weiteren System studiert werden. Der schräge Kragarm rechts in **Abb. 8.45** wird senkrecht nach unten verfahren. Dabei drückt eine Ecke auf den horizontalen Arm links. Dessen Oberseite ist die *Ziel*fläche, während sowohl die Unterseite als auch die Stirnfläche des schrägen Arms die *Kontakt*fläche bilden. Zunächst wird der voreingestellte *Gauß-Punkt*-Kontakt versucht.

Weil die Integrationspunkte im Innern der jeweiligen Fläche liegen, kommt es erst nach einer größeren Eindringung zum Kontakt. Die Richtung der Reaktionskraft links im Bild lässt vermuten, dass vornehmlich die Stirnfläche überträgt.

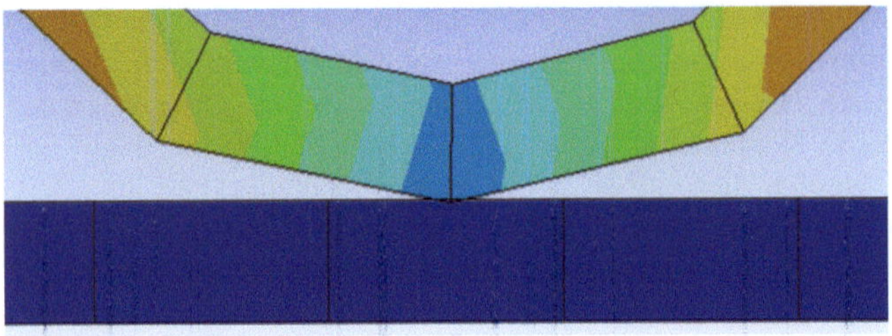

Abb. 8.44 Knoten-Kontakt bei grob vernetzter konvexer Fläche

Wie ist es möglich, dass bei einem *reibungsfreien* Kontakt der horizontale Kragarm eine Reaktionskraft mit einer Komponente in Achsrichtung erhält? Nun, aus Gleichgewichtsgründen muss die auf der Stirnfläche als *Kontakt* berechnete Kontaktkraft genau so auf die *Zielfläche* übertragen werden.

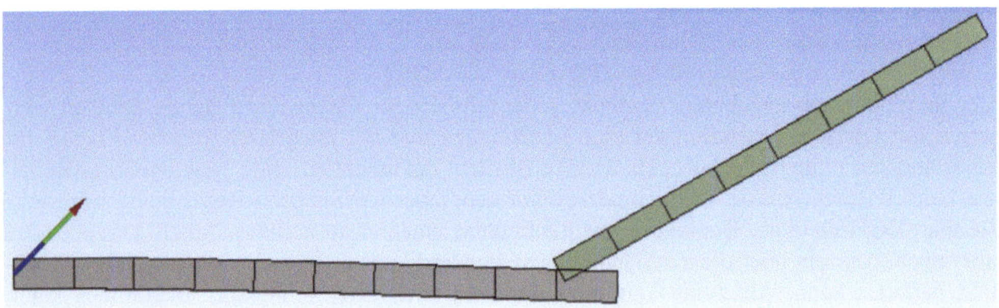

Abb. 8.45 *Detektionsmethode: Am Gauß-Punkt*

Abb. 8.46 *Detektionsmethode: Knoten - Normal zum Target*

Es wird deutlich, dass hier *Knoten*kontakt angebracht ist, und zwar *Normal zum Target*, wie die dann senkrecht gerichtete Reaktionskraft in **Abb. 8.46** zeigt, die der Erwartung entspricht. Die Normale zur *Kontakt*fläche wird offenbar aus beiden angrenzenden Flächen gemittelt

(**Abb. 8.47**). Das geht auch anders, nämlich wenn nur die Unterseite ausgewählt wird (**Abb. 8.48**). Beides ist hier aber nicht sinnvoll.

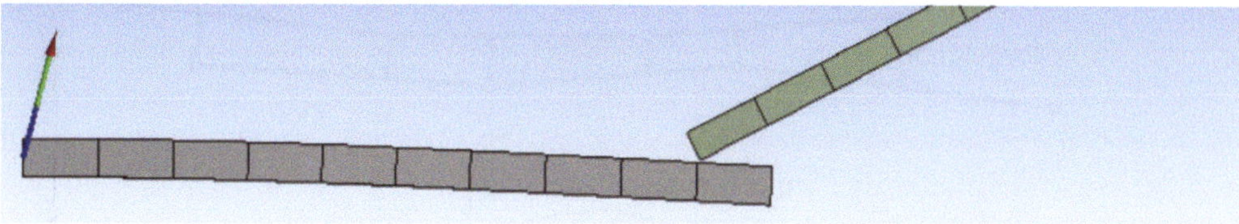

Abb. 8.47 *Detektionsmethode: Knoten - Normal zum Kontakt*, Stirn- und Unterseite

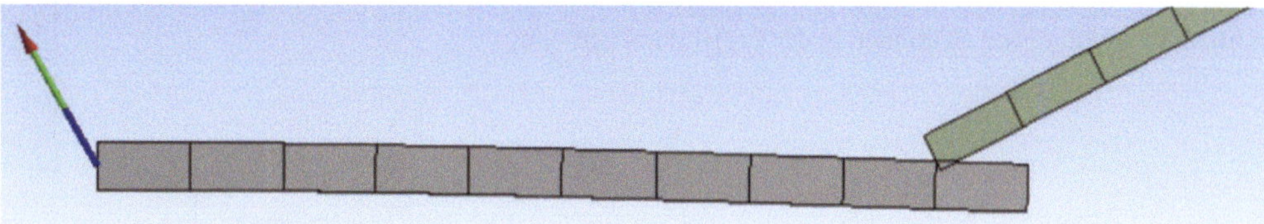

Abb. 8.48 *Detektionsmethode: Knoten - Normal zum Kontakt*, nur Unterseite

Wird nur die Kante als *Kontakt* ausgewählt, werden dort punktförmige Elemente vom Typ CONTA175 erzeugt. Dabei ist *Knoten - Normal zum Target* die einzige Möglichkeit und muss nicht gesondert eingestellt werden.

Die Ergebnisse wurden mit *Verhalten: Asymmetrisch* erzeugt. *Programmsteuert* erhält man *Autom. asymmetrisch*, was hier dazu führt, dass erst symmetrischer Kontakt erzeugt wird und dann die gespiegelte Paarung erhalten bleibt, sodass *Kontakt* und *Ziel* vom Programm vertauscht werden, warum auch immer. Die Resultate sind überraschend. Gefährlich, wenn man die Zuordnung aufgrund der Überlegungen in Kap. 8.3 vorgenommen hat und nun das Gegenteil bekommt!

Eine ganz andere Bedeutung hat die Option *Knoten - projiziert zum Kontakt*. Bisher war nur die Rede von einer Wechselwirkung zwischen Punkten des *Kontakt*elementes mit der Oberfläche des *Ziel*elementes. Bei der Projektionsmethode erfolgt die Segmentierung aber feiner, nämlich durch Projektion der Knoten der einen auf die jeweils andere Fläche, sodass sich die entstehenden Sektionen auf beiden Seiten nach Lage und Größe entsprechen (**Abb. 8.49**). Damit sich bei der Projektion in zwei Richtungen keine Überschneidungen ergeben, wird die Richtung von der *Kontakt*fläche vorgegeben, also auch von Knoten der *Ziel*fläche auf die *Kontakt*fläche in Richtung der *Kontakt*normale.

In 3d sind die Projektion und ihr Ergebnis eine größere Herausforderung. **Abb. 8.50** zeigt nur eine der möglichen Situationen: Der Überlappungsbereich von zwei Segmenten, eines von der Slave-, eines von der Master-Seite, hat acht Ecken, zusätzlich gibt es aber dreieckige Überschneidungen mit anderen Bereichen. Durch Verschieben eines Segmentes würde man andere Formen erhalten. Bei mehr als vier Ecken muss noch eine Unterteilung für die numerische Integration vorgenommen werden. In ANSYS wird nur Kontakt festgestellt, wenn Kanten der *Kontakt*seite die Zielfläche in der Projektion schneiden. Die Auswahl der beiden Seiten spielt daher weiterhin eine Rolle und die Regeln aus Kap. 8.3 gelten weiter. Die Auswirkungen einer falschen Zuordnung sind aber etwas weniger ausgeprägt.

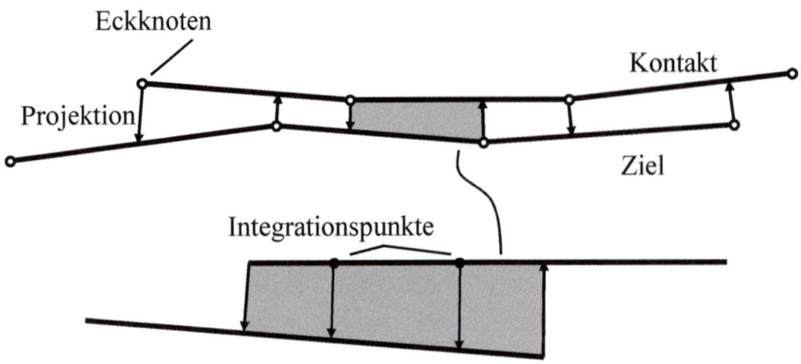

Abb. 8.49 Bildung von Sektionen in der Projektionsmethode

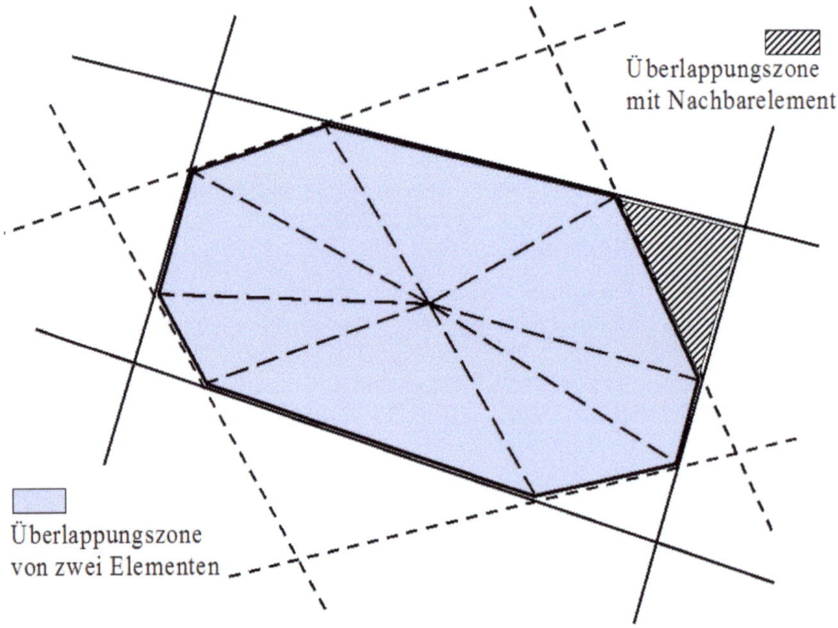

Abb. 8.50 Überlappung eines *Ziel-* und eines *Kontakt*-Segmentes

Diese Methode ist insgesamt deutlich aufwändiger als die anderen, die zur Wahl stehen. Warum gibt es sie dann? Die Bedeutung erläutert ein Beispiel, das sich auf den sogenannten Kontakt-Patch-Test (**Abb. 8.51**) bezieht. Ein Patch-Test soll überprüfen, ob in einer vernetzten Region entsprechende Verschiebungszustände homogene Spannungszustände erzeugen, wenn sie das nach analytischen Ansätzen tun müssten. Bei Kontakt ist nun die Überlegung, dass ein solcher homogener Zustand entsteht, wenn ein Teil der Oberfläche des unteren Körpers direkt mit einem Druck p belastet wird, ein anderer Teil indirekt über den oberen Kontaktkörper. Bei *Detektionsmethode: Am Gauß-Punkt* oder *Knoten* und ungleicher Vernetzung beider Seiten gibt es aber Abweichungen davon (**Abb. 8.52**), je nach Wahl der Aufteilung mit *x-loc* bis über 5 %.

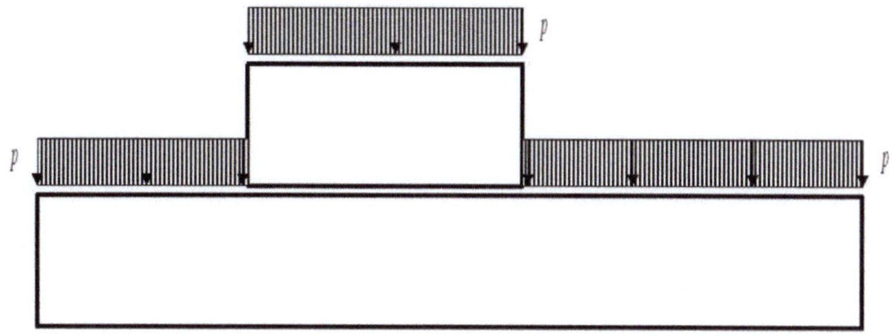

Abb. 8.51 System für den Kontakt-Patch-Test

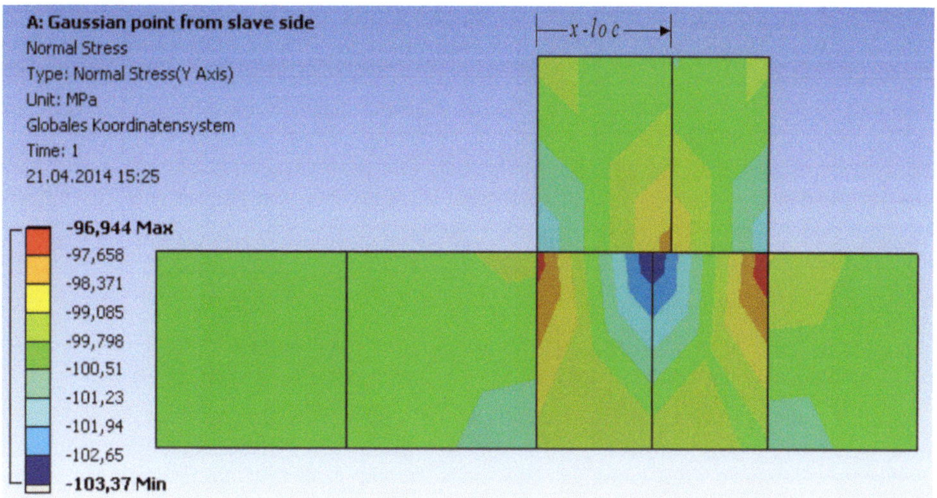

Abb. 8.52 Spannungsverteilung bei versetzten Oberflächen und Gaußpunkt-Kontakt

Mit der *Detektionsmethode: Knoten - projiziert zum Kontakt* stellt sich aber der gewünschte homogene Spannungszustand ein (**Abb. 8.53**), weil die Kontaktzone dabei in drei Bereiche unterteilt wird, die sich in *Kontakt* und *Ziel* genau gegenüberliegen.

Die Projektionsmethode soll also die Verteilung des Kontaktdrucks und der Spannungen in den angrenzenden Elementen verbessern. Wie bei dem Beispiel aus **Abb. 7.15** (S. 202) schon erwähnt, erzeugt sie aber auch dann genug Lagerpunkte für die Mittenknotenelemente, wenn durch die Wahl von *Am Gauß-Punkt* prinzipiell die girlandenförmige Oberflächenverformung entstehen könnte. Außer bei gummiartigen Materialien ist Letzteres dem Verfasser auch schon einmal bei einem dünnen Blechrand widerfahren.

Abb. 8.53 Projektions-basiertes Ergebnis des Kontakt-Patch-Tests

Für die beiden Kragarme (**Abb. 8.45** bis **Abb. 8.48**) ist die Projektionsmethode nur bedingt eine Lösung. Wählt man den oberen Arm mit der Kante als *Kontakt*, erhält man zwar keine nennenswerte Eindringung, aber die schiefe Reaktionskraft. Tauscht man nun *Kontakt* und *Ziel*, ist das Ergebnis gut, man verstößt aber gegen die Regel, dass die überstehende Fläche *Ziel* sein soll. Das macht in diesem Fall nichts; überhaupt haben die Regeln zur Auswahl der beiden Kontaktseiten für die Projektionsmethode geringere Bedeutung. Auch die Notwendigkeit für symmetrischen Kontakt ist seltener gegeben. Die grob vernetzte Seite muss aber *Ziel* bleiben. Es werden nur solche *Ziel*segmente berücksichtigt, die von einer Kante eines *Kontakt*segmentes oder deren Verlängerung geschnitten werden.

8.6.8 Geringfügiges Gleiten

Seit ein paar ANSYS- und Workbench-Versionen gibt es die Option *Geringfügiges Gleiten*, die die Kontaktsuche einschränkt und damit, wo sie anwendbar ist, Rechenzeit spart.

Was ist damit gemeint? Zunächst ein Beispiel: In **Abb. 8.54** sieht man, wie der obere Körper auf dem unteren (ein *Ziel*) entlang gleitet und sich dabei die Vertikalspannungen ändern. *Geringfügiges Gleiten* ist *aus*geschaltet. Das Netz ist sehr grob und die drei Blöcke haben formal verschiedenes Material, deshalb sehen die Verläufe so aus.

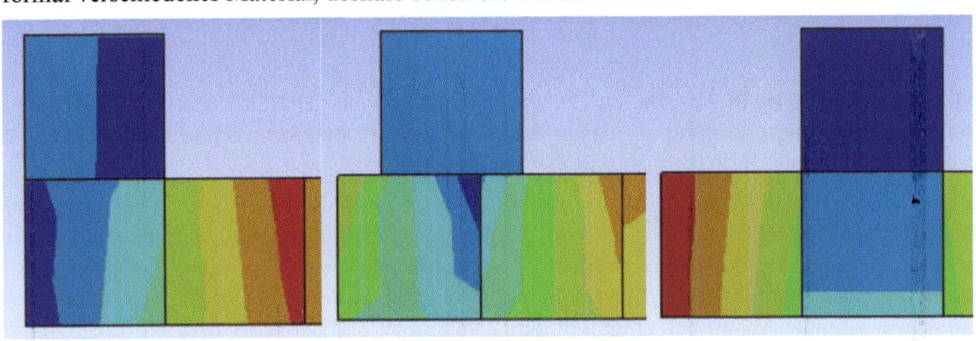

Abb. 8.54 Spannung bei Verschiebung eines Kontaktkörpers ohne *Geringfügiges Gleiten*

Für **Abb. 8.55** ist *Geringfügiges Gleiten ein*geschaltet. Obwohl sich der obere Körper bewegt, ändern die Spannungen sich nicht, auch nicht, solange sich die Gaußpunkte des oberen Körpers über dem ursprünglichen *Ziel*segment befinden (Mitte).

Das bedeutet, dass bei *Geringfügigem Gleiten* sowohl die Zuordnung von *Kontakt* und *Ziel*, als auch die einmal festgestellte Lage der Kontaktelemente zueinander erhalten bleibt. Das ändert sich auch nicht, wenn sich der Kontakt öffnet und wieder schließt (**Abb. 8.56**). Das Öffnen macht sich jedoch bemerkbar, indem keine Kraft mehr übertragen wird. Der *Status Weit* ändert sich nicht mehr, bleibt *Weit*, obwohl ja eine Zuordnung zu einem *Ziel*segment erfolgt ist (**Abb. 8.57**).

Wegen der Fixierung der Lage muss der Gleitweg wirklich gering sein, auch im Verhältnis zur Kantenlänge, damit keine fehlerhaften Ergebnisse auftreten. Dafür gibt es sicher Anwendungen.

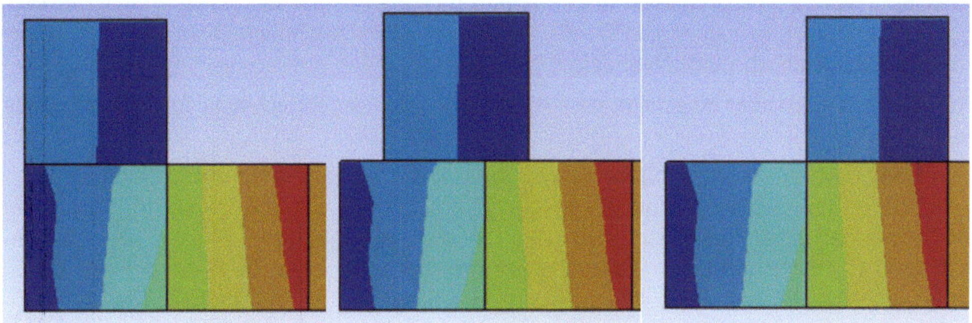

Abb. 8.55 Spannung bei Verschiebung eines Kontaktkörpers mit *Geringfügigem Gleiten*

Abb. 8.56 Spannung bei Verschiebung eines Kontaktkörpers mit *Geringfügigem Gleiten* mit Öffnen und Wiederschließen des Kontaktes

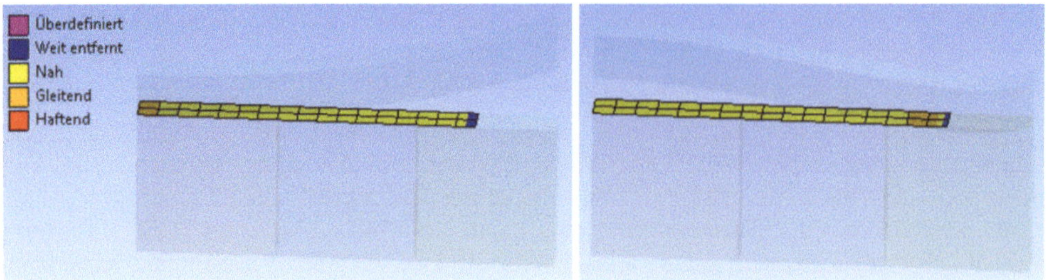

Abb. 8.57 Statusänderungen mit *Geringfügigem Gleiten*, *Weit* (blau) bleibt

Belässt man *Geringfügiges Gleiten* auf *Programmgesteuert*, wird es eingeschaltet, wenn mit kleinen Verformungen gerechnet wird. Hier heißt es aufpassen, denn in dem Beispiel aus **Abb. 8.55** war der Gleitweg zwar unzweifelhaft nicht klein, nach den Ausführungen in Kap. 2 gab es aber auch keinen Anlass *Große Verformungen* einzuschalten, denn es liegen weder große Rotationen noch große Dehnungen vor.

Für solche Fälle ist aber eingebaut, dass Workbench nach der Berechnung folgende Meldung zeigt:

„Ein oder mehrere Kontaktpaare überschreiten die Annahme für geringfügiges Gleiten, überprüfen Sie Ihre Ergebnisse sorgfältig. Ziehen Sie die Verwendung großer Verformungen oder das Abschalten der Option "Geringfügiges Gleiten" des/der betroffenen Kontaktpaare(s) in Betracht. Sie können das erste betroffene Paar durch einen Rechtsklick auf diese Warnung im Meldungsfenster auswählen. Darüber hinaus können Sie den Kontakt-Ergebnis-Tracker "Zahl mit zu viel Gleiten" verwenden, um alle zusätzlichen Paare zu orten."

8.6.9 Versatz, Spalt und Überlappung

Nicht selten geschieht es, dass Bauteile, die eigentlich exakt aufeinander passen müssten, dies im FE-Modell nicht tun. Das kann z. B. am CAD-Modell oder auch an der Art und Größe der Vernetzung liegen. Im folgenden Beispiel sollte man nicht fragen: „Warum macht der das so?" Es dient vielmehr dazu, mehrere Probleme und die dafür angebotenen Möglichkeiten an einem System zu zeigen. Bei der Welle-Nabe-Verbindung aus **Abb. 8.58** sind die beiden Bauteile geometrisch so modelliert, dass sie exakt aufeinander passen. Für das erste Problem wird die Nabe mit quadratischen, die Welle mit linearen Elementen vernetzt, um Spalte aus ungleicher Vernetzung zu erzeugen (**Abb. 8.59**). Da es für die Grafik aufwändig wäre, für jedes Element den quadratischen Verlauf der Kante darzustellen, sind die Knoten geradlinig verbunden. Tatsächlich ist das Element aber gekrümmt. So oder so sieht man in **Abb. 8.59**, dass die Gaußpunkte (Pfeile) zur gegenüberliegenden Fläche einen Abstand haben.

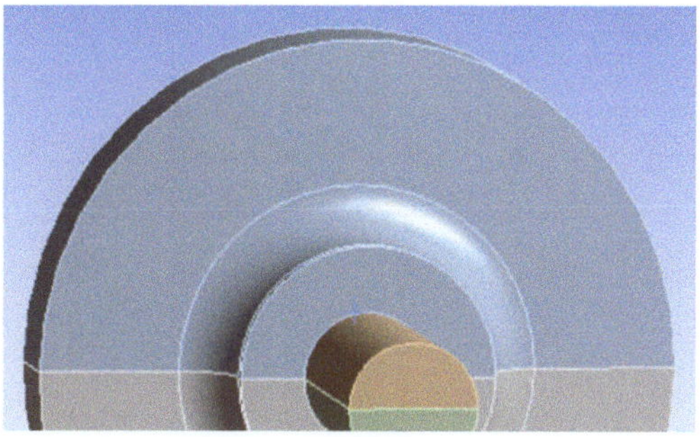

Abb. 8.58 Modell Welle-Nabe-Verbindung

Es wird *Reibungsbehafteter* Kontakt definiert und eine Abkühlung der Nabe um 100 °C vorgegeben. Eine Wechselwirkung mit der Welle erfolgt nicht (**Abb. 8.62**). In der Solver-Ausgabe ist zu lesen:

```
*** NOTE ***                              CP =      0.391    TIME= 17:22:34
Min.  Initial gap 0.567902898 was detected between …
```

Die Größe *Spalt* im *Kontakt-Tool* wird durchgehend als -0,538 dargestellt (negative Eindringung).

Nun wird unter *Geometriemodifikation* die *Kontaktbehandlung: Auf Berührung anpassen* gewählt:

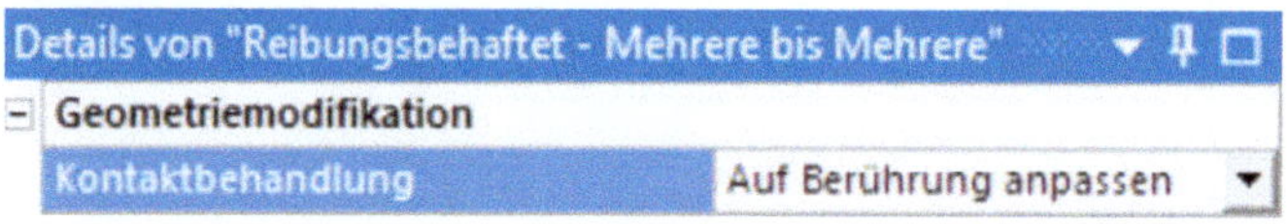

Dadurch wird der *Spalt* 0, der *Status* überwiegend *Haftend* und infolge der Temperaturschrumpfung nimmt der Kontakt-*Druck* die Werte gemäß **Abb. 8.60** mit einer schön gleichmäßigen Verteilung an.

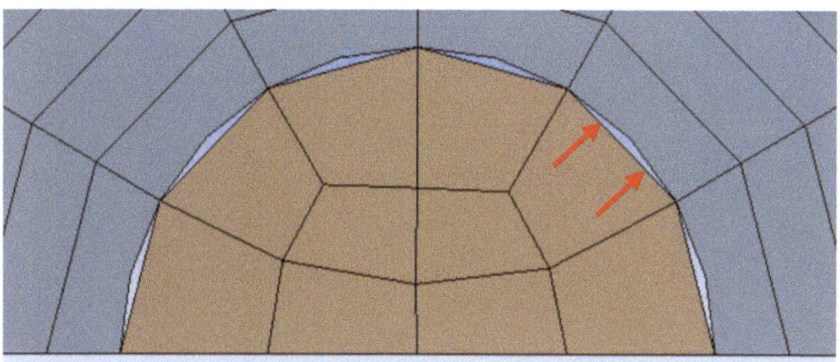

Abb. 8.59 Spalte infolge Vernetzung innen linear, außen quadratisch

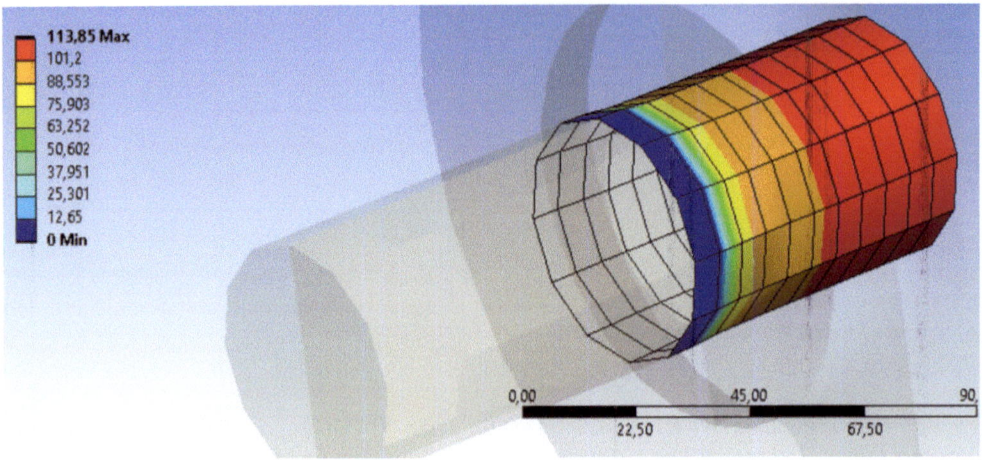

Abb. 8.60 Kontaktdruck nach Schließen der Spalte durch *Auf Berührung anpassen*

Vernetzt man jetzt außen linear und innen quadratisch, ergeben sich Eindringungen an den in **Abb. 8.61** mit Pfeilen gekennzeichneten Gaußpunkten. Ohne Korrektur meldet der Solver:

```
*** NOTE ***                             CP =        0.594    TIME= 18:06:19
Max.  Initial penetration 0.567902899 was detected …
```

Es gibt im Ergebnis eine Durchdringung und der *Druck* erreicht maximal 2200 MPa. Mit *Auf Berührung anpassen* reduziert er sich wieder auf die Werte aus **Abb. 8.62**.

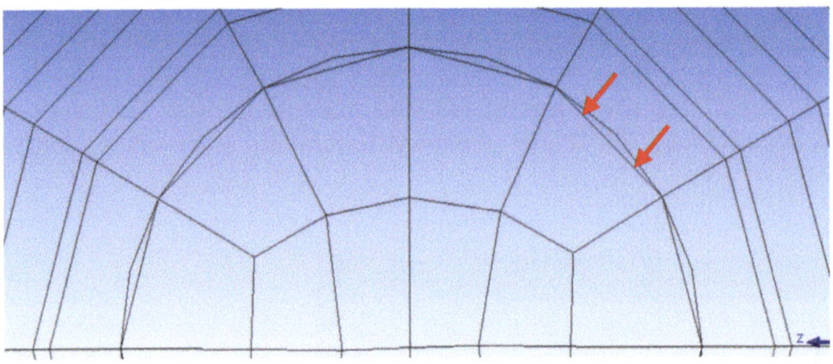

Abb. 8.61 Eindringungen infolge Vernetzung innen quadratisch, außen linear

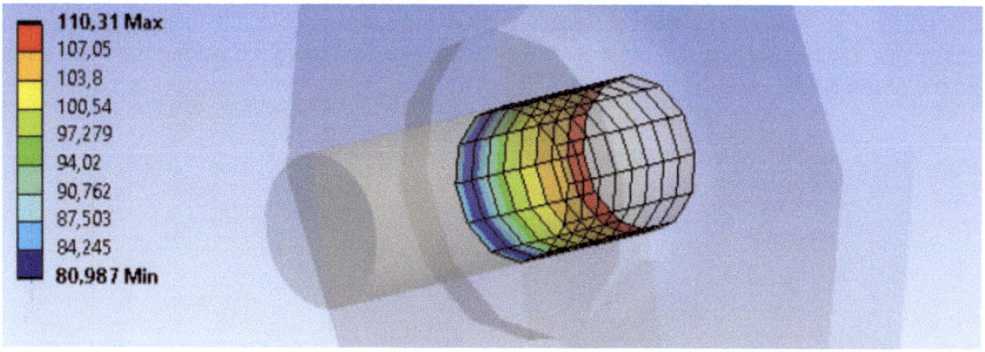

Abb. 8.62 Kontaktdruck nach Elimination der Eindringungen durch *Auf Berührung anpassen*

In beiden Fällen, um einen Anfangsspalt oder eine Anfangseindringung zu kompensieren, erzeugt ANSYS bei dieser Option einen Versatz der gesamten Kontaktfläche, für jedes Segment um den gleichen Betrag. Bei ungleicher Vernetzung (**Abb. 8.63**) kann dieser Versatz nicht überall gleich gut sein, wie man an der Druckverteilung aus **Abb. 8.64** sieht.

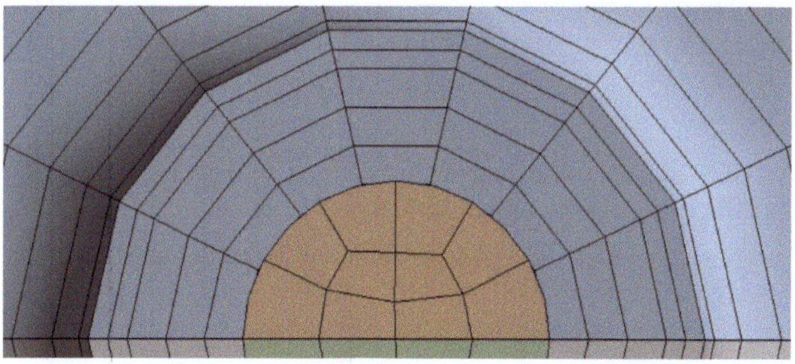

Abb. 8.63 Spalte und Eindringungen infolge einer ungleichen Vernetzung, beidseitig linear

Abb. 8.64 Ungleichmäßiger Kontaktdruck nach Korrektur der ungleichen Vernetzung mit *Auf Berührung anpassen*

Für diesen Fall hilft APDL weiter. Bei ungleicher Vernetzung, aber mit linearen Elementen auf beiden Seiten, ergeben sich ohne Korrektur und ohne Last sowohl Eindringungen als auch Spalte (**Abb. 8.65**).

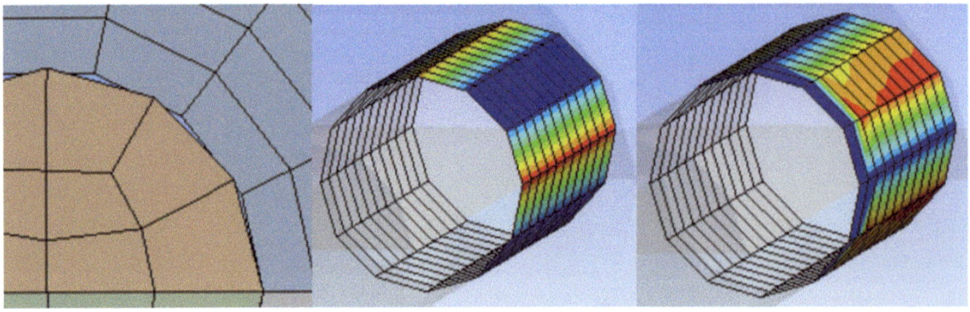

Abb. 8.65 Ungleiche lineare Vernetzung (links), Spalte (Mitte) und Eindringungen (rechts)

Mit den *Befehlen* unter dem Kontakt im Strukturbaum

```
KEYO,CID,9,3        !Schliesse geometrische Eindringungen aus,
                    !aber lasse einen Versatz zu
RMOD,CID,5,1.       !Schliesse Anfangs-Spalte, die < 1. mm sind
```

erfolgt eine Korrektur der Kontakt-Oberfläche in beiden Richtungen, sodass man unter der Temperatur wieder eine gleichmäßige *Druck*verteilung (**Abb. 8.66**) bekommt.

Diese Art der Modifikation ist nun für jeden Feststellungspunkt unterschiedlich und nicht dafür geeignet, eine Gleitbewegung auszuführen.

Abb. 8.66 Gleichmäßiger Kontaktdruck nach Korrektur von Spalten und Eindringungen durch *Befehle*

In diesem Beispiel wurden Spalte und Eindringungen durch die Art der Vernetzung provoziert. In der Praxis kommen Sie durch nicht exakte CAD-Modelle und durch ungleichmäßige Vernetzung vor. Sind Sie ungleich, aber klein gegenüber den Verformungen durch die Kontaktkräfte, ist eine gleichmäßige Korrektur mit *Auf Berührung anpassen* dennoch sinnvoll.

Mit *Auf Berührung anpassen* erzeugt ANSYS automatisch einen Versatz der Kontaktfläche um einen konstanten Betrag zu dem oben genannten Zweck. So ein Versatz kann aber auch manuell eingegeben werden. Als Beispiel diene wieder die Welle-Nabe-Verbindung. Während der Konstruktion will man wissen, wie groß bei Reibungskoeffizient μ = 0,2 das übertragbare Moment in Abhängigkeit von dem Übermaß ist. Dies könnte man machen, indem man die Geometrie verändert, aber hier wird einfach der *Versatz* der Kontaktflächen variiert. Die Temperaturveränderung war in den vorherigen Berechnungen nur ein anderes Mittel für das Aufschrumpfen und entfällt jetzt.

Zunächst verwenden wir wieder die ungleiche, lineare Vernetzung mit der Korrektur durch die angegebenen *Befehle*, denn diese haben nur eine geometrische Korrektur vorgenommen und lassen einen zusätzlichen, über die korrigierte Kontaktfläche gleichmäßigen *Versatz* weiterhin zu. Der *Versatz* wird im ersten Lastschritt eingebracht, im zweiten wird eine Kraft auf die Umfangsfläche aufgebracht und langsam bis auf 10.000 N gesteigert. Da der Außenradius 125 mm beträgt, ergibt sich ein Moment von 1,25 MNmm oder 1,25 kNm bei Zeit $t = 2$.

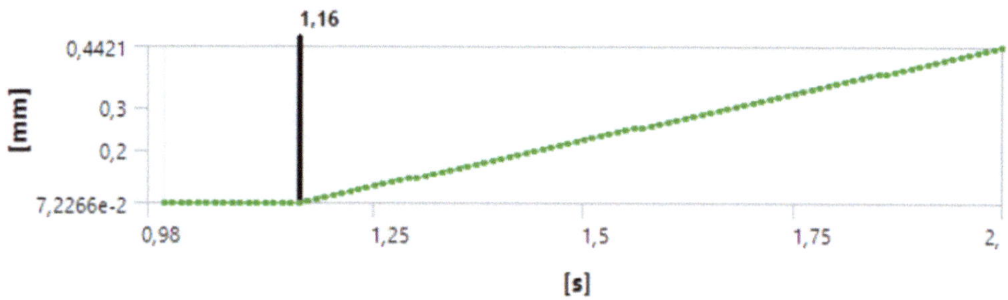

Abb. 8.67 *Gesamtverformung* bei Steigerung der Umfangskraft nach manuellem Einbringen eines *Versatzes* von 0,1 mm

Die *Momentenreaktion* auf die Lagerung der Achse bestätigt das errechnete Moment.

Das Erreichen des Grenzmomentes erkennt man daran, dass die *Gesamtverformung* von einem bestimmten Zeitpunkt an stark zunimmt; das Diagramm **Abb. 8.67** zeigt hier einen auffälligen Knick, der bei *Versatz*/Übermaß 0,1 mm bei $t = 1{,}16$ liegt. Das Moment ist folglich

(8.3) $$M = (t - 1)\,1{,}25\ kNm$$

beträgt hier also 0,20 kNm. Für Übermaß 0,2 mm ergibt sich $t = 1{,}35$ und $M = 0{,}44$ kNm, für 0,3 mm $t = 1{,}55$ und $M = 0{,}69$ kNm.

Bei den geometrischen Gegebenheiten würde sich natürlich eine Vernetzung mit quadratischen Elementen anbieten, die Rundungen sehr gut abbilden. Dann kann man sich eine geometrische Korrektur sparen. Die Zeiten für den Knick liegen mit 1,40 bei 0,2 mm und 1,62 bei 0,3 etwas höher, was angesichts des groben Netzes eine erwartbare Abweichung darstellt.

Mit dem ins Auge gefassten Übermaß sollte dann doch die Geometrie verändert und das System noch einmal, dann ohne Versatz, dafür aber mit geometrischer Überlappung, berechnet werden. Dann darf natürlich keine automatische geometrische Korrektur der Kontaktfläche erforderlich sein.

Ein *Versatz* kann auch negativ eingegeben werden, z. B. um ein geometrisch modelliertes Übermaß versuchsweise zu reduzieren.

8.7 Kontakt und kleine Verformungen

Die Kontaktformulierungen sind für *große Verformungen* geeignet. Sind diese aber nicht aktiviert, wird nur die Position aktualisiert, um die Erfüllung der Kontaktbedingung überprüfen zu können. Die Normale, die für die Richtung der Kontaktspannungen bzw. -kräfte maßgebend ist, bleibt unverändert. In **Abb. 8.68** sieht man zwei aufeinander abgleitende Träger, zwischen denen Kontakt definiert ist, unter einer vertikalen Last, gerechnet bei kleinen Verformungen. Die Reaktionskräfte sind für beide Teile vertikal.

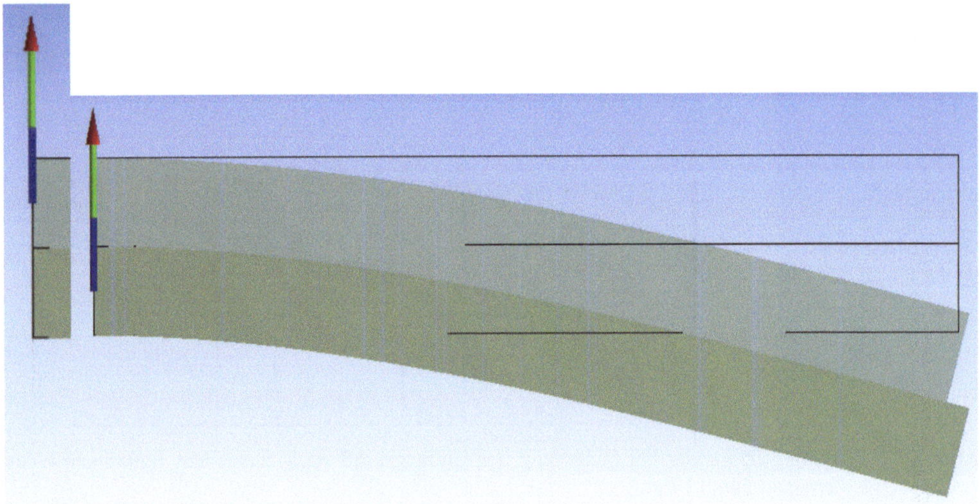

Abb. 8.68 Reaktionskräfte bei *Große Verformungen: Aus*

In **Abb. 8.69** sind *Große Verformungen* eingeschaltet. Nun wäre zwar die Summe aller Reaktionskräfte ebenfalls vertikal wie die Last, betrachtet man jedoch die beiden Träger einzeln, dann sieht man, dass die *Kraftreaktionen* entgegengesetzte Horizontalkomponenten aufweisen, weil insbesondere am stärker verdrehten rechten Ende Kontaktnormalkräfte übertragen werden, die einen horizontalen Anteil haben (rote Pfeile).

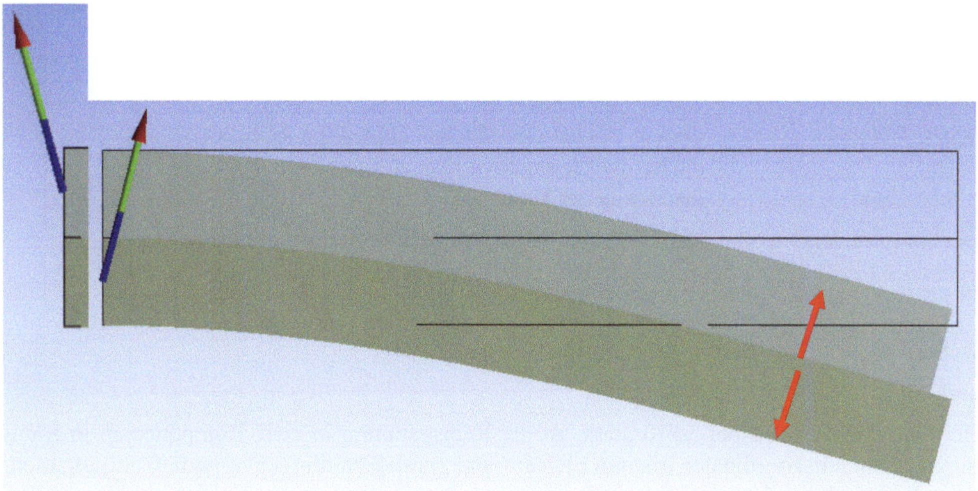

Abb. 8.69 Reaktionskräfte bei *Große Verformungen: Ein*

8.8 Reibung

Der echte Kontakt, der sich in Normalenrichtung öffnen und schließen kann, kann tangential entlang der Oberfläche als ideal *Rau* eingestellt werden. Dann ist bei geschlossenem Kontakt kein Gleiten entlang der Oberfläche möglich. Dazu müsste schon eine Art nicht abgebildete Verzahnung vorliegen. Ansonsten verbleibt noch die Auswahl *Reibungsfrei* oder *Reibungsbehaftet*:

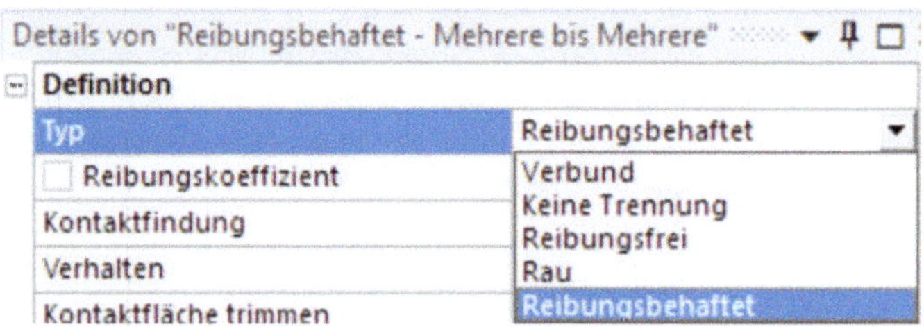

Für ANSYS als Solver gibt es diese Unterscheidung nicht, vermutlich verbindet *Workbench* damit eine Filterung. *Reibungsbehaftet* mit Reibkoeffizient 0 ist zulässig. Der *Reibungskoeffizient* μ wird gleich unter dem *Typ* eingegeben:

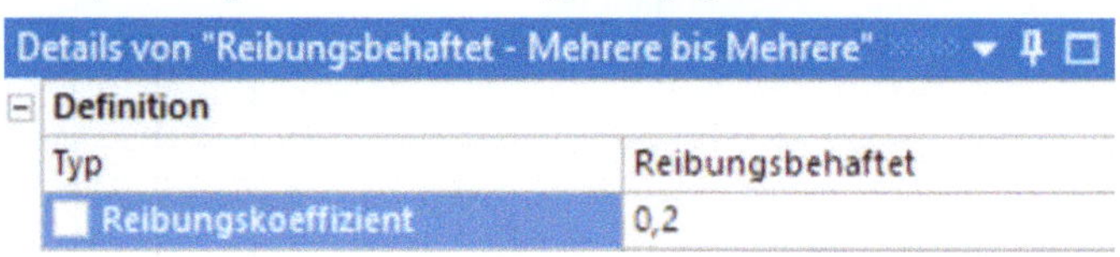

Es gilt das Coulomb'sche Reibgesetz, das prinzipiell

(8.4) $F_R \leq -\mu F_c$

lautet, wobei μ der von beiden Oberflächen abhängige Reibkoeffizient,
F_c die bei Druck negative Kontaktkraft
und F_R der Betrag der Reibkraft ist.

Bei unserem druckspannungsbasierten Kontakt gilt es allerdings in der Form

(8.5) $\tau \leq \mu\, p$

wobei τ der Betrag der Reibspannung
und p der Kontaktdruck ist.

Bei Oberflächen, also bei 3d-Kontakt, ist die Reibspannung in zwei Komponenten in Richtung der Einheitskoordinaten (die am Elementrand parallel zu diesem verlaufen) aufgespalten. Wie der Druck wird auch die Reibspannung an den Integrationspunkten ermittelt und über das Element numerisch zu Knotenkräften aufintegriert.

Man weiß nun, wodurch die Reibkraft begrenzt ist und dass bei Überschreiten dieser Grenze Gleiten eintritt (Status *Gleitend*). Wodurch ist aber die Tangentialkraft unterhalb dieser Schwelle bestimmt? Dafür käme ein Lagrange-Verfahren in Betracht, das in Mechanical APDL auch wählbar ist, in Workbench aber nicht angeboten wird. Diese Methode bestimmt die Haft-Reibspannung aus der Bedingung, dass sie gerade so groß ist, dass sie eine Tangentialverschiebung verhindert. Da die Richtung der (möglichen) Verschiebung aber die Richtung der Reibkraft bestimmt, kann sich selbst bei konstanter Kontaktdruckspannung die Reibspannung während der Iteration signifikant ändern, was das Lagrange-Verfahren in diesem Fall numerisch anfällig macht. Wahrscheinlich ist es deshalb in Workbench nicht wählbar. Welchen *Algorithmus* man auch für die Normalenrichtung wählt, in Tangentialrichtung wird also ein Penalty-Verfahren benutzt (außer bei *MPC-Verbund*, aber da gibt es auch kein Gleiten). Auch hier kann der Penalty-Parameter als Federsteifigkeit k_t (Einheit [Spannung/Länge]) interpretiert werden. Nach Schließen des Kontaktes wird der Berührpunkt gespeichert. Von dort aus wird der *Gleitweg s* (darstellbar über das Kontakt-Tool) gemessen. Die Haft-Reibspannung errechnet sich als

(8.6) $\tau = -k_t\, s$

und ist dem *Gleitweg* entgegengesetzt (**Abb. 8.70**). Sie ist begrenzt durch das Reibgesetz (8.5). Bis dahin gilt der Status *Haftend*, wird die Grenze erreicht, *Gleitend*. Danach steigt die Reibspannung nicht mehr an, bleibt aber vom *Druck* abhängig.

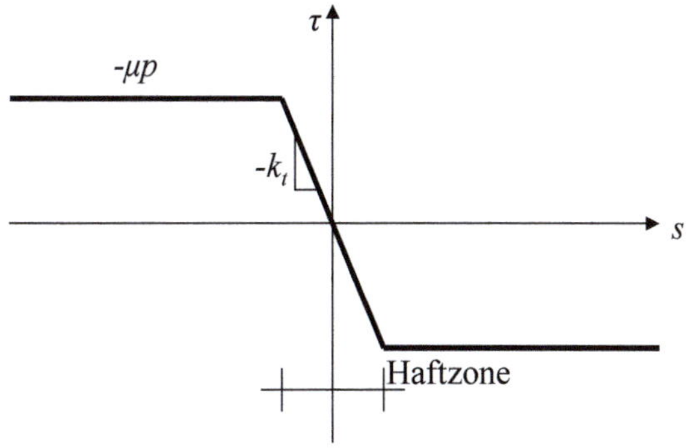

Abb. 8.70 Reibspannung in Abhängigkeit von der Tangentialverschiebung

Mit ANSYS ist auch eine Unterscheidung zwischen Haft- und Gleitreibungfaktor abbildbar, dies wird aber von Workbench nicht unterstützt, erfordert also *Befehle* zu REAL-Konstanten (`RMODIF,CID,21` und `22,` ...). Auch wenn der Übergang durch eine Exponentialfunktion der Relativgeschwindigkeit ausgerundet wird, sollte man damit nur dynamisch rechnen, also mit Trägheiten. Über den Weg abfallende Kräfte machen eine statische Berechnung und damit die Newton-Iteration leicht instabil.

Die Tangentialsteifigkeit k_t wird typischerweise zu etwa einem Hundertstel der Normalsteifigkeit k_n gewählt. Das lässt unphysikalisch hohe Tangentialverschiebungen zu, bis der Übergang zum Gleiten erfolgt, ist aber oft aus Konvergenzgründen erforderlich. Hier macht sich bemerkbar, dass die Reibspannung vom Kontaktdruck abhängig ist, der wiederum auch iteriert werden muss, und außerdem Richtungsänderungen unterliegen kann. Wenn man ohne Reibung noch physikalisch sinnvolle Berechnungen durchführen kann, lässt man sie besser weg. Das geht natürlich nicht, wenn die Reibung für das Gleichgewicht erforderlich ist und ein Bauteil sonst verschieblich würde.

Weil die Gleitreibung vom Kontaktdruck abhängig ist, aber nicht umgekehrt, wird die Tangentenmatrix dieser Beziehung und damit auch die Tangentensteifigkeitsmatrix des im Newton-Verfahren zu lösenden Gleichungssystems unsymmetrisch. Damit es sich tatsächlich um ein volles Newton-Verfahren handelt, muss die Unsymmetrie über die *Analyseeinstellungen* aktiviert werden:

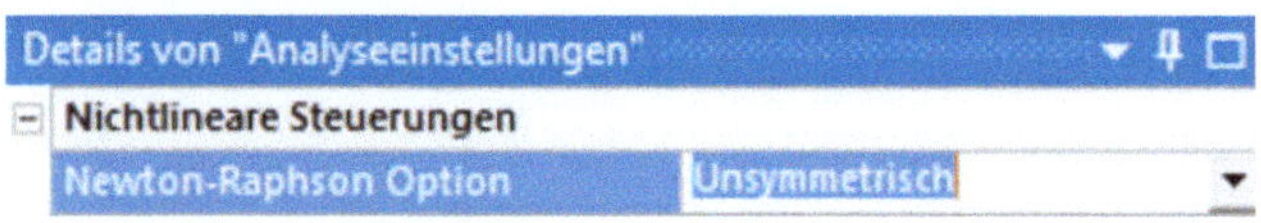

Je wichtiger Reibung für das Gleichgewicht ist, desto bedeutender wird die Unsymmetrie, bis hin zur Divergenz, wenn sie fehlt. Belässt man die Einstellung auf *Voll*, ist symmetrisch gemeint und die Systemmatrix wird symmetrisiert, sodass sie nur noch eine Näherung der Tangente darstellt. Das kann in Kauf genommen werden, wenn Statuswechsel, die ja nicht ableitbar sind, wesentlich die Konvergenz bestimmen.

8.9 Starrkörper

Starre Körper kommen in ANSYS nur als starre Kontaktoberflächen vor. Mechanical APDL identifiziert sie daran, dass keine deformierbaren Elemente angebunden sind. Das ist auch vernünftig, weil „starr" ja nicht physikalisch exakt ist, sondern eine Idealisierung für den Zustand, dass ein Bauteil sehr steif gegenüber einem anderen, hier dem Kontaktpartner, ist. Dann genügt auch die Oberfläche zu seiner Beschreibung.

In Workbench werden aber zunächst Körper unter *Geometrie* von *Flexibel* auf *Starr* gesetzt:

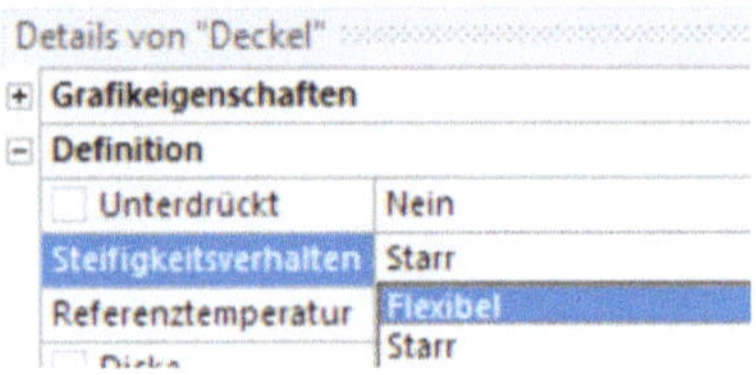

Daraufhin erhalten Sie ein *Trägheitsbezogenes Koordinatensystem*, das bei Klick auf den Körper angezeigt wird (**Abb. 8.71**).

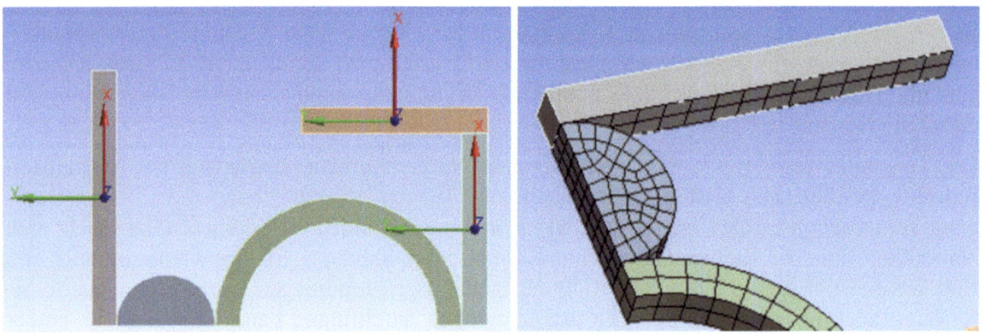

Abb. 8.71 *Flexible* Körper ohne, *starre* Körper mit *Trägheitsbezogenem Koordinatensystem* und Vernetzung

Die darauf definierten *Ziel*flächen – die starre Seite ist immer *Ziel* – werden als starre Oberflächen zu dem Solver übertragen. Lässt man die automatische Kontaktgenerierung beim Einladen der Geometrie zu, kann auch der – später – zu *Starr* erklärte Körper *Kontakt* sein. Workbench rügt das allerdings durch ein Fragezeichen und das gelb Hinterlegen der *Kontakt*auswahl. Mit RMB können *Kontakt* und *Ziel* leicht umgekehrt werden.

Kontakt zwischen zwei Starrkörpern ist nicht möglich.

Vernetzt werden nur die *flexiblen* Körper und die *Ziel*-Oberflächen der Starrkörper (**Abb. 8.71**).

Starrkörper haben nur sechs Freiheitsgrade im Raum. Diese werden durch *Externe Verschiebungen* kontrolliert. Der dort angegebene und veränderbare Ort ist Lage des Pilotknotens. Ist dieser gegen Verschiebungen gehalten, erfolgen Drehungen um diesen Punkt (Lage und Vorgabe zu sehen in **Abb. 8.72**, Verschiebungen in **Abb. 8.74**). Die *Externe Verschiebung* kann auch auf eine andere Fläche des Körpers als die *Ziel*fläche aufgebracht werden, man sollte allerdings wissen, warum man das tut.

In Mechanical APDL werden starre Oberflächen per Voreinstellung fixiert, wenn gar keine Verschiebungsvorgabe gemacht wurde. Workbench schaltet diese Automatik aber aus, so dass man immer genügend Festhaltungen definieren muss.

Abb. 8.72 Pilotknoten mit Verdrehungsvorgabe in *Externer Verschiebung*

Obwohl der ANSYS-Solver nur die Kontaktfläche mit Pilotknoten sieht (**Abb. 8.73**), wird in der Workbench-Darstellung auch der Starrkörper mitgeführt (**Abb. 8.74**). Im ANSYS-Plot sind der ursprüngliche Pilotknoten, der sich aus dem Starrkörper-Koordinatensystem ergeben hat, und ein starres Verbindungselement zu dem definierten Drehpunkt der *Externen Verschiebung* zu sehen.

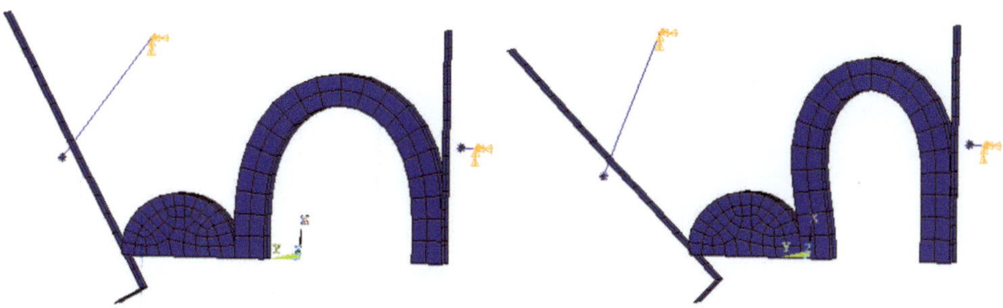

Abb. 8.73 Verdrehung der starren Kontaktfläche mit ursprünglichem Pilotknoten, Drehpunkt und starrem Verbindungselement dorthin, dargestellt in Mechanical APDL

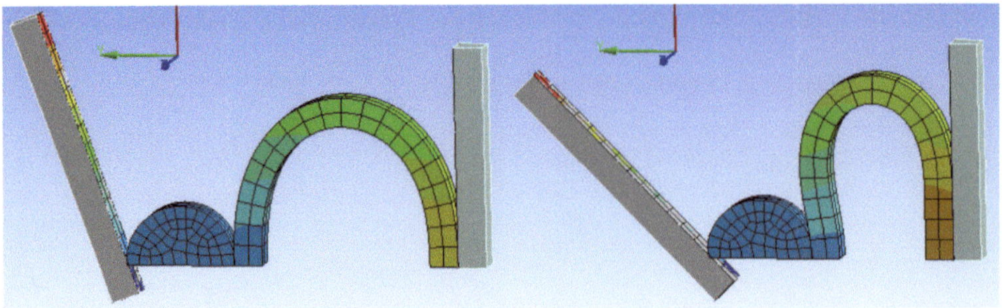

Abb. 8.74 Verdrehung des Starrkörpers um einen außerhalb liegenden Knoten (blaue Achse), dargestellt in Workbench

8.10 Überdefiniert (Overconstrained)

Beim Lagrange- und MPC-Verfahren im Kontakt muss die Kontaktbedingung exakt erfüllt werden. Im nachfolgenden Beispiel (**Abb. 8.75**) wird eine Schale zwischen zwei Volumina eingezwängt. Damit werden Schalenfreiheitsgrade von Verschiebungen auf zwei Seiten abhängig. Das ist grundsätzlich nicht zulässig, denn es könnten bei Zwangsbedingungen ja Widersprüche auftreten.

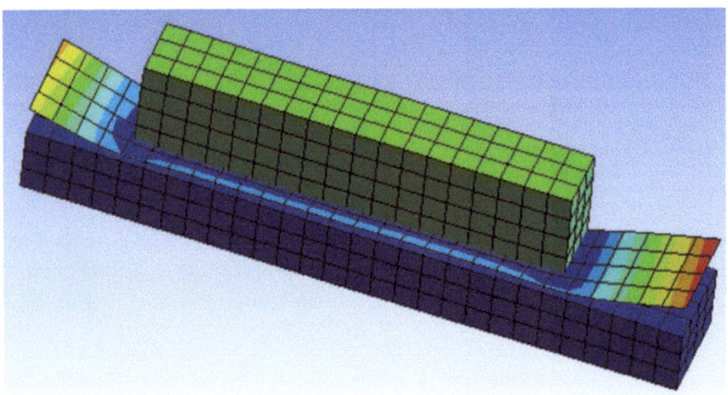

Abb. 8.75 Schale mit Kontakt zwischen zwei Volumina eingezwängt.

Dennoch wird in Rev. 2019R3 nicht der Status *Überdefiniert* angezeigt. ANSYS gibt sich Mühe, diese doppelten Abhängigkeiten durch Tauschen von Koppelbeziehungen abzubauen. Man erhält aber die Meldung:

Mindestens ein MPC-Kontaktbereich oder eine externe Randbedingung steht möglicherweise in Konflikt mit anderen angewendeten Randbedingungen oder anderen Kontaktbereichen. Das kann möglicherweise die Lösungsgenauigkeit reduzieren. Hinweis: Sie können sich FE Verbindungen für nicht-zyklische Analysen im Objekt Lösungsinformationen grafisch darstellen.

Beim Penalty-Verfahren tritt das Problem nicht auf, weil die Verbindung ja durch Federn geschieht.

Außer für die Wechselwirkung zweier Körper wird die Kontaktlogik auch für *Externe Punkte* als Grundlage für *Externe Verschiebungen* und *Externe Kräfte* verwendet. Allein dadurch oder in Verbindung mit Lagrange- oder MPC-Kontakt können solche Konflikte auftreten. Ein Klick auf die *Lösungsinformationen* und dann auf das *Geometriefenster* führt zur Anzeige der Kopplungen. Schaltet man jetzt noch auf Verbund-MPC-Kontakte, dann lassen sich die Konflikte nicht mehr auflösen. ANSYS versucht es trotzdem, was aber zu einer Verschieblichkeit (Pivot-Warnung, Pivot-Element gegen 0) führt. Man sollte angesichts der Warnungen überprüfen, ob alle gewünschten Verbindungen noch vorhanden sind oder sich unzulässige Verschiebungen oder unerklärliche Zwängungsspannungen/Spannungsspitzen einstellen. Besser man vermeidet die Probleme, indem man bei *Externen Punkten* die *manuelle Freiheitsgradauswahl* nutzt und bei zweiseitigem Kontakt doch beim Penalty-Verfahren bleibt.

Abb. 8.76 Darstellung der Kopplungen aus *Externen Verschiebungen*

8.11 Konvergenzerzielung

Treten bei einer Berechnung Konvergenzprobleme auf und ist Kontakt im Spiel, sollte zuerst dort nach der Ursache gesucht werden.

Bei Kontaktberechnungen kann die Konvergenz leicht dadurch gestört werden, dass Kontakte klappern, d. h. sich von einem Iterationsschritt zum nächsten öffnen oder schließen und beim übernächsten umgekehrt usw. Das stört das Gleichgewicht. Da das Kraft-Weg-Verhalten beim Statuswechsel nicht differenzierbar ist, lautet das Grundrezept, dafür zu sorgen, dass entweder wenig Statuswechsel auftreten oder diese als einzelne nur wenig Einfluss auf das Gesamtgleichgewicht haben.

Dazu kommen verschiedene Möglichkeiten in Betracht.

- Ganz vorn steht die Wahl der richtigen *Kontaktsteifigkeit* nach den Überlegungen aus Kap. 8.6.5. Bei Konvergenzproblemen empfiehlt es sich, die Steifigkeit noch um Zehnerpotenzen zu senken. Damit bekommt man zwar mehr *Durchdringung*, dadurch führen aber kleinere Schwankungen in dieser Größe (oder in der Kontaktspannung, je nachdem, wie man das sehen will) zu weniger Statuswechseln.

Hat man eine konvergente Lösung erzielt, kann man diese analysieren und gezielt nachbessern, was bei Nichtkonvergenz deutlich schwerer fällt.

- Sowohl mit der Aktualisierung der *Kontaktsteifigkeit* als auch mit dem *Augmented-Lagrange-Verfahren* ist die *Durchdringungstoleranz* verknüpft. Sie hilft, mit einer mäßig großen anfänglichen Steifigkeit doch noch eine hinnehmbare Eindringung zu erhalten. Allerdings sollte in schwierigen Fällen dafür nicht weniger als ein Prozent der Kantenlänge verlangt werden.
- Mit dem *Befehl* `RMODIF` lassen sich sowohl die *Kontaktsteifigkeit* als auch die *Durchdringungstoleranz* nachträglich verändern. Diese *Befehle* müssen in die Analyse eingefügt werden, nachdem man zuvor mit einem *Befehl* unter dem Kontakt den Wert von `CID` einer Variable zugewiesen hat. Damit kann man dann die zuvor erhaltene Lösung in einem weiteren Lastschritt nachbessern.
- Verteilt sich der Kontakt auf nur wenige Elemente, machen sich Statusänderungen stärker im Gleichgewicht bemerkbar. Ein feineres Netz reduziert den Einfluss eines einzelnen Elementes und bietet eher die Chance, die Schrittweitensteuerung sinnvoll auszunutzen. Untere Schranke für die Zeitschrittweite ist die, die gerade noch eine Veränderung im Status einzelner Kontakte hervorbringt.
- Kontakt hat insofern per Voreinstellung Einfluss auf den Zeitschritt, als das Konvergenzverhalten diesen beeinflusst. Wird ein Kontakt aber erst spät, nach einer Reihe von Substeps geschlossen, kann die Schrittweite so groß geworden sein, dass die Anfangseindringung zu groß wird. Dann kann sich die Wahl einer speziellen Zeitschrittsteuerung für den Kontakt lohnen, die man in den Kontakt*details* findet.

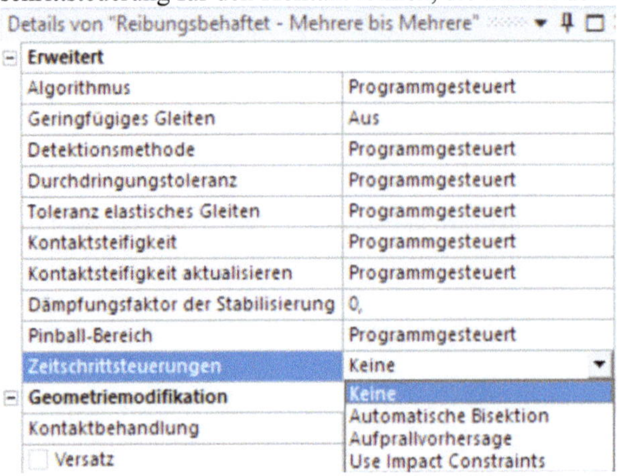

Ein spezielles Problem liegt vor, wenn

- zu Anfang kaum Berührpunkte vorliegen
    - etwa bei Kontakt einer konvexen mit einer anderen konvexen oder ebenen Fläche oder
    - wenn wegen der Vernetzung und der Lage der Integrationspunkte trotz einer Geometrie mit Berührung sogar kein geschlossener Kontakt gefunden wird

und

- Kontakt für das Gleichgewicht erforderlich ist und
- besonders wenn eine Belastung vom Krafttyp vorliegt.

Hier kann es passieren, dass schon kein konvergenter Anfangszustand gefunden wird. Kleinere Zeitschritte helfen dann nicht mehr, eher eine Last, die zu einer ersten deutlichen Kontaktausprägung führt.

Hilfreich kann folgendes Vorgehen sein:

- Es wird mit einer Verschiebungsvorgabe begonnen, die ausreichend ist, dass der Kontakt sich etabliert.
- Im nächsten Lastschritt wird die Verschiebungsvorgabe *deaktiviert*, zu finden mit RMB über den je Lastschritt tabellierten Werten. Diese werden dann ausgegraut. Workbench macht daraus ein `DDELETE` mit der `FORCE`-Option, d. h. die Reaktionskräfte werden als Belastung aufgegeben (dadurch stört die Deaktivierung nicht das Gleichgewicht) und im Zuge des begonnenen Lastschritts über die Substeps linear mit der Zeit abgebaut. Parallel dazu muss man dann wenigstens einen Teil der gewünschten Kraftbelastung aufbringen, sodass immer eine Druckkraft den Kontakt zusammenhält.

Für das Beispiel aus Kap. 8.6.5 (z. B. **Abb. 8.43**), in dem eine geringe *Kontaktsteifigkeit* ermittelt wurde, damit die Kontaktberechnung von der ersten Berührung an kraftgesteuert möglich war, kann *programmgesteuert* gewählt werden, wenn zunächst eine Verschiebung um 0,1 mm nach der ersten Berührung vorgegeben wird, diese anschließend *deaktiviert* und gleichzeitig die Kraft aufgebracht wird:

Tabellarische Daten

	Schritte	Zeit [s]	X [mm]	Y [mm]	Z [mm]
1	1	0.	= 0.	= 0.	= 0.
2	1	1.	0.	0.	-5,1
3	2	2.	= 0.	= 0.	= -5,1
4	3	3.	= 0.	= 0.	= -5,1

Tabellarische Daten

	Schritte	Zeit [s]	Kraft [N]
1	1	0.	0.
2	1	1.	0.
3	2	2.	-1,5
4	3	3.	-15.

Danach kann die Kraft auch auf das Zehnfache gesteigert werden. Alle Schritte zusammen verbrauchen 10 Iterationen.

Eine Steigerung erfährt das Problem, wenn ein Bauteil unter Last vom Kontakt gehalten wird, phasenweise aber unbelastet ist und sich dann in einem undefinierten Kontaktzustand befindet. Hier sind folgende Maßnahmen denkbar:

- Es wird eine *transient* dynamische Berechnung durchgeführt, evt. mit *Zeitintegration: Aus*

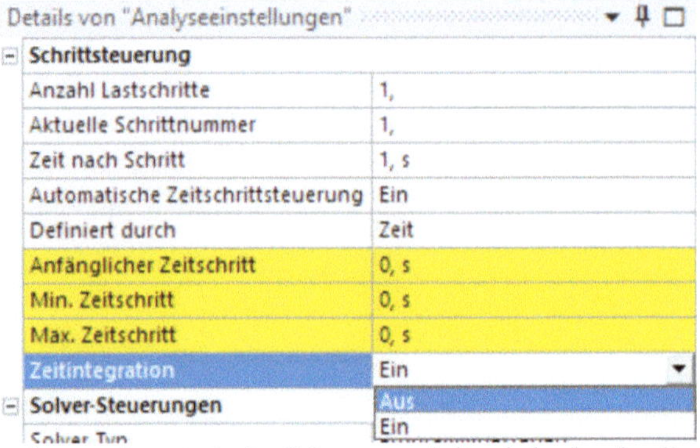

solange eine statische Lösung erzielt wird, also in diesem Beispiel der belastete Zustand vorliegt (kann lastschrittweise geändert werden). Bei *Ein* kann die Trägheit (*Zeitintegration* hat den Effekt, dass Trägheitswirkungen *Ein-* oder *Aus*geschaltet werden) den Körper im unbelasteten Zustand in seiner Lage halten bzw. seine Verschiebungen begrenzen. Stellen sich unerwünschte Schwingungen ein, kann mit dem *Befehl* `TINTP,QUASI` eine für quasistatische Berechnungen geeignete numerische Dämpfung eingestellt werden. Außerdem wird in diesem Fall keine Abschätzung der Antwortfrequenz mehr vorgenommen, die den Zeitschritt beeinflussen würde.

- Es wird die Stabilisierung (Kap. 1.8.4) benutzt. Auch hier wird der Erfolg von der eingestellten Simulationszeit abhängig.
- Man verwendet je nach Lage den *Typ Verbund* oder *Keine Trennung*, dies aber gepaart mit deutlicher Herabsetzung der Kontaktsteifigkeit gegen Öffnen mit dem *Befehl* `RMODIF,CID,11,`Wert. Dies betrifft die REAL-Konstante FKOP (F steht für factor, K bezeichnet eine Steifigkeit und OP steht für opening). Der Kontakt bleibt zwar geschlossen, die Klebewirkung ist aber nur noch gering. Man beachte die Dokumentation und die Anmerkungen in Kap. 8.6.3. Denkbar ist auch ein Standard-Kontakt und zusätzlich ein *Verbund* mit herabgesetzter *Kontaktsteifigkeit* für die gleiche Paarung.

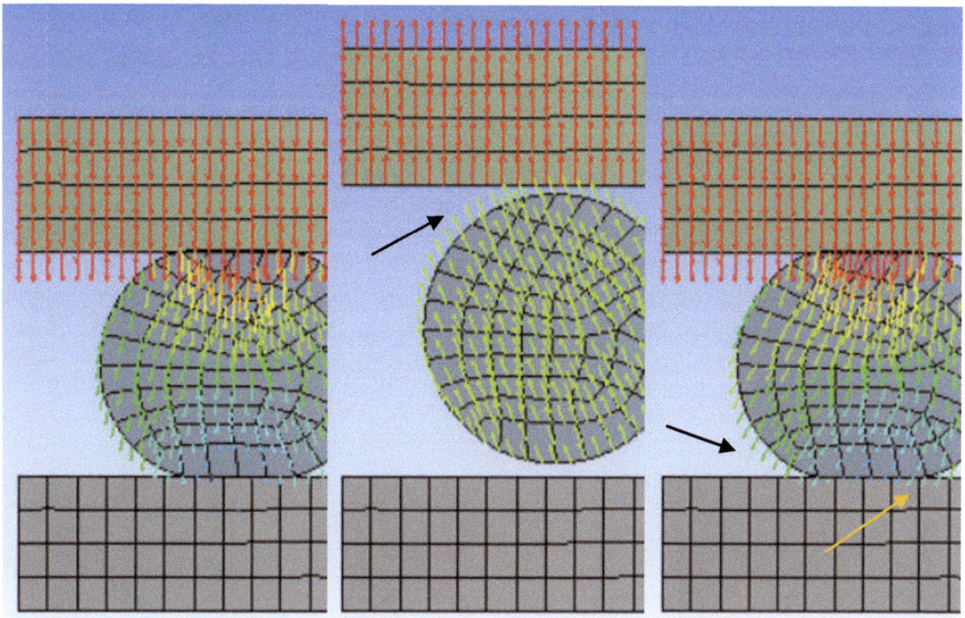

Abb. 8.77 Kontakt mit Abheben ohne weitere Maßnahmen

Letzteres Vorgehen soll an einem Beispiel erläutert werden. Ein rundes Bauteil wird zwischen zwei Platten zusammengedrückt, dann hebt der Deckel ab und setzt später wieder auf. Zunächst ist oben und unten nur *Reibungsbehafteter* Kontakt definiert. In **Abb. 8.77** Mitte erkennt man, dass das runde Teil abhebt und damit frei beweglich ist, was in einer statischen Berechnung nicht zulässig ist. Mit Pfeilen sind Seitwärtsbewegungen gekennzeichnet. Es gibt daher auch Pivot-Warnungen:

Während der Lösung sind Solver-Pivot-Warnungen ausgegeben worden. Dies ist in der Regel auf eine schlecht konditionierte Matrix aufgrund von unangemessenen Materialeigenschaften, einem unterdefinierten Modell oder Kontaktproblemen zurückzuführen. Überprüfen Sie Ihre Ergebnisse aufmerksam.

In der *Solver-Ausgabe* gibt es dazu Details:

```
Sparse solver maximum pivot= 947110.033 at node 680 UX.
Sparse solver minimum pivot= -8.696474652E-10 at node 55 UY.
Sparse solver minimum pivot in absolute value= 2.626475658E-12 at node
56     UY.

*** WARNING ***                          CP =       0.438   TIME= 16:11:07
There is at least 1 small equation solver pivot term (e.g., at the UY
degree of freedom of node 56) which may indicate a numerically
unstable model.  Please check your results carefully.
```

Verglichen mit dem Maximum sind das minimale und das betragsmäßig minimale Pivot-Element (Hauptdiagonalelement der triangulierten Matrix) nahezu 0, was als numerisches Indiz für die Verschieblichkeit gilt. So eine Situation kann jederzeit auch mit einer unzulässig großen Verschiebung und einem Programmabbruch enden.

Nun wird der untere Kontakt noch einmal zusätzlich definiert, und zwar als *Verbund* mit folgenden Einstellungen:

Details von "Verbund - Kreis bis unten"	
Kontaktsteifigkeit	Faktor
Kontaktsteifigkeitsfaktor	1,e-004
Kontaktsteifigkeit aktualisieren	Nie

Durch die Wahl des kleinen *Kontaktsteifigkeitsfaktors*, hier 10^{-4}, der sich auf die voreingestellte Steifigkeit bezieht, ist sichergestellt, dass im Verhältnis zum *Reibungsbehafteten* Kontakt keine wesentlichen Kraftwirkungen auftreten, gleichzeitig aber bei der vorübergehenden Wegnahme der Belastung eine geringfügige Fixierung verbleibt (**Abb. 8.78**). Pivot-Warnungen treten jetzt nicht mehr auf. Durch den doppelten Kontakt und das Herunterskalieren, das in beiden Richtungen wirkt, ist die Modifikation von FKOP durch *Befehle* nicht erforderlich.

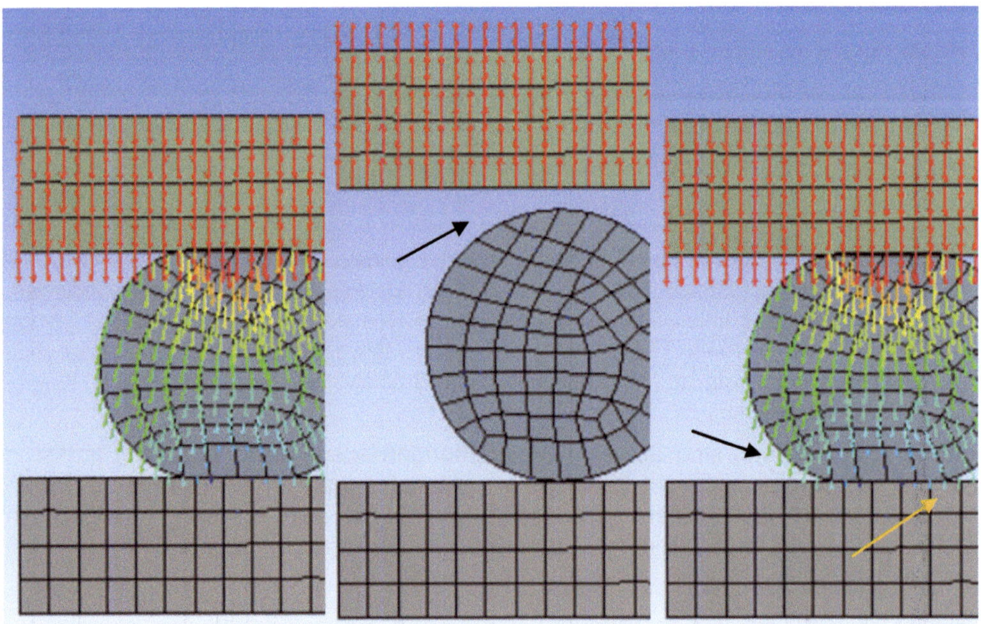

Abb. 8.78 Kontakt mit Abheben und Stabilisieren durch zusätzlichen *Verbund*-Kontakt

Literaturhinweise

[1] Battermann/Köhler: Elastomere Federung – elastische Lagerung. Verlag von Wilhelm Ernst & Sohn, 1982

[2] Chaboche, J. L.: Constitutive Equations for Cyclic Plasticity and Cyclic Viscoplasticity. International Journal of Plasticity. 5.3 (1989), pp. 247-302

[3] DIN - Deutsches Institut für Normung: DIN EN 1993-1-6:2017-07: Eurocode 3 - Bemessung und Konstruktion von Stahlbauten - Teil 1-6: Festigkeit und Stabilität von Schalen, Beuth 2017

[4] Forschungskuratorium Maschinenbau [Hrsg.]: Rechnerischer Festigkeitsnachweis für Maschinenbauteile: FKM-Richtlinie. VDMA-Verlag, 6. Aufl. 2012

[5] Hübel, H.: Vereinfachte Fließzonentheorie – Auf der Grundlage der Zarka-Methode. Springer Vieweg, Wiesbaden (2015)

[6] Gebhardt, Ch.: Praxisbuch FEM mit ANSYS Workbench, Carl Hanser, 3. Aufl. 2018

[7] Lutz, T.: Ein Beitrag zur Berechnung druckbelasteter Elastomerlager. Dissertation, Universität Kaiserslautern, 1990

[8] Rust, W.: Nichtlineare Finite-Elemente-Berechnungen – Kontakt, Kinematik, Material. Springer Vieweg, Wiesbaden, 3. Aufl. 2016

W. Rust, *Nichtlineare Finite-Elemente-Berechnungen mit ANSYS Workbench*,
https://doi.org/10.1007/978-3-658-31421-7

Sachwortverzeichnis

W. Rust, *Nichtlineare Finite-Elemente-Berechnungen mit ANSYS Workbench*,
https://doi.org/10.1007/978-3-658-31421-7

MIX
Papier aus verantwortungsvollen Quellen
Paper from responsible sources
FSC® C105338

If you have any concerns about our products,
you can contact us on
ProductSafety@springernature.com

In case Publisher is established outside the EU,
the EU authorized representative is:
Springer Nature Customer Service Center GmbH
Europaplatz 3, 69115 Heidelberg, Germany

Printed by Libri Plureos GmbH
in Hamburg, Germany